ANJA MÖLLER

Kosmos Buch Labrador Retriever

KOSMOS

ONCE A LABRADOR GETS HOLD OF YOUR HEART. IT WILL NOT LET YOU ESCAPE.

LORNA COUNTESS HOWE, 1957

ZUM GELEIT

Wer Anja Möller persönlich kennt, weiß, wie mit dem Import ihrer Hündin „Petope Firecrest“ aus englischen Arbeitslinien eine tiefe Passion für unsere Rasse ihren Anfang nahm.

Vor uns liegt ein umfassendes und informatives Buch über den Labrador Retriever und die zahllosen Aspekte dieser populären Rasse. Neben den wichtigen Kapiteln zu Züchterwahl, Welpenaufzucht, Pflege und Gesundheit, Vor- und Nachteilen von Rüde oder Hündin finden sich Gedanken zur Ausbildung und zu Einsatzbereichen des Labradors abseits seiner ursprünglichen Bestimmung als Jagdgebrauchshund und vieles mehr.

Hervorzuheben sind insbesondere die Ausführungen zur Entwicklung der Rasse von ihren Anfängen bis heute, in denen die Aufspaltung der Zuchtlinien in Schönheits- und Arbeitslinien nachgezeichnet wird.
Anja Möller hat es geschafft, ein außergewöhnlich spannendes Werk über die Vielseitigkeit unserer liebenswerten Rasse zu schreiben.

Verena Ommerli
Haredale Labradors

ZU DIESEM BUCH

Rückblickend kann ich kaum glauben, wie sich dieses Buch-Projekt, angefangen von der ersten Kontaktaufnahme seitens des Kosmos-Verlags, bis hin zur Veröffentlichung entwickelt hat, wie viele Stunden ich daran gearbeitet habe und viel mehr noch – dass es nun tatsächlich fertig ist. Im Mittelpunkt des Buches steht vor allem mein Bestreben, den Labrador abseits von seiner Erscheinung als „Trendrasse“ in all seinen faszinierenden Facetten zu zeigen und Verständnis für seine Eigenschaften und Bedürfnisse zu wecken, die tief in seiner Entwicklungsgeschichte verwurzelt sind.

Anja Möller
Gunsight's Working Labradors

Die abenteuerliche Geschichte des Labrador Retrievers

Die Geschichte der vergleichsweise noch jungen Rasse gleicht einem Abenteuerroman. Ihr Ursprung gab jahrzehntelang zu Spekulationen Anlass, wobei einige der historischen Zeugnisse zu mehr Verwirrung führten, als dass sie Aufschluss gaben.

Allem voran ist bis heute nicht abschließend geklärt, wie die Rasse zu ihrem teilweise irreführenden Namen kam. Die Bezeichnung „Retriever" leitet sich vom englischen „to retrieve" ab und bedeutet nichts anderes als „auffinden, zurückbringen". Deshalb wurde rasseunabhängig zunächst jeder Jagdhund, der geschossenes Wild fand und apportierte, in England als „Retriever" bezeichnet. Warum die Rasse jedoch der Halbinsel „Labrador" zugeordnet wurde, während ihre Wurzeln allen historischen Quellen zufolge unzweifelhaft an den Küsten Neufundlands liegen, bleibt bis heute weitgehend im Dunkeln. Dabei könnten sowohl die Tatsache, dass Labrador und Neufundland im 19. Jahrhundert derselben Landmasse zugeordnet wurden als auch verschiedene sprachliche Interpretationen eine Rolle gespielt haben. So findet sich beispielsweise in Charles C. Eleys „History of Retrievers" (1921) der Hinweis: „Labrador is a Spanish word meaning a workman. Evviva, Labradores!" Zu einem ähnlichen Schluss kam Jahre später auch Lord George Scott in „The Labrador Dog – its Home and History" (1936), indem er feststellte: „The portuguese word „Lavrador" means „Labourer". Dennoch handelt es sich hierbei nur um Spekulationen.

Was ist das Besondere an einem Labrador? Ein Blick in diese Augen sollte als Antwort genügen, denn von allen Rassen scheint er das „größte Herz" zu haben und ist stets bedingungslos da, wo er gebraucht wird.

Die Vorfahren des Labradors

Außer Frage steht hingegen, dass der Ursprung des Labrador Retrievers eng mit der Geschichte Neufundlands verwoben ist. Die im Einflussbereich des warmen Golfstroms liegende, der nordamerikanischen Halbinsel Labrador vorgelagerte Insel lockte aufgrund ihres Fischreichtums zahlreiche Seefahrernationen an. Während Chroniken aus dem 16. Jahrhundert darauf hinweisen, dass Neufundland bereits 1494 von englischen Kaufleuten aus Bristol angelaufen wurde, gilt heute Giovanni Caboto als offizieller „Entdecker" der Insel. Der in den Diensten des englischen Königs stehende und gemeinhin unter seinem anglisierten Namen John Cabot bekannt gewordene italienische Seefahrer erreichte am 24. Juni 1497 das amerikanische Festland auf Labrador, nachdem er zuvor Neufundland angelaufen hatte. Der Name „Neufundland" leitet sich von Cabots Bezeichnung „newe founde islande", die „neu gefundene Insel", ab.

Überwältigt vom Fischreichtum der Gewässer errichteten die Engländer auf Neufundland innerhalb weniger Jahre eine umfangreiche Fischindustrie. Während nachfolgende Seefahrernationen, wie Portugal und Frankreich, die Tiefseefischerei auf den äußeren Fischbänken bevorzugten, konzentrierten sie sich von Anfang an auf die küstennahe Fischerei. Die Briten trockneten ihre Fänge an den Stränden und pökelten sie für den Transport ein. Zu diesem Zweck wurden bereits 1498 Wintermannschaften zur Wartung und Instandhaltung der Fischtrockenanlagen stationiert. Die überwiegend aus Handwerkern bestehenden Trupps führten ein hartes, entbehrungsreiches Leben. Zu ihnen gesellten sich trotz eines von der Krone

Die ausgeprägte Wasserfreude des Labradors ist ein typisches Rassemerkmal.

ausgesprochenen Siedlungsverbots bald Deserteure der britischen Fischereiflotte und Abtrünnige der Marine. Als auch Flüchtige anderer Seefahrernationen nachfolgten, wurde Neufundland zum Schmelztiegel europäischer Einwanderer.

Allen historischen und wissenschaftlichen Quellen zufolge existierten vor Ankunft der Fischer auf Neufundland keine Hunde. Zur Verbesserung ihrer Versorgungslage und unter Berücksichtigung der schwierigen Lebensbedingungen lag es nahe, dass sie bereits sehr früh Hunde, die ihnen sowohl als Jagdhelfer als auch als Gefährten und Wärmequellen während des langen Winters dienten, mit sich brachten. Lord George Scott und Sir John Middleton kamen in „The Labrador – its Home and History" (1936) zum Schluss, dass eine Vielfalt von Hunden verschiedenster Schläge mit den Fischern und Handwerkern nach Neufundland verschlagen wurden, wobei vor allem Jagd- und Wasserhunde und mit zunehmender Kolonisation auch Hüte- und Wachhunde eine Rolle spielten. Dies bedeutet, dass sich in Neufundland Hundeschläge entwickelten, deren Urahnen in Europa zu suchen sind.

Der „Saint Hubert's Hound"

Bereits 1576 beschrieb George Turberville in seinem Buch „Booke of Hunting" eine Auswahl von Jagdhundrassen, die von englischen Jägern eingesetzt wurden. Vorherrschend war in dieser Zeit ein schwarzer Hund, dessen Ursprung in Frankreich lag und der zu Ehren des Schutzheiligen der Jäger den Namen „Saint Hubert's Hound" trug. Nach Turbervilles Beschreibungen handelte es sich um einen im Allgemeinen reinschwarzen, aber auch in anderen Farben vorkommenden Hund kräftigen Körperbaus. Er stand auf niedrigen Läufen und galt als nicht besonders schnell, zeichnete sich aber durch sein außergewöhnliches Geruchsvermögen aus, wodurch er sich vorzüglich zur Nachsuche auf angeschweißtes Wild eignete. Er scheute weder Wasser noch Kälte, hatte aber nicht die Schnelligkeit und den Mut für die Hetzjagd oder das Töten des Wildes. Alten Stichen zufolge könnte es sich dem äußeren Anschein nach um einen direkten Vorfahren des Labradors, der über den Seehandel nach Neufundland gelangte, handeln. Zu diesem Schluss kam auch Lorna Countess Howe in „The Popular Labrador Retriever" (1957). Andere Autoren sehen einen weiteren Hinweis in der überragenden Nasenkapazität des Labradors. Denn neben dem Bloodhound (Chien de Saint-Hubert), als dessen wichtigster Vorfahre ebenfalls der „Saint Hubert's Hound" gilt, gibt es nur noch wenige andere brackenartige Rassen, die ihre Nasen ähnlich differenziert einsetzen.

Europäische Wasserhunde

Im 14. Jahrhundert gab es in ganz Europa verschiedene Schläge von Wasserhunden. Gervase Markham beschrieb 1622 in „The Art of Fowling by Water and Land" eine weitere englische Rasse, die ihren Weg nach Neufundland gefunden haben könnte. Die heute ausgestorbene „Water Dogge" oder der „Black Water Dog" war seinen Worten nach „... ein Lebewesen von derart allgemeiner Verwendung und so häufig im Einsatz bei uns hier in England, dass es unnötig ist, irgendeine ausführliche Beschreibung von ihm zu geben".

1576 erwähnte John Caius in „Of English Dogges" zottige Wasserhunde in Frankreich und

England, die nicht nur geschossene Enten holten, sondern auch Fischern beim Einbringen der Netze halfen. Als Vorfahr aller europäischen Wasserhunde gilt allgemein der Barbet. Der Belgier Adolphe Reul beschrieb ihn in „Les Races des Chiens" (1891) sowohl als Jagdhund mit feiner Nase als auch als Helfer der Schiffer, der über Bord gefallene Gegenstände und vom Schiff aus geschossene Enten und andere Seevögel aus dem Wasser holen könne.

Iberische Einflüsse?

Vor allem Lord George Scott, Charles C. Eley, Clifford Hubbard und in jüngerer Zeit auch Mary Roslin-Williams wiesen in ihren Veröffentlichungen auf mögliche Einflüsse der Iberischen Halbinsel bei der Entstehung des Labradors hin. Auch wenn die Portugiesen im Gegensatz zu den Engländern die Tiefseefischerei auf den äußeren Fischbänken bevorzugten und ihre Fänge direkt an Bord verarbeiteten, gilt es als äußerst wahrscheinlich, dass sie ebenfalls Wasserhunde mit sich führten. Zudem galt die Halbinsel Labrador bis 1759 als portugiesische Kolonie. Eine erste Beschreibung des „Portuguese Water Dog" (Cão de Água Português) findet sich bereits 1297. Clifford Hubbard schrieb in „The Working Dogs of the World" (1947), „... dass der Portugiesische Wasserhund schon lange existiert, ist keine Frage. [...] Der Hund wurde ursprünglich gezüchtet, um den Fischern zu helfen, und die Arbeit, die er macht, ist einzigartig. Er wird auf den Fischerbooten mitgeführt und arbeitet als Apportierhund für Gerätschaften, welche von Bord fallen oder von Bord gespült werden, Fische, welche aus den Netzen oder von der Rute springen, als Lebensretter und als Kurier von Boot zu Boot oder ans Ufer, je nach Bedarf. Er ist ein starker Schwimmer, aber besitzt zusätzlich die Fähigkeit unter Wasser zu tauchen, falls nötig."

Mary Roslin-Williams vertrat in „The Dual-purpose Labrador" (1969) ferner die Theorie, dass auch eine alte portugiesische Landrasse, der „Cão de Castro Laboreiro" als Vorfahre des Labradors eine Rolle gespielt haben könnte. Auch wenn sie im Vergleich zu Lord George Scott und Charles C. Eley nicht so weit geht, bereits den Namen „Laboreiro" als einen eindeutigen Hinweis zu sehen, führt sie die optische Ähnlichkeit des „Cão de Castro Laboreiro" mit dem modernen Labrador, bezüglich der Kopfform, der Fellbeschaffenheit und der Rute, als einen in ihren Augen schlagenden Beweis an.

1

2

CashBack
This old Inn was formerly the 'Dove Ale House'
it later became known as 'The Black Dog' after
the Landlord had acquired a Black Labrador,
the first to come into the country from
the Master of a Newfoundland trading vessel
which was unloading at Weymouth.
IAN ROBERT CHRISTOPHER TIBBLE , SONIA CAROLINE TIBBLE & THOMAS HENRY SEYMOUR REDWOOD
Licensed retailer of beer, wines & spirits, to be consumed on or off the premises.

3

BOROUGH OF POOLE
LABRADOR
DRIVE

4

1 Der Hafen von Poole heute
2 | 3 Nicht nur in Poole, sondern auch in anderen englischen Hafenstädten wie Weymouth finden sich Hinweise auf die Ankunft des Labradors in England.
4 Wie einst seine Vorfahren, imponiert der Labrador Retriever auch heute noch bei der Wasserjagd.

Die „Newfoundland Dogs"

Es ist zweifelhaft, ob die genaue Entwicklung der Rasse jemals lückenlos nachvollzogen werden kann. Sicher ist jedoch, dass sich entsprechend den Anforderungen des neuen Landes mit dem Anwachsen der Fischindustrie Hunde entwickelten, die später die Welt erobern sollten. Dabei erstaunt besonders die Tatsache, dass trotz der in jeder Hinsicht schwierigen Lebensbedingungen eine offensichtlich planmäßige Zucht betrieben wurde, die sich sowohl an körperlichen und charakterlichen Merkmalen als auch an besonderen Arbeitsfähigkeiten orientierte.

Der große und der kleine „Neufundländer"

Für weitere Verwirrung in der Geschichte der Rasse sorgte ferner die Tatsache, dass in den 300 Jahren vor dem ersten englischen Import offensichtlich zwei berühmte Hunderassen auf Neufundland entstanden. Zahlreichen historischen Quellen zufolge handelte es sich um eine große, kräftigere Varietät mit langem rauem Haar sowie hoch getragener Rute und einem kleineren, leichter gebauten, glatthaarigen Typ.

Colonel Peter Hawker, ein herausragender Schütze und Jäger seiner Zeit, besaß einen Schoner, mit dem er die Strecke zwischen Poole und Neufundland befuhr. Sein 1814 erstmals erschienenes, überaus erfolgreiches Buch „Instructions to Young Sportsmen" gilt als erstes schriftliches Dokument über den Labrador. Es enthält eine erste, exakte Beschreibung beider Typen: „Der eine ist groß; stark in den Beinen; rauhaarig; kleiner Kopf; und trägt seine Rute hoch. Er wird auf dem Lande gehalten, um Schlitten voller Holz zu ziehen, vom Inland ans Ufer des Meeres, wo er auch sehr nützlich ist durch seine riesige Kraft und den Mut bei Schiffbrüchen und anderen Katastrophen in wildem Wetter. Der andere, bei Weitem der Beste für alle Arten von Jagd, ist häufiger schwarz als von irgendeiner anderen Farbe und kaum größer als ein Pointer. Er ist eher lang in Kopf und Fang, ziemlich tief in der Brust; sehr fein in den Beinen; hat kurzes oder glattes Haar, trägt seine Rute nicht so gebogen wie der andere und ist extrem schnell und aktiv beim Rennen, Schwimmen oder Kämpfen. [...] Die St.-John's-Rasse dieser Hunde wird hauptsächlich von Fischern am heimatlichen Strand eingesetzt. Ihr Geruchssinn ist kaum schätzbar. Das feine Unterscheidungsvermögen der Nase beim Verfolgen eines verletzten Fasans durch eine Deckung voller Wild, oder von einem geflügelten Vogel durch Ginstergebüsch, oder über einen Kaninchenbau, erscheint beinahe unmöglich ..."

Nach 1800 begannen Schriftsteller auf beiden Seiten des Atlantiks Beobachtungen niederzuschreiben, die sich auf die „Newfoundland Dogs", wie beide Typen zunächst genannt wurden, bezogen. Auch wenn diese Niederschriften zahlreiche wertvolle Hinweise enthielten, erschwerte die ungenaue Terminologie ihre

Das Fell sollte nicht zu lang sein und nur wenig Wasser aufnehmen, damit der Hund bei seiner Rückkehr nicht zuviel Wasser mit ins Boot brachte.

Auswertung jedoch wesentlich. So finden sich in der Originalausgabe von Colonel Hawkers „Instructions to Young Sportsman“ (1814) die Namensbezeichnungen „St. John's Water Dog“, „Newfoundland Dog“, „Real Newfoundland Dog“, „Proper Labrador“ oder „Lesser Labrador“. 1837 schrieb Thomas Bell in seiner „History of British Quadrupeds“, dass es mehrere Arten des „Newfoundland Dog“ gäbe, die sich in Größe, Fellart und Zeichnung unterschieden. Zehn Jahre später beschrieb H. D. Richardson in seinem Buch „Dog: The Origin and Varieties“ (1847) vier verschiedene Arten von „Newfoundland Dogs“. J. H. Walsh, der unter dem Pseudonym „Stonehenge“ schrieb, bezeichnete 1867 den kleineren Hund als „St. John's“, „Smaller Labrador“ oder „Newfoundland“.

Die Abstammungsverhältnisse

Wann der große „Newfoundland Dog“ erstmals englischen Boden betrat, lässt sich heute nicht mehr genau feststellen. Tatsache ist aber, dass er auf den Britischen Inseln schnell große Popularität errang und zum Liebling der Aristokraten avancierte. Der Dichter Lord Byron sang im 18. Jahrhundert ein Loblied auf ihn. Viele Autoren des 19. Jahrhunderts sahen ihn als Vorfahren des Labradors an und bezeichneten diesen deshalb als „Lesser Newfoundland“ (kleineren/unbedeutenderen Neufundländer). Der Schluss, dass der „St. John's Dog“ eine Unterart des großen Neufundländers sein müsse, lag nahe, da der „St. John's Dog“ allen Aufzeichnungen zufolge England erst erreichte, als der große Neufundländer dort bereits seit über 100 Jahren bekannt war. Nach den vorliegenden Berichten kam erst um die Jahrhundertwende ein weiterer Hund aus Neufundland. Auch dieser war den Beschreibungen nach schwarz, aber im Auftreten weniger stattlich als der große Neufundländer. Er galt ebenfalls als außergewöhnlich guter Schwimmer, wurde aber vor allem aufgrund seiner hervorragenden Fähigkeiten als Jagdhund und Retriever importiert.

Der Amerikaner Richard A. Wolters folgte zwei Jahre lang intensiv den historischen Spuren des Labradors, bevor er seine umfangreichen Recherchen in „The Labrador Retriever: The History ... The People ...“ (1981) veröffentlichte. Dabei lag ihm die Frage, wer nun von wem abstamme, besonders am Herzen. Unter Berücksichtigung aller ihm zur Verfügung stehenden Quellen kam er zu dem Schluss, dass der heutige Neufundländer erst später aus dem kleineren, leichter gebauten und glatthaarigen „St. John's Dog“, also dem Vorfahren des Labradors, gezüchtet wurde. Seine detaillierte Argumentation, die sich vor allem auf das Erfordernis der „Funktionalität“ stützt, klang schlüssig.

Im Museum der englischen Hafenstadt Poole fand Wolters ein historisches Dokument, das

nicht nur belegte, dass die englischen Küstenfischer kleine flache Zweimannboote verwendeten, sondern das auch die Hauptaufgaben der Hunde, das Apportieren von Fisch und schwimmenden Tauen, beschrieb. Die Hunde mussten kräftige Schwimmer sein, durften aber wegen des begrenzten Platzangebots an Bord nicht allzu groß sein. Entscheidend war ferner auch eine spezielle Fellqualität: Es sollte möglichst wenig Wasser aufnehmen, damit der Hund nicht zu viel Wasser mit ins Boot zurückbrachte oder sich Eis darin festsetzen konnte. Dazu durfte es nicht zu lang und sollte möglichst von öliger Konsistenz sein. Auch ein Brief von Lord George Scott aus den 1930er-Jahren gibt Hinweise, wie die Arbeit der Hunde beim täglichen Fischfang aussah. Da in dieser Zeit noch Angeln ohne Widerhaken benutzt wurden, kam es häufig vor, dass Fische kurz vor der Wasseroberfläche von der Angel fielen. Diese sollten dann vom Hund, nötigenfalls auch tauchend, gefangen und apportiert werden.

Ausgehend von diesen Erfordernissen ist es allein aufgrund der Größe und der Fellbeschaffenheit des Neufundländers nicht sehr wahrscheinlich, dass er der unentbehrliche Helfer der Küstenfischer war. Vielmehr liegt nahe, dass sich mit wachsenden Bevölkerungszahlen und infolge der Abholzung nahe gelegener Waldgebiete auf Neufundland ein zunehmender Bedarf an großen starken Zughunden entwickelte. Diese mussten nicht nur in der Lage sein, Holz über längere Strecken zu befördern, sondern sollten auch Vorräte und Fischkörbe transportieren. Dieser Theorie stand unter Berücksichtigung mehrerer historischer Berichte auch Sir Middleton in „The Labrador Dog: its Home and History" nahe, als er feststellte: „ ... es wurde früher allgemein angenommen, dass der große Neufundlandhund der einzige Neufundlandhund war. Es scheint jedoch, dass aller Wahrscheinlichkeit nach die älteste auf Neufundland etablierte Rasse der kleine schwarze Wasserhund ist, der heute Der Labrador genannt wird."

Eine englische Vogeltreibjagd heute – noch warten die Schützen gespannt auf den Anflug der Fasane.

„Zurück" auf britischem Boden

Über drei Jahrhunderte lang galt Poole als eines der reichsten Handelszentren Englands mit direkter Verbindung nach Neufundland. Dies begann sich jedoch im 18. Jahrhundert aus verschiedenen politischen Gründen zu ändern. Der Handelsverkehr zwischen England und Neufundland ebbte immer mehr ab. In der Folge verloren auch Poole und Greenock, die als die wichtigsten Eingangshäfen der St.-John's-Hunde galten, immer mehr an Bedeutung. In den 80er-Jahren des 19. Jahrhunderts wurde der Handel zwischen England und Neufundland schließlich beendet, und mit ihm endete auch der Import von Labradors aus Neufundland, wobei nicht zuletzt das 1895 eingeführte englische Quarantänegesetz die weitere Einfuhr von Hunden auf die Britischen Inseln während der nachfolgenden 100 Jahre zusätzlich erschweren sollte. Da es noch kaum genügend Hunde gab, um die Zucht rein zu halten, wurden zumeist andere Hunderassen, von denen man glaubte, die gewünschten Eigenschaften gewinnen zu können, eingekreuzt. 1873 schrieben Dinks, Mayhew und Hutchinson in „The Dog": „Ein Retriever stammt aus Kreuzungen, es gibt keinen reinrassigen Typ. Jeder einzelne Züchter hat seine eigenen Vorstellungen. Die besten Retriever, die ich je gesehen habe, entstammen einer Kreuzung zwischen Labrador und Water Spaniel." Auch wenn sie bereits den Namen Labrador benutzten, war er zu dieser Zeit noch nicht allgemein gängig. Noch immer wurde er überwiegend als „St. John's", „Newfoundland" oder auch mit seinem neuen Namen „English Retriever" bezeichnet. Der Name „Labrador" wurde erst in der letzten Dekade des 19. Jahrhunderts allgemein als Rassebezeichnung verwendet.

OBEN: *Die typische Arbeit eines Retrievers*
UNTEN: *Historische Postkarte mit dem Titel „Retriever"*

Die Blütezeit der Flugwildjagd

Sowohl die Jagd, als auch die Hundezucht waren im 19. Jahrhundert weitgehend der adligen Oberschicht vorbehalten. Während die universell einsetzbaren, zusammengewürfelten Meuten der Tudorzeit nicht zuletzt aufgrund des Rückgangs der Haarwildbestände immer mehr verschwanden, erlebte die Flugwildjagd mit der Entwicklung der Feuerwaffen eine Blütezeit. Mit der Entwicklung des „Hinterladers" verbesserte sich die Waffentechnik bahnbrechend. Die neuen Jagdflinten konnten schneller nachgeladen werden und stellten pro Ladevorgang zwei Schüsse zur Verfügung. Durch die nun verwendeten Stahlläufe wurde eine höhere Belastbarkeit erreicht, womit sowohl die Pulverladung als auch die Reichweite der Flinten erhöht werden konnten. In der Folge stiegen die Strecken pro Jagdtag stark an und spezielle Apportierhunde für die Arbeit nach dem Schuss gewannen immer mehr an Bedeutung. All diese Entwicklungen traten in etwa zeitgleich mit der Entdeckung der neuen Rasse aus Neufundland auf.

Wichtige Persönlichkeiten rund um den Labrador

Von 1800 bis 1882 sind die Berichte eher lückenhaft. Das Gros der importierten Hunde befand sich in Händen der Aristokratie, während die wenigen St.-John's-Hunde gewöhnlicher Jäger in Ermangelung ausreichenden Zuchtpotenzials durch Einkreuzungen nach und nach verloren gingen.

Viele Berichterstatter dieser Zeit kannten Labradors nur vom Hörensagen, und die Tatsache, dass die Namen Malmesbury, Buccleuch, Scott oder Home in der zeitgenössischen Literatur so gut wie nie erschienen, unterstrich, wie „privat" die Hunde letztlich gehalten wurden. In einem Bericht der Zeitschrift „Country Life" vom 23. August 1902 begann der Autor mit den Worten: „Trotz der Tatsache, dass beinahe drei Viertel eines Jahrhunderts verstrichen sind, seit der Labradorhund in dieses Land importiert wurde, sind sein Aussehen und seine vielen Tugenden den allermeisten Hundeliebhabern dieses Landes unbekannt und daher nicht geschätzt."

Kurzer chronologischer Überblick

1809	In den Jagdtagebüchern des 2. Earl of Malmesbury, dem späteren Begründer des ersten englischen Labradorzwingers, findet sich bereits 1809 eine Eintragung über eine Jagdbegebenheit mit einem seiner „Newfoundland Dogs".
1814	Col. P. Hawkers 1814 erstmals erschienenes, überaus erfolgreiches Buch „Instructions to Young Sportsmen" gilt als erstes schriftliches Dokument über den Labrador. Er erkannte als einer der Ersten diejenigen Eigenschaften, die den St.-John's-Hund für den Einsatz auf den großen Vogeltreibjagden besonders prädestinierten.
1823	Der Name „Labrador" (Originaltext: „Cora. A labrador bitch.") findet sich unter einem Stich des berühmten Tiermalers Edwin Landseer (1802 – 1873) wieder.
1835	Der 5. Duke of Buccleuch brachte, zusammen mit seinem Bruder Lord John Scott, Sir Richard Graham und dem 10. Earl of Home den Labrador nach Schottland und begründete dort die berühmte „Buccleuch"-Zuchtlinie.
1841	Nach dem Tod des 10. Earl of Home und 2. Earl of Malmesbury 1841 wurden ihre Zwinger von ihren Söhnen weitergeführt. Malmesbury galt über die nächsten 20 Jahre als Hauptimporteur von St.-John's-Hunden.
1867	Die älteste Fotografie eines Labradors zeigt die zwölf Jahre alte Hündin „Nell" des 11. Earl of Home. Deutlich zu sehen sind darauf die weißen Zehenspitzen sowie ein weißes Abzeichen am Fang. Leider starb seine Zuchtlinie etwa zur Zeit seines Todes aus.

1882	Lord Malmesbury schenkte dem 6. Duke of Buccleuch und dem 12. Earl of Home einige seiner Zuchttiere. Mithilfe dieser Tiere wurden die alten Linien bis ins 20. Jahrhundert fortgeführt. Besonders bekannt wurden „Ned“ (* 1882) und „Avon“ (* 1885), auf die heute wahrscheinlich nahezu jeder Labrador zurückgeht.
1887	Der Name „Labrador“ tauchte 1887 in einem Brief des 3. Earl of Malmesbury an den 6. Duke of Buccleuch auf, als er schrieb: „Wir nennen meine immer Labradorhunde und ich habe die Rasse nach den ersten, die ich von Poole hatte, so rein wie möglich gehalten ...“ Erst in dieser Zeit wurde der Name „Labrador“ allgemein gebräuchlich.
1903	Im 19. Jahrhundert brachte vor allem die „Buccleuch“-Zuchtlinie die Labradorzucht in England voran. Um 1900 war der Labrador in England mit einer guten Zuchtbasis vertreten und 1903 bereits populär genug, um vom englischen Kennel Club als Rasse anerkannt zu werden.
1908	1908 registrierte der englische Kennel Club 123, 2008 über 45 000 Labrador Retriever!
1914	Der letzte direkte Nachkomme der „Malmesbury“-Zuchtlinie starb 1914. Der Erste Weltkrieg brachte auch den drastischen Rückgang des erfolgreichen „Buccleuch“-Kennels mit sich. Als Lord George starb, musste „fremdes“ Blut eingebracht werden, um die Linie weiterhin erhalten zu können.

Die älteste Fotografie eines Labradors zeigt die zwölf Jahre alte Hündin „Nell" des 11. Earl of Home 1867.

„FTCh. Flapper" war der erste Labrador, der einen Field Trial gewann.

Die berühmten „Malmesbury"- und „Buccleuch"-Zuchtlinien

Ein Ehrenplatz in der Geschichte des Labrador Retrievers, gebührt unzweifelhaft den Zwingern der Earls of Malmesbury und der Dukes of Buccleuch. Der 2. Earl of Malmesbury (1778 bis 1841) war maßgeblich am Import und an der Etablierung des Labradors auf englischem Boden beteiligt und gilt heute als Begründer der Labradorreinzucht in England. Auf seinem nur wenige Meilen von Poole entfernten Familiensitz „Heron Court" begründete er unter dem Namen „Malmesbury" den ersten Labradorzwinger auf englischem Boden. Durch zahlreiche Importe hatte er einen guten Zuchtbestand und bemühte sich um eine möglichst reine Weiterzucht. Als leidenschaftlichem Jäger standen für ihn von Anfang an die Gebrauchstüchtigkeit und Robustheit im Vordergrund: Der Labrador sollte ein wetter- und vor allem wasserfester Jagdhund sein und bleiben. Seine Hunde wurden beschrieben als: „Klein, kompakt und sehr aktiv; ihr Fell war kurz, dicht und glatt mit einer Schattierung Braun in gewissen Jahreszeiten. Die Augen der meisten ähnelten farblich gebranntem Zucker. Ihre Köpfe, die nicht groß waren, waren breit und der Schädel gut geformt und nicht lang im Fang. Ihre fröhliche Ausstrahlung bezeugte ihren freundlichen Charakter und großen Mut." Der „Malmesbury"-Zwinger bestand beinahe 100 Jahre lang fort. Wie groß sein Einfluss auf die Zucht war, lässt sich auch heute noch anhand alter Ahnentafeln deutlich nachvollziehen. Als eindruckvolles Beispiel mögen die beiden einflussreichen Rüden „Malmesbury Sweep" (*1877) und „Malmesbury Tramp" (*1878) gelten, unter deren Nachkommen sich viele bekannte Namen wie „Munden Sentry", „Munden Single", „FTCh. Flapper", „FTCh. Peter of Faskally", „FTCh. Tag of Whitmore" und „Dual Ch. Banchory Bolo" befinden.

Unabhängig von „Heron Court" brachte der 5. Duke of Buccleuch um 1835 zusammen mit seinem Bruder Lord John Scott, Sir Richard Graham und dem 10. Earl of Home den Labrador nach Schottland und begründete dort die

Lord Knutsford beschrieb „Munden Sixty“ als den besten Hund, den er je hatte.

„Munden Scottie“, urteilte er: „... ist ein hervorragender Labrador, korrekt in jeder Hinsicht, ausgenommen die zu sehr geringelt getragene Rute.“

„Buccleuch“-Zuchtlinie. Als der 6. Duke of Buccleuch und der 12. Earl of Home in den frühen 1880er-Jahren anlässlich einer Wasserjagd die Hunde des 3. Earl of Malmesbury arbeiten sahen, erkannten sie die Hunde, die schon ihre Väter gezüchtet hatten, wieder. Lord Malmesbury schenkte ihnen daraufhin einige seiner Zuchttiere. Diese bildeten zusammen mit den wenigen Zuchttieren, die nicht aus „Heron Court“ stammten, wie „Kielder“ (* 1872), im Besitz von Sir Frederick Graham, oder „Sam“ (* 1884), im Besitz des Duke of Hamilton, sowie einige andere Hunde im Besitz von Lord Wimborne, The Hon. Montague Guest und C. J. Radclyffe, den Grundstock für die Labradorzucht des gesamten 20. Jahrhunderts.

Es ist unzweifelhaft der umsichtigen, engagierten Einfuhr und den Zuchtbemühungen der „Malmesbury“- und „Buccleuch“-Zwinger in den frühesten Tagen der Zuchtgeschichte zu verdanken, dass sich die Blutlinien der reingezüchteten Labradors in England etablieren konnten.

The Hon. Arthur Holland-Hibbert

Ein weiterer großartiger Förderer des Labradors, durch dessen Engagement die Rasse weiter an Popularität gewann und 1903 schließlich vom Kennel Club anerkannt wurde, war The Hon. Arthur Holland-Hibbert, der spätere dritte Viscount Knutsford. Er war ein brillanter Schütze und setzte sich in vielerlei Hinsicht für die Etablierung der Rasse ein. Als Gründungsmitglied des englischen Labrador Retriever Clubs übernahm er von 1916 bis zu seinem Tod 1935 dessen Vorsitz und beteiligte sich maßgeblich an der Erstellung des ersten offiziellen Rassestandards. Von Beginn an „lebte“ er die Faszination des „Dual Purpose“-Gedankens und präsentierte seine Hunde erfolgreich an Field Trials und im Showring. In den Ahnentafeln seiner Labradors fanden sich überwiegend Hunde, die direkt aus den „Malmesbury“- und „Buccleuch“-Zuchtlinien stammten. So war „Sybil“ (* 1884), die Stammhündin seines einflussreichen „Munden“-Zwingers, eine Ururgroßtochter einer Hündin des 5. Duke of Buccleuch.

1 *Aus einer Verbindung von Sixty und Scottie stammte die später legendär gewordene „Munden Single" (*1899).*

2 *Der Dual Champion „Bramshaw Bob"*

3 *Der Dual Champion „Banchory Bolo" auf einem Gemälde von Ward Binks.*

Als seine bekannteste Hündin galt „Munden Single" (*1899), die sich sowohl im Showring als auch an Field Trials eindrucksvoll präsentierte. 1904 gewann sie das erste „Challenge-Certificate" (Abk. CC = Anwartschaft auf den Show-Champion-Titel), das je auf einer Ausstellung des Kennel Clubs vergeben wurde, in der Hündinnenklasse. Im selben Jahr nahm sie als erster Labrador an einem Field Trial der International Gundog League teil und hinterließ einen tiefen Eindruck bei den Zuschauern. Viele weitere Erfolge folgten und nach ihrem Tod wurde sie als besonders typisches Rasseexemplar präpariert. Sie ist noch heute im Natural History Museum in Kensington zu bewundern, auch wenn Lord Knutsford selbst das Präparat einst als nicht sehr gelungen bezeichnete. In späteren Presseinterviews hob Lord Knutsford gegenüber der Sportöffentlichkeit immer wieder das zugängliche Wesen des Labradors und seinen besonderen Wert als „Gamefinding Dog" (Hund, der in der Lage ist, Wild zu finden) hervor. Auf die Frage hin, wie sich der Labrador von anderen Retrievern unterscheide, antwortete er schlicht, dass ein Labrador alles tun würde, was irgendein anderer Retriever auch täte – nur eben ein kleines bisschen besser!

Der Erste Weltkrieg vernichtete viele Zwinger. Auch der „Munden"-Zwinger hörte beinahe auf zu existieren. Nach dem Krieg gelang es Lord Knutsford jedoch erneut, mithilfe einer Hündin namens „Munden Scarcity" eine starke Blutlinie aufzubauen. Als „Scarcity" 1923 von Lady Howes „Dual Ch. Banchory Bolo" gedeckt wurde, ging aus dieser Verpaarung „Ch. Banchory Danilo", der im Lauf seiner späteren Ausstellungskarriere nicht weniger als 33 „Challenge-Certificates" gewann, hervor.

Wie in vielen anderen Hundezwingern dieser Zeit gab es auch im „Munden"-Zwinger immer wieder bestandsbedrohende Staupeausbrüche. Sich der Ernsthaftigkeit dieses Problems bewusst und um Lösungen bemüht, trat Lord Knutsford an das Landwirtschaftsministerium und die königliche veterinärmedizinische Akademie heran. Jedoch gelang es ihm erst mithilfe des Herausgebers des Magazins „The Field", einen Fond ins Leben zu rufen, mit dessen Hilfe die wissenschaftlichen Forschungen vorangetrieben werden konnten, die sich 1929 durch das Auffinden eines Impfstoffes als erfolgreich erwiesen.

Noch in seinem 79. Lebensjahr gewann Lord Knutsford mit „Munden Squeezer" ein Field Trial. Bezeichnenderweise kollabierte er 1935 während einer Ansprache anlässlich eines Field Trials in Idsworth und verstarb im Kreise seiner Freunde.

2

3

Lorna Countess Howe

Lorna Countess Howe, ebenfalls eines der Gründungsmitglieder des englischen Labrador Retriever Clubs, engagierte sich nicht nur zeit ihres Lebens als dessen Sekretärin und Schatzmeisterin, sondern übernahm nach dem Tod von Lord Knutsford auch den Vorsitz.

Sie besaß einige der einflussreichsten Labradors in der Geschichte der Rasse, wie beispielsweise die Dual Champions „Banchory Bolo“, „Banchory Painter“, „Banchory Sunspeck“ und „Bramshaw Bob“ sowie die Show Champions „Ilderton Ben“, „Banchory Trueman“, „Banchory Danilo“, „Bolo's Trust“, „Ingleston Ben“, „Orchardton Donald“ und den Field Trial Champion „Balmuto Jock“.

Wie schon Lord Knutsford war auch sie eine überzeugte Verfechterin des „Dual Purpose“-Gedankens. Die Tatsache, dass immerhin vier der zehn englischen Dual Champions in ihrem Besitz standen, unterstrich dabei den Erfolg ihrer Bestrebungen.

Ihren ersten Labrador, den Rüden „Scandal of Glynn“, bekam Lady Howe 1913. „Scandal“ zeugte nur einen Wurf (* 1915), wobei sich nur ein Rüde, „Banchory Bolo“, unter den Welpen befand. Nach „Scandals“ Tod beschloss Lady Howe 1917 „Bolo“ zu suchen und zurückzukaufen. Als sie ihn fand, war er bereits knapp dreijährig, und es stellte sich heraus, dass er bis dahin durch viele Hände gegangen war und dabei nicht den besten Ruf erworben hatte. Als sie ihn am Bahnhof abholte, fand sie einen ungepflegten, misstrauischen, knurrenden Hund vor. Doch trotz seines vermeintlich schlechten Wesens, beschloss sie ihm eine Chance zu geben. Als er kurze Zeit später ernsthaft erkrankte, gelang es Lady Howe über seine Pflege hinweg, sein Vertrauen und seine Ergebenheit zu gewinnen. Fortan wich er nicht mehr von ihrer Seite. Als sie mit dem Training begann, stellte sich heraus, dass er, trotz seiner negativen Erfahrungen, überraschend schnell lernte. „Bolo“ erlangte den Titel eines Field Trial Champions, indem er in rascher Folge zwei Field Trials gewann. Kurze Zeit später erfüllte er auch alle Voraussetzungen für den Titel eines Show Champions und damit auch für den Titel eines „Dual Champions“.

„Banchory Bolo“ wurde nicht allzu häufig als Deckrüde eingesetzt, doch aus jedem seiner Würfe ging zumindest ein Field Trial oder Show Champion hervor. In der Dezemberausgabe der Zeitschrift „The Field“ von 1932, die über die „Retriever Championship“ berichtete, wurde herausgestellt, dass sich unter den vierzehn prämierten Hunden allein acht seiner Nachkommen befanden.

„Buccleuch Cabot", der als einer der letzten St.-John's-Hunde 1932 nach England importiert wurde

Das Schicksal der St.-John's-Hunde auf Neufundland

Während sich die Labradorzucht in England stetig weiterentwickelte, wurde der St.-John's-Hund auf Neufundland immer seltener. Als der 7. Duke of Buccleuch 1930 zur Auffrischung seiner Blutlinie einen Versuch unternahm, weitere Hunde aus Neufundland zu importieren, erwies sich dies als äußerst schwieriges Unterfangen. Mithilfe von Sir John Middleton, dem damaligen Gouverneur der Insel, gelang es ihm zwischen November 1932 und November 1933 jedoch, mehrere Hunde ausfindig zu machen und nach England zu bringen. Der bekannteste unter ihnen war „Cabot", ein gut aussehender Rüde, über den Lord George Scott in „The Labrador Dog – its Home and History" schrieb: „Es ist nachgewiesen, dass die Nachkommen von Cabot, der 1932 importiert wurde, erstklassige Wasserhunde sind, mit weichem Maul und guten Nasen. Sie sind auch außergewöhnlich eifrig und intelligent."

1974 unternahm Lady Jaqueline Barlow auf St. John's (Neufundland) eine Forschungsreise. Dabei stieß sie auf ein abgelegenes Fischerdorf, in dem sie ihren Angaben zufolge drei „Originale" antraf. Auf ihre Informationen stützte sich der Amerikaner Richard Wolters, als er 1980 nach Neufundland reiste und auf Anraten Lady Barlows Harold Melbourne kontaktierte, der in „Grand Bruit", einem kleinen, extrem abgeschiedenen Ort an der unzugänglichen Südküste Neufundlands lebte. Tatsächlich fand er dort zwei 13 und 15 Jahre alte Rüden vor, die seiner Beschreibung nach in jeder Hinsicht einem Labrador sehr ähnlich sahen: „... nicht wie ein heutiger Ausstellungshund, hingegen mit großer Ähnlichkeit zu so manchem Hund aus Field-Trial-Linien", wobei der vorhandene weiße Brustfleck laut Rassestandard auch heute noch gestattet ist.

Die weltweite Verbreitung des Labrador Retrievers

Seit Jahrzehnten gibt es in vielen Ländern der Welt Vereine und Klubs, die sich der Rasse verschrieben haben. Im Mittelpunkt ihrer Bestrebungen steht in der Regel der Erhalt des Labrador Retrievers in puncto Gesundheit, Aussehen, Wesen und Leistung.

Der Labrador in …

… der Schweiz

› 1949 wurde der erste Labrador, die gelbe Hündin „Mumbery Fancy“, im Schweizer Hundestammbuch registriert.
› 1951 fiel der erste Wurf unter dem Präfix „Alta Villa“.
› 1968 gründete sich der „Schweizer Springer Spaniel und Retriever Club“ (SSSRC), der sich 1986 in den „Retriever Club Schweiz“ (RCS) und den „Spaniel Club“ aufspaltete.
› Von 1970 bis 1990 stieg die Popularität der Rasse rasant an, wobei 1987 erstmals 95 Würfe mit rund 700 Welpen registriert wurden.
› Seit 1988 erscheint jährlich ein „Year Book“ des RCS mit vielen Veröffentlichungen rund um Gesundheits-, Ausstellungs- und Prüfungsergebnisse sowie Züchterinseraten.

… Italien

› Der in den 80er-Jahren noch nahezu unbekannte Labrador arbeitete sich aufgrund seines guten Images und seiner starken Präsenz in den Medien schnell auf Platz 5 der beliebtesten Rassen vor.
› Der „Retrievers Club Italiano“ (RCI) wurde 1979 gegründet.

… Spanien

› 1996 wurde der spanische Retriever Club „El Club Español de Retrievers“ (CER) gegründet.
› Während 1998 das erste Ausstellungs-Championat des Clubs stattfand, befindet sich die Etablierung von Leistungsprüfungen noch in den Anfängen.

… Schweden

› 1926 wurde der erste Labrador registriert.
› Aufgrund seiner Robustheit und Wetterfestigkeit errang der Labrador schnell große Beliebtheit und einen festen Platz unter den „Top Five“ der beliebtesten Hunderassen.
› 1945 wurde der „Svenska Spaniel och Retrieverklubben“ (SSRK) und 1977 der „Labrador Retrieverklubben“ gegründet.

… Belgien

› 1968 wurde der belgische Retriever Club (BRC) gegründet, dessen vorrangiges Ziel der Erhalt des Standards, des Wesens und der Einsatzfähigkeit für die Jagd war.
› 2001 wurde der „Belgian Labrador Retriever Club“ (BLRC) gegründet.
› Heute gehört der Labrador zu den populärsten Rassen in Belgien.

… Frankreich

› Die ersten Labradors fanden ihren Weg nach Frankreich über die vielfältigen Verbindungen zwischen der britischen und französischen Aristokratie und die gemeinsame Begeisterung für die Jagd.
› 1911 wurde der „Retriever Club France“ (RCF) gegründet.
› Heute steht der Labrador auf Platz 2 der beliebtesten Rassen.

… den Niederlanden

› Seit Jahren behauptet sich der Labrador auf Platz 1 der Beliebtheitsskala mit über 5 000 Welpeneintragungen pro Jahr.
› Es gibt mehrere rassebetreuende Vereine, wobei die „Nederlandse Labrador Vereniging (NLV)“ eine Schlüsselstellung einnimmt.
› Auf der nationalen Siegerschau werden heute alljährlich über 800 Labradors vorgestellt.

… Österreich

› 1955 wurde der erste Labrador registriert, der erste Wurf fiel 1957.
› 1980 wurde der Österreichische Retriever Club (ÖRC) gegründet.

… Dänemark

› Der Labrador ist seit den 50er-Jahren nicht nur als Jagdhund, sondern auch als nützlicher Begleiter in verschiedenen Disziplinen sehr populär.
› 1959 wurde der „Dansk Retriever Klub“ (DRK) gegründet.

… Finnland

› 1963 wurde die „Finnische Retriever Association“ (FRA) gegründet.
› 1980 folgte der „Labrador Retriever Club of Finland“, der seit 1999 für alle Zuchtbelange des Labradors verantwortlich ist.
› Auf der Liste der „Top Ten“ der beliebtesten Hunderassen nahm der Labrador 2007 Platz 3 ein.

… Kanada

› Wie in den Vereinigten Staaten hat der Labrador auch in Kanada einen besonderen Status.
› Unter Federführung des 1988 gegründeten „Canadian Kennel Club“ (CKC) gibt es heute mehrere anerkannte Labrador Retriever Clubs.
› Der Labrador steht seit Jahren auf Platz 1 der beliebtesten Rassen in Kanada.

Der Labrador in den Vereinigten Staaten

Ursprünglich hatte die Jagd in Amerika eine andere Bedeutung als in England, sie diente schlicht und einfach dem Überleben. Dies änderte sich erst Mitte des 19. Jahrhunderts. Mit der Entwicklung des Hinterladers wurde die Jagd zu Land und Wasser zur verbreiteten Freizeitbeschäftigung des Durchschnittsamerikaners. Allerdings unterschied sich das typische „Jagdszenario“ wesentlich von den englischen Treibjagden auf Flugwild. Die Weitläufigkeit des Landes, die Wildarten und der Bewuchs stellten andere Ansprüche an die Jagd und demzufolge auch an die Arbeit der Hunde. Während der Labrador zwischen 1880 und 1930 zum populärsten Jagdhund der Engländer avancierte, erweiterten die Amerikaner das Aufgabenspektrum der bis dato bevorzugten Setter und Pointer. Sie sollten fortan nicht nur vorstehen, sondern bei Bedarf auch stöbern und apportieren. Zudem hatte sich an der Küste Marylands ein eigener Wasserhund entwickelt, dessen Ursprung vermutlich auf zwei „Newfoundland Dogs“ zurückging, die 1807 als Welpen nach dem Schiffbruch einer auf dem Weg nach Poole befindlichen Brigg anlandeten. Sie gelten heute allgemein als Ausgangszuchtmaterial für den „Chesapeake Bay Ducking Dog“, der 1878 als Chesapeake Bay Retriever vom American Kennel Club (AKC) anerkannt wurde. Unabhängig davon entstand im Mittleren Westen der American Water Spaniel, der vermutlich aus Kreuzungen des alten English Water Spaniels, des Curly Coated Retrievers, des Irish Spaniels und eventuell des Sussex Spaniels hervorging.

So waren es zunächst andere als jagdliche Gründe, die in den 20er- und 30er-Jahren des 20. Jahrhunderts ein plötzliches Interesse am Labrador auslösten.

„America meets the Labrador!“

Während der englische Kennel Club den Labrador Retriever bereits 1903 als Rasse anerkannt hatte, dauerte es bis 1917, ehe der erste Labrador beim American Kennel Club eingetragen wurde. Die schwarze Hündin „Brocklehirst Floss“ stammte aus Schottland und stand im Besitz von Charles G. Meyer. Ihre Abstammung ging überwiegend auf Lord Knutsfords „Munden“-Zwinger zurück.

1928 erschien im Magazin „American Kennel Gazette“ ein enthusiastischer Artikel von Dr. G. H. Monro-Home mit dem Titel „Meet the Labrador“ („Lernen Sie den Labrador kennen“). Er gehört zu den frühesten schriftlichen Dokumenten über den Labrador in Amerika. Der Artikel beschreibt das harmonische Zusammenspiel eines Setters und eines Labradors anlässlich einer Feldjagd. Wobei der Autor besonders die Standruhe, die Führigkeit, die hervorragende Nase und den Jagdverstand des Labradors hervorhebt. Fünf Jahre später wurde von Jay F. Carlisle einer der ersten und wichtigsten amerikanischen Zwinger unter dem Prefix „Wingan“ gegründet.

„Field Champion Blind of Arden", einer der erfolgreichsten amerikanischen Hunde der 30er-Jahre

Der Labrador wird zum Statussymbol

Während der sogenannten wilden 20er-Jahre machte sich unter den wohlhabenden Amerikanern eine Faszination für die britischen Herrschaftshäuser breit, die sich auch auf die amerikanischen Jagdgewohnheiten auswirkte. Die Jagd in England und Schottland hatte ihre eigenen Statussymbole und eines davon war der Labrador Retriever, der über 100 Jahre lang nur in aristokratischen Kreisen anzutreffen war. In der Folge wurden regelmäßig britische Hunde importiert und verschiedene Zwinger, vornehmlich in den ehemaligen englischen Kolonien der Ostküste, gegründet. Des Weiteren wurden schottische Wildhüter verpflichtet, die sich nicht nur um die Hunde kümmern, sondern vor allem auch annähernd ähnliche Jagdsituationen schaffen sollten.

Am 7. Oktober 1931 wurde der erste amerikanische Labrador Club (LRC) gegründet, dessen Vorsitz Mrs Marshall Field übernahm. Das erste lizenzierte Field Trial des Clubs fand am 21. Dezember 1931, die erste Spezialzuchtschau des Clubs 1933 statt.

Einer der ersten schottischen Wildhüter, die in den USA verpflichtet wurden, war Tom Briggs. Mr W. Averell Harriman, späterer Gouverneur des Bundesstaates New York (1955 – 1958), holte ihn 1913 aus Schottland. Tom Briggs galt als versierter Wildhüter und begnadeter Hundeführer. Ende der 20er-Jahre importierte Mr Harriman „Peggy of Shipton", die die Stammhündin seines berühmten „Arden"-Zwingers werden sollte. Aus ihrem zweiten Wurf mit dem Rüden „Odds On" 1933, der im Besitz von Mrs Marshall Field stand, gingen zwei der berühmtesten Hunde dieser Zeit hervor: „Field Champion Decoy of Arden" und „Field Champion Blind of Arden". Von den ersten Jahren an bis zum Ausbruch des Zweiten Weltkriegs war der „Arden"-Zwinger sowohl an Field Trials als auch auf Hundeausstellungen äußerst erfolgreich.

Im Lauf der Jahre entwickelten sich die ehemaligen Wildhüter immer mehr zu professionellen Hundetrainern und -führern. Während ursprünglich das System der frühen englischen „Field Trials" (dt. „Prüfungen im Felde") zur Überprüfung des Leistungsstandes der Hunde übernommen worden war und sich die Arbeit des Hundes aus der natürlichen jagdlichen Situation ergab, lösten sich amerikanische „Trials" zunehmend in Richtung chancengleicher kontrollierter Einzeltests, die aus diversen „sportlichen" Apportieraufgaben bestanden, von der Jagd ab.

Bis zum Zweiten Weltkrieg galt der vom Herausgeber E. F. Warner gestiftete „Field and Stream Award" als die begehrteste Auszeichnung. Später wurde sie von der „National Championship", die auch heute noch höchste Ehren verspricht, abgelöst.

Nach dem Zweiten Weltkrieg änderte sich auch in Amerika die Gesellschaftsordnung hin zu einer immer weiter aufstrebenden Mittelklasse. Die Popularität des Labradors explodierte regelrecht. Seit über zehn Jahren steht er nun an erster Stelle der beliebtesten Hunderassen in den USA. Jährlich fallen über 40 000 Würfe mit mehr als 150 000 eingetragenen Welpen, wobei die Zahlen der nicht unter dem Reglement des AKC gezüchteten Welpen im Dunkeln liegt. Neben dem LRC wurden zahlreiche weitere rassebetreuende Vereine gegründet, wie 1973 der Labrador Retriever Club of Potomac, dessen alljährliche Clubshow mit über 1300 Meldungen mittlerweile als eine der weltweit wichtigsten Ausstellungen gilt.

„Internationaler, VDH- und CSSR-Champion Owlcroft Helena", die Stammhündin des Zwingers „Vom Keien Fenn"

Der Labrador in Deutschland

Nach dem Zweiten Weltkrieg war der Labrador Retriever in Deutschland noch sehr selten anzutreffen. Wie in anderen Ländern auch, fand er sich überwiegend in Händen von Leuten, die in irgendeiner Beziehung zu Großbritannien standen. Aus jagdlicher Sicht bestand zunächst keinerlei Interesse, denn es gab ausreichend deutsche Rassen, die den Jagdgegebenheiten vor Ort entsprechen konnten. Neben den einheimischen Stöber-, Schweißhunden, Dackeln und Terriern wurde das Jagdhundewesen hierzulande seit jeher von den Vorstehhunderassen dominiert, die als jagdliche „Allrounder" ausgebildet und geführt wurden. Der erste im deutschen Jagdgebrauchshundestammbaumbuch eingetragene Labrador war der schwarze Rüde „Abraham v. d. Gaesdonk".

1963 wurde der „Deutsche Retriever Club e. V." (DRC) als erster Zuchtverein für alle Retrieverrassen gegründet und bald danach vom Verband für das deutsche Hundewesen (VDH) anerkannt. Bis Anfang 1986 wurden Retriever aller Rassen im Sammelzuchtbuch des VDH eingetragen. Parallel dazu begann der Verein kurze Zeit später mit der handschriftlichen „internen" Zuchtbuchführung. Der erste registrierte Labradorwurf war der am 12. Mai 1965 gewölfte „B-Wurf" des Zwingers „v. d. Tannenreuth". Aufzeichnungen über einen etwaigen „A-Wurf" existieren nicht mehr.

„Owlcroft Helena" erwies sich sowohl im Showring als auch auf zahlreichen deutschen Jagdprüfungen als überaus erfolgreiche Rassevertreterin.

„FTCh. Tibea Tosh", der im Alter von 7 Jahren nach Deutschland importiert und stolze 17 Jahre alt wurde, erwies sich als einflussreicher Vererber.

Die 70er-Jahre

Insgesamt gab es 1970 nur 40 registrierte Labradors in ganz Deutschland. Erst im Lauf der nächsten Jahre wurden mehrere Zwinger gegründet. Einer der einflussreichsten dieser Zeit war der 1971 von Helena Niehof (heute Dr. Helena Niehof-Oellers) gegründete, noch heute bestehende Zwinger „Vom Keien Fenn". Ihre aus England importierte Stammhündin „Owlcroft Helena" erwies sich sowohl im Showring als auch auf zahlreichen deutschen Jagdprüfungen als sehr erfolgreich. Im Lauf ihrer „Ausstellungskarriere" wurde sie Internationaler, VDH- und CSSR-Ausstellungschampion. Aus der von ihr begründeten Zuchtlinie gingen viele Stammhündinnen nachfolgender Zwinger hervor.

Ihr Zuchtziel orientierte sich einerseits am „Dual Purpose"-Gedanken, andererseits lag ihr als Tierärztin auch die Gesundheit der Hunde besonders am Herzen. Im Rahmen ihrer Tätigkeit als Zuchtwartin des DRC setzte sie sich von 1975 bis 1983 engagiert für die Einführung gewisser Gesundheitsstandards als Zuchtzulassungsvoraussetzungen ein, wie jährlich zu wiederholende Augenuntersuchungen, das HD- und später auch ED-Röntgen, sowie für die Einführung eines Wesenstests.

Als der „Showtyp" in ihren Augen immer schwerer wurde und sie einen Ausweg aus dem sich ihrer Meinung nach immer mehr manifestierenden Ellenbogenbelastungsproblem suchte, wandte sie sich Anfang der 90er-Jahre Hunden aus Field-Trial-Linien zu und importierte unter anderem den einflussreichen englischen Rüden „FTCh. Tibea Tosh".

In den 70er-Jahren wurden ferner einige Hunde aus bekannten englischen Zwingern, wie „Poolstead", „Timspring", „Palgrave", „Ballyduff", „Blondella" und „Powhatan", nach Deutschland importiert. Einige von ihnen beeinflussten die Zucht maßgeblich, während andere sich aufgrund gesundheitlicher Einschränkungen als nicht zuchttauglich erwiesen.

Gegen Ende der 70er-Jahre wurden auch zunehmend Labradors auf jagdlichen Leistungsprüfungen vorgestellt, wobei die 1979/80 initiierte Bringleistungsprüfung es fortan auch Nichtjägern ermöglichte, ihre Hunde aus züchterischen Gründen prüfen zu lassen.

Die 80er-Jahre

In der zweiten Hälfte der 80er-Jahre begann die Labradorpopulation in Deutschland stark anzuwachsen. Zahlreiche weitere, heute noch bestehende Zwinger, wie „Vom Schnelter Bruch", „Of Rembo", „Ballycorner", „Scandica", „Cadonau's" oder „Aus Lühlsbusch", nahmen in dieser Zeit ihren Anfang.

Auch der von Dr. Fritz und Dr. Isabella Kraft gegründete Zwinger „Aus Lühlsbusch" orientierte sich von Anfang an am „Dual Purpose"-

Gedanken. Nachkommen aller drei Farbschläge erwiesen sich im Lauf der Jahre erfolgreich auf Ausstellungen und bei den klassischen deutschen Jagdprüfungen. Ferner engagierte sich Dr. Isabella Kraft mittels verschiedener Publikationen, wie ihrer Zusammenstellungen von an „Generalisierter Netzhautatrophie" erkrankten Hunden, anhaltend für die Rasse. Ihre in Zusammenarbeit mit Gary Johnson zusammengestellten Bücher „The Workers" mit einer Sammlung von Ahnentafeln englischer Field Trial Champions von 1904 – 1993 und „Labradors 2000" mit einer Sammlung britischer Field und Working Trial Champions (1994 – 1999) sowie britischer Ausstellungs-Champions (1991 – 1999) ermöglichten vielen Züchtern und Labradorliebhabern Einblicke in die Entwicklung englischer Zuchtlinien.

1984 gründete sich durch eine Abspaltung des DRC der Labrador Club Deutschlands e. V. (LCD) mit dem Ziel, einen eigenständigen Rassehundezuchtverein für den Labrador ins Leben zu rufen. Auch wenn die Ausrichtung des LCD von Beginn an überwiegend ausstellungsorientiert war, entwickelte er im Lauf der Zeit ein eigenes Prüfungssystem im jagdlichen, Begleithunde- und Dummyarbeitsbereich. Steigende Mitgliederzahlen machten es dem DRC ab 1986 möglich, ein Zuchtbuch in Eigenregie zu führen.

Die 90er-Jahre bis heute

Ende der 80er-, Anfang der 90er-Jahre gewann die Bekämpfung genetischer Erkrankungen im DRC immer mehr an Bedeutung. Der Verein etablierte zu diesem Zweck eine Zuchtwertschätzung. Die Zwingererstbesichtigung und die Verpflichtung zum Besuch von Züchterseminaren wurden zu obligatorischen Voraussetzungen für jeden Neuzüchter des Vereins. Zugleich fächerten sich die Vereinsaktivitäten des DRC immer weiter auf und reichen heute von Seminaren aus verschiedensten kynologischen Bereichen über Welpen-, Begleithunde-, Dummy- und jagdlichen Ausbildungsgruppen bis hin zu verschiedensten Prüfungen.

Der Bereich der Dummyarbeit entwickelte sich in den letzten 15 Jahren rasant. Waren es vor ein paar Jahren noch „familiär" anmutende Workingtests mit vielleicht 20 Teilnehmern, so sind heute Veranstaltungen mit weit über 100 Teilnehmern keine Seltenheit mehr. Parallel dazu stieg auch der Leistungsstandard der Hunde und erweist sich heute als zunehmend international konkurrenzfähig. Mit der Lockerung der Quarantäne- bzw. Einreisebestimmungen zeigt sich auch die absolute „Vormachtstellung" Großbritanniens auf dem Ausstellungs- und Leistungssektor (zumindest im Dummyarbeits-

1 *„Int. FTCh. Gunsight's Bracket" auf den FCI-Europameisterschaften für Retriever 2007*

2 *„Quincy aus Lühlsbusch"*

3 *„Mocca aus Lühlsbusch"*

bereich) nicht mehr als unantastbar. Als Beispiele mögen der in Italien gezogene gelbe Labradorrüde „Loch Mor Welldone", der auf der Crufts 2007 das „Best of Breed" erhielt, oder auch das erfolgreiche deutsche Team gelten, das sich beim zweitägigen Workingtest „Skinners World Cup 2008" im englischen Highclere gegenüber den zwölf angetretenen Nationen (inklusive England, Wales und Schottland) durchsetzen und im siebten Jahr der Veranstaltung den Cup erstmalig auf den Kontinent holen konnte.

Auch im jagdlichen Bereich konnten deutsche bzw. in Deutschland gezogene Hunde, wie 1999 die Labradorhündin „Zero Zerlina vom Keien Fenn" und 2007 der Labradorrüde „Int. FTCh. Gunsight's Bracket", ihre Qualitäten unter Beweis stellen, indem sie die Einzelwertungen der FCI-Europameisterschaften für Retriever („Coupe d' Europe") gewannen.

Im Oktober 2008 wurde im DRC die Zuchtbuchnummer 13 870 vergeben. Nach den Vereinszüchterlisten (Stand Oktober 2008) gibt es heute 272 Labradorzüchter im Deutschen Retriever Club e. V. und 481 im Labrador Club Deutschland e. V. Höhepunkte der Vereinsaktivitäten des DRC und des LCD bilden die alljährlich stattfindenden Clubschauen sowie der renommierte, zweitägige Workingtest „German Cup" des DRC und das „Work und Show Wochenende" des LCD.

3

Wie beliebt der Labrador Retriever in den letzten Jahren in Deutschland geworden ist, spiegelt jedoch vor allem die Welpenstatistik der im Verband für das deutsche Hundewesen (VDH e. V.) registrierten Welpen wider. In knapp zehn Jahren stieg er mit einer Welpenanzahl von 2 451 im Jahr 2007 von Platz 22 auf Platz 4 der Beliebtheitsskala.

Der Labrador – gestern und heute

Der Rassestandard

Da Großbritannien als Ursprungsland des modernen Labradors gilt, wurde der 1986 revidierte Standard des englischen Kennel Clubs von der Fédération Cynologique Internationale (FCI), der weltweiten Dachorganisation der Rassezuchtvereine, übernommen. Innerhalb der FCI gehört der Labrador Retriever der Gruppe 8 der Apportier-, Stöber- und Wasserhunde an.

Ursprungsland Großbritannien; FCI Standard Nr. 122 / 29. 01. 1999 / D
Übersetzung U. H. Fischer

Der Labrador einst ...

Rassestandard

Allgemeines Erscheinungsbild
Kräftig gebaut, kurz in der Lendenpartie, sehr rege; breiter Oberkopf; Brust und Rippenkorb tief und gut gewölbt; breit und stark in Lende und Hinterhand.

Verhalten / Charakter (Wesen)
Ausgeglichen, sehr aufgeweckt. Vorzügliche Nase, weiches Maul; begeisternde Wasserfreudigkeit. Anpassungsfähiger, hingebungsvoller Begleiter. Intelligent, eifrig und willig, mit großem Bedürfnis seinem Besitzer Freude zu bereiten. Von freundlichem Naturell, mit keinerlei Anzeichen von Aggressivität oder deutlicher Scheue.

Oberkopf
› Schädel: Breit, gut modelliert ohne fleischige Backen.
› Stopp: Deutlich ausgeprägt.

Gesichtsschädel
› Nasenschwamm: Breit, gut ausgebildete Nasenlöcher.
› Fang: Kraftvoll, nicht spitz.
› Kiefer / Zähne: Kiefer von mittlerer Länge; Kiefer und Zähne kräftig mit einem perfekten, regelmäßigen und vollständigen Scherengebiss, wobei die obere Schneidezahnreihe ohne Zwischenraum über die untere greift und die Zähne senkrecht im Kiefer stehen.
› Augen: Mittelgroß, dabei Intelligenz und gutes Wesen zeigend, braun oder haselnussfarben.
› Ohren: Nicht groß oder schwer, dicht am Kopf anliegend, hoch und ziemlich weit hinten angesetzt.

Hals
Trocken, stark, kraftvoll, in gut gelagerte Schultern übergehend.

Körper
› Rücken: Obere Linie gerade.
› Lendenpartie: Breit, kurz und kräftig.
› Brust: Von guter Breite und Tiefe, stark gewölbter, „fassförmiger“ Rippenkorb.

Rute
Kennzeichnendes Merkmal, sehr dick am Ansatz, sich allmählich zur Rutenspitze verjüngend, mittellang, ohne Befederung, jedoch rundherum stark mit kurzem, dickem und dichtem Fell bedeckt, damit in der Erscheinung „rund“, dies wird mit „Otterschwanz“ umschrieben. Kann fröhlich, sollte jedoch nicht gebogen über dem Rücken getragen werden.

... und heute

Gliedmaßen

- Vorderhand: Vorderläufe mit kräftigen Knochen und vom Ellenbogen zum Boden gerade, sowohl von vorne als auch von der Seite betrachtet.
- Schultern: Schulterblätter lang, schrägliegend.
- Hinterhand: Gut ausgebildet, zur Rute hin nicht abfallend.
- Kniegelenke: Gut gewinkelt.
- Sprunggelenke: Tiefstehend. Kuhhessigkeit im höchsten Maße unerwünscht.

Pfoten

Rund, kompakt; gut aufgeknöchelt und mit gut ausgebildeten Ballen.

Gangwerk

Frei, raumgreifend, dabei in Vor- und Hinterhand gerade und parallel.

Haarkleid

- Haar: Kennzeichnendes Merkmal, kurz, dicht, nicht wellig, ohne Befederung, fühlt sich ziemlich hart an; wetterbeständige Unterwolle.
- Farbe: Einfarbig schwarz, gelb oder leber/schokoladenbraun. Gelb reicht von hellcreme bis fuchsrot. Ein kleiner weißer Brustfleck ist statthaft.

Größe

Ideale Widerristhöhe:

- Rüden: 56–57 cm,
- Hündinnen: 54–56 cm.

Fehler

Jede Abweichung von den vorgenannten Punkten muss als Fehler angesehen werden, dessen Bewertung in genauem Verhältnis zum Grad der Abweichung stehen sollte und dessen Einfluss hinsichtlich Gesundheit und Wohlbefinden des Hundes. Hunde, die deutlich physische Abnormalitäten oder Verhaltensstörungen aufweisen, müssen disqualifiziert werden.

Anmerkung

Rüden müssen zwei offensichtlich normal entwickelte Hoden aufweisen, die sich vollständig im Hodensack befinden.

Ein durchgängiger Rassetyp: die Field Trial Hündin „ChTCH Gunsight's Autumn Sage" (rechts) mit zwei ihrer Nachkommen

Die Entwicklung des englischen Rassestandards von 1916 bis 2009

Vor Gründung des englischen Labrador Retriever Clubs im April 1916 wurden Retriever mit Zustimmung des Kennel Clubs derjenigen Rasse zugeordnet, der sie am meisten ähnelten. Dies führte unter anderem dazu, dass im Januar 1916 ein als Labrador registrierter Rüde namens „Horton Max", dessen Vater nachweislich der rassereine Flatcoated Retriever „Ch. Darenth" war, im Labradorring eine Anwartschaft für den Show-Champion-Titel gewann. Als er diesen Erfolg kurze Zeit später anlässlich der Crufts (heute die größte Hundeausstellung der Welt) unter einem anderen Richter wiederholte, fand ein Treffen Rasseinteressierter beider Rassen statt, in dessen Folge unter anderem die Gründung eines Vereins zum Schutze und zur Förderung des Labrador Retrievers beschlossen wurde. Dies war die gedankliche Geburtsstunde des Englischen Labrador Retriever Clubs (LRC).

Nach dessen offizieller Gründung 1916 setzte sich das Gründungskomitee unter Leitung von The Hon. Arthur Holland-Hibbert und Mr Twyford zunächst für das Aufstellen eines ersten offiziellen Rassestandards („A Standard of Points") ein. Wie Lorna Countess Howe in „The Popular Labrador Retriever" (1957) festhielt, spielte dabei auch die Berücksichtigung der Arbeitsqualitäten des Labradors eine besondere Rolle. Der vom Komitee eingereichte Entwurf wurde umgehend vom Kennel Club akzeptiert und blieb bis 1950 unverändert.

Bei seiner ersten Überarbeitung 1950 wurden einige wichtige Rassemerkmale durch eine genauere Beschreibung ergänzt, während andere, wie beispielsweise die Ausprägung des Stopps, eine konkrete Veränderung erfuhren. Sprach der „Standards of Points" noch von einem „leichten Stopp", wurde nun ein „ausgeprägter Stopp" festgeschrieben. Ferner wurden die zuvor tolerierten Augenfarben Braun, Gelb oder Schwarz auf Braun oder Haselnussfarben konkretisiert. Neu aufgenommen wurde auch erstmals eine kurze Beschreibung des korrekten Scherengebisses, der wetterbeständigen Unterwolle und der gewünschten Widerristhöhen für Rüden und Hündinnen. Zusätzlich wurden die drei Farbschläge (Schwarz, Schokoladenbraun und Gelb) erstmalig ausdrücklich erwähnt und eine „Fehlerliste" eingefügt, in der unter anderem sowohl der Rück- als auch der Vorbiss als fehlerhaft beschrieben wurden.

Anlässlich einer weiteren Überarbeitung 1982 erfuhr der Rassestandard nur sehr geringfügige Veränderungen, wie die Anpassung der Widerristhöhen an das metrische System und die Einfügung einer allgemeinen Klausel über das Vorhandensein zweier offensichtlich normal entwickelter, sich vollständig im Skrotum befindlicher Hoden beim Rüden.

1986 stellte der Kennel Club die Forderung nach einer Vereinheitlichung aller Rassestandards bezüglich Form und Terminologie. Anstelle der 1950 eingeführten Fehlerliste trat nun folgende Standardklausel: „Jede Abweichung von den vorgenannten Punkten sollte als Fehler angesehen werden, dessen Bewertung in genauem Verhältnis zum Grad der Abweichung stehen sollte."

Im Januar 2009 stellte der Kennel Club schließlich allen Rassestandards eine Einleitung voran, die ihn als Leitfaden definieren, welcher die idealen Charakteristika, das Wesen und das äußere Erscheinungsbild einer Rasse beschreibt und gleichzeitig sicherstellt, dass die Rasse funktionstüchtig ist.

Ferner wurden diverse Standards detailliert überarbeitet, um sicherzustellen, dass die Beschreibungen einer Zucht förderlich sind, bei der die Gesundheit und das Wesen von vorrangiger Bedeutung sind. Die verbesserten Standards wurden als „interim" bezeichnet, um anzuzeigen, dass sie weiteren Überarbeitungen unterzogen werden können.

Beim Labrador gab es folgende wesentliche Änderungen

› **CHARAKTERISTIKA** Freundlich, ausgeglichen, sehr wendig (das schließt übermäßiges Körpergewicht oder Substanz aus). Hervorragende Nase, weiches Maul; extrem wasserliebender, anpassungsfähiger, anhänglicher Begleiter.

› **GEBÄUDE** Brustkorb von guter Breite und Tiefe, mit gut gerundeten Fassrippen. Dieser Effekt sollte nicht durch übermäßiges Gewicht erreicht werden.

Obwohl die Veränderungen, die im Lauf der Jahre am Standard vorgenommen wurden, relativ gering scheinen, hat sich die Rasse in ihrem optischen Erscheinungsbild zum Teil stark verändert.

Rassetypische Eigenschaften wie Temperament, Charakter und Wesen

Der Rassestandard des Labrador Retrievers erschöpft sich nicht nur in seinem äußeren Erscheinungsbild und seiner Anatomie, sondern führt auch unverzichtbare Charakteristika bzw. Wesensmerkmale an. Festgehalten werden dabei sowohl Eigenschaften, die sich aus der züchterischen Selektion im Hinblick auf seine ursprüngliche Aufgabe als Spezialist für die jagdliche Arbeit nach dem Schuss ergeben haben, als auch elementare Wesensmerkmale, wie seine Freundlichkeit und Sicherheit im Umgang mit dem Menschen, seine typische Gelassenheit und Belastbarkeit im Alltag. Nervosität hingegen, die erwiesenermaßen in einer engen Beziehung zu Aggressivität steht, ist nicht nur rasseuntypisch, sondern gilt auch als hocherbliche Eigenschaft. Aus diesem Grund kommt der wesensmäßigen Selektion zukünftiger Zuchthunde eine besondere Bedeutung zu. Lesen Sie im Folgenden die einzelnen Merkmale.

Erscheinungsbild

› **SEHR REGE** Ein typischer Labrador ist sehr bewegungsfreudig und braucht deshalb als erwachsener Hund reichlich Auslauf: Die Bewegungsfreude bestimmt den Bewegungsbedarf!

Interessante Punkte bei der Entwicklung des Rassestandards im Überblick

Veränderungen im Merkmal …	1916	1950	1986/87
Stopp	„Slight" Stop (dt. leichter Stopp)	„Pronounced" Stop (dt. ausgeprägter Stopp)	„Defined" Stop (dt. klar abgegrenzter, klar umrissener Stopp)
	Während Lord Knutsford 1923 noch in einem Artikel über die Charakteristika des Labrador Retrievers schrieb: „The ‚stop' is not very pronounced" („The Labrador Retriever – its History, Points and Training", Leslie Sprake 1933), wurde der Stopp im Lauf der Jahre immer ausgeprägter.		
Fang	Die Kiefer sind lang und kraftvoll, völlig frei von Geschnürtsein oder übertriebener Länge.	Kiefer von mittlerer Länge, kraftvoll, nicht geschnürt.	Kiefer von mittlerer Länge, kraftvoll, nicht spitz.
	Eine angepasste Kiefer- bzw. Fanglänge stellt ein entscheidendes Merkmal für einen Apportierhund dar. Ein zu kurzer Fang, wie man ihn heute häufiger beim Labrador sieht, erweist sich bei der praktischen Jagdausübung, vor allem beim Apportieren von starkem Wild, als hinderlich.		
Wesen	Nicht explizit erwähnt.	Nicht explizit erwähnt.	Intelligent, eifrig und willig, mit großem Bedürfnis, seinem Besitzer Freude zu bereiten. Von freundlichem Naturell, mit keinerlei Anzeichen von Aggressivität oder deutlicher Scheue.

Charakteristika

> **AUSGEGLICHEN** Gelassenheit und Belastbarkeit im Alltag sowie beim Arbeitseinsatz sind Ausdruck seiner psychischen Stabilität und Nervenfestigkeit, die sich im jagdlichen Bereich auch in einer natürlichen Standruhe widerspiegelt.

> **SEHR AUFGEWECKT** Der typische Labrador ist aktiv, interessiert und begeisterungsfähig. Eine Beschäftigung über die Bewegung hinaus sollte deshalb selbstverständlich sein!

> **VORZÜGLICHE NASE** Sie ist bei entsprechender Beschäftigung ein „Segen", bei inkonsequenter Erziehung und Unterbeschäftigung ein „Fluch"!

> **WEICHES MAUL** Grundvoraussetzung für jeden Apportierhund!

> **BEGEISTERNDE WASSERFREUDE** Unabdingbare Voraussetzung bei seiner ursprünglichen Aufgabe als Begleiter der Fischer. Ausdruck seiner Wetterfestigkeit und Robustheit, aber auch Grund der besonderen Fellqualität.

> **ANPASSUNGSFÄHIGER, HINGEBUNGSVOLLER BEGLEITER** Menschenbezogenheit und -freundlichkeit sowie die hohe Bindungsbereitschaft sind die Dreh- und Angelpunkte des Wesens.

OBEN: *Menschenbezogenheit und hohe Bindungsbereitschaft kennzeichnen das Wesen des Labradors.*
UNTEN: *Eine ausgeprägte Wasserfreude, die auch vor Eis nicht haltmacht, ist ein typisches Rassemerkmal.*

Wesen

> **INTELLIGENT** Seine Intelligenz spiegelt sich vor allem in seiner hohen Lernbereitschaft und seiner Leichtführigkeit wider.

> **EIFRIG** Interesse und Begeisterungsfähigkeit an und im Zusammenleben mit „seinem“ Menschen stehen in direktem Zusammenhang mit seiner Menschenbezogenheit!

> **WILLIG, MIT GROSSEM BEDÜRFNIS, SEINEM BESITZER FREUDE ZU BEREITEN** Der sprichwörtliche „Will to Please“ (der angeborene Wille zu gefallen) des Labradors als Ausdruck seines Arbeitswillens und seiner Leichtführigkeit.

> **VON FREUNDLICHEM NATURELL, MIT KEINERLEI ANZEICHEN VON AGGRESSIVITÄT ODER DEUTLICHER SCHEUE** Auch sein unkompliziertes, freundliches und offenes Wesen gegenüber Mensch und Tier resultieren aus seiner ursprünglichen Aufgabe und Lebensweise. Ein Labrador ist ein „Hund zum Anfassen“, d. h., er sollte mit fremden Menschen und Kindern ebenso freundlich umgehen wie mit anderen Tieren.

Inwieweit ein Labrador heute dem Rassestandard entspricht, wird in der Regel im Ausstellungsring festgestellt. Allerdings können Charakter- oder Wesensmerkmale dort nur in sehr begrenztem Maße anhand des Verhaltens des Hundes während der Präsentation im Ring beurteilt werden. Außerdem können typische Eigenschaften, die auf den ursprünglichen Arbeitsqualitäten beruhen, in diesem Rahmen überhaupt keine Berücksichtigung finden. Die Frage ist also: Wie lässt sich das Vorhandensein der im Standard verankerten, typischen Merkmale gezielt überprüfen?

Während bestimmte Wesensmerkmale anhand einer Wesensüberprüfung festgestellt werden können, können aus dem ursprünglichen Verwendungszweck resultierende Eigenschaften nur anhand von speziellen, auf Retriever zugeschnittenen Leistungsprüfungen nachgewiesen werden.

Typvergleich: schwarze Hündin aus englischen Linien (Schulterhöhe 54 cm) und amerikanischer gelber Rüde (Schulterhöhe 60,5 cm)

Die gezielte Wesensüberprüfung

Um den Wesensstandard des Labrador Retrievers zu gewährleisten, ging die Schweiz bereits in den 70er-Jahren den Weg einer gezielten Wesensüberprüfung. Ein erster Wesenstest wurde von Prof. Dr. Dr. h. c. Eugen Seiferle in Zusammenarbeit mit Hans Rudolf Engelmann entwickelt. Allerdings wurden hierbei rassetypische Merkmale wie die Apportier- oder Wasserfreude zunächst nicht beachtet, da der Test ursprünglich für Deutsche Schäferhunde gedacht war. Erst später erfuhr er weitere Anpassungen an die rassetypische Veranlagung der Retriever.

In Deutschland fanden ab 1973 erste Wesenstests zunächst noch auf freiwilliger Basis statt. Mittlerweile ist das Absolvieren des Wesenstests im Rahmen der zu erfüllenden Zuchtzulassungsvoraussetzungen in beiden Rassezuchtvereinen, dem Deutschen Retriever Club e. V. (DRC) und dem Labrador Club Deutschland e. V. (LCD) Pflicht. Zielvorstellung des Tests ist ein Hund, der sich in allen friedlichen Alltagssituationen sicher und unerschrocken verhält. Dies gilt sowohl im Umgang mit fremden Menschen als auch bei Konfrontation mit optischen und akustischen Reizen. Auch wenn das Testergebnis entscheidend von den Kenntnissen und Fähigkeiten des Testers abhängt und zuweilen nicht mehr als ein grobes Raster sein kann, ist der Test doch geeignet, um Hunde, die eindeutig schreckhaft, ängstlich oder nervös sind bzw. Fluchttrieb, unerwünschte oder angstbedingte Schärfe, Unsicherheit und Scheue zeigen, zu selektieren.

Die Überprüfung retrievertypischer Arbeitsqualitäten

Grundsätzlich sollte ein Labrador neben einem ausgeglichenen Temperament, hoher Ausdauer, Aufmerksamkeit und einer mittleren körperlichen Härte ein hoch entwickeltes Beute- und Bringverhalten sowie eine ausgeprägte Führerbindung und Führigkeit aufweisen. Auch der Stöber- und Spürtrieb sollte normal entwickelt sein. Obschon sich einige dieser Eigenschaften zumindest in Ansätzen anhand des Wesenstestes nachweisen lassen, ist dieser in seiner Aussagekraft vor allem bezüglich der Beurteilung der Nasenqualität, der Weichmäuligkeit, der Intelligenz, der Wasserfreude und des „Will to Please" begrenzt. Dasselbe gilt für die typische Arbeits- bzw. Apportierfreude, die zwar im Standard nicht explizit erwähnt ist, sich aber in den genannten Attributen widerspiegelt. Alle diese Eigenschaften lassen sich letztlich nur durch erfolgreich absolvierte retrievertypische Prüfungen nachweisen.

Der Rassestandard des Amerikanischen Kennel Clubs (AKC)

Ursprünglich gab es zwischen dem englischen und dem amerikanischen Standard keinerlei Unterschiede. Diese ergaben sich erst nach den ersten Revisionen. So unterschied sich bereits der 1957 verabschiedete offizielle Standard des AKC in Teilbereichen deutlich, wobei schon damals eine sich unterscheidende Größenentwicklung auffällig wurde.

Im Vergleich zum KC- bzw. FCI-Standard, der in knapper und präziser Form alle wesentlichen Rassemerkmale festhält, enthält der aktuelle, umfangreichere amerikanische Standard von 1994 eine teilweise wesentlich genauere Beschreibung einzelner Merkmale und neigt zuweilen zu Ausschweifungen. Besonders auffällig ist der immer wiederkehrende Bezug von Anatomie und Funktion, d. h. der unabdingbaren anatomischen Voraussetzungen für den leistungsfähigen Jagdhund.

Die wichtigsten Unterschiede auf einen Blick

Merkmal	Revidierter KC-Standard 1986/87 bzw. FCI-Standard 1999	AKC-Standard 1994
Allgemeines Erscheinungsbild	Der KC- bzw. FCI-Standard beschränkt sich hier kurz und prägnant auf diejenigen anatomischen Merkmale, die das typische Erscheinungsbild des Labradors ausmachen.	Im Vergleich dazu unterstreicht der AKC-Standard zudem den Ursprung der Rasse als Jagdhund. Wortreich hebt er hervor, welche körperlichen und wesensmäßigen Merkmale einen leistungsfähigen Retriever auszeichnen.
Stopp	Deutlicher Stopp	Mäßiger Stopp
Gebiss	Regelmäßiges und vollständiges Scherengebiss	Regelmäßiges Scherengebiss, wobei das Zangengebiss nach wie vor toleriert wird, auch wenn es nicht erwünscht ist. Fehlende Molaren oder Prämolaren gelten hingegen als ernsthafte Fehler.
Gebäude/Brust	Brust von guter Breite und Tiefe, stark gewölbter „fassförmiger“ Rippenkorb	... schöne Rippenwölbung, die sich zu einem mäßig breiten Brustkorb abflacht. [...] Eine korrekte Brustbildung führt zu einer Stellung der Vorderläufe, die ein uneingeschränktes Vorgreifen der Vorderläufe erlaubt. Eine Brustbreite, die für kraftvolle Bewegung und Ausdauer entweder zu breit oder zu schmal ist, ist unkorrekt. Flachrippige Einzeltiere sind für die Rasse nicht typisch, ebenso fehlerhaft sind Exemplare mit runder oder fassförmiger Rippenwölbung.
Größe	Ideale Schulterhöhe Rüden: 56 – 57 cm Hündinnen: 54 – 56 cm	Widerristhöhe Rüden: 57,2 – 62,2 cm Hündinnen: 54,6 – 59,7 cm Jede Abweichung von mehr als 1,27 cm von diesen Werten führt zur Disqualifikation.

OBEN: *„Dual Champion Staindrop Saighdear"*
UNTEN: *„Dual Champion Knaith Banjo"*

Das Traumziel – der „Dual Purpose"-Labrador

In den frühen Entwicklungsjahren der Rasse konnte ein Hund an einem Tag an einem Field Trial (dt. Leistungsprüfung im Feld) platziert und am darauffolgenden Tag im Ausstellungsring klassiert werden. Aus dieser Zeit stammt auch der Begriff des „dual purpose dog" oder übersetzt des „Hundes für den zweifachen Zweck". Dennoch war dies auch damals nicht an der Tagesordnung, wie allein die Tatsache zeigt, dass es in den vergangenen 100 Jahren nur zehn Hunde gab, die in Großbritannien den Titel eines „Dual Champion" erreichen konnten. Dieser Titel wurde Hunden verliehen, denen es gelungen war, sowohl den Field Trial Champion (dt. Jagdarbeitschampion) als auch den Show-Champion-Titel zu erlangen.

Der erste Labrador, der diesen Titel erhielt, war Lady Howes schwarzer Rüde „Banchory Bolo" (*1915), und bis heute blieb Mrs Wormalds gelber Rüde „Knaith Banjo" (*1946) der letzte Labrador, dem diese Ehre vor über einem halben Jahrhundert zuteil wurde. Unter allen bisherigen „Dual Champions" befanden sich nur zwei gelbe Labradors, „Staindrop Saighdear" und „Knaith Banjo", und nur eine Hündin, „Lochar Nessie", während es sich ansonsten um schwarze Rüden handelte.

Vor dem Zweiten Weltkrieg

> Lorna Countess Howes „Banchory Bolo" (*1915)
> Lorna Countess Howes „Banchory Sunspeck" (*1917)
> Major Twyfords „Titus of Whitmore" (*1919)
> Lord Joiceys „Flute of Flodden" (*1922)

> Sir George Thursbys, später Lorna Countess Howes „Bramshaw Bob" (*1929)
> Lorna Countess Howes „Banchory Painter" (*1930)
> Mrs Morris „Lochar Nessie" (*1933)

Nach dem Zweiten Weltkrieg

> Mr Edgar Winters Esq. „Staindrop Saighdear" (*1944)
> Mr R. MacDonalds „Rockstead Footspark" (*1945)
> Mrs A. Wormalds „Knaith Banjo" (*1946)

Das ordnungsgemäße In-die-Hand-Apportieren war für das Bestehen des „Working Certificates" nicht zwingend erforderlich.

Die allmähliche Aufspaltung der Linien

Als der Labrador immer populärer wurde, deuteten sich bald Tendenzen hinsichtlich einer Aufspaltung der Rasse in Show- und Arbeitslinien an. Um dieser Entwicklung entgegenzuwirken, legte der englische Labrador Retriever Club den Züchtern nahe, bei der Wahl ihrer Zuchthunde und ihren Verpaarungen Arbeitsanlagen und standardgemäßes Aussehen gleichermaßen zu gewichten, um einen einheitlichen Typ zu erhalten. Man befürchtete, dass die Bevorzugung eines der beiden Zuchtziele unweigerlich eine Aufspaltung nach sich ziehen würde.

Dies war auch einer der Gründe, der zur Einführung des „Working Certificate for Bench Winners" führte. Leslie Sprakes schrieb 1933 in „The Labrador Retriever – its history, points and training" in diesem Zusammenhang: „... glücklicherweise erließ der Kennel Club in den frühen Ausstellungstagen des Retrievers (im Jahr 1909) die Vorschrift, dass kein Retriever den Titel eines Ausstellungschampions erhalten konnte, ohne zu zeigen, dass er Arbeitsqualitäten besaß, indem er ein Arbeitszertifikat gewann. Bis diese Regel durchkam, erhielt jeder Hund, der an Ausstellungen drei Anwartschaften unter drei verschiedenen Richtern gewonnen hatte, den Titel eines Champion. Ein Retriever mochte unfähig sein zu apportieren oder sogar schussscheu sein oder ein hartes Maul haben, aber er konnte immer noch Champion der Rasse werden."
Ziel dieser Prüfung war die Überprüfung der Anlagen des Hundes, wie der Schussfestigkeit, Weichmäuligkeit, Apportier- und Suchfreude, wobei eine mangelnde Standruhe oder das nicht ordnungsgemäße Abgeben nicht unbedingt zum Nichtbestehen führten.

Champion, Show Champion und Field Trial Champion – die Unterschiede auf einen Blick

Champion (Abk. Ch.)	Ausstellungschampion mit Nachweis der natürlichen Arbeitsanlagen, dem heutigen „Show Gundog Working Certificate"
Show Champion (Abk. Sh. Ch.)	Ausstellungschampion ohne Nachweis der natürlichen Arbeitsanlagen Dieser Titel wurde erst 1958 vom Kennel Club eingeführt. Bis zu diesem Zeitpunkt durfte ein Hund aus „Gundog Group" nur dann offiziell den Titel führen, wenn er einen sogenannten „qualifier" in Form des heutigen „Show Gundog Working Certificate" nachweisen konnte.
Field Trial Champion (Abk. FTCh.)	Jagdarbeitschampion

RECHTS: *Lord Knutsford mit einigen seiner „Munden"-Labradors (v. l. n. r.): Sixty, Sentry, Sudbourne, Sarah, Psaltry, Single, Scottie und Sober 1902*
UNTEN: *Marmorstatue auf Schloss Windsor mit dem Titel „Queen Victoria and her Labrador"*

Doch die sich schon in den 30er-Jahren abzeichnenden Befürchtungen hinsichtlich einer allmählichen Aufspaltung der Linien manifestierten sich später. Der Prozess verlief fließend. Rückblickend lassen sich dafür an vielen Stellen in der zeitgenössischen Literatur Anzeichen finden. So erinnerte sich beispielsweise Lorna Countess Howe in „The Popular Labrador Retriever" (1957) an Lord Knutsfords Worte: „... sollten Leute, die reine Schönheitshunde wollen, sich eine andere Rasse suchen und nicht den Labrador in Hunde aufteilen, die auf der Jagd von praktischem Nutzen sind, indem sie Wild apportieren, sowie in Hunde, die ausschließlich Ritter der Ausstellung sind. Der Labrador hat so klar gezeigt, dass er beides machen kann, und es liegt an denen, die die Rasse lieben, denen das Interesse dieser Rasse sehr am Herzen liegt, dass dieser gute Ruf beibehalten wird." Während sie selbst an die Liebhaber der Rasse appellierte: „Es besteht diesbezüglich in der Gegenwart einige Gefahr. Lasst uns aufpassen – ehe es zu spät ist. Die großen Hunde der Vergangenheit haben so gekonnt sowohl Schönheit und Intelligenz aufrecht erhalten, wir sollten versuchen diesen sehr hohen Standard zu bewahren." Und doch konnte die Uhr zu dieser Zeit bereits nicht mehr zurückgedreht werden. Waren es zuvor vor allem wohlhabende Aristokraten und Angehörige der Oberschicht gewesen, die den Labrador als Jagdhund schätzten und die Geschicke seiner Zucht lenkten, erstreckte sich die Liebe zum Labrador in zunehmendem Maße auf alle Bevölkerungsschichten. Es setzte ein regelrechter Boom auf den Labrador als Ausstellungs- und Familienhund ein und mit steigender Popularität ging ein veränderter Anspruch an die Zucht einher. In der Folge orientierten sich Züchter, die sich der Zucht von Ausstellungshunden verschrieben hatten, im Wesentlichen an den dort als „ideal" herausgestellten Hunden und damit an Merkmalen des äußeren Erscheinungsbildes. Dagegen richteten Züchter, die sich auf die Zucht von Labradors für den Jagdeinsatz konzentrierten, ihr Augenmerk vor allem auf die jagdlichen Arbeitsqualitäten, wobei das Erscheinungsbild zuweilen etwas in den Hintergrund trat. Auf diese Weise wurde der ursprüngliche „Dual Purpose"-Gedanke immer mehr in den Hintergrund gedrängt.

Die Entwicklung der Show- und Field-Trial-Linien

Die 20er-Jahre

Die herausragenden Zwinger der 20er-Jahre waren unzweifelhaft Lady Howes „Banchory"- und Mr Twyfords „Whitmore"-Labradors. Die Leistungen der „Banchory"-Labradors an Field Trials waren in dieser Zeit unübertroffen, wobei der Rüde „FTCh. Balmuto Jock", der dreimal die IGL Retriever Championship gewann (1926/28/29) und weitere dreimal den dritten Platz belegte, einen Rekord aufstellte, der bis in die 80er-Jahre ungeschlagen blieb.

Auch Mr Twyfords „Whitmore"-Labradors stellten in beiden Bereichen – Ausstellungen und Field Trials – unter Beweis, dass sie imstande waren, mit den besten Hunden ihrer Zeit zu konkurrieren. Der Zwinger brachte nicht nur den Dual Champion „Titus of Withmore (*1919) hervor, dem es als bisher einzigem Dual Champion auch gelang, 1923 und 1924 die IGL Retriever Championship zu gewinnen, sondern noch sechs weitere Show Champions und drei Field Trial Champions. Der spätere Einfluss dieses Zwingers auf die weitere Zucht war sehr bedeutend und der Name „Whitmore" fand sich in vielen Ahnentafeln der Stammhunde bekannter Zwinger wieder.

Während dieser Periode erhielten rund 70 Hunde den Titel eines Field Trial Champion. Es gab viele gute Hunde in dieser Zeit und die Zucht auf Qualität, die von den bestehenden Zwingern verfolgt wurde, zeigte eine deutliche Wirkung. Neben den bereits erwähnten Zwingern leisteten auch Namen wie „Bramshaw", „Flodden", „Withington" und „Rockstead" ihren Beitrag zur Entwicklung des Labrador Retrievers. Auch die königliche Familie begeisterte sich von Beginn an für die Rasse, wie eine Marmorstatue in Windsor Castle beweist, die mit den Worten „Queen Victoria and her Labrador" bezeichnet ist. Ihr Zwinger „Sandringham" erwies sich in dieser Zeit sowohl im Showring als auch bei Field Trials erfolgreich. Die gegenwärtige Monarchin Queen Elisabeth II., die selbst Field-Trial-Richterin ist, stellt alle vier Jahre ihren Landsitz „Sandringham" für die IGL Retriever Championship zur Verfügung und lässt es sich dabei nicht nehmen, der Veranstaltung als Zuschauerin beizuwohnen. Von 1964 an managte Mr Bill Meldrum den königlichen Zwinger, der von 1960 bis 1978 sechs Field Trial Champions hervorbrachte. Der berühmteste Labrador aus königlicher Zucht war „FTCh. Sandringham Sydney" (*1970). Das Hauptaugenmerk des Zwingers lag von jeher auf der Jagdtauglichkeit der Hunde.

„Ch. Tatler of Whitmore und Thirl of Whitmore" – Mr Twyfords „Whitmore"-Labradors stellten in beiden Bereichen – Ausstellungen und Field Trials – unter Beweis, dass sie mit den besten Hunden ihrer Zeit konkurrieren konnten.

Die 30er-Jahre

Bekannte Linien der 30er-Jahre waren „Adderley", „Braeroy", „Glynn", „Hiwood", „Liddly", „L'ile", „Lochar", „Munden", „Whitmore", „Withington" und „Zelstone". Verfolgt man die Ahnentafeln heutiger Labradors aus Show- oder Field-Trial-Linien ausreichend viele Generationen zurück, finden sich viele dieser Namen wieder. Wichtige Zwinger, die Ende der 20er- bis Anfang der 30er-Jahre entstanden, sind:

Showlinien

› **BALLYDUFF** Dr. Acheson und Mrs Acheson (die spätere Mrs Bridget Docking) gründeten ihren „Ballyduff"-Zwinger 1929. Über die Jahre hinweg war ihr Ziel ein kraftvoller „Dual Purpose"-Typ mit guten Arbeitsanlagen. „Ballyduff Glenfarg Brambling", der später in die Vereinigten Staaten exportiert wurde, gewann sowohl ein „Challenge Certificate" (= Anwartschaft auf den Championtitel) als auch ein Open Stake.

› **SANDYLANDS** Mrs Gwen Broadleys „Sandylands"-Zwinger wurde um 1930 gegründet. Hinter ihrer Stammhündin „Juno of Sandylands" standen große Namen wie „Ch. Ilderton Ben", „FTCh. Peter of Faskally" und Dual Champion „Banchory Bolo". Während ihrer über 60 Jahre dauernden züchterischen Tätigkeit brachte ihr Zwinger allein in England mehr als 70 Show Champions hervor. Auch wenn die Hunde des „Sandylands"-Kennels nicht auf Field Trials geführt wurden, hatten sie zur damaligen Zeit den Ruf, gute Arbeitshunde zu sein. Allerdings gab Gwen Broadley bereits in den späten 30er-Jahren die Bestrebungen, einen „Dual Champion" zu züchten, auf und konzentrierte sich auf Shows. Unzählige spätere Zwinger wurden mit großem Erfolg auf den „Sandylands"-Linien aufgebaut. Als wichtige Eckpfeiler der „Sandylands"-Linien gelten „Ch. Sandylands Tandy" (*1961) und „Ch. Sandylands Mark" (*1965).

Field-Trial-Linien

› **HIWOOD** Da Lady Hill-Woods Mutter eine geborene „Buccleuch" war, kam sie bereits sehr früh in Kontakt mit der Rasse. Ihr berühmtester Hund war „FTCh. Hiwood Chance", der 1933 und 1934 die IGL Retriever Championship gewann und als einer der herausragendsten Arbeitshunde der Zwischenkriegsjahre galt. Viele ihrer Hunde bewährten sich auch im Showring und erschienen regelmäßig auf Crufts. Sie beendete ihre Showaktivitäten erst, als die Linien ihrer Meinung nach immer weiter auseinanderdrifteten.

› **ZELSTONE** Mrs Audrey Radclyffe gründete ihren „Zelstone"-Zwinger 1929. Ihr Interesse an Field Trials begann 1933, als sie gleich an ihrem ersten Trial ein „Certificate of Merit" mit ihrem selbst gezogenen Rüden „Zelstone Sandy" erhielt. „Sandy" stammte in 5. Generation in

Der erste im englischen Kennel Club registrierte gelbe Labrador war „Ben of Hyde“. Er zeichnete sich vor allem durch seinen stämmigen Körperbau und sein äußerst dichtes dunkelgelbes Fell aus. Über seine zahlreichen Nachkommen verbreitete sich das gelbe Farbgen in ganz England.

direkter Linie von „Ben of Hyde“ ab, dem ersten im Kennel Club registrierten gelben Labrador. Nach diesem ersten Erfolg hielten ihre „Zelstone“-Labradors über Jahre hinweg einen konstant hohen Leistungsstandard an Field Trials.

> **BRAEROY** Der „Braeroy“-Zwinger von Mrs May MacPherson erlangte spätestens in den 30er-Jahren Berühmtheit. Da sie beim Aufbau ihrer Zuchtlinie immer wieder auf ihre eigenen gelben Linien zurückgriff, gilt „Braeroy“ noch heute als eine der wenigen „wahren“ gelben Field-Trial-Linien.

Die 40er-Jahre

Auch in den 40er-Jahren entstanden viele bekannte neue Zwinger, und noch war es durchaus möglich, dass aus ein und derselben Zuchtlinie sowohl ein Show- als auch ein Field Trial Champion hervorging. Nach dem Zweiten Weltkrieg gab es immer noch einige bekannte Züchter, die nach dem „Dual Purpose“-Typ strebten. Hier sind u. a. die Zwinger „Ardmargha“, „Ballyduff“, „Cornlands“, „Hiwood“, „Mansergh“ und „Zelstone“ zu nennen. Wichtige Zwinger, die in den 40er-Jahren entstanden, sind:

Showlinien

> **ARDMARGHA** Harold und Margaret Claytons Zwinger „Ardmargha“ wurde 1943 gegründet und brachte seither sieben englische Champions bzw. Show Champions hervor. Ihre Hunde wurden auch jagdlich geführt und nahmen früher zuweilen an Field Trials teil.

> **CORNLANDS** Mrs Peggy Rae begründete ihren Zwinger nach Kriegsende mit der Hündin „Flush of Cornlands“. Als ihr bekanntester Hund galt „Ch. Cornlands Westelm Flight“ (*1954), der mehrere Field-Trial-Auszeichnungen und Ausstellungssiege aufweisen konnte. Auch „Cornlands Lady be Good“ erhielt mehrere Field-Trial-Auszeichnungen, während ihre Tochter „Ch. Cornlands My Fair Lady“ zu einer ihrer erfolgreichsten Ausstellungshündinnen wurde.

> **DIANT** Mrs Louise Wilson-Jones gründete ihren Zwinger 1944 mit der gelben Hündin „Ochre Jill“. Ihre erfolgreichste Hündin war „Ch. Diant Juliet“, die im Laufe ihrer Karriere 23 „Challenge Certificates“ gewann. Ihr Interesse galt neben dem Showwesen stets auch der Jagd.

> **MANSERGH** Mrs Mary Roslin-Williams galt als große Verfechterin des „Dual Purpose“-Gedankens. Ihre Stammhündin „Carry of Mansergh“ war sowohl im Ring als auch an Field Trials erfolgreich. Sie selbst bezeichnete ihre „Mansergh“-Labradors als den „old-fashioned type“. Ihre besonderen Favoriten waren „Ch. Midnight“ und „Ch. Bumblikite of Mansergh“.

OBEN: *„FTCh. Holdgate Bebe“*
UNTEN: *„Poolstead Purser“, der 1969 nach Deutschland importiert wurde, und sich im Besitz der Prinzessin Sayn Wittgenstein befand.*

Field-Trial-Linien

> **ZELSTONE** Mrs Radclyffes gelbe Hündin „FTCh. Zelstone Darter“ erwies sich als exzellente Field-Trial-Hündin und großartige Vererberin. Sie war 15-mal platziert und wurde 1948 Zweite bei der IGL Retriever Championship. Unter ihren Nachkommen fanden sich acht Field-Trial-Sieger, ein Field-Trial- und ein Show Champion. „Ch. Zelstone Leap Year Lass“, eine Enkelin des „Dual Champion Staindrop Saighdear“ , hatte ebenso wie „ Zelstone Nethercompton Amanda“ und „Zelstone Tramp“ bemerkenswerte Erfolge in beiden Bereichen – Show und Arbeit. Aus „Lass“ stammte „FTCh. Zelstone Moss“, die ebenfalls sehr erfolgreich bei Field Trials war. Sie gewann drei Open Stakes und wurde 1957, noch nicht einmal zweijährig, Zweite bei der IGL Retriever Championship. Sie soll eine brillante Hündin mit beeindruckendem Style und Tempo gewesen sein. Obwohl „FTCh. Zelstone Moss“ laut Mrs Radclyffe etwas zu klein war, um ganz an die Spitze gelangen zu können, hatte sie auch einigen Erfolg bei verschiedenen Shows.

> **BRACKENBANK** Auch Mr Burton gründete seinen Zwinger in den 40er-Jahren. Er galt als herausragender Hundeführer. Seine Hündin „Brackenbank Wendy“ gewann 1948 drei verschiedene Ausstellungsklassen der Edinburgh Championship Show und erhielt kurze Zeit später eine Auszeichnung beim Midland Counties Labrador Retriever Club Field Trial.

Sein erster Field Trial Champion war „Brackenbank Trigger“ (*1946). Ihm folgten „FTCh. Brackenbank Jasper“ (*1947) und später dessen Sohn „FTCh. Brackenbank Merry“ (*1951), mit denen er jeweils sechs Open Stakes gewinnen konnte.

Die 50er-Jahre

Noch immer waren viele einflussreiche Zwinger in den Händen des Landadels, die den Labrador als Apportierhund auf ihren Jagden hielten. Bekannte Zwinger waren „Hallingbury“, „Holdgate“, „Cornbury“, „Greatford“, „Galleywood“, „Ruro“, „Stratfieldsaye“, „Sendhurst“,

„Shavington“, „Staindrop“ und natürlich weiterhin auch „Zelstone“, der als einer der erfolgreichsten Zwinger dieser Zeit galt. Obwohl zunehmend gezielt in Richtung Ausstellung oder Leistung gezüchtet wurde, sind unter den Ahnen der Ausstellungs-Champions der 50er- und 60er-Jahre noch genauso häufig Field Trial Champions zu finden wie Ausstellungs-Champions in den Ahnentafeln der Arbeits-Champions.

Einer der einflussreichsten Deckrüden dieser Dekade war „FTCh. Gallcywood Shot“, der 1957 und 1958 die IGL Retriever Championship gewann. Viele der modernen Field-Trial-Labradors gehen auf ihn zurück. Wichtige Zwinger, die in den 50er-Jahren entstanden, sind:

Showlinien

› **BLAIRCOURT** Maggie und Grant Cairns erfolgreichster Labrador war „Ch. Ruler of Blaircourt“ (*1956), der im Laufe seiner Karriere 22 „Challenge Certificates“ gewann sowie 1959 das „Reserve BIS“ an Crufts. Aus einer Verbindung von „Ruler“ mit „Sh. Ch. Tessa of Blaircourt“ ging „Ch. Sandylands Tweed of Blaircourt“ (*1958) hervor. Aus einer Verdopplung von Tweed (Großvater und Urgroßvater) ging „Ch. Sandylands Mark“ hervor, der einflussreichste Vererber des modernen Show-Labradors.

› **POOLSTEAD** Mrs A. Hepworths Stammhündinnen waren „Braeduke Julia of Poolstead“, die in fünf Würfen vier englische und einen amerikanischen Show Champion hervorbrachte, und „Ch. Poolstead Kinley Willow“. Innerhalb kürzester Zeit gelang es ihr, einen bestimmten, überwiegend gelben, Typ zu festigen, der sich durch seine kompakte Statur, sein gutes Gangwerk und durch fein geschnittene Köpfe hervorhob.

Field-Trial-Linien

› **HOLDGATE** Mrs Gabrielle Bensons Stammhündin war „FTCh. Creedypark Stella“. In „Stellas“ Ahnentafel fanden sich sowohl Field Trial als auch Dual und Show Champions. Sie war immer bestrebt, gutes Aussehen mit hervorragenden Arbeitsqualitäten zu kombinieren. Dies war auch der Grund, warum sie ihre Hündin „FTCh. Holdgate Vesta“ nach Erlangung des Arbeitstitels weitergab. Als „Vesta“ später einige hervorragende Nachkommen brachte, kaufte sie „Holdgate Steven“ aus ihrem ersten Wurf zurück. „Steven“ erreichte zwar niemals selbst den Arbeitstitel, zeugte aber viele erfolgreiche Nachkommen, darunter auch „FTCh. Holdgate Willie“ (*1969). Willie gewann 1971 nicht nur die IGL Retriever Championship, sondern auch die Field-Trial-Klasse an Crufts. Weitere erfolgreiche Hunde des Zwingers waren die Field Trial Champions „Cefnperfa of Holdgate“, „Greenwood Timothy of Holdgate“, „Holdgate Winter“ und „Holdgate Bebe“.

Die 60er-Jahre

In den 60er-Jahren traten drei Rüden in Erscheinung, die einen außerordentlich großen Einfluss auf die weitere Entwicklung der Showlinien hatten: „Ch. Sandylands Tweed of Blaircourt“ (*1958), „Ch. Sandylands Tandy“ (*1961) und „Ch. Sandylands Mark“ (*1965). „Tweed“ galt als der Topvererber der 60er-Jahre. Er drückte seinen Nachkommen typ- und qualitätsmäßig einen Stempel auf, der noch Generationen später wiederzuerkennen war.

Als einflussreichster Deckrüde in der Entwicklung des modernen Show-Labradors gilt jedoch „Ch. Sandylands Mark“ (*1965). In „Sandylands“ (2005) schrieb Richard Edwards: „Mark hat den Kopf seines Vaters geerbt. Es kann nicht verleugnet werden, dass zu jener Zeit einige von Thunders Kritikern Vorbehalte gegenüber der Stärke seines Kopfes hatten. Es ist zu bezweifeln, ob sein Kopf heute den geringsten Kommentar verursachen würde, aber zu jener Zeit hatten viele der Topsiegerrüden kleinere Köpfe als die heutigen Hunde. Mark hatte einen echten Rüdenkopf; er war gut geformt und, obschon in keinerlei Art und Weise grob, könnte man behaupten, dass sein Kopf stärker war als viele Köpfe der Hunde aus einer früheren Zeit. Es kann keine Diskussion geben, dass Mark die allgemeine Substanz seines Vaters geerbt hatte." „Mark" wurde in der Ausstellungswelt zu einer Legende und unter seinen Nachkommen finden sich allein 29 englische Show Champions.

Mit „Cookridge Tango" (*1961) betrat in diesen Jahren auch der erste braune Champion die „Showbühne". Wichtige Zwinger, die in den 60er-Jahren entstanden, sind:

Showlinien

› **CAMBREMER** Joyce und Leslie Brabbans Zwinger hatte großen Einfluss auf die Ausstellungsszene. 1989 gewann „Sh. Ch. Cambremer Madonna" und 1995 „Sh. Ch. Cambremer be Generous" das BOB an Crufts. Als einflussreichste Hündin des Zwingers gilt „Cambremer Montclair".

› **CHARWAY** Der erste Wurf in Janice Pritchards Zwinger fiel 1965. Als wichtigster Hund des Zwingers gilt „Ch. Charway Ballywillwill". In den letzten Jahren ihres viel zu kurzen Lebens (sie verstarb Ende 2005) äußerte sich Janice Pritchard zunehmend kritisch gegenüber den immer schwerer werdenden Labradors im Showring und versuchte mit dem Einkreuzen von reinen Field Trial Labradors wieder mehr Arbeitsqualitäten zu erreichen. So stammt „Charway Ballyapril" (*1999) aus einer Verpaarung von „FTCh Pocklea Remus" und „Charway Ballylace".

› **FOLLYTOWER** Margot Woolley gründete ihren Zwinger 1963 mit „Ch. Follytower Silsdale Old Chelsea". Auf sie geht heute jeder „Follytower"-Labrador zurück. Als erfolgreichster Hund des Zwingers gilt „Ch. Follytower Merrybrook Black Stormer", unter dessen Nachkommen sich weltweit viele Champions finden.

› **FOXRUSH** Judith Carlton gründete ihren Zwinger 1968 mit der Hündin „Foxrush Sandylands Gaytime". Als besonders erfolgreich galt ihre gelbe Hündin „Sh. Ch. Croftspa Hazelnut of Foxrush" (*1983), die mit 45 „Challenge Certificates" und 15 „Reserve Challenge Certificates" Rasserekordhalterin war und damit die Ausstellungswelt stark beeinflusste.

› **HEATHERBOURNE** Heather Wiles-Fones Stammhündin und erste Titelgewinnerin war „Sh. Ch. Heatherbourne Harefield Silver Penny", die noch heute hinter allen „Heatherbournes" steht. Bisher kamen 20 Show Champions aus ihrem Zwinger.

› **PRIORISE** Marylin Prior war nicht nur äußerst erfolgreich auf Ausstellungen, sondern hatte auch großes Interesse an der jagdlichen Arbeit. „Priorise Bespoke" gewann drei Auszeichnungen an Open Field Trials und 1982 auf Crufts die Field-Trial-Klasse.

„FTCh. Swinbrook Tan, Swinbrook Swift, Swinbrook Beatle und Swinbrook Finch" (v. r. n. l.)

Field-Trial-Linien

> **BERRYSTEAD** Stammhündin aller „Berrysteads" war „Berrystead Bee", eine brillante und hochintelligente, aber laut Dick Male, Mr Williams' professionellem Hundeführer, nicht ganz einfach zu führende Hündin. Unter ihren Nachkommen fanden sich „FTCh. Berrystead Bramble" und „FTCh. Berrystead Berry", der mit Dick Male 1966 die IGL Retriever Championship gewann.

> **HALLINGBURY** Obschon Mr Vincent Routledges Zwinger seine Wurzeln bereits in den frühen 20er-Jahren hatte, feierte er seinen größten Erfolg erst 1962, als er mit „FTCh. Hallingbury Blackbird" die IGL Retriever Championship gewann.

> **SENDHURST** „FTCh. Sendhurst Sweep" (*1961) gewann die IGL Retriever Championship 1965 und 1968. Über seinen berühmten Sohn „FTCh. Palgrave Edward" und seinen Enkel „FTCh. Swinbrook Tan" hatte er nachhaltigen Einfluss auf die modernen Field-Trial-Linien.

> **SWINBROOK** In Mr Duncan MacKinnons Zwinger fielen nur wenige Würfe, denn Hauptaufgabe seines professionellen Hundeführers Philip White war die Nachsuche während der Jagdsaison. Philip White war ein äußerst erfolgreicher Hundeführer und brachte sieben Field Trial Champions hervor. Die drei berühmtesten Hunde des Zwingers waren ohne Zweifel „FTCh. Beinnmhor Tide" (*1967), ihr Sohn „FTCh. Swinbrook Tan" (*1971) und ihr Enkel „FTCh. Swift of Swinbrook" (*1974). „Tide" gewann 1969 und 1970 die IGL Retriever Championship, während „Swift" 1980 Zweiter wurde. „Tan" gilt nach wie vor als nachhaltigster Vererber in den modernen Field-Trial-Linien.

> **TASCO** Mary Rountree begründete ihren Zwinger, der den Championship-Sieger von 1990 „FTCh. Tasco Dancing Brave of Willowyck" und viele weitere erfolgreiche Field Trial Champions hervorbrachte, mit der Hündin „FTCh. Swinbrook Bumble". Der Einfluss der „Tasco"-Labradors besteht trotz des viel zu frühen Todes von Mary Rountree weiter.

„FTCh. Blackharn Jonty"

Die 70er-Jahre

In den 70er-Jahren muss man bei der überwiegenden Mehrheit der Showlinien bereits acht bis zehn Generationen zurückgehen, um Hunde mit Jagdarbeitstiteln zu finden. Dem gegenüber finden sich in den Ahnentafeln vieler Field Trial Champions der 70er-Jahre noch recht häufig Show Champions. Als Beispiele mögen „FTCh. Sarumvale Geantress Camilla" (*1975), „FTCh. Quail of Lettermore" (*1976), „FTCh. Blackharn Jonty" (*1979), „FTCh. Glencoin Drummer of Drakeshead" (*1978) und „FTCh. Shinshail Apache" (*1978) gelten, in deren Ahnentafeln bereits in der dritten Generation noch eine jagdlich geführte Showlinie zu finden ist.

Und doch gab es in diesen Jahren zwei bekannte „Dual Purpose"-Labradors, von denen der eine aus Show- und der andere aus Field-Trial-Linien stammte. Der rein showgezogene dunkelgelbe Rüde „FTCh. Stratfieldsaye Calcot Crossbow" (*1970) war ein Enkel von „Ch. Sandylands Tandy" und galt als imposante Erscheinung. Doch trotz seiner Erfolge wurde er weder von Show- noch von Field-Trial-Züchtern häufig als Deckrüde eingesetzt. Auch der rein fieldtrialgezogene Rüde „FTCh. Holdgate Willie" (*1969) kann als „Dual Purpose" bezeichnet werden, denn er gewann 1971 nicht nur die IGL Retriever Championship, sondern 1974 auch die Field-Trial-Klasse der Rüden auf Crufts. Sein Einfluss auf die Entwicklung der Arbeitslinien war enorm, während er von Showzüchtern trotz seines Erfolges im Ring kaum als Deckrüde eingesetzt wurde. Allerdings ging aus einer Verpaarung von „Manymills Drake" C. D. Ex, (einem seiner Enkel) mit einer Showhündin „Ch. Abbeystead Herons Court" hervor, der ebenfalls in beiden Bereichen erfolgreich war. So nahm „Willie" später doch Einfluss auf die Showlinien.

Im Allgemeinen nahm das Interesse vieler Züchter, die zunächst noch den „Dual Purpose"-Gedanken verfolgten, immer weiter ab, während neue Züchter von Anfang an ihre persönlichen Prioritäten setzten. Mit „FTCh. Swinbrook Tan" auf der einen und „Ch. Sandylands Mark" auf der anderen Seite vertiefte sich der Graben zwischen dem an Field Trials erwarteten Leistungsniveau und dem auf Ausstellungen erwarteten Exterieur derartig, dass die Hoffnung auf einen weiteren britischen Dual Champion heute vergebens sein dürfte.

„Tan" war außerordentlich erfolgreich auf Field Trials und seine Dominanz als Deckrüde war enorm. Seine Nachkommen zeichneten sich vor allem durch ihre Leichtführigkeit aus, die es sowohl Anfängern als auch professionellen Hundeführern ermöglichte, sie erfolgreich auszubilden und zu führen. Unter seinen direkten Nachkommen fanden sich 14 englische Field Trial Champions, darunter der IGL-Retriever-Championship-Sieger von 1979, „FTCh. Westead Shot of Drakeshead", und von 1981, „FTCh. Pocklington Glen", sowie zwei irische Field Trial Champions, darunter der irische Championshipsieger „Int. FTCh. Leacross Rinkals". Sein Potenzial als Zuchtrüde war so stark, dass mit großem Erfolg Linienzucht auf ihn gemacht wurde. So war er bis in die 90er-Jahre noch in vielen Ahnentafeln innerhalb der ersten fünf Generationen zu finden. Wichtige Zwinger, die in den 70er-Jahren entstanden, sind:

Showlinien

> **CARPENNY** Penny Carpanini gründete ihren Zwinger 1970. Als hervorstechendste Hündin aus diesem Zwinger galt „Carpenny Carmargue", die drei Champions und mehrere „Junior Warrant Winner" hervorbrachte.

> **TRENOW** Maureen und Tony Floyds Zwinger entstand Anfang der 70er-Jahre. „Ch. Trenow Musicman" gewann 1988 die offene Klasse an Crufts, während „Ch. Trenow Brigadier" ein Novice Field Trial gewann und sich damit für Open Trials qualifizierte. Die meisten „Trenow"-Labradors wurden beim „picking up" (dt. Nachsuche auf Wild) eingesetzt.

> **WARRINGAH** Carole und David Coode gründeten ihren Zwinger 1974. Ihre Stammhündinnen kamen aus Majorie Satterthwaites „Lawnwood"-Zwinger. Bekannte Hunde des Zwingers waren unter anderem der gelbe Rüde „Ch. Warringah's Fair and Square", unter dessen Nachkommen sich fünf Champions fanden, und der schwarze Rüde „Ch. Warringah's Harlech", der 1986 an Crufts das „Best of Breed" gewann. Als besondere Zuchthündin galt „Ch. Warringah's Fair Dinkum" die in drei Würfen acht Champions hervorbrachte.

Field-Trial-Linien

Mrs Ryans „Barnavara", Mr und Mrs Webbs „Birdbrook", Mr Drurys „Brenjon", Mr Parnells „Blackharn", Mr Jewitts „Blakemere", Mr Ravens „Bravenhyde", Mrs Crowdens „Haretor", Mr Garbutts „Pocklea" (früher Pocklington), Mr Harveys „Mirstan" und natürlich auch Mr und Mrs Halsteads legendärer „Drakeshead"-Zwinger galten als die wichtigsten Zwinger dieser Zeit.

> **DRAKESHEAD** Aus Sandra und John Halsteads Zwinger sind bis heute mehr als 28 Field Trial Champions aus eigener Zucht oder anderen bekannten Field-Trial-Linien hervorgegangen. Darunter sind bis heute 5 Championshipsieger:

> 1978 „FTCh. Drakeshead Wisp"
> 1979 „FTCh. Westead Shot of Drakeshead"
> 1985/86/87 „FTCh. Breeze of Drakeshead"
> 1992 „FTCh Raughlin Pete of Drakeshead"
> 2003 „FTCh. Drakeshead Deana"

Nach ersten Erfahrungen mit einem Rüden aus Showlinien („Reanacre Kirbyhall Trumps") wandten sie sich ganz den Field-Trial-Linien zu. Sandra Halstead ist eine der wenigen, die beim Kennel Club sowohl als „Championship Show Judge" als auch als „A-Panel Field Trial Judge" registriert sind.

Die 80er-Jahre

In den Showlinien trat Anfang der 80er-Jahre ein weiterer, überaus einflussreicher Rüde in Erscheinung: „Ch. Kupros Master Mariner". Richards Edwards fasste in „The Show Labrador Retriever in Great Britain and Northern Ireland 1945–1995; Volume Two" (2001) zusammen: „Mariner figuriert über das Jahrzehnt von 1985 an als der wichtigste Vererber von Showlabradors in Großbritannien. Er nimmt einen Platz an der Seite der größten Deckrüden der Geschichte des Showlabradors ein." Seiner Meinung nach können die großen Deckrüden der Nachkriegszeit an einer Hand abgezählt werden: „Ch. Sandylands Tweed of Blaircourt", „Ch. Sandylands Tandy", „Ch. Sandylands Mark", „Ch. Follytower Merrybrook Black Stormer" und „Ch. Kupros Master Mariner". Unter „Mariners" direkten Nachkommen finden sich 15 englische Show Champions, darunter unter anderem „Sh. Ch. Cambremer All That Jazz", „Ch. Sandylands My Guy" und „Ch. Marfell Seafarer" sowie zahlreiche weitere Austellungssieger.

In den späten 70er- und frühen 80er-Jahren wurden die Linien von „FTCh. Swinbrook Tan" und „FTCh. Holdgate Willie" mit großem Erfolg miteinander kombiniert. Aus diesen Verbindungen gingen viele sehr erfolgreiche Hunde, wie beispielsweise „FTCh. Tasco Spinner", „FTCh. Marie of Cleary", die 1983 die IGL Retriever Championship gewann, sowie deren Wurfschwester „Ir. FTCh. Ann of Cleary" hervor. Rückblickend gilt Letztere heute als eine der besten Vererberinnen der 80er-Jahre. Die Wurfschwestern stammten aus einer Verbindung von „Int. FTCh. Leacross Rinkels" mit „Derramorre Thatch", deren Mutterlinie interessanterweise auf Showlinien zurückging. Erfolgreiche Hunde der 80er-Jahre waren:

Showlinien

› CH. CHARWAY BALLYWILLWILL (* 1978)
Mrs Pritchards schwarzer Rüde war 1981 „Top Labrador" und gewann im Laufe seiner Showkarriere acht Titelanwartschaften sowie dreimal das „Best of Breed".

› SH. CH. RECEIVER OF CRANSPIRE (* 1981)
„Receiver" wurde später zunächst in die USA, wo er ebenfalls den Championtitel erhielt, und anschließend nach Frankreich exportiert. Er galt als einer der einflussreichsten gelben Rüden der späten 80er-Jahre und wurde nach seinem Erfolg auf Crufts 1984 extensiv zur Zucht eingesetzt.

› CH. KUPROS MASTER MARINER (* 1983)
„Mariner" gilt als wichtigster Deckrüde englischer Showlinien ab 1985. Er brachte insgesamt 15 UK-Champions hervor.

› CH. ABBEYSTEAD HERONS COURT (* 1985)
Mrs Lynn Minchella verfolgte in ihrem „Abbeystead"-Zwinger bis in die jüngste Zeit den „Dual Purpose"-Gedanken. Ihr Rüde „Ch. Abbeystead Herons Court", der aus einer Verbindung ihrer Stammhündin „Charway Seashell" mit Mrs Scales „Manymills Drake" stammte, kam dem Titel eines Dual Champion sehr nahe.

› SH. CH. BELTARN DIUMA OF NEWINN (* 1986)
Mrs Hewitts schwarzer Rüde, „Sh. Ch. Beltarn Diuma of Newinn", gewann mehrere Titelanwartschaften und wurde in den Jahren 1988 sowie 1989 „Top Labrador".

› SH. CH. SIMANDEN KING'S NEPTUNE (* 1988)
Mr Grants schwarzer Rüde, „Sh. Ch. Simanden King's Neptune", gewann 31 Titelanwartschaften und wurde 1990 „Top Labrador".

Field-Trial-Linien

> FTCH. BREEZE OF DRAKESHEAD (* 1981)

Auch John Halsteads „Breeze" stammte aus einer „Tan-Willie"-Kombination. Im Alter von drei Jahren erhielt er seinen Arbeitstitel und qualifizierte sich erstmals für die Teilnahme an der IGL Retriever Championship, die er schließlich 1985 / 86 / 87 in Folge gewann – eine bisher unerreichte, einzigartige Leistung.

> FTCH. HARETOR MARK OF DRAKESHEAD (* 1983)

„Marks" Urgroßmutter „Dipper of Drakeshead" galt als eine der dominantesten Vererberinnen der „Drakeshead"-Linie. Sie gab ihre Qualitäten über „FTCh. Drakeshead Thorne" und „FTCh. Brenjon Dirk of Drakeshead" an Mark weiter.

> FTCH. POCKLEA REMUS (* 1986)

„Marks" Sohn „Remus" gewann 1991 die IGL Retriever Championship und galt als überaus einflussreicher Vererber. Interessanterweise ging auch seine Mutterlinie auf eine „Tan-Willie" Kombination zurück.

> FTCH. TIBEA TOSH (* 1986)

„Billy", wie er genannt wurde, entsprach dem alten Typ, gingen seine Ahnen doch über „FTCh. Palgrave Edward" auf „Dual Champion Staindrop Saighdear" und andere alte Linien zurück. Unter seinen Nachkommen fanden sich zahlreiche bekannte englische Field Trial Champions. Er wurde im Alter von sieben Jahren von Dr. Helena Niehof-Oellers nach Deutschland importiert.

Die Siegerin der IGL Retriever Championship 2003 „FTCh. Drakeshead Deana" (1999) mit ihrem Führer David Latham. In ihrer Ahnentafel findet sich „FTCh. Swinbrook Tan" mehrfach in fünfter Generation.*

Der „Dual Purpose"-Labrador heute

Die Linien entwickeln sich auseinander

Obschon auch nach dem Zweiten Weltkrieg noch viele Hunde zugleich auf jagdlichen Wettkämpfen und Ausstellungen vorgestellt wurden, drifteten die sich heute deutlich unterscheidenden Show- und Field-Trial-Linien unaufhaltsam auseinander. Allgemein werden die 70er-Jahre als der Zeitraum betrachtet, in dem die Aufspaltung so weit vorangeschritten war, dass die Hoffnung auf einen neuen britischen „Dual Champion" als nahezu unerreichbar angesehen werden musste. Allerdings kam Mrs Minchellas Rüde „Ch. Abbeystead Herons Court" diesem Ziel nochmals sehr nahe, als er 1993 eine Anwartschaft auf den Arbeits-Champion-Titel gewann.

Verschwindet der „Dual Purpose"?

Aufgrund des Wandels des im Showring als ideal angesehenen Typs und des rasch ansteigenden Leistungsniveaus im Arbeitswesen wurde zunehmend deutlicher, dass das Ziel des ursprünglichen „Dual Purpose" kaum noch zu erreichen war. Der moderne Showtyp bringt in der Regel weder den an Field Trials erwünschten „Style" und „Drive", noch die unabdingbare natürliche Fähigkeit Wild zu finden, mit. Insbesondere mangelt es jedoch häufig an der notwendigen Führigkeit und dem ausgeprägten „Will to Please". Abgesehen davon widerspricht auch die zum Teil übermäßige Substanz vieler Hunde aus Showlinien den Erfordernissen, denen ein Labrador im aktiven Jagdeinsatz gegenübersteht, wie beispielsweise das Meistern eines steilen Wasserausstiegs, das Überspringen einer Mauer oder eines Zauns – Situationen, die einen Hund in Showkondition häufig körperlich überfordern. Es wäre zum Wohle der Rasse sicher wünschenswert, wenn sich sowohl Züchter als auch Formwert- und Showrichter wieder vermehrt auf den Labrador als Jagdgebrauchshund besinnen würden.

*„Int. FTCh. & Schweizer Arbeitschampion Haretor Wischnu" (*1985) war ein Enkel von „FTCh. Swinbrook Tan" und errang neben seinen Arbeitschampiontiteln zahlreiche weitere Erfolge in verschiedensten Sparten: 1989 Top Dog der Game Fair in Minnesota (USA), 1990 Schweizermeister für Lawinenhunde aller Rassen und 1991 Dritter der Schweizermeisterschaften für Sanitätshunde. Ferner gewann er die Gebrauchshundeklasse einer Internationalen Ausstellung mit der Bewertung „vorzüglich" – ein Dual Purpose?*

Ein Zitat der englischen Showrichterin Anne Taylor („Fabracken"), das 2001 im Year Book des englischen Labrador Retriever Clubs erschien, unterstreicht dies und bringt dabei das Wesentliche auf den Punkt: „Der Labrador als Rasse wurde wegen seiner Arbeitsqualitäten zum Labrador. Dies war der Grund für die Rasse, nichts anderes, weder der Blindenführhund noch der Gehörlosenhund noch der Rettungshund und bestimmt nicht das Haustier. Man erwartete vom Hund, dass er seinem Führer geschossenes Wild apportierte. Dafür musste er die physischen und mentalen Fähigkeiten mitbringen. Ohne diese war er für niemanden von irgendwelchem Nutzen. ... Bevor wir die Rasse, wie sie (einst) war, ganz verlieren, sollten wir alle sorgfältig nachdenken, bevor wir den nächsten Wurf züchten. Sind die Hündin und der Rüde, den wir als Deckrüden für sie aussuchen, wahrhaftig körperlich und geistig fähig, als Jagdgebrauchshund zu arbeiten?"

Neben den in neuester Zeit angefügten Ergänzungen zum Rassestandard, die sich ebenfalls explizit auf die „Funktionstüchtigkeit" beziehen, war sicher auch die Einführung des sogenannten „Show Gundog Working Certificates" als Voraussetzung für den Erhalt des „Full Champion"-Titels (Abk. Ch.) ein kleiner Schritt in diese Richtung. Allerdings werden die jagdlichen Anlagen im Rahmen dieser Prüfung nur in Ansätzen geprüft. Während die Schussfestigkeit, die Suche und das weichmäulige Apportieren bewertet werden, ist die Standruhe nicht wesentlich für das Bestehen. In der Praxis zeigt sich ferner, dass unter den von 2003 bis 2006 vergebenen 47 englischen Showtiteln nur sechs „Full Champions" zu finden sind.

Auf der anderen Seite sind auch die Field-Trial-Linien nicht vor Übertreibungen gefeit, denn ein in sich ruhendes Wesen und ein dem Standard im ursprünglichen Sinn entsprechendes Erscheinungsbild sollte, neben den gewünschten Arbeitsanlagen, auch hier berücksichtigt werden.

Auf dem Kontinent stellt sich in neuerer Zeit ferner die Frage, unter welchen Bedingungen ein Hund überhaupt als „Dual Purpose" zu bezeichnen ist. Ausgehend vom ursprünglichen Gedanken müsste sowohl ein Ausstellungstitel als auch ein korrespondierender Jagdarbeitstitel vorliegen. Die Vergabe eines entsprechenden „Dual"-Titels ist jedoch nur in sehr wenigen kontinentaleuropäischen Ländern vorgesehen und wenn, dann erfolgt sie zuweilen unter wesentlich geringeren Anforderungen. Aus diesem Grund sind einige Züchter und Besitzer mittlerweile dazu übergegangen, ihre Hunde bereits dann als „Dual Purpose" zu bezeichnen, wenn sie gewisse Ausstellungserfolge sowie bestandene Arbeitsprüfungen – unabhängig vom Prüfungsniveau – nachweisen können. Einige gehen sogar so weit den Begriff „Dual Purpose" zu verwenden, wenn die Ahnentafel aus einer Mischung von Show- und Field-Trial-Linien besteht.

Die Entwicklung der Farbschläge

Obschon die Farbe Schwarz lange Zeit vorherrschend war, fand sich bereits im ersten, heute bekannten schriftlichen Dokument über den Labrador, Colonel Peter Hawkers „Instructions to Young Sportsmen“, ein ausdrücklicher Hinweis darauf, dass noch andere Farben vorkamen. Allgemein wird heute davon ausgegangen, dass sowohl das gelbe als auch das braune Farbgen aller Wahrscheinlichkeit nach bereits mit den Hunden aus Neufundland eingeführt wurde.

Der gelbe Labrador

Als 1925 der englische „Yellow Labrador Retriever Club“ gegründet wurde, lag die Anerkennung der Rasse durch den Kennel Club bereits 20 Jahre zurück. Obwohl die Farbe Gelb schon lange Jahre bekannt war und längst ihre Liebhaber gefunden hatte, dominierte nach wie vor die Farbe Schwarz. Mit dem Ziel, die Farbe Gelb stärker zu fördern, gab es 1925/26 kurzfristig Bestrebungen, die Rasse in zwei Varietäten – schwarze und gelbe Labradors – aufzuteilen. Dies lehnte der Kennel Club jedoch mit der Begründung ab, dass beide Farbschläge unzweifelhaft auf dieselben Urahnen zurückgingen. Da sich das Erscheinungsbild und die Anatomie des gelben Farbschlags nichtsdestotrotz vom typischen schwarzen Vertreter der Rasse in einigen Dingen unterschied, sah es der „Yellow Labrador Club“ als seine Pflicht an, einen eigenen Standard aufzustellen, um in Zukunft einen gleichmäßigeren Typ zu erreichen. Lorna Countess Howe schrieb in „The Popular Labrador Retriever“ (1957): „... zu jener Zeit waren die Gelben loser im Hals als die Schwarzen. Normalerweise, und das tun sie noch heute, ragten sie in der Dichte des Haarkleids und der so sehr erwünschten Otterrute heraus.“ Als weitere häufige Abweichungen vom Erscheinungsbild des schwarzen Labradors wurden auch schlecht getragene, häufig zu große Ohren, ein extrem kurzer Hals, eine zu steile Schulter, eine ungleichmäßige, beinahe „fleckig“ wirkende Fellfärbung sowie ein zu helles, zuweilen beinahe „topasfarbenes“ Auge, das dem gewünschten Ausdruck eines Labradors geradezu entgegenstand, erwähnt. Aus den genannten Gründen erlangte der 1925 für gelbe Labradors aufgestellte Standard jedoch nie eine offizielle Anerkennung durch den Kennel Club, woraufhin der offizielle Rassestandard ab 1959 für alle Farbschläge uneingeschränkt anerkannt wurde.

Gelbe Farbtöne

Beim gelben Labrador reichen die Farbtöne von Hellcremefarben bis hin zu Fuchsrot. Die Färbung ist meist nicht einheitlich. Häufig befindet sich am Kopf, an den Behängen, über dem Rücken und an den Sprunggelenken ein dunklerer Farbton als am Rumpf. Gelbe Labradors haben in der Regel sehr viel hellere Unterwolle. Die Pigmentierung sollte so dunkel wie möglich sein. Von einer sogenannten Wechselnase spricht man, wenn sich der Nasenschwamm in der sonnenarmen Jahreszeit aufhellt und anschließend in den Sommermonaten wieder nachdunkelt.

Der gelbe Labrador im Überblick

1900	Der erste im Kennel Club registrierte gelbe Labrador war „Ben of Hyde" oder „Hyde Ben", der 1899 geboren wurde (KC556998).
1910	Der erste je in Field Trials erfolgreiche gelbe Labrador war Mr F. Strakers „Angerton Rust", der 1910 die Northumberland All-Aged Stake gewann. 1915 war das Gründungsjahr von Mrs Wormalds „Knaith"-Zwinger, der in den späten 20er-Jahren immer mehr an Einfluss gewann.
1920	Major Lucas' „Hawkesbury"-Zwinger hielt mit „FTCh. Hawkesbury Jupiter" und „Sherry of Kettledean" in dieser Zeit einen unübertroffenen „Dual Purpose"-Rekord. „Jupiter" erwies sich zumindest durch seine Tochter „Hawkesbury Joy", die als erster gelber Labrador einen Showtitel bekam, auch als guter Vererber. Eine ihrer Wurfschwestern, „Chum of Boghurst", war die Mutter von „Golden Morn", einem der stärksten Vererber der späten 20er-Jahre. Mrs P. Steward fiel die große Ehre zu, Besitzerin des ersten gelben Field Trial Champions, „FTCh. Haylers Defender", zu sein. Dr. Stantons „Folkingham"-Zwinger dominierte in den späten 20er-Jahren die „gelbe" Field-Trial-Szene mit sehr leistungsstarken, beständig erfolgreichen Hunden. 1925 wurde der englische „Yellow Labrador Retriever Club" gegründet. 1929 war das Gründungsjahr von Mrs Radclyffes „Zelstone"-Zwinger, deren Labradors über Jahre hinweg einen konstant hohen Leistungsstandard in Field Trials aufwiesen.
1930	Der gelbe Rüde „Ch. Badgery Richard" (* 1930), ein Sohn von „Ch. Banchory Danilo" und Enkel von „Dual Champion Bancory Bolo", war ein einflussreicher Deckrüde dieser Dekade. Mr Williamsons „Ch. Reyen Lass" erhielt 1931 und 1934 das „Best of Breed" an Crufts. Der „Braeroy"-Zwinger von Mrs MacPherson erlangte spätestens in den 30er-Jahren Berühmtheit. Die „Braeroy"-Labradors sind für „Ahnentafel-Enthusiasten" deshalb so interessant, weil sie eine unabhängige, eng gezüchtete Linie bildeten.
1940	Mr Winters Rüde „Staindrop Saighdear" (* 1944) erhielt 1947 als erster gelber Labrador den Titel eines „Dual Champion". Er spielte als Deckrüde eine überaus wichtige Rolle. Mrs Wormalds „Knaith Banjo" (* 1946) erhielt als zweiter gelber und bisher letzter Labrador den Titel eines englischen „Dual Champion". Er nahm in der Zucht des gelben Labradors gemeinhin den selben Rang ein wie Lady Howes „Banchory Bolo" in der Zucht der schwarzen Linien.
1950	Mrs Wilson-Jones' „Ch. Diant Swandyke Cream Cracker" (* 1950) beeinflusste die Zucht immens und zeugte nahezu 1 400 Nachkommen. Mrs Radclyffes gelbe Hündin „Ch. Zelstone Leap Year Lass" (* 1952), eine Enkelin des „Dual Champion Staindrop Saighdear", hatte bemerkenswerte Erfolge bei Ausstellungen und Field Trials.
1960	Der gelbe Rüde „Ch. Sandylands Tandy" (* 1961) gilt als einer der wichtigsten Vererber der Nachkriegsjahre.

Die Farbpalette reicht beim braunen Labrador von Hellcappuccinofarben bis hin zu Tiefdunkelbraun.

Der braune Labrador

Die Fellfarbe des braunen oder auch chocolatefarbenen Labradors ist einheitlich, variiert aber von Mittelbraun bis hin zum erwünschten Tiefbraun. Während des Haarwechsels, bei manchen Hündinnen auch während der Läufigkeit, können sich einzelne Partien unregelmäßig aufhellen. Die Unterwolle ist ebenfalls braun, das Pigment leberfarben. Die Fellfarbe ist mittlerweile enorm in der Beliebtheitsskala gestiegen, was zur Folge hat, dass vereinzelt Farbe zum alleinigen Zuchtziel geworden ist. Dies birgt die Gefahr, dass andere rassespezifische Merkmale wie Typ und Wesen, aber auch Gesundheit im Lauf der Zeit verloren gehen.

Der braune Labrador im Überblick

1930	Eine der wichtigsten ersten Förderinnen des braunen Labradors war Lady Ward of Chiltonfoliat, die sehr typische Hunde mit guten Otterruten und schöner Fellanlage züchtete. Weiterhin besaßen sowohl Sir Ian Walker als auch der Earl of Feversham, dessen brauner Rüde „Nawton Pruna“ sich vor dem Ersten Weltkrieg erfolgreich in Field Trials zeigte, mehrere braune Hunde in ihren Zwingern.Eine planmäßige Zucht begann jedoch im Wesentlichen erst Ende der 30er-Jahre mit den Zwingern „Tibshelf“ und „Cookridge“.
1960	Nicht viele Züchter interessierten sich anfangs für die Farbe, doch trugen zwei bekannte „schwarze“ Zwinger, „Blaircourt“ und „Metesford“, entscheidend dazu bei, die Farbe zu etablieren. So stammte aus dem schwarzen Rüden „Ch. Sandylands Tweed of Blaircourt“ (* 1958) der erste braune Labrador, der jemals einen englischen Ausstellungstitel erringen konnte: die Hündin „Ch. Cookridge Tango“ (* 1961). Aus „Tangos“ schwarzem Wurfbruder „Cookridge Jasper“ ging später „Int. & Schwed. Ch. Cookridge Cola“, der erste schwedische Champion dieser Farbe, hervor.
1970	Nach „Ch. Cookridge Tango“ sollten weitere zehn Jahre vergehen, bis wieder ein brauner Labrador einen Ausstellungstitel erhielt. Mrs Taylors Hündin „Ch. Follytower Merry-Go-Round of Brentville“ (* 1974) verdankte ihren Erfolg vor allem ihrem berühmten Vater, dem schwarzen Rüden „Ch. Follytower Merrybrook Black Stormer“, der dafür sorgte, dass braune Labradors vermehrt im Showring auffielen. Sein bekanntester brauner Nachkomme dürfte Mrs Satterthwaites Rüde „Ch. & U.S.A. Ch. Lawnwoods Hot Chocolate“ gewesen sein.
1980	Ein weiterer bekannter schwarzer Rüde, der das braune Gen trug und seine Qualitäten an seine Nachkommen weitergab, war „Ch. Fabracken Comedy Star“. Aus ihm ging 1984 die erfolgreiche braune Hündin „Sh. Ch. Bradking Bridget of Davricard“ hervor. Eine der letzten braunen englischen Show Champions in England war „Sh. Ch. Boothgates Kountry Kurio“ (* 1988), in deren Ahnentafel zwei schwarze Rüdenlinien kombiniert worden waren, die ebenfalls wesentlich an der Entwicklung des modernen braunen Labradors beteiligt waren: „Ch. Kupros Master Mariner“ und „Sh. Ch. & U.S.A. Ch. Lindall Mastercraft“.
1990	Seit einigen Jahren gibt es in England eine Handvoll Züchter, die das Ziel haben, den braunen Labrador auch auf dem Arbeitssektor weiter voranzubringen, indem sie zur Förderung der Arbeitsqualitäten gezielt schwarze Field-Trial-Linien einkreuzen.
2000	Ged Leeson („Styleside“) gelang es im Jahr 2008 erstmalig einen braunen Labrador für die IGL Retriever Championship zu qualifizieren. Seine Ahnentafel geht unter anderem auf „FTCh. Tasco Dancing Brave of Willowyck“, „FTCh. Shot of Palgrave“ und „FTCh. Palgrave Holly“ zurück.

Beim gelben Labrador reicht die Farbpalette von Hellcreme über Dunkelgelb bis hin zu Fuchsrot.

Die Farbvererbung beim Labrador

Die Farbvielfalt der Hunde wird durch zwölf verschiedene Gene bestimmt, die international mit den Buchstaben A, B, C, D, E, G, K, M, P, S, T und W bezeichnet werden. Diese Gene kontrollieren sowohl die Farbgebung an sich als auch deren Ausdehnung oder das Auftreten spezieller Abzeichen. Die Fellfärbung des Labradors beruht auf dem Zusammenspiel zweier Farbgene, das B- und das E-Gen, von denen jedes in verschiedenen Formen (Allelen) vorliegen kann.

Bei der B-Serie gibt es zwei Allele: das dominante B und das rezessive b. Das dominante B führt zur schwarzen Farbe, dass rezessive b hingegen nicht. Mögliche Kombinationen sind BB, Bb oder bb. Im Hinblick auf das Gesagte heißt das also, dass die Kombination BB und Bb schwarzes Pigment bilden kann, während der Kombination bb dies nicht möglich ist. Die Kombination bb, die es auch bei vielen anderen Hunderassen gibt, ist beim Labrador verantwortlich für die braune Fellfarbe, das leberfarbene Pigment sowie die zuweilen etwas helleren Augen.

Bei der E-Serie gibt es mehrere Allele, wobei beim Labrador i. d. R. nur die Kombinationen EE, Ee und ee vorkommen. Die E-Serie ist nicht direkt für das Produzieren einer Farbe verantwortlich, sondern beeinflusst vielmehr die Verteilung von dunkler Farbe auf der Körperoberfläche. Dabei erlaubt das dominante E, unter der Voraussetzung, dass der Hund gleichzeitig auch das Pigment-Gen B trägt, das dunkle Augen und einen dunklen Nasenschwamm bewirkt, die Ausdehnung von schwarzem oder braunem Pigment auf der ganzen Körperoberfläche. Das rezessive e hingegen unterdrückt die Ausbildung von dunklem Pigment, wovon jedoch Augen, Nasenschwamm und Ballen ausgenommen sind. Daraus ergibt sich, dass ein Labrador mit ee weder schwarz noch braun sein kann, und im Umkehrschluss, dass alle schwarzen bzw. braunen Labradors das E-Allel tragen.

Danach sind folgende Gen-Kombinationen beim Labrador möglich:

BBEE	**BBEe**	**BbEE**	**BbEe**	**BBee**	**Bbee**	**bbee**	**bbEE**	**bbEe**
Reinerbig schwarz	Schwarz trägt Gelb	Schwarz trägt Braun	Schwarz trägt Gelb und Braun	Gelb, dunkles Pigment	Gelb trägt Braun, dunkles Pigment	Gelb trägt Braun, Pigment leberfarben	Braun	Braun trägt Gelb

Das Vererbungsschema der drei Farben

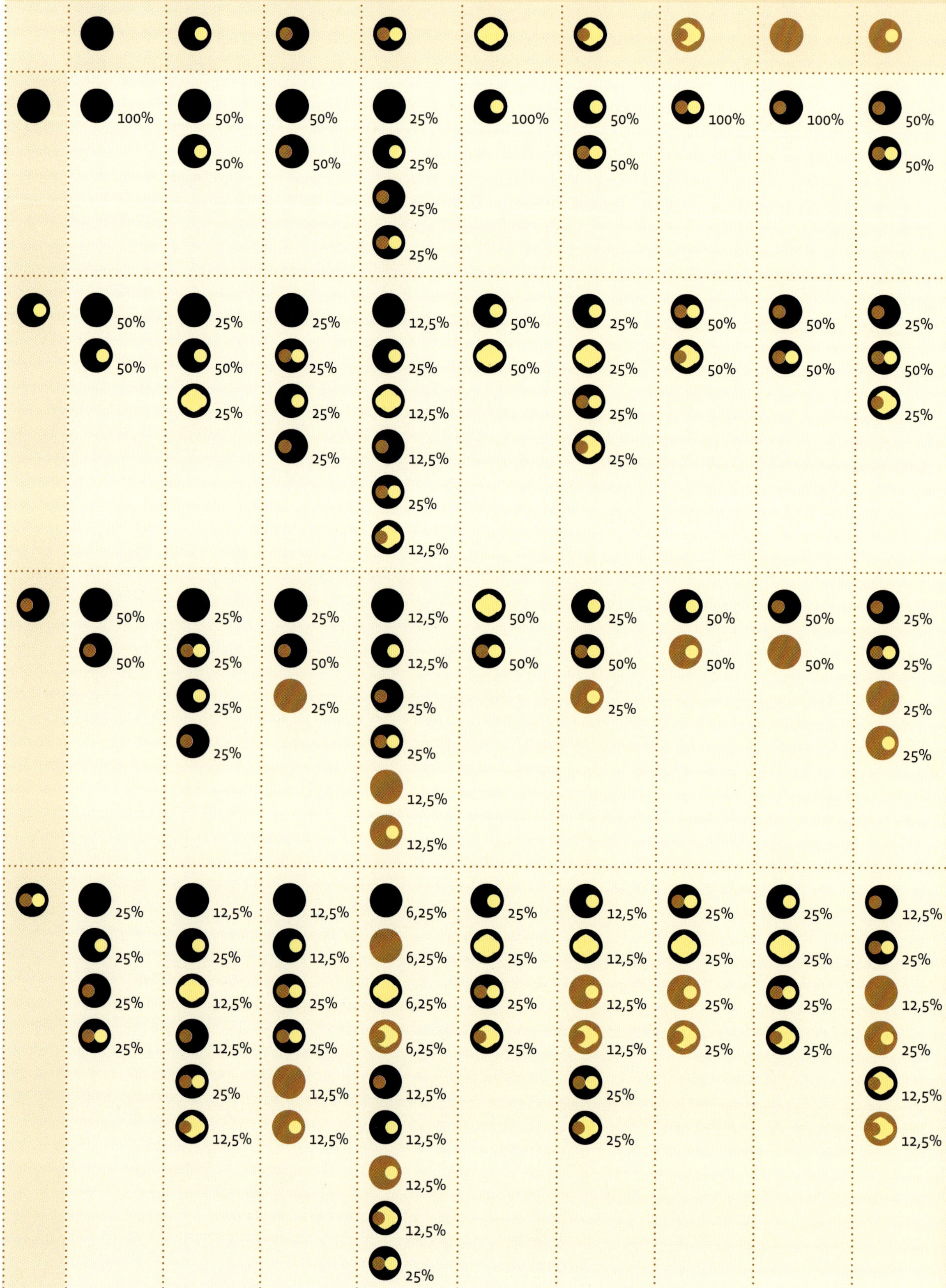

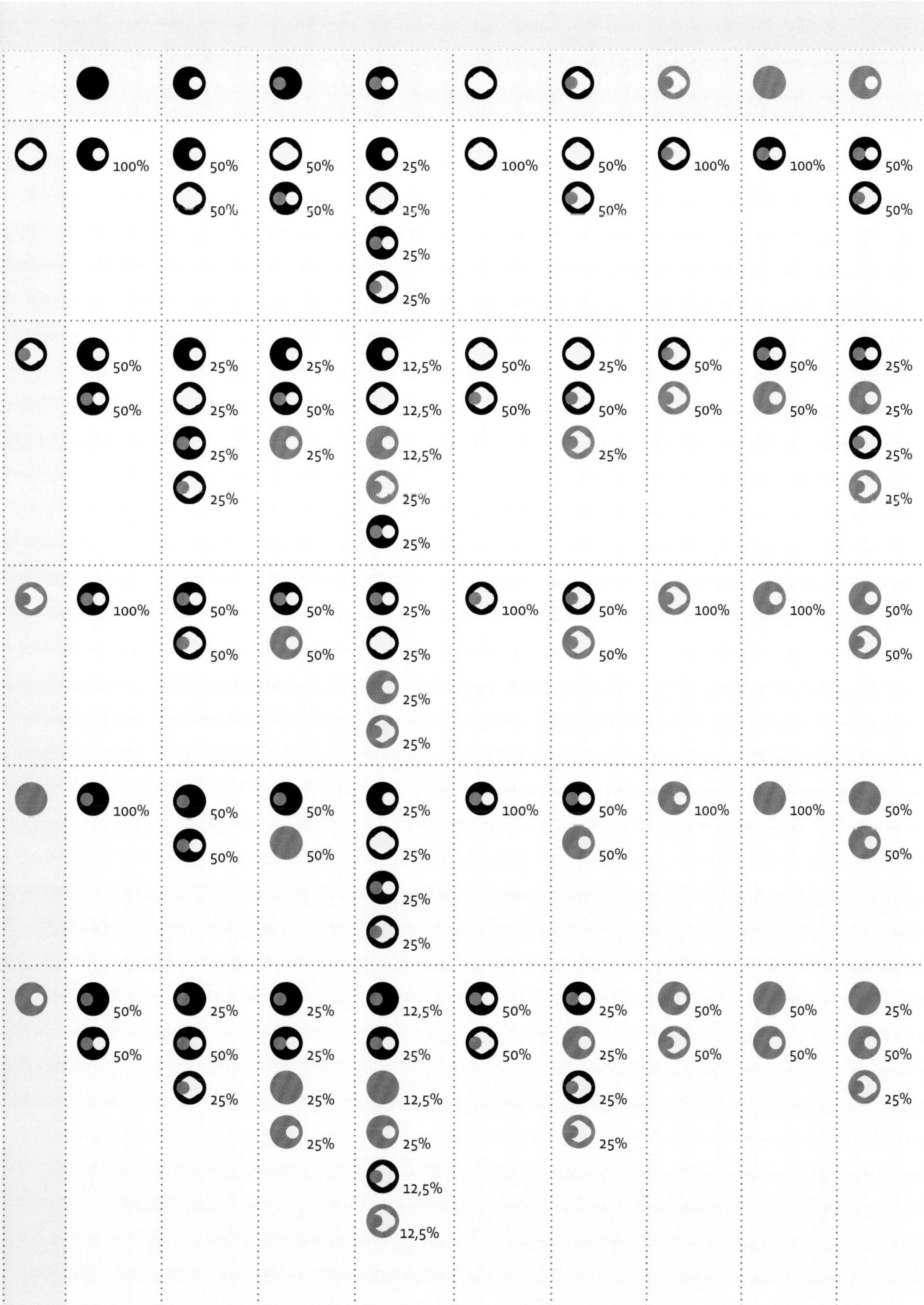
100%
50% 50%
50% 50%
25% 25% 25% 25%
100%
50% 50%
100%
100%
50% 50%
50% 50%
25% 25% 25% 25%
25% 50% 25%
12,5% 12,5% 12,5% 25% 25%
50% 50%
25% 50% 25%
50% 50%
50% 50%
25% 25% 25% 25%
100%
50% 50%
50% 50%
25% 25% 25% 25%
100%
50% 50%
100%
100%
50% 50%
100%
50% 50%
50% 50%
25% 25% 25% 25%
100%
50% 50%
100%
100%
50% 50%
50% 50%
25% 50% 25%
25% 25% 25% 25%
12,5% 25% 12,5% 25% 12,5% 12,5%
50% 50%
25% 25% 25% 25%
50% 50%
50% 50%
25% 50% 25%

Weißer Brustfleck

Typische „Bolo pads"

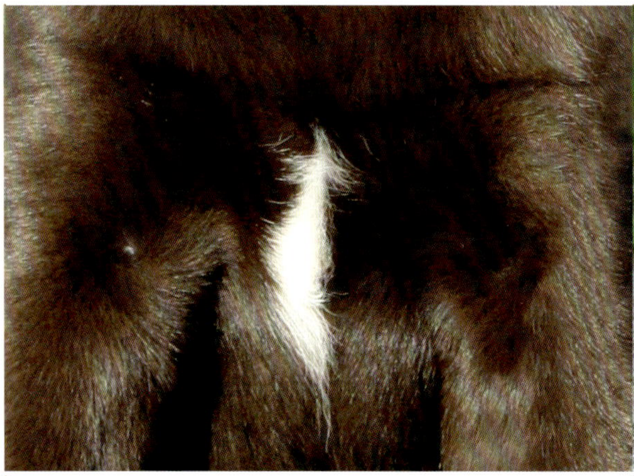

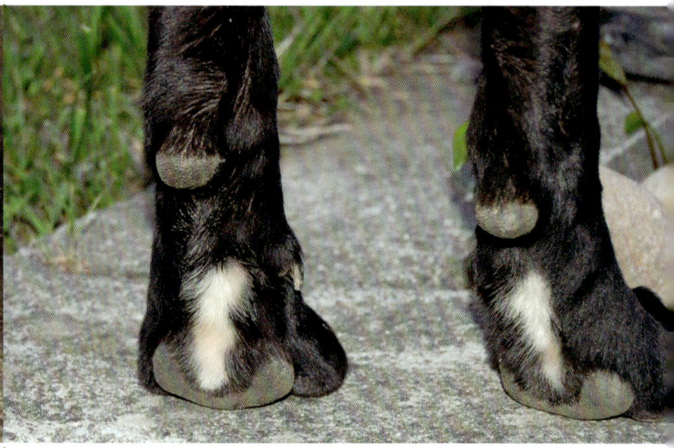

Farbabweichungen

Der Labrador entstand ursprünglich aus einer Vielzahl von Rassen, die entweder zur Fixierung bestimmter Eigenschaften gezielt oder auch, wie gerade in den Anfangsjahren der Rasse, in Ermangelung ausreichender Zuchttiere eingekreuzt wurden. Leicht erkennbare Hinweise darauf treten von Zeit zu Zeit in Form von bestimmten Farbabweichungen auf. Farbabweichungen werden häufig durch autosomal rezessive Erbgänge verursacht und können demzufolge immer dann auftreten, wenn zwei Merkmalsträger aufeinandertreffen. In diesem Fall ist der Nachkomme homozygot (= reinerbig) für dieses spezielle Merkmal.

Weiße Flecken

Weiße Flecken an der Brust und an der Rückseite der Pfoten direkt oberhalb der Ballen, sogenannte „Bolo pads" (dt. „Bolopfoten") finden sich sowohl in Show- als auch in Field-Trial-Linien. Ein kleiner weißer Brustfleck, manchmal nur in Form weniger, strichförmig angeordneter Haare, ist relativ häufig und laut Standard erlaubt. Allerdings besteht unter den Zuchtrichtern kein Konsens über das tolerable Ausmaß. Während „Bolo pads" ein direktes Erbe des berühmten „Dual Champions Banchory Bolo" sein sollen, wird in Field-Trial-Linien häufig das Einkreuzen des „Working Sheepdog" zum Zweck der Verbesserung der Führigkeit für das Auftreten verantwortlich gemacht. Genetisch gesehen beruht das Auftreten weißer Flecken darauf, dass während der vorgeburtlichen Entwicklung keine Pigmentzellen in die betroffenen Areale eingewandert sind. Verantwortlich für die Verteilung der Pigmentzellen sind die Allele der S-Serie, wobei davon ausgegangen wird, dass der Labrador reinerbig für das Allel S ist.

Einzelne weiße Haare

Einzelne weiße Haare können besonders häufig beim jungen Labrador beobachtet werden. Während er mit normaler Färbung geboren wird, beginnen im Alter von einigen Wochen einzelne weiße oder auch gelbliche Haare zu wachsen. Diese können sich über den ganzen Körper erstrecken oder auf einen Körperteil, wie beispielsweise die Rute, begrenzt sein. Der genaue Erbgang ist bis heute nicht bekannt,

„Black and Tan“

OBEN: *Einzelne weiße Haare an der Rute*

UNTEN: *„Brindle Hair“*

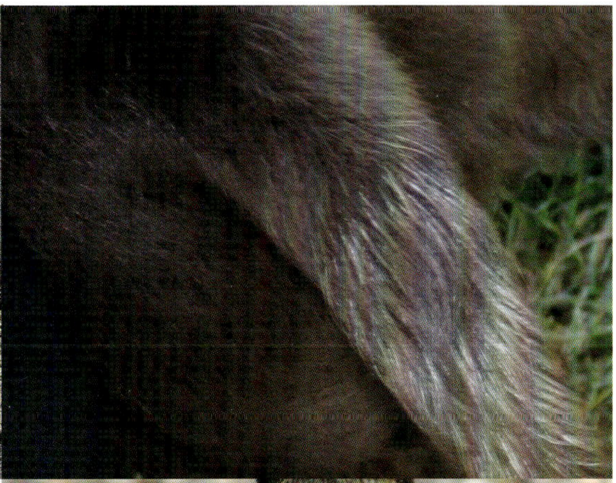

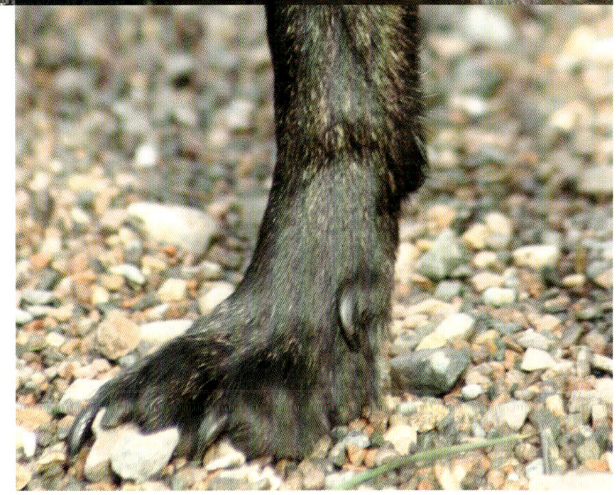

aber häufig verschwinden die weißen Haare nach einiger Zeit wieder.

„Black and Tan“ oder „Chocolate and Tan“

Bei „Black and Tan“ oder auch „Chocolate and Tan“ treten neben der schwarzen oder braunen Grundfärbung hellbraune Abzeichen auf, wie sie vom Rottweiler, Dobermann oder Gordon Setter bekannt sind. Wie in den genannten Rassen sind die Abzeichen überwiegend an Kopf, Brust und Läufen lokalisiert. Es handelt sich dabei um ein rezessiv bedingtes Merkmal, für dessen Auftreten ein Allel der K-Serie verantwortlich gemacht wird.

„Brindle Hair“

Auch „brindle hair“ (dt. Stromung) beruht auf einem rezessiven Allel. Während es bei Boxern oder Doggen häufig auftritt und zu den zugelassenen Farbvarianten gehört, ist es beim Labrador relativ selten. Meist sind „Brindle“-Abzeichen zunächst schwer zu erkennen. Mary Roslin-Williams sprach in diesem Zusammenhang von „splashed Labradors“ und beschrieb die Abzeichen in „Advanced Labrador Breeding“ (1988) folgendermaßen: „Die Sprenkelung tritt nicht in Erscheinung, bis der Welpe etwa vier Monate alt ist, und weil sie unter den Flanken und an den unteren Teilen der Innenseite der Beine erscheint, fällt sie nicht auf. Dann beginnt man eines Tages den Welpen, nachdem er im Regen draußen gewesen ist, abzutrocknen, und zum Erstaunen kann etwas ‚Schmutz‘ nicht abgerieben werden. Man rubbelt und rubbelt und am Ende untersucht man die Sprenkelchen genauer und stellt fest, dass es sich um farbige Haarbüschel handelt, meist genau in der Farbe von „Schmutz“ oder ab und zu mal goldfarben.“

Ein Labradorwelpe zieht ein

Das Zusammenleben mit einem Labrador Retriever wird Ihr Leben in vielfältiger Weise bereichern und gleichzeitig auf den Kopf stellen. Sie sollten sich bewusst machen, dass Sie die nächsten zehn bis fünfzehn Jahre nicht nur die Verantwortung für ihn selbst, sondern nach den Regeln der Tierhalterhaftung (§ 833 BGB) auch für sein Verhalten gegenüber Ihrer Außenwelt übernehmen müssen. Aufgrund seines freundlichen Wesens, seiner Vielseitigkeit, seiner Anpassungs- und Lernfähigkeit hat sich der Labrador in vielen Lebensbereichen einen hervorragenden Ruf erworben. Doch all dies ersetzt nicht eine konsequente Erziehung, denn auch der niedlichste Welpe wird schnell zu einem kräftigen, temperamentvollen Labrador heranwachsen, der nicht nur physisch, sondern auch mental gefordert sein will! Sie dürfen keinesfalls vergessen, dass seine Vorfahren als Wasser- und Apportierhunde gezüchtet wurden und die dafür erforderlichen jagdlichen Qualitäten, wie die ausgeprägte Arbeits- und Wasserfreude, die Apportierleidenschaft und die vorzügliche Nase, auch heute noch in vielen Vertretern der Rasse schlummern.

Aus diesem Grund sollten Sie sich bei der Auswahl dieser Rasse nicht etwa vom liebevollen Blick eines Welpen oder gar von etwaigen „Modetrends" leiten lassen, sondern sich vorab konkret mit dem Labrador Retriever und seinen

spezifischen Bedürfnissen und Eigenheiten auseinandersetzen. Nur wenn diese im Einklang mit Ihren eigenen Lebensumständen und Erwartungen stehen, sind die Voraussetzungen einer harmonischen Mensch-Hund-Gemeinschaft gegeben.

Wichtige Fragen vor der Anschaffung eines Welpen

Als kleine selbstkritische Entscheidungshilfe sollen Ihnen die folgenden wichtigsten Fragen, die Sie sich unbedingt VOR der Anschaffung eines Welpen stellen sollten, dienen.

Besitzen Sie allgemeine Kenntnisse über Haltung und Bedürfnisse eines Hundes?
Wichtig sind u. a. Grundkenntnisse über folgende Themen:
> Abstammung, Wesen und Sozialverhalten
> Sprache und Wahrnehmung des Hundes
> Lernverhalten und Grunderziehung des Hundes
> Pflege und Versorgung des Hundes

Es gibt viele gute Bücher zu diesen Themen, informieren Sie sich vor dem Kauf!

Schnell wird Ihr Welpe zu einem temperamentvollen Labrador heranwachsen!

Ist Ihre persönliche Lebenssituation „hundetauglich“?

Überdenken Sie Ihre Situation auch für nächsten zehn bis fünfzehn Jahre, denn so lange dauert ein Hundeleben ungefähr. Hundetauglich bedeutet unter anderem:

- > Ihre Bereitschaft, Verantwortung für den Hund und seine Bedürfnisse zu übernehmen. Dies ist KEINE Aufgabe für Kinder!
- > Können Sie Ihrem Labrador mindestens einmal am Tag und bei jedem Wetter einen ausgedehnten Freilauf gönnen? Der tägliche Zeitaufwand für einen Hund bezieht sich nicht nur auf ihn selbst, sondern wirkt sich auf Ihren gesamten Haushalt aus!
- > Wie wollen Sie Hund und Beruf vereinbaren?
- > Sind Sie bereit, die nötige Geduld und Zeit aufzubringen, um den Herausforderungen des Welpen- und Junghundealters standzuhalten und Ihren Hund zu einem guten Begleiter auszubilden?
- > Steht die ganze Familie hinter Ihrer Entscheidung?
- > Bestehen eventuell Allergien?
- > Wie stellen Sie sich die Versorgung Ihres Hundes während Ihres Urlaubs, einer Erkrankung oder anlässlich sonstiger Verhinderungen vor?
- > Haben Sie noch weitere zeitintensive Hobbys und lassen sich diese mit einem Hund vereinbaren?

Wichtig!
Labradors sind sehr menschenbezogene Hunde. Ein täglich stundenlang allein gelassener Hund wird sich unweigerlich Ersatzbeschäftigungen suchen, die nicht immer in Ihrem Interesse liegen werden!

Gestattet Ihre Wohnsituation die Haltung eines mittelgroßen Hundes?

- > Ist Ihr Zuhause zur Haltung eines größeren Hundes geeignet?
- > Denken Sie daran, dass Sie bei Wohnmietverhältnissen verpflichtet sind, vorab die Genehmigung Ihres Vermieters einzuholen!
- > Ist Ihr Grundstück sicher eingezäunt?
- > In welcher Entfernung befindet sich die nächste Auslaufmöglichkeit?

Mit welchem finanziellen Aufwand müssen Sie rechnen?

Die Kosten für die Anschaffung eines Welpen liegen bei ca. €1100. Sie machen jedoch nur einen Bruchteil der Gesamtkosten aus. Hinzu kommen:

- > Ausstattung
- > Futterkosten
- > Hundesteuer (Höhe vom jeweiligen Wohnort abhängig)
- > Haftpflichtversicherung
- > Evtl. Krankenversicherung
- > Tierarztkosten (u. a. Wurmkuren und Impfungen, Röntgenuntersuchungen der Hüften

und Ellbogen, Vorsorgeuntersuchungen, eventuell notwendige Operationen)
> Allein für diese „Basiskosten“ müssen Sie mit mindestens € 1500 pro Jahr rechnen. In Abhängigkeit von Ihren Ambitionen kommen noch Ausbildungs-, Prüfungs- oder Ausstellungsgebühren hinzu.

Die Wahl des Züchters

Da Ihr Labrador Sie viele Jahre lang begleiten wird, sollten Sie sich auf jeden Fall vor dem Kauf eines Welpen gut informieren und mit mehreren Züchtern in Verbindung setzen. Seriöse Züchter haben häufig eine Warteliste und Sie müssen eventuell mit einer gewissen Wartezeit rechnen. Nutzen Sie die Zeit, um sich optimal auf die Ankunft Ihres Welpen vorzubereiten!

Warum ein Welpe aus einem Rassehundeverein?

Aus welchen Gründen haben Sie sich für einen Labrador entschieden? Waren es seine jagdlichen Qualitäten, sein Erscheinungsbild oder sein familienfreundliches Wesen? Seine Robustheit, Vielseitigkeit oder Lernfähigkeit, die ihn für den Einsatz in den verschiedensten Lebensbereichen prädestinieren?

Welche dieser Eigenschaften Sie konkret in Ihren Bann gezogen hat, spielt letztlich keine Rolle, entscheidend ist vielmehr, dass Sie Ihren Welpen nur dort kaufen, wo auf deren Erhaltung auch besonderer Wert gelegt wird! Dies ist in der Regel nur dort der Fall, wo sich der Züchter den Auflagen eines anerkannten Rassehundezuchtvereins unterworfen hat, dessen Ziel nicht das unkontrollierte Vermehren, sondern das tierschutzgerechte Erhalten und Fördern der Rasse ist. Dazu bedarf es über viele Generationen hinweg der Verwendung ausschließlich gesunder Hunde mit den für die Rasse erwünschten Eigenschaften sowie einer lückenlosen Dokumentation der Gesundheits- und Prüfungsergebnisse der Ahnen und Nachkommen.

Die Hierarchie der Verbände und Vereine

Um nicht im „Abkürzungswirrwarr“ der verschiedenen Verbände und Vereine die Übersicht zu verlieren, lohnt sich ein Blick auf die weltweite Vereinshierarchie.

Auch wenn sein Fell relativ pflegeleicht ist, können der mehrmals im Jahr stattfindende Haarwechsel und seine ausgeprägte Wasserfreude einen „Reinheitsfanatiker“ schnell auf eine harte Probe stellen!

Oberstes Ziel der Rassehunde-Zuchtvereine ist der rassetypische, gesunde Labrador Retriever. Sie stellen bezüglich Aufzucht, Prägung und Sozialisierung der Welpen hohe Ansprüche an die Züchter.

Die „Fédération Cynologique Internationale" (FCI)

Die FCI ist die weltweite Dachorganisation der Rassezuchtvereine. Sie umfasst derzeit 84 Mitglieds- und Partnerländer, deren nationale Zuchtverbände (jeweils ein Verband pro Land) ihr untergeordnet sind. Das international verbindliche Zuchtreglement der FCI schreibt vor, dass nur mit funktional und erbgesunden, wesensfesten Rassehunden gezüchtet werden darf, die in einem von ihr anerkannten Zuchtbuch oder Register eingetragen sind und die die vom zuständigen FCI-Mitgliedsland festgelegten Zuchtvoraussetzungen erfüllen. Die Zuchtreglemente der Mitgliedsländer können in ihren Anforderungen über die der FCI hinausgehen, wobei nicht nur der Rassestandard, sondern auch die rassespezifischen Gebrauchseigenschaften der jeweiligen Rassen angemessen zu berücksichtigen sind. Die FCI führt weder ein eigenes Zuchtbuch, noch gibt sie eigene Abstammungsurkunden heraus. Diese werden auf nationaler Ebene von den Mitglieds- bzw. Partnerländern ausgestellt, wobei die FCI die gegenseitige Anerkennung garantiert.

Eine VDH-Ahnentafel bietet Ihnen Gewähr dafür, dass die dort dokumentierte Abstammung auch den Tatsachen entspricht.

Der Verband für das Deutsche Hundewesen (VDH)

Auch die der FCI angeschlossenen nationalen Zuchtverbände sind in der Regel Dachverbände. In Deutschland ist dies der 1906 gegründete Verband für das Deutsche Hundewesen (VDH), der als führende Interessenvertretung aller Hundehalter in Deutschland gilt. VDH-Ahnentafeln bieten nicht nur die Gewähr dafür, dass die in ihnen dokumentierte Abstammung den Tatsachen entspricht, sondern auch, dass strenge Wurf- und Zuchtkontrollen durchgeführt werden. Unter dem Dach des VDH gibt es zwei anerkannte Rassehundezuchtvereine, die den Labrador Retriever betreuen: der 1963 gegründete Deutsche Retriever Club e. V. (DRC) und der 1984 gegründete Labrador Retriever Club Deutschland e. V. (LCD).

Der Deutsche Retriever Club e. V. und der Labrador Club Deutschland e. V.

Sowohl der DRC als auch der LCD haben bezüglich der Zwingergenehmigung und der Zulassung der Hunde zur Zucht strenge Vorschriften, die in den jeweiligen Zwinger- bzw. Zuchtordnungen niedergelegt sind. Im Mittelpunkt der Regelungen steht der Erhalt des gesunden und rassetypischen Labrador Retrievers und die Festschreibung eines gewissen züchterischen Qualitätsstandards.

Anforderungen an die Zuchtstätte und den Züchter

Jede Zuchtstätte wird nicht nur im Hinblick auf die Einhaltung tierschutzrechtlicher Bestimmungen überprüft, sondern darüber hinaus, ob sie den vom jeweiligen Verein vorgegebenen Ansprüchen für eine optimale Entwicklung, Aufzucht, Prägung und Sozialisierung der Welpen entspricht. Ferner muss der Züchter über die Teilnahme an Züchterseminaren zuchtrelevante medizinische und genetische Grundkenntnisse nachweisen. Außerdem sollte er „seinen" Welpenkäufern ein Hundeleben lang mit Rat und Tat zur Seite zu stehen.

Anforderungen an die Zuchthunde

Voraussetzungen für die Erteilung einer Zuchtzulassung sind ein HD- und ED-Röntgengutachten eines vom Verein bestellten unabhängigen Gutachters, eine jährlich zu wiederholende Augenuntersuchung auf erbliche Augenerkrankungen sowie ein genetischer prcd-Mutations-Test, der Aufschluss über den genetischen Status des Hundes im Hinblick auf eine erbliche Augenerkrankung, die sogenannte progressive Retina Atrophie, geben soll.

Da sich der rassetypische Labrador sowohl durch sein Erscheinungsbild als auch durch sein freundliches Wesen auszeichnet, muss ferner eine Formwertbeurteilung nach dem FCI-Rassestandard und das Bestehen eines Wesenstests nachgewiesen werden. Damit soll gewährleistet werden, dass nur sichere, freundliche und schussfeste Labrador Retriever mit typischem Wesen in die Zucht gelangen. Damit auch dem Erhalt der Arbeitseigenschaften des Labradors Rechnung getragen wird, legt der DRC ferner großen Wert darauf, dass bei jeder Verpaarung mindestens einer der beiden Zuchtpartner eine bestandene retrievertypische Prüfung vorweisen kann.

Der Welpenpreis

Die Züchter des DRC und LCD sind nach wie vor Hobbyzüchter, die im Verhältnis zu kommerziellen Hundezüchtern nur in sehr kleinem Rahmen züchten und bereit sind, die strengen Zuchtvorschriften der Verbände zu erfüllen. Lassen Sie sich deshalb bei der Wahl Ihres Welpen nicht durch einen scheinbar höheren Preis abschrecken, denn unter Berücksichtigung der vielen Auflagen und der aufwendigen Welpenaufzucht ist der Preis in der Regel gerechtfertigt. Kaum ein Züchter, der nicht unter dem Dach der FCI/VDH züchtet, wird bereit sein, diese Auflagen freiwillig zu erfüllen! Da das neu „erworbene" Familienmitglied Ihnen über viele Jahre Freude bereiten soll, sollten Sie darauf bedacht sein, dass Ihr Welpe von Geburt an unter den bestmöglichen Bedingungen aufwächst.

Die Züchter- und Welpenlisten

Der einfachste Weg zur Kontaktaufnahme mit verschiedenen Züchtern der zuständigen Rassezuchtvereine (DRC und LCD) führt über deren Züchter- oder ständig aktualisierte „Welpenlisten", die entweder bei der jeweiligen Geschäftsstelle angefordert werden können oder über die Homepages der Vereine abrufbar sind. Adressen finden Sie im Anhang.

Der Jagdgebrauchshundeverband (JGHV)

Auch der JGHV ist Mitglied im VDH und gilt satzungsgemäß als Dachorganisation für das deutsche Jagdgebrauchshundewesen. Der JGHV geht davon aus, dass eine waidgerechte Jagdausübung aus jagdethischen, tierschutzgerechten und jagdwirtschaftlichen Gründen nur mit einem brauchbaren Jagdhund möglich ist. Sein Ziel ist deshalb der Zusammenschluss aller Vereine, die durch Prüfung, Zucht, Fort- und Weiterbildung für den Fortbestand brauchbarer Jagdhunde sorgen und somit dem waidgerechten Jagen dienen. Im Vordergrund steht dabei die Festsetzung gemeinsamer Prüfungsordnungen und Richtlinien für das Heranbilden und Ernennen von Verbandsrichtern sowie das Führen des Deutschen Gebrauchshundestammbuches (DGStB). Die Prüfungsordnungen des Verbandes dienen sowohl züchterischen Zwecken als auch der Feststellung eines bestimmten Leistungsniveaus. Sowohl der Deutsche Retriever Club (DRC), als auch der Labrador Club Deutschland (LCD) sind Mitglied im JGHV.

Moderner Showchampion

Moderner Field Trial Champion

Welche Zuchtrichtung passt zu mir?

Während im Ursprungsland England die Aufspaltung in Arbeits- oder Field-Trial-Linien und Ausstellungs- oder Showlinien bereits seit Jahrzehnten andauert und mittlerweile weitestgehend akzeptiert ist, bemühen sich die meisten Zuchtverbände auf dem Kontinent nach wie vor um einen einheitlicheren Typ, den sogenannten „Dual Purpose"-Labrador. Ihr Ziel ist es, auf diese Weise sowohl den Rassetyp als auch die Arbeitsanlagen zu erhalten und in einem Hund zu vereinigen. Dies gelingt jedoch aufgrund des im Ausstellungsring bevorzugten „modernen" Rassetyps und dem heute auf Retrieverprüfungen erwarteten Leistungsniveaus nur bedingt. Die Frage, welche Zuchtrichtung am besten zu Ihnen passt, hängt entscheidend von Ihren persönlichen Interessen und Erwartungen sowie Ihrer Erfahrung und Ihrem Engagement als Hundeführer ab. Deshalb sollten Sie, bevor Sie sich für einen bestimmten Züchter entscheiden, noch einmal über Ihr persönliches „Anforderungsprofil" nachdenken und sich die unterschiedlichen Zuchtlinien in Erinnerung rufen. Dabei geht es keinesfalls um eine Wertung, sondern ausschließlich um die Frage, welche Zuchtrichtung Ihren Ambitionen am besten entspricht.

„Stärken" und „Schwächen" der verschiedenen Typen

In der nachfolgenden Tabelle sind die erfahrungsgemäß offensichtlichsten „Stärken" und „Schwächen" beider Zuchtrichtungen zusammengefasst, wobei sie weder Anspruch auf Vollständigkeit noch auf Allgemeingültigkeit erhebt, sondern lediglich den Versuch unternehmen möchte, bestimmte Tendenzen aufzuzeigen.

Gemeinsame Charaktereigenschaften
Unterschiede in den Charaktereigenschaften
Züchterisches Hauptaugenmerk
Modernes optisches Erscheinungsbild auf Grundlage des Rassestandards
Leistungsbereitschaft
Beutetrieb
Apportierfreude
„Will to Please“
Führigkeit
Wasserfreude
Lernbereitschaft
Stabilität
Probleme in der Ausbildung

Labradors aus Showlinien	Labradors aus Field-Trial-Linien
Anpassungsfähigkeit, Robustheit, Nervenfestigkeit, allgemeine Wesenssicherheit und Verträglichkeit gegenüber Mensch und Tier	
Unerschrocken und oft sehr eigenständig. Dies hat zuweilen Auswirkungen auf die Führigkeit und die Bindungsfähigkeit an den Hundeführer, denn er liebt alle Menschen!	Meist sensibel und sehr führerbezogen, Fremden gegenüber sicher, aber zuweilen uninteressiert. Trotz großer Härte im Gelände aufgrund seiner ausgeprägten Unterordnungsbereitschaft leichter zu beeindrucken.
Das optische Erscheinungsbild (= Exterieur), das sich im Verlauf der letzten fünfzig Jahre zwar zu einem modernen „Showtyp" gewandelt hat, aber immer noch dem ursprünglichen Rassestandard unterliegt.	Über Generationen hinweg auf jagdliche Leistungsfähigkeit selektiert, d. h. Nase, Arbeitsstil, natürliche Begabung, Wild zu finden, Temperament und „Will to Please". Das optische Erscheinungsbild tritt dadurch etwas in den Hintergrund, muss aber zumindest bei deutschen Zuchthunden dem Rassestandard in „sehr guter" Weise entsprechen, um ohne Auflagen zuchttauglich zu sein.
Oft ein sehr schwerer, kräftiger Körperbau mit proportional kürzeren Läufen und kräftigem Kopf mit stark ausgeprägtem Stopp.	In der Regel ein leichterer, athletischerer Körperbau mit schmalerem Kopf mit weniger Stopp. Meist hochläufiger und länger im Rücken (v. a. in der Lende).
Teilweise sehr viel, teilweise wenig bis kein Arbeitstrieb.	Viel Arbeitstrieb.
Manchmal wenig, oft auch sehr groß (aber nicht immer leicht zu kontrollieren).	Groß.
Nicht immer vorhanden.	Groß.
Oft zu wenig, arbeitet für sich, aber nicht für den Hundeführer.	Groß, hohe Unterordnungsbereitschaft, Führigkeit.
Nicht immer leichtführig, oft auch dickköpfig.	In der Regel sehr leichtführig, birgt die Gefahr, dass unerfahrene Hundeführer den Hund zu „abhängig" und unselbstständig machen.
Meistens sehr gut.	In gewissen Linien nicht ausgeprägt genug.
Meist frühreif.	Häufig frühreif, aber nicht alle Linien!
Meist unerschütterlich, oft aber auch unkontrollierte Passion.	Manchmal zu viel Passion, die bei falschem Training zu einem Triebstau führt, der sich durch ein unerwünschtes Verhalten, wie Fiepen, Hartmäuligkeit, unkontrolliertes Jagen, entladen kann.
› Häufig schwerer zu kontrollierende Passion. › Zu wenig Führigkeit. › Hartmäuligkeit. › Zu stark an anderen Hunden interessiert.	› Zu große Erwartungshaltung durch falsches Training.

Der angeborene „Will to Please" eines Labradors zeigt sich schon in den ersten Lebenswochen durch den Willen zur Zusammenarbeit.

Die Erblichkeit bestimmter Eigenschaften

Aufgrund der am jeweiligen Zuchtziel ausgerichteten Selektion haben sich Show- und Field-Trial-Linien im Lauf der Zeit nicht nur im Hinblick auf das Exterieur, sondern auch bezüglich bestimmter Charakter- und Wesenseigenschaften auseinanderentwickelt. Dies wird aus genetischer Sicht dann bedeutsam, wenn es sich dabei um Eigenschaften handelt, die nur eine geringe Erblichkeit besitzen. Unter Erblichkeit ist dabei vereinfacht gesagt dasjenige Verhältnis zu verstehen, in welchem elterliche Qualitäten auf ihre Nachkommenschaft übertragen werden. Während davon ausgegangen wird, dass Eigenschaften, die den Körperbau betreffen (wie z. B. Brusttiefe und -umfang, Schulterhöhe, Fanglänge u. Ä.) eine mittlere bis hohe Erblichkeit von ca. 40–80% besitzen, ergibt sich aus den wenigen Untersuchungen über die Erblichkeit jagdlicher Anlagen eine vergleichsweise niedrige Erblichkeit von 10–30%. Um dem Verlust letzterer auf Dauer entgegenzuwirken, zog Malcolm Willis, einer der führenden Genetiker und ehemaliger Inhaber des Lehrstuhls für „Animal Breeding and Genetics" an der englischen Universität „Newcastle upon Tyne", deshalb den folgenden Schluss: Leistungen bei Gebrauchsprüfungen bei der Zucht von Jagdgebrauchshunden sollte mehr Wert beigemessen werden, als im Showring festgestellter anatomischer Perfektion.

> **RESÜMEE** Es gibt kein „Schwarz oder Weiß", sondern nur den Versuch, von Anfang an die Weichen für die Zukunft richtig zu stellen. Trotzdem ersetzen die angestellten Überlegungen nicht, dass Sie selbst aktiv werden müssen. Im Zeitalter des Internets sind nahezu alle Veranstaltungstermine online abrufbar: Fahren Sie zu Prüfungen und Ausstellungen aller Art, versuchen Sie mit Züchtern und Hundeführern ins Gespräch zu kommen, sehen Sie sich möglichst viele verschiedene Hunde an und finden Sie heraus, welcher Typ zu Ihnen passt!

Der Labrador als Jagdbegleiter

Wenn Sie auf der Suche nach einem Labrador als Jagdbegleiter sind, dann sollten Sie auf jeden Fall einen Züchter wählen, dessen Hunde sich sowohl auf entsprechenden Jagdprüfungen als auch im praktischen Jagdbetrieb bewiesen haben. Denn nur mit über Generationen hinweg nachgewiesener Leistung kann eine gewisse Gewähr bestehen, dass die für die jagdliche Arbeit erwünschten folgenden Eigenschaften erhalten geblieben sind: die Apportierfreudigkeit, die Weichmäuligkeit, die Suchfreude, die angeborene Fähigkeit zu markieren (d. h. sich die Fallstellen von erlegtem oder geflügeltem Federwild zu merken), die Standruhe, der „Will to Please“ und die hervorragende Nase, die den Labrador gegenüber anderen Jagdhundrassen besonders auszeichnen.

> EINE ENTSPRECHENDE VERPAARUNG FINDEN

Eine entsprechende Verpaarung in den Welpenlisten der Zuchtvereine zu finden, ist nicht immer ganz einfach, denn die besonderen jagdlichen Vorzüge der Rasse finden nur zum Teil in den Prüfungsordnungen deutscher Retrieverjagdprüfungen Berücksichtigung. Während in England, dem Herkunftsland des modernen Labradors, aufgrund der geschichtlichen Entwicklung und der vorherrschenden Jagdbedingungen schon früh der jeweiligen Jagdart entsprechende Spezialisten bevorzugt wurden, favorisierte das deutsche Jagdgebrauchshundewesen traditionsgemäß seit jeher den Vollgebrauchshund. So wurden die Prüfungsordnungen der deutschen Retrieverjagdprüfungen weitestgehend an die Gebrauchsprüfungen des JGHV angelehnt. Infolgedessen sind die nach und nach entstandenen deutschen Retrieverjagdprüfungen, wie die Bringleistungsprüfung (BLP/R) oder die Retrievergebrauchsprüfung (RGP), bezüglich wesentlicher Retrievereigenschaften nur bedingt aussagekräftig, während die im Herkunftsland vorherrschenden speziellen Retrieverjagdprüfungen, die sogenannten „Field Trials“, die Entwicklung der Rasse und ihrer Eigenschaften im letzten Jahrhundert wesentlich beeinflusst haben.

Jagdliche bzw. Spezielle jagdliche Leistungszucht

Während sich die Rasse in England je nach Zuchtziel durch züchterische Selektion in Show- und Arbeitslinien aufteilte, versuchte man auf dem Kontinent durch die Einführung des Prädikats „Jagdliche“ bzw. „Spezielle jagdliche Leistungszucht“ jagdlich brauchbare Hunde und Linien herauszustellen. Das Prädikat „Jagdliche Leistungszucht“ bedeutet, dass beide Elterntiere zumindest eine BLP/R bestanden haben, während bei der „Speziellen jagdlichen Leistungszucht“ zusätzlich auch die Großeltern eine entsprechende Prüfung aufweisen müssen. Allerdings geben beide Prädikate keinen Aufschluss darüber, aus welchen Zuchtrichtungen die Hunde stammen. So können sich dahinter sowohl Hunde aus englischen Arbeitslinien als auch Hunde aus kontinentaler jagdlicher Leistungszucht verbergen, die nach erfolgreichem Absolvieren der anerkannten Prüfung das Prädikat führen können. Aufschluss kann in diesen Fällen nur die über mehrere Generationen reichende Ahnentafel geben.

Der Labrador als unverzichtbarer Jagdbegleiter

Die Bezeichnung „Jagdliche" bzw. „Spezielle jagdliche Leistungszucht" gibt zunächst keinen Hinweis darüber, ob der Hund aus Showlinien ...

Labradors aus englischen Arbeitslinien – sog. Field-Trial-Linien

Hunde aus englischen Arbeitslinien wurden über Generationen auf ihre jagdliche Leistungsfähigkeit hin selektiert. Die Überprüfung der Selektionskriterien erfolgt auch heute noch weitestgehend über die erfolgreiche Teilnahme an „Field Trials" (dt. Jagdprüfungen, die anlässlich eines praktischen Jagdtages abgehalten werden). Aus diesem Grund werden Hunde aus diesen Linien zuweilen auch „Field Trial Labradors" genannt. Eine konstant erfolgreiche Teilnahme an Trials gibt vor allem Aufschluss über die tatsächliche Standruhe und Nervenstärke im jagdlichen „Ernstfall", über die natürliche Begabung Wild zu finden und die Wildbehandlung, also die Weichmäuligkeit, die sich am noch lebenden, warmen Fasan oder Rebhuhn wesentlich besser beurteilen lässt als an einem kalten ausgelegten Stück Wild.

So traumhaft der Anblick eines gut durchgearbeiteten Labradors aus Arbeitslinien auch sein mag und wie magisch die enge Verbindung zu seinem Hundeführer anmutet, es steckt viel Zeit, Training und Engagement dahinter. Seine Beschäftigungsansprüche sind hoch und Bewegung allein füllt ihn mental nicht aus. Er braucht eine gezielte, am besten retrieverspezifische Ausbildung und eine sinnvolle Aufgabe. Ist er unterfordert, beschäftigt er sich selbst – nicht immer im Sinne seines Besitzers. Sind Sie jedoch bereit, ihn in seinen Anlagen zu fördern und entsprechend zu beschäftigen, werden Sie einen hoch ambitionierten und doch in sich ruhenden Jagdbegleiter bekommen. Auch wenn Ihr „Fernziel" die Teilnahme an Working Tests, Dummy Trials und Field Trials auf höchstem Niveau sein sollte, ist ein Welpe aus Arbeitslinien, dessen Ahnentafel sich in der Regel aus zahlreichen „Field Trial Champions" (dt. Jagdarbeitschampions) und „Award Winnern" (dt. Hunde mit Platzierungen an Field Trials) zusammensetzt, die richtige Wahl.

Hunde aus Showlinien mit Prädikat Jagdliche bzw. Spezielle jagdliche Leistungszucht

Auch Hunde aus jagdlich brauchbaren Showlinien können wertvolle Jagdbegleiter sein. Obwohl die jagdlichen Anlagen nicht immer im Mittelpunkt der züchterischen Bestrebungen stehen, haben sie durch das Bestehen der für die Leistungszucht notwendigen Prüfung zumindest die Basisvoraussetzungen eines jagdlichen Allrounders bewiesen. Die im jagdlichen Alltag gern gesehene große Selbstständigkeit dieser Linien verhindert in Verbindung mit der schwächer ausgeprägten Führigkeit und dem meist fehlenden „Style" (= körperlicher Ausdruck der Arbeitsfreude) jedoch oft das prüfungsgemäße Arbeiten auf gleich hohem Niveau wie mit einen Hund aus Field-Trial-Linien. Andererseits wirkt sich das darauf beruhende „Durchsetzungsvermögen", das sich u. a. in der Riemenfestigkeit niederschlägt, häufig vorteilhaft auf die Arbeit am Schweißriemen aus, während eine zu ausgeprägte Führigkeit dort eher hinderlich sein kann.

... oder aus englischen Arbeitslinien bzw. Field-Trial-Linien stammt.

Der Labrador als Ausstellungshund

Liegt Ihr Interesse im Showbereich und haben Sie Spaß an Hundeausstellungen, dann sollten Sie sich auf Züchter konzentrieren, deren Zuchthunde und Nachzuchten sich im Ausstellungsring besonders hervorgetan haben und das moderne „Show-Ideal“ repräsentieren.

> EINE ENTSPRECHENDE VERPAARUNG FINDEN

Die infrage kommenden, auf den Welpenlisten der Zuchtvereine angekündigten Würfe sind nicht durch einen besonderen Hinweis, korrespondierend zum Prädikat „Jagdliche“ bzw. „Spezielle jagdliche Leistungszucht“, gekennzeichnet. Handelt es sich um Elterntiere aus Showlinien, die sich aufgrund einer bestandenen Jagdprüfung das Prädikat „Jagdliche“ bzw. „Spezielle jagdliche Leistungszucht“ erworben und damit für die Teilnahme in der Gebrauchshundeklasse bei Ausstellungen qualifiziert haben, ist der Wurf unter diesem Prädikat deklariert. Ist dies nicht der Fall, handelt es sich schlicht um eine „Standardzucht“. Da Sie auf diese Art jedoch kaum Hinweise auf die Ausstellungserfolge der Elterntiere bekommen, sollten Sie sich auf jeden Fall die Zeit nehmen, im Vorfeld mehrere Hundeausstellungen zu besuchen, um sich einen ersten Überblick zu verschaffen und vielleicht auch erste Kontakte zu potenziellen Züchtern zu knüpfen. Prinzipiell erleichtert auch ein Blick in die Ahnentafel der geplanten Verpaarung Ihre Suche. Sind dort zahlreiche Show Champions vermerkt, dann sind Sie auch ohne konkrete Kenntnisse der einzelnen Linien auf dem richtigen Weg! Da die Züchter in der Regel ein großes Interesse daran haben, dass ihre Nachzuchten im Ring präsentiert werden, geben sie Ihnen meist gern Hilfestellung bei der Auswahl eines vielversprechenden Welpen.

Der Labrador als Familienbegleithund

Haben Sie weder Jagd- noch Ausstellungsambitionen, sondern sind einfach nur auf der Suche nach einem familientauglichen Begleithund? Kein Zweifel: Der Labrador erfreut sich heute als Familienbegleithund immer größerer Beliebtheit. Die Gründe dafür liegen sowohl in seinem äußeren Erscheinungsbild als auch in seinen Charakter- und Wesenseigenschaften. Dabei dürfen Sie nicht vergessen, dass genau die Eigenschaften, wie Menschenbezogenheit, Anpassungsfähigkeit, Robustheit, Nervenfestigkeit, leichte Erziehbarkeit und grundsätzliche Verträglichkeit gegenüber Mensch und Tier, die auf seinem ursprünglichen Verwendungszweck beruhen, ihn auch als Familienbegleithund prädestinieren. Grundsätzlich sollten diese Eigenschaften in jedem Labrador, unabhängig davon, ob es sich um einen Vertreter von Arbeits- oder Showlinie handelt, ebenso zu finden sein wie ein Mindestmaß an jagdlichen Anlagen. Allerdings macht die Feststellung der leichten Erziehbarkeit keineswegs eine konsequente, sinnvolle Erziehung überflüssig. Im Gegenteil, jeder Labrador benötigt als zuverlässiger Begleithund neben einer soliden Grundausbildung und regelmäßigem Gehorsamstraining zusätzlich eine artgerechte Beschäftigung, um eine mentale Unterforderung zu vermeiden.

> **EINE ENTSPRECHENDE VERPAARUNG FINDEN**
Prinzipiell sind auch Hunde aus Arbeitslinien aufgrund ihrer Leichtführigkeit als Familienbegleithunde geeignet, allerdings stellt sich die Frage, inwieweit der Familienalltag ihren physischen und mentalen Beschäftigungsansprüchen gerecht wird. Aus diesem Grund ist ein führiger Hund aus Showlinien in diesem Fall vielleicht die bessere Wahl. Die Frage, ob eine Verpaarung aus jagdlicher Leistungszucht oder Standardzucht (d. h., die Elterntiere haben außer einem Wesenstest und eventuell einer Begleithundeprüfung keine weiteren Prüfungen) zu bevorzugen ist, lässt sich nicht abschließend beantworten. Allerdings: Während ein gewisses Maß an Führigkeit und Nervenfestigkeit auch für einen Begleithund unabdingbar sind, sind ausgeprägte jagdliche Anlagen für diese Aufgabe eher hinderlich.

Der „richtige" Züchter

Nachdem Sie sich darüber klar geworden sind, welche Zuchtrichtung zu Ihnen passt, können Sie sich über die Welpenlisten der Zuchtvereine über geplante, erwartete und bereits gefallene Würfe informieren und infrage kommende Züchter anrufen.

Erste Besuche beim Züchter empfehlen sich, sobald die Augen und Gehörgänge der Welpen geöffnet sind.

Besuche beim Züchter

Haben Sie während der ersten telefonischen Kontakte einen guten Eindruck vom Züchter Ihrer Wahl gewonnen und erging es ihm ebenso, dann sollten Sie einen ersten persönlichen Besuchstermin mit ihm vereinbaren. Die meisten Züchter legen viel Wert darauf, dass sich Welpeninteressenten schon vor der Geburt der Welpen bei ihnen vorstellen. Regelmäßiges Interesse am Fortgang der Ereignisse und mehr-

Ein seriöser, vertrauenswürdiger Züchter …

… verfolgt mit viel Liebe und Engagement ein konkretes Zuchtziel, kennt sich in allen Belangen „seiner" Rasse aus und wird Ihnen jegliche Fragen geduldig und sachkundig beantworten. Dabei wird er sich auch nicht scheuen, Sie über eventuelle Erbkrankheiten (z. B. HD, ED usw.) der Rasse im Allgemeinen und seiner Zuchtlinie im Besonderen zu informieren.

… wird nur Hunde in die Zucht nehmen, die sich aufgrund ihrer Gesundheit, ihres Wesens, ihrer Arbeitsqualitäten und ihres Exterieurs als besonders gute Vertreter ihrer Rasse erwiesen haben. Bei jeder Verpaarung wird er im Sinne seines Zuchtziels versuchen, die bestmögliche Verbindung zu finden.

… züchtet in der Regel nur eine Rasse und besitzt nur wenige Zuchthunde, die er überwiegend im Haus mit engem Familienanschluss hält. Nur im Ausnahmefall wird er zwei Würfe zur gleichen Zeit aufziehen.

… kümmert sich während Aufzuchtzeit nahezu rund um die Uhr um seine Welpen und versucht ihnen den bestmöglichen Start in ihr weiteres Leben zu geben, indem er ihr Lernverhalten fördert und einen wichtigen Beitrag zu ihrer Sozialisation leistet.

… sucht seine zukünftigen Welpenbesitzer sehr sorgfältig aus, denn er hängt an seinen Welpen. Er zeichnet sich dadurch aus, dass er seinen Welpenkäufern stets mit Rat und Tat zur Seite steht und ein Hundeleben lang an ihrem Werdegang interessiert ist.

faches Besuchen der Welpen während der Aufzuchtzeit bestätigen dem Züchter Ihr ernsthaftes Interesse. Sehen Sie dies nicht als Pflicht, sondern eher als Chance an, denn nur vor Ort können Sie feststellen, ob die Eindrücke, die Sie zuvor gewonnen haben, auch der Realität entsprechen.

Auch während Ihres Besuches wird ein gewissenhafter Züchter offen für Ihre Fragen sein und sie geduldig und kompetent beantworten. Er wird Ihnen bereitwillig alle wichtigen Unterlagen der Zuchthündin und des Deckrüden vorlegen und Ihnen die Details, wie die Zuchtzulassung, das komplette Wesenstest- und Formwertprotokoll, die Gesundheitsergebnisse und die bisherigen Prüfungsergebnisse, erklären.

Hygienische Vorsichtsmaßnahmen

Sind die Welpen bereits auf der Welt, sollten Sie mit Ihren ersten Besuchen bis zum Ende der Übergangsphase (Ende der 3. Lebenswoche) warten, denn die Welpen sind erst nach dem Öffnen der Augen und Gehörgänge in der Lage, erste Kontakte zu ihrer engeren Umwelt zu knüpfen. Zum Schutz vor eingeschleppten Infektionen sollten Sie in dieser Zeit unbedingt einige hygienische Vorsichtsmaßnahmen einhalten. Haben Sie deshalb im Sinne der Gesundheit der Welpen Verständnis dafür, wenn der Züchter Sie bittet, Ihre Schuhe vor der Tür stehen zu lassen, sich sorgfältig die Hände zu waschen und eventuell auch zu desinfizieren. Auch sollten hausfremde Hunde bei den ersten Besuchen noch im Auto bleiben.

„Socken bevorzugt!"

Labradorwelpen sollten kontaktfreudig und aufgeschlossen sein.

Den Welpen richtig tragen

Ein Besuch bei den Welpen hilft Ihnen nicht nur in Ihrer Entscheidung, sondern unterstützt auch deren Prägung und Sozialisation. Gleichermaßen gilt es aber, negative Erlebnisse zu vermeiden, die z. B. durch das unsachgemäße Tragen eines Welpen entstehen können. Nehmen Sie einen Welpen deshalb immer mit beiden Händen hoch. Greifen Sie mit einer Hand gezielt unter seinen Po, während Sie ihn gleichzeitig mit der anderen Hand von vorn durch die Vorderläufe greifend am Brustbein fixieren. Auf diese Weise können auch energiegeladene, temperamentvolle Labradorwelpen sicher getragen werden. Keinesfalls darf ein Welpe am Nackenfell oder an den Vorderläufen hochgenommen werden, denn seine noch weichen Schulter- und Ellbogengelenke wären nicht in der Lage, sein gesamtes Gewicht zu tragen. Ernsthafte, irreparable Schäden könnten die Folge sein.

Eine Hand unter dem Po, die andere am Brustbein: So tragen Sie einen Welpen richtig!

Ein abwechslungsreicher Außenauslauf mit vielen Umweltreizen und Beschäftigungsmöglichkeiten fördert die Entwicklung der Welpen auf verschiedenen Ebenen.

Die Zuchtstätte

Grundsätzlich ist jeder Züchter der dem VDH angeschlossenen Rassezuchtvereine verpflichtet, seine erwachsenen Hunde und Welpen in einem optimalen Pflege- und Ernährungszustand zu halten und eine artgerechte, saubere Unterbringung zu gewährleisten. Im Rahmen einer verhaltensgerechten Aufzucht muss sowohl ein entsprechend großer, heller und leicht zu reinigender Innenauslauf als auch ein sicher eingezäunter Außenauslauf vorhanden sein. Beides sollte einen sauberen und gepflegten Eindruck machen. Die Hündin muss während der Aufzuchtwochen jederzeit Zugang zu ihren Welpen haben, sich aber auch nach Belieben zurückziehen können. Dies ist vor allem dann wichtig, wenn das Säugen der Welpen aufgrund der durchgebrochenen Zähne unangenehm zu werden beginnt.

Die Zuchthündin

Sowohl die Zuchthündin als auch etwaige andere Hunde des Züchters sollten ihm und Ihnen gegenüber ein aufgeschlossenes und entspanntes Verhalten zeigen. Die Vitalität, der Ernährungszustand sowie die allgemein gute Konstitution der Mutterhündin sind deutliche Hinweise auf ihre optimale Versorgung und gleichzeitig Garanten für zufriedene Welpen. Der Vater der Welpen wird nur in den seltensten Fällen anwesend sein, denn der Rüde „von nebenan" muss nicht unbedingt die erste Wahl im Sinne des Zuchtziels sein.

Die Welpen

Labradorwelpen brauchen zur Weckung ihrer natürlichen Anlagen nicht nur eine abwechslungsreiche Umgebung mit verschiedensten Umweltreizen und Beschäftigungsmöglichkeiten, sondern zur Förderung ihrer Menschenbezogenheit auch möglichst vielfältigen Umgang mit Menschen verschiedenen Alters. Als Zeichen einer gelungenen Prägung sollte Ihr erster Eindruck der Welpen eine in Abhängigkeit ihres Alters aktive, kontaktfreudige und menschenbezogene kleine Rasselbande sein. Die Welpen sollten einen gesunden und gut genährten Eindruck machen, der sich in ihrem glänzenden Fell und dem typischen, angenehmen Welpengeruch widerspiegelt.

Die Entwicklungsphasen der Welpen während der Aufzucht

Die Entwicklung eines Hundewelpen verläuft rasend schnell. Vom Tag seiner Geburt an durchläuft er verschiedene Entwicklungsphasen, die ihn – optimal genutzt – auf das Leben eines normal veranlagten Hundes vorbereiten. Bei näherer Betrachtung der einzelnen Phasen wird deutlich, dass ein verantwortungsvoller, sachkundiger Züchter einen wichtigen Beitrag zur Entwicklung der Welpen leisten kann.

Durch den sogenannten „Milchtritt" regt der Welpe den Milchfluss an.

Der erste Weg zur Zitze setzt eine Lernspirale in Gang, die für die weitere Entwicklung des Welpen von großer Bedeutung ist.

Die vegetative Phase (1.–2. Lebenswoche)

Als Nesthocker sind Hundewelpen nach der Geburt auf die Fürsorge und den Schutz ihrer Mutter angewiesen. Angeborene Verhaltensweisen, die das Überleben des Welpen sichern, sind das Suchen nach Wärme und Nahrung sowie der sogenannte „Milchtritt", bei dem der Welpe durch massierende Bewegungen seiner Vorderpfoten am Gesäuge der Mutter den Milchfluss anregt. Wird der Welpe bei seiner Suche nicht fündig, reagiert er mit einem durchdringenden „Verlassenseinsruf". Auch dieser ist angeboren und löst bei der Hündin eine sofortige Reaktion aus. Das Verhalten des Welpen ist in dieser Zeit überwiegend reflexgesteuert. Außer dem Geschmacks- bzw. Geruchssinn, dem Gleichgewichtssinn, der Temperatur- und Tastwahrnehmung sind noch keine weiteren Sinne ausgebildet. Obwohl Augen und Gehörgänge des Welpen nach wie vor geschlossen sind, ist er durch den bereits entwickelten Gleichgewichtssinn doch in der Lage, sich immer wieder in die Bauchlage zu bringen. Auch wenn er den Unterschied zwischen Wärme und Kälte genau wahrnehmen kann, kann er seine Körpertemperatur noch nicht selbstständig aufrechterhalten.

Da sich sein Nervensystem erst allmählich von vorn nach hinten weiter ausbildet, kann er sich zunächst nur „robbenartig" fortbewegen. Ein erstes Hochstemmen mit den Vorderbeinen ist etwa ab dem sechsten, das Mitbewegen der Hinterhand etwa ab dem achten Lebenstag zu beobachten. Bei Welpen aus Arbeitslinien können häufig auch schon viel früher erste Versuche sich hochzustemmen oder auch erste unterstützende Bewegungen mit den Hinterbeinen beobachtet werden. Die noch nicht vollständige Innervierung der Hinterhand bedeutet auch, dass der Welpe nicht selbstständig Harn und Kot absetzen kann. Seine Ausscheidungen werden vielmehr von der Mutter reflexartig ausgelöst, indem sie massierend über die Bauch- und Analregion leckt. Einer der Nerven, die von Anfang an entwickelt sind, ist der Gesichtsnerv, der dem Welpen ermöglicht, die Zitze mit seiner fächerförmigen Zunge zu umschließen und sich festzusaugen. Zwei weitere Reflexe, die sich in dieser Zeit gut beobachten lassen, sind der Beuge- und der Streckreflex.

Was kann der Züchter in dieser Zeit tun?

Da Messungen der Gehirnströme zu diesem Zeitpunkt kaum Unterschiede zwischen Wach- und Schlafphasen aufzeichnen, hat der Züchter nur wenig Möglichkeiten die Entwicklung des Welpen zu beeinflussen.

Durch das massierende Belecken der Bauch- und Analregion löst die Hündin die reflexartige Ausscheidung aus.

Die Augen beginnen sich langsam von innen nach außen zu öffnen.

› ERSTE WICHTIGE LEBENSERFAHRUNGEN

Im Sinne einer ersten Prägung kann er dem Welpen jedoch erste wichtige Lebenserfahrungen ermöglichen. Dazu gehört beispielsweise, dass er nach Möglichkeit vermeidet, den Welpen nach der Geburt bei der Hündin anzulegen, sondern ihn den Weg zur Zitze selbst suchen lässt. Durch die Erfahrung, dass hinter einer Anstrengung (= dem Weg zur Zitze) eine Belohnung (= die Befriedigung des Bedürfnisses nach Nahrung) steht, wird ein Lernprozess in Gang gesetzt, der für die weitere Entwicklung des Welpen von entscheidender Bedeutung ist. Das Prinzip des Lernens am Erfolg wird den Welpen sein ganzes Leben lang begleiten.

Sollte der Welpe jedoch aufgrund des Geburtsverlaufs sehr geschwächt und deshalb auf die Unterstützung des Züchters angewiesen sein, ist es in vernünftiger Art und Weise legitim, ihn zumindest in der richtigen Richtung zu positionieren. Ganz ähnlich verhält es sich auch mit der Erfahrung von Kälte und Wärme, womit deutlich wird, warum die Temperaturregelung in der Wurfkiste mithilfe einer Rotlichtlampe möglichst unterlassen werden sollte. Auch die Erfahrung von Berührungen hat bereits jetzt positive Effekte auf die weitere Entwicklung des Geruchs-, Gleichgewichts- und Tastsinns.

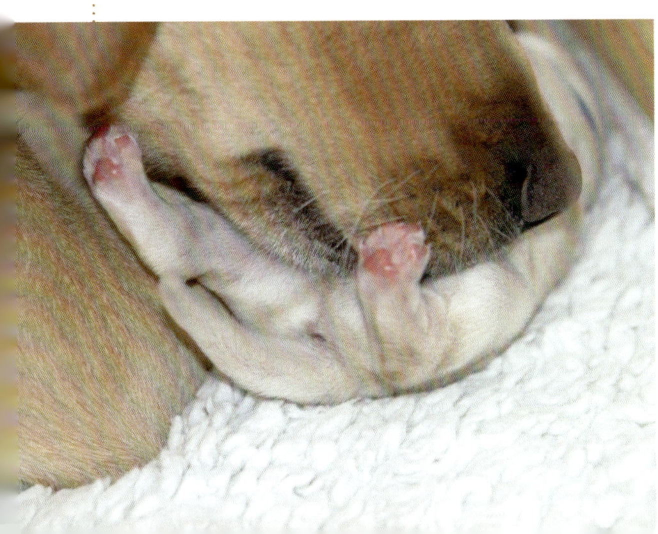

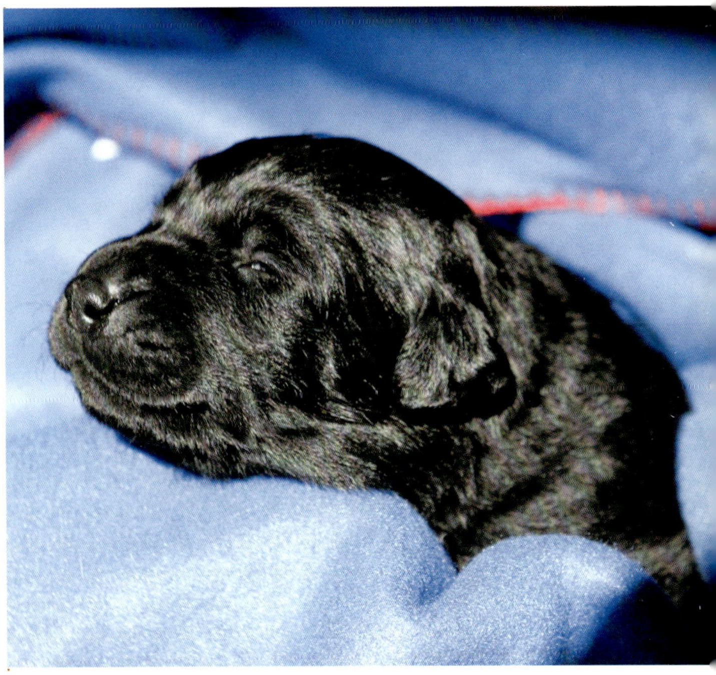

Die Übergangsphase (3. Lebenswoche)

Ende der zweiten, Anfang der dritten Lebenswoche beginnt die sogenannte Übergangsphase, die vor allem durch das Öffnen der Gehörgänge und der Augen gekennzeichnet ist. Ab dem 10. Lebenstag beginnen sich kleine schuppenartige Hautpartikel an den Ohröffnungen abzulösen. Innerhalb der nächsten zwei bis drei Tage öffnet sich der komplette Gehörgang. Der Welpe beginnt Geräusche wahrzunehmen und auf sie zu reagieren, ist aber noch nicht in der Lage, sie zu lokalisieren. Beinahe zeitgleich beginnen sich die Augen zu öffnen. Dabei werden zunächst erste kleine dreieckige Öffnungen in den inneren Lidspalten sichtbar, die sich dann allmählich von innen nach außen bis hin zur vollständigen Öffnung ausweiten. Nach dem Öffnen der Augen dauert es noch einige Tage, bis der Welpe auch in der Lage ist, Dinge zu fokussieren.

1 *Noch toleriert die Hündin das Verhalten des Welpen.*
2 *Die Entwicklung der Beißhemmung beruht auf der Angst vor Schmerz und verhindert Verletzungen innerhalb des Rudels.*

Mit dem Öffnen der Ohren und Augen nimmt der Welpe mehr und mehr seine Umwelt wahr. Während sein Gehirn nun zunehmend mit akustischen und optischen Informationen konfrontiert wird, wird es ihm gleichzeitig möglich, auf drei Ebenen – akustisch, optisch und olfaktorisch – zu kommunizieren. Er lernt seine Wurfgeschwister als Artgenossen kennen und beginnt sich mit ihnen und seiner Mutter zu beschäftigen. Er zeigt erste Spielaktivitäten, wobei seine Interaktionen häufig stimmlich begleitet und seine Ausdrucksweisen zunehmend differenzierter werden. Trotz seiner noch unausgewogenen Körperbalance macht er in dieser Phase große motorische Fortschritte. Mithilfe seiner zunehmend innervierten und langsam erstarkenden Hinterhandmuskulatur ist er nun in der Lage, sich vor- und rückwärts zu bewegen sowie sich selbstständig zu versäubern.

Neben dem Beginn der Seh- und Hörfähigkeit setzt in dieser Phase auch die Wärmeregulation ein und der Welpe ist fortan fähig, seine Körpertemperatur selbstständig aufrechtzuerhalten.

Was kann der Züchter in dieser Zeit tun?

Da nun alle Arten von Umweltreizen auf den Welpen einzuwirken beginnen, ist er besonders auf seine Mutter, die ihm Schutz und Sicherheit vermittelt, angewiesen. Eine längere Trennung von ihr kann ihn in dieser Zeit unwiderruflich schädigen. Je nach Entwicklungsstand kann es eine Weile dauern, bis sich der Welpe in seiner „neuen" Welt zurechtfindet. Um ihm dies zu erleichtern, sollte der Züchter zumindest während dem Öffnen der Gehörgänge auf eine eher ruhige Umgebung achten. Im Hinblick auf eine optimale Prägung sollte der Welpe die menschliche Stimme auf möglichst ruhige und positive Weise kennen lernen.

> ANREGUNG DER WAHRNEHMUNG Mit dem Öffnen der Ohren und Augen erwacht auch die für Welpen so typische Neugier. Der Züchter kann ihren „Forscherdrang" nun fördern, indem er gezielt Reize anbietet, die die akustische, optische, olfaktorische oder taktile Wahrnehmung anregen. Dabei kommen vor allem Gegenstände unterschiedlicher Oberflächenstruktur (z. B. weich, hart, glatt, rau), unterschiedlichen Klangs (z. B. hell, dunkel) oder auch unterschiedlichen Geruchs (z. B. kleinere Kleidungsstücke verschiedener Familienmitglieder, die Liegedecke der Katze, verschiedene nicht gegerbte Felle) in Betracht. Aber auch „Ganzkörper-Streicheleinheiten" wirken sich positiv auf die Entwicklung des Nervensystems aus.

Die Prägungsphase (4.–7. Lebenswoche)

Am Ende der dritten bzw. Anfang der vierten Lebenswoche beginnen die Zähne der Welpen durchzubrechen. Meist führen die spitzen Milchzähne bald dazu, dass sich auch das Verhalten der Hündin ändert. Sie wird die Wurfkiste immer öfter verlassen und sich, solange den Welpen noch nicht zugefüttert wird, nur noch

zum Versäubern der Welpen oder um ihrem drückenden Gesäuge Linderung zu verschaffen, in der Wurfkiste einfinden. Die Welpen sind zwar immer noch an ihr schützendes Wurflager gebunden, erweitern aber nun mit wachsender Mobilität und Selbstsicherheit stetig ihren Bewegungsradius. Deshalb ist es jetzt an der Zeit, ihnen mehr Raum zur Verfügung zu stellen. Gute Dienste leistet dabei ein an die Wurfkiste anschließender Innenauslauf mit rutschfester, einfach zu reinigender Unterlage.

Die Lernbereitschaft der Welpen wird nie wieder so groß sein wie in diesen Wochen. Über das gemeinsame Spiel mit der Mutter und den Wurfgeschwistern lernen sie nicht nur nahezu alle arttypischen Verhaltensweisen, sondern trainieren auch ihr Ausdrucksverhalten und entwickeln die sogenannte Beißhemmung. Im Alter von sieben Wochen ist die Entwicklung des Gehirns weitgehend abgeschlossen. In der Natur übernimmt nun normalerweise der Rüde den Hauptpart der Erziehung und der Welpe muss lernen sich unterzuordnen. Im Spiel lernt er immer wieder die Überlegenheit des erwachsenen Hundes kennen. Denn dieser agiert als „Spielführer“ und zeigt dem Welpen deutlich, wann das Spiel beginnt und wann es beendet ist. Die Unterordnung geschieht hierbei weniger im Sinne der Herstellung einer hierarchischen Ordnung, sondern vielmehr durch das Akzeptieren der im Rudel einzuhaltenden Regeln und das Einfügen in die Gemeinschaft.

Was kann der Züchter in dieser Zeit tun?

Die Prägephase zeichnet sich insbesondere dadurch aus, dass ein Hund in dieser Zeit, und zwar nur in dieser Zeit, auf den Menschen geprägt werden kann. Deshalb sollte der Welpe, sobald er Personen und Stimmen unterscheiden kann und auf seine Umwelt zu reagieren beginnt, möglichst viele verschiedene Menschen jeden Alters kennen lernen. Die Lernbereitschaft ist in dieser Phase so groß, dass mit nahezu jeder Beschäftigung ein einfacher Lernvorgang verbunden ist. Dinge, an die der Welpe sich jetzt gewöhnt, werden ihm immer vertraut sein. Diese Chance sollte der Züchter nutzen, indem er dem Welpen vielfältige Umwelterfahrungen ermöglicht und ihm zudem die Gelegenheit gibt, erwünschte Verhaltensweisen (wie z. B. das Herankommen oder die Stubenreinheit) bereits jetzt zu erlernen.

› HERANKOMMEN Mit dem Zufüttern der Welpen kann der Züchter bereits beginnen, die Welpen mit einem verbalen Signal wie „Hier" oder einem „Komm"-Pfiff zum Futternapf zu rufen. Auf diese Weise verknüpfen die Welpen innerhalb kürzester Zeit das Signal mit dem Futter und werden, sobald es ertönt, in Windeseile gerannt kommen. Bis zur Abgabe der Welpen hat sich das Signal in der Regel so tief eingeprägt, dass der neue Welpenbesitzer darauf aufbauen kann.

› STUBENREINHEIT Um die ersten Schritte in Richtung „Stubenreinheit" zu unterstützen, ist es sinnvoll, im Innenauslauf eine etwa 1 x 1 Meter große Versäuberungsecke einzurichten. Bewährt haben sich beispielsweise flache, mit Kleintier- bzw. Öko-Hundeeinstreu befüllte oder mit saugstarken Vlieseinlagen ausgelegte Blumenuntersetzer oder auch spezielle „Puppy-Toiletten". Wichtig ist bei allen Varianten eine entsprechende Größe, eine niedrige Einstiegskante und das regelmäßige Säubern.

› AUSSENAUSLAUF Während die Welpen im Innenauslauf Gelegenheit bekommen, das alltägliche Geschehen im Haushalt mitzuerleben, sollten sie im Alter von etwa vier Wochen auch die Möglichkeit haben, die „große weite Welt" außerhalb des Hauses kennen zu lernen. Beim Einrichten eines Außenauslaufs ist nicht nur auf die vom Zuchtverein vorgegebene Größe zu achten, sondern auch auf möglichst verschiedene Unterböden, das Vorhandensein eines Sonnen- und Schattenanteils sowie einer überdachten, trockenen, windgeschützten und eventuell beheizbaren Rückzugsmöglichkeit. Ferner ist eine stabile, ausbruchs- und verletzungssichere (Strebenabstand!) Einzäunung ein absolutes Muss. Auch im Außenauslauf leistet ein fester Löseplatz mit Kiesabdeckung in Hinblick auf die Erziehung zur Stubenreinheit gute Dienste. Hat die Hündin dort einmal uriniert, dauert es meist nicht lange, bis die Welpen ihr folgen.

Die Gestaltung des Außenauslaufs sollte einem Abenteuerspielplatz gleichen und den Welpen die Möglichkeit geben, möglichst vielfältige Erfahrungen zu machen. Dabei sind der Fantasie des Züchters nur durch Sicherheitserwägungen Grenzen gesetzt. Solange die Gehirnentwicklung des Welpen andauert, kann er durch entsprechende Spielgeräte wie z. B. einen Balancierkreisel, eine Wippe, ein Wackelbrett oder den Aufbau eines „Hindernisparcours" gezielt die Motorik und Körperbalance fördern. Auch im akustischen, optischen, olfaktorischen und taktilen Bereich hat der Züchter die Möglichkeit, den Welpen mit immer neuen Reizen in seiner Entwicklung zu fördern.

› ERSTE ABENTEUERAUSFLÜGE Spätestens ab der sechsten, siebten Lebenswoche sind die Welpen mit ihrem Außenauslauf so vertraut, dass der Züchter erste Abenteuerausflüge in den Wald, ins Feld oder ans Wasser unternehmen kann. Je abwechslungsreicher das Gelände und der Bewuchs ist, umso mehr Erfahrungen können die Welpen sammeln.

LINKS: Mit dem Beginn des Zufütterns kann der Züchter ein „Komm"-Signal einführen.
UNTEN: Sowohl der Balancierkreisel als auch das Bällebad fördern die motorischen Fähigkeiten und das Körpergefühl der Welpen.
RECHTS: Erste Abenteuerausflüge ermöglichen den Welpen, auch außerhalb des Auslaufes Erfahrungen zu sammeln.

Dabei gibt es allerdings zwei Dinge zu beachten. Zum einen prägen sich in dieser Phase auch Negativerlebnisse tief ein, weshalb Ausflüge gut geplant und je nach Wurfstärke von mindestens einer weiteren Person begleitet sein sollten. Zum anderen darf der Züchter keinesfalls vergessen, dass die Welpen, trotz eventuell erfolgter „Puppy-Impfung" im Alter von sechs Wochen noch keinen ausreichenden Impfschutz besitzen. Aus diesem Grund sollten vielbesuchte Hundewiesen oder -teiche gemieden werden, da dort in der Regel ein höherer Erreger- bzw. Infektionsdruck herrscht. Sollte das „Abenteuer" nur per Auto zu erreichen sein, können die Welpen auch an das Autofahren gewöhnt werden.

Kurz vor Abgabe sollten die Welpen ferner Gelegenheit bekommen, erste Erfahrungen ohne den Rückhalt des Rudels, dafür aber mit dem Menschen als Rudelführer und Sozialpartner zu machen.

> **RESÜMEE** Die während der Aufzucht gemeisterten Herausforderungen aller Art haben zahlreiche positive Effekte auf die Entwicklung des Welpen. Sie lehren ihn zu lernen, sie stärken sein Selbstvertrauen im Umgang mit neuen, unbekannten Situationen, sie schulen sein Gedächtnis und sie fördern seine motorischen Fertigkeiten. Das während der ersten Entwicklungsphasen entdeckte spielerische Lernen sollte auch weiterhin im Mittelpunkt stehen und vom Menschen „kopiert" werden, um dem Welpen die Regeln im neuen Zuhause verständlich zu machen.

Nicht immer ist der Welpe, der sofort mit Ihnen Kontakt aufnimmt, auch der Richtige für Sie! Vertrauen Sie bei der Auswahl deshalb Ihrem Züchter. Er konnte seine Welpen während der Aufzucht aufmerksam beobachten und kennt ihre Stärken und mögliche Schwächen.

Die Auswahl des Welpen

Auch wenn Sie den Wurf mehrmals beim Züchter besuchen, sind Ihre eigenen Eindrücke bezüglich Temperament, Wesen und Veranlagung des einzelnen Welpen doch immer nur von der jeweiligen „Tagesform“ abhängige Momentaufnahmen. Vertrauen Sie deshalb Ihrem Züchter! Er kennt die Charakterzüge und Eigenheiten seiner Welpen genau, denn er hat ihre Entwicklung acht Wochen lang aufmerksam verfolgt. Vorausgesetzt er kennt die persönlichen Vorstellungen seiner Welpeninteressenten, die vom ausgeglichenen Familienbegleithund über den vielversprechenden Ausstellungshund bis hin zum unerschrockenen Rettungshund oder passionierten Jagdbegleiter reichen können, ist er mithilfe seiner Beobachtungen und dem einen oder anderen Hinweis aus einem „Welpentest“ in der Lage, den „richtigen“ Welpen dem „richtigen“ Welpeninteressenten zuzuordnen.

Rüde oder Hündin?

Die Antwort auf diese Frage hängt neben persönlichen Präferenzen von verschiedenen Überlegungen ab. Labradorrüden sind in der Regel größer und kräftiger gebaut als Hündinnen. Dabei sind nicht nur die im Rassestandard festgeschriebenen Größenunterschiede zu berücksichtigen, sondern vor allem auch die sich daraus ergebenden Kräfteverhältnisse. So kann ein Rüde aus Showlinien durchaus ein Gewicht von 35 bis 45 kg auf die Waage bringen, während Hündinnen meist zwischen 28 und 34 kg wiegen. Hunde aus Arbeitslinien sind in der Regel etwas leichter. Die Rüden wiegen normalerweise zwischen 28 und 34 kg und Hündinnen zwischen 24 und 28 kg.

Auch auf hormoneller Ebene gibt es natürlich Unterschiede. Ein Rüde ist das ganze Jahr über sexuell aktiv, wobei sich seine Reife in der Regel ab dem siebten Lebensmonat durch das Beinheben beim Urinieren bemerkbar macht. Wird sein hormonell gesteuerter Arterhaltungstrieb durch eine läufige Hündin aktiviert, wird er versuchen ihn auszuleben. Dann liegt es am Besitzer, die typischen „Rüdenmanieren“ im Zaum zu halten und dafür zu sorgen, dass er auch in diesen Situationen gehorsam bleibt. Gerade bei Labradors aus Showlinien beobachtet man häufiger Rüden, die in dieser Hinsicht etwas stärkerer erzieherischer Konsequenz bedürfen, während Rüden aus Arbeitslinien sich aufgrund ihrer hohen Arbeitsbereitschaft und ihrer ausgeprägten Führigkeit im Allgemeinen einfacher von ihrem „Vorhaben“ ablenken lassen. Da „Konkurrenzsituationen“ im Rahmen des Fortpflanzungsverhaltens leicht zu Eskalationen zwischen verschiedenen Bewerbern führen können, sollten Sie verstärkt darauf achten, dass Ihr Rüde ein normales Sozialverhalten gegenüber anderen Rüden zu entwickeln kann.

OBEN: *Die Reaktion des Welpen auf akustische Reize, wie z. B. umfallende Blecheimer*
UNTEN: *Typische Welpentestsituation: die Rückenlage*

Während Rüden das ganze Jahr über fortpflanzungsfähig sind, werden Hündinnen üblicherweise nur etwa zweimal im Jahr läufig. Ihre Geschlechtsreife beginnt normalerweise zwischen dem achten und vierzehnten Lebensmonat. In der Zeit der Läufigkeit sollte eine Hündin für ca. drei Wochen gut im Auge behalten und während der Standhitze am besten an der Leine gelassen werden, um unerwünschten Nachwuchs zu vermeiden.

Bei manchen Hündinnen treten vor und nach den Läufigkeiten hormonelle Schwankungen auf, die sie psychisch belasten und einen negativen Einfluss auf ihr Verhalten haben können. Manche Hündinnen sind in dieser Zeit unsicherer und weniger belastbar. Beim Training wirken sie unkonzentriert und in manchen Fällen sogar arbeitsunlustig. Wer also mit seinem Labrador arbeiten möchte, könnte dadurch etwas eingeschränkt sein.

Die Aussagekraft von Welpentests

Viele Welpentests haben ihren Ursprung in der Auslese von Welpen für die Blindenhunde- oder Diensthundeausbildung. Meist werden sie um den 49. Lebenstag durchgeführt. Reihenuntersuchungen über ihre Aussagekraft kommen übereinstimmend zum Ergebnis, dass sich das Verhalten erwachsener Hunde anhand der Resultate nicht vorhersagen lässt. Allerdings weist das Verhalten acht Wochen alter Welpen eine hohe Erblichkeit zum Verhaltensmuster der Mutter auf. Dies unterstreicht nochmals, wie wichtig es ist, dass nur wesens- und instinktsichere Hunde in die Zucht gehen. Die züchterische Aussagekraft von Welpentests ist vor allem deshalb begrenzt, weil das spätere Verhalten des erwachsenen Hundes wesentlich von seinen Umwelterfahrungen beeinflusst wird. Auch wenn das Verhalten des Welpen auf moderaten Stress im Rahmen des Tests Hinweise auf das zukünftige Stressmanagement des Hundes geben kann, lassen die Beobachtungen doch nur auf den momentanen Entwicklungsstand schließen. Insoweit kann der Test zumindest wertvolle Anhaltspunkte dafür geben, wie der zukünftige Besitzer mit der Prägung des Welpen in diesem Bereich weiter fortfahren sollte.

Wenn Sie den Welpen abholen, ändert sich sein bisheriges Leben grundlegend. Nun ist es an Ihnen und Ihrer Familie, ihm Geborgenheit und Sicherheit zu vermitteln.

Ein Welpe kommt ins Haus – wichtige Vorbereitungen

Die Abgabe der Welpen ist den dem VDH angeschlossenen Züchtern erst nach Vollendung der achten Lebenswoche und nur nach erfolgter Grundimmunisierung gegen Staupe, Hepatitis, Leptospirose und Parvovirose erlaubt. Ab diesem Zeitpunkt wird es für den Züchter beinahe unmöglich, jeden Welpen individuell weiter in seiner Entwicklung zu fördern. Bis dahin fühlte sich Ihr Welpe in gewohnter Umgebung und innerhalb seines Rudels geborgen. Mit der Abgabe ändert sich sein bisheriges Leben abrupt. Fortan übernehmen Sie und Ihre Familie nicht nur die Stellung eines „Ersatzrudels“, sondern auch die Verantwortung für seine weitere Entwicklung.

Nehmen Sie sich Zeit!

Da der Welpe einige Zeit brauchen wird, bis er sich in sein neues „Rudel“, sein neues Zuhause und seinen neuen Tagesablauf eingelebt hat, ist es auf jeden Fall empfehlenswert, sich die ersten zwei bis drei Wochen ausreichend Zeit für ihn zu nehmen, um Vertrauen und Bindung aufzubauen. Da die Sozialisationszeit nur etwa bis zur 16. Lebenswoche anhält, verbleiben Ihnen im wesentlichen acht Wochen, um die von Ihrem Züchter in Gang gesetzte optimale Entwicklung des Welpen weiter fortzuführen.

Die Rollenverteilung innerhalb der Familie

Ein wichtiges Thema, das Sie vor Abholung Ihres Welpen beim Züchter unbedingt abklären sollten, ist die Rollenverteilung innerhalb Ihrer Familie. Grundsätzlich ist es sicher einfacher, wenn der Hund nur von einer Person ausgebildet wird, aber es ist grundsätzlich auch möglich, dass sich mehrere Familienmitglieder an der Erziehung und Ausbildung beteiligen. Dies ist aber nur dann sinnvoll, wenn sowohl in den für den Hund relevanten Rangordnungssituationen im Alltag als auch während der Erziehung eine konsequente Behandlung gewährleistet ist! Alle an der Erziehung beteiligten Familienmitglieder müssen unbedingt dieselbe Konsequenz zeigen, wenn sie vom Hund ein bestimmtes Verhalten verlangen. Dies ist auch der Grund dafür, warum kleinere Kinder möglichst keine Kommandos geben sollten, denn missachtet der Welpe das gegebene Kommando, kann es schnell zu Konflikten kommen, die das Kind nicht lösen kann.

Des Weiteren muss unbedingt eine Einigung über die zu verwendenden Kommandos bestehen. Als Gedächtnisstütze können Sie eine Art „Kommandotabelle“ erstellen, in der Sie alle Hör- und Sichtzeichen notieren und die Sie gut sichtbar in Ihrer Wohnung aufhängen.

Die „welpensichere“ Wohnung

Der Gedanke an eine „welpensichere“ Wohnung beinhaltet im Wesentlichen zwei Ansätze: zum einen den Schutz Ihrer Einrichtung und zum anderen den Schutz Ihres Welpen vor den in

Nicht jede dekorative Pflanze ist auch welpengeeignet.

Ihrer Wohnung lauernden Gefahren. Welpen sind in der Regel sehr neugierig und haben den natürlichen Drang, alles genau zu untersuchen. Entfernen Sie deshalb alle wertvolleren Gegenstände aus seiner Reichweite, indem Sie Ihre Wohnung einmal aus der „Welpenperspektive" betrachten. Denken Sie dabei auch an den „Schwanzwedelbereich", denn eine ständig freudig wedelnde Rute gehört schließlich zu den besonderen Markenzeichen eines Labradors! Sobald sich Ihr Welpe gut eingelebt hat und erste Erziehungsfortschritte sichtbar werden, können Sie wieder zur Normalität übergehen und Ihre Wohnung Stück für Stück in den alten Zustand versetzen.

Elektrokabel

Sichern Sie alle elektrischen Kabel, denn die spitzen Welpenzähne durchdringen mit Leichtigkeit jede Isolierschicht und können den Welpen dadurch schnell in große Gefahr bringen.

Treppen

Sorgen Sie für Absperrgitter an Treppen, denn Ihr acht Wochen alter Welpe wird Ihnen anfangs überallhin folgen wollen. Zum Schutz der noch weichen Gelenkanteile sollten Sie ein unkontrolliertes Treppenlaufen möglichst vermeiden und den Welpen tragen.

Giftige Zimmerpflanzen

Bringen Sie Ihre Topfpflanzen in Sicherheit, denn sie werden mit Vorliebe angeknabbert oder „ausgebuddelt". Achten Sie dabei besonders auf giftige Exemplare! Die nachfolgende Liste giftiger Zimmerpflanzen enthält eine Auswahl der verbreitetsten Arten, wobei besonders giftige Exemplare rot gekennzeichnet sind.

Eine Auswahl verbreiteter, giftiger Zimmerpflanzen

- Alpenveilchen *(Cyclamen spec.)*
- Amaryllis *(Hippeastrum spec.)*
- Azalee *(Rhododendron simsii)*
- Begonie, Schiefblatt *(Begonia spec.)*
- Bogenhanf *(Sansevieria trifasciata)*
- Buntwurz *(Caladium bicolor)*
- Christusdorn *(Euphorbia milii)*
- Dieffenbachie *(Dieffenbachia senguine)*
- Drachenbaum *(Dracaena drago)*
- Efeutute *(Scindapsus spec.)*
- Einblatt *(Spathiphyllum floribundum)*
- Fensterblatt *(Monstera deliciosa)*
- Ficus-Arten *(Ficus spec.)*
- Flamingoblume *(Anthurium spec.)*
- Gummibaum *(Ficus elastica)*
- Klivie *(Clivia miniata)*
- Kolbenfaden *(Aglaonema commutatum)*
- Korallenbäumchen *(Solanum pseudocapsicum)*
- Palmfarn *(Cycas spec.)*
- Palmlilie *(Yucca elephantipes)*
- Philodendron *(Philodendron spec.)*
- Prachtlilie *(Gloriosa superba)*
- Purpurtute *(Syngonium podophyllum)*
- Weihnachtsstern *(Euphorbia pulcherrima)*
- Wüstenrose *(Adenium obesum)*
- Zimmerkalla *(Zantedeschia aethiopica)*

Kinderspielzeug

Kinderspielsachen, wie kleine Plastikfigürchen oder Baukastenteile, sollten in Zukunft sorgfältig aufgeräumt werden, denn die Gefahr des Verschluckens ist einfach zu groß. Je nach Alter Ihrer Kinder ist es eventuell sinnvoll, die Kinderzimmertür zumindest für die Zeit der Eingewöhnung geschlossen zu halten.

Schokolade

Auch scheinbar harmlose Dinge wie Schokolade können Hunden gefährlich werden, denn das im Kakao enthaltene Theobromin kann von ihnen aufgrund eines fehlenden Enzyms nicht abgebaut werden und zu schwerwiegenden Vergiftungen führen. Typische Symptome sind starkes Hecheln, Durchfall, Erbrechen, Herzrasen und motorische Krampfanfälle bis zum Tod. Als Faustregel gilt: Je dunkler die Schokolade, desto höher der Kakao- und damit auch der Theobromingehalt. Schon der Genuss einer halben bis einer Tafel Zartbitterschokolade kann für Welpen bzw. kleinere Hunde tödlich enden.

Der „welpensichere" Garten

Ein Garten ist bei der Erziehung eines Welpen sicher hilfreich, jedoch sollten Sie sich von Anfang an überlegen, ob Sie ihm den gesamten Garten oder nur einen Teilbereich zur Verfügung stellen wollen, wobei zumindest der Teil, den der Welpe benutzten darf, eingezäunt sein muss. Dabei empfiehlt sich, den Zaun von Anfang an konsequent zu „tabuisieren", indem Sie Ihren Welpen bei jedem Berühren sofort mit einem bestimmten „Nein" zurechtweisen und sein Abwenden umgehend positiv bestärken. Auf diese Weise wird er schnell lernen auch niedrige Zäune zu akzeptieren.

Giftige Gartenpflanzen

Labradorwelpen sind meist begeisterte „Gartenhelfer". Da es unter den allgemein verbreiteten Gartenpflanzen jedoch auch viele giftige Arten gibt, sollten Sie sich genau informieren und gegebenenfalls bestimmte Gartenbereiche sicherheitshalber abtrennen. Besonders giftige Pflanzen sind rot hervorgehoben.

Labradorwelpen sind meist begeisterte Gartenhelfer. Deshalb benötigt sowohl der liebevoll angelegte Ziergarten als auch der Gartenteich einen gewissen Schutz.

Achten Sie beim Einrichten eines Löseplatzes darauf, dass die Abdeckschicht gut sauber zu halten ist. Während sich Kies in der Praxis gut bewährt hat, ist ein vollständiges Entfernen von Kotresten auf Grasflächen beinahe unmöglich.

Einrichten eines Löseplatzes im Garten

Ein fest angelegter Löseplatz sollte in etwa vier Quadratmeter groß und gut sauber zu halten sein. Urin sollte gut versickern können und Kot leicht zu entfernen sein. Die Versickerung durch eine Kiespackung hat sich hier bewährt. Da Ihr Hund bei zunehmender Verunreinigung schnell auf einen anderen Lösebereich ausweichen würde, ist das regelmäßige Entfernen bzw. Wegspülen der Hinterlassenschaften aus hygienischen und erzieherischen Gründen oberstes Gebot.

Eine Auswahl verbreiteter, giftiger Gartenpflanzen

- Adonisröschen *(Adonis spec.)*
- Alpenrose, Rostrote *(Rhododendron ferrugineum)*
- Aralie *(Aralia spec.)*
- Avocado *(Persea gratissima)*
- Begonie *(Begonia spec.)*
- Berberitze, Sauerdorn *(Berberis spec.)*
- Berglorbeer *(Kalmia spec.)*
- Buchsbaum *(Buxus sempervirens)*
- Busch-Windröschen *(Anemone nemorosa)*
- Christrose *(Helleborus niger)*
- Efeu *(Hedera helix)*
- Eibe *(Taxus baccata)*
- Eisenhut *(Aconitum spec.)*
- Engelstrompete *(Brugmansia spec.)*
- Fingerhut *(Digitalis purpurea)*
- Goldregen *(Laburnum anagyroides)*
- Herbstzeitlose *(Colchicum autumnale)*
- Holunder *(Sambucus niger)*
- Hortensie *(Hydrangea spec.)*
- Hundspetersilie *(Aethusa cynapium)*
- Hyazinthe *(Hyacinthus officinalis)*
- Kakao *(Theobroma cacao)*
- Kirschlorbeer *(Prunus laurocerasus)*
- Knoblauch *(Allium sativum)*
- Krokus *(Crocus spec.)*
- Lebensbaum *(Thuja spec.)*
- Liguster *(Ligustrum vulgare)*
- Lupine *(Lupinus spec.)*
- Maiglöckchen *(Covallaria majalis)*
- Mistel *(Viscum album)*
- Nachtschatten *(Solanum nigrum, Solanum dulcamara)*
- Oleander *(Nerium oleander)*
- Osterglocke *(Narcissus pseudonarcissus)*
- Pfaffenhütchen *(Euonymus europaeus)*
- Rhododendron *(Rhododendron spec.)*
- Rittersporn *(Delphinium spec., Consolida spec.)*
- Robinie *(Robina pseudoacacia)*
- Rosskastanie *(Aesculus hippocastanum)*
- Sadebaum *(Juniperus sabina)*
- Schierling *(Conium maculatum)*
- Schlaf-Mohn *(Papaver somniferum)*
- Schneeglöckchen *(Galanthus nivalis)*
- Schwertlilie *(Iris spec.)*
- Seidelbast *(Daphne mezereum)*
- Stechapfel *(Datura stramonium)*
- Stechpalme *(Ilex aquifolium)*
- Tabak *(Nicotiana tabacum)*
- Tollkirsche *(Atropa belladonna)*
- Tulpe *(Tulipa gesneriana)*
- Wandelröschen *(Lantana camara)*
- Weintrauben *(Vitis vinifera ssp. sativa)*
- Windröschen, Gelbes und andere *(Anemone ranunculoides)*
- Wolfsmilch *(Euphorbia spec.)*
- Zwiebel, Küchen- *(Allium cepa)*

Wasserresistente, schnell trocknende und leicht zu reinigende Nylonleinen und -halsbänder sind für wasser- und schlammbegeisterte Labradorwelpen die beste Wahl.

Die Welpeneinkaufsliste
Folgende Utensilien sollten Sie anschaffen, bevor Sie Ihren Welpen in sein neues Zuhause holen.

> **NÄPFE** Ein rutschfester Futternapf aus Edelstahl ist leicht zu reinigen und kann nicht angeknabbert werden. Verwenden Sie als Trinknapf einen schweren Steingutnapf. Dieser kann nicht so leicht umgekippt und apportiert werden.

> **WELPENHALSBAND UND EINE LEICHTE LEINE** Verstellbare Welpenhalsbänder aus Nylon „wachsen" die ersten Wochen mit, sind wasserresistent, schnell trocknend und leicht zu reinigen.

> **HUNDEPFEIFE MIT PFEIFENBAND** Hundepfeifen aus Kunststoff sind weniger witterungsanfällig.

> **HUNDEBETT** Von Weidekörben ist abzuraten. Sie halten in der Regel nicht lange und laden geradezu zum Benagen ein. Die spitzen Weidenrutenstückchen können zu gefährlichen Verletzungen im Verdauungstrakt führen. Bewährt haben sich im Fachhandel erhältliche Plastikschalen, die, mit einem waschbaren Kuschelkissen bestückt, ebenso problemlos gereinigt werden können wie die ebenfalls sehr beliebten Kunstlederbetten.

> **ZIMMERKENNEL** Ein Zimmerkennel ist eine wertvolle Ausbildungshilfe und sollte dem Welpen gleichzeitig einen sicheren, geborgenen Schlafplatz bieten. In der Erziehung Ihres Welpen kann er in vielen Bereichen gute Dienste leisten, sei es bei den ersten Schritten zur Stubenreinheit oder dem Alleinbleiben – allerdings nur dann, wenn Ihr Welpe ihn positiv verknüpft hat! Die im Fachhandel angebotenen Kunststoffmodelle (Flugboxen) unterstützen den „Höhlencharakter" und bieten mehr Geborgenheit, während die faltbaren Metall- und Stoffmodelle praktisch zusammengeklappt und überallhin mitgenommen werden können. Allerdings eignen sich Stoffmodelle nur für etwas ältere Hunde, denn den spitzen Welpenzähnen halten sie meist nicht dauerhaft stand.

Achten Sie bei Kau- und Knabberartikeln unbedingt auf eine angemessene Größe, und meiden Sie ringförmige Knochenspangen, die sich über Zunge oder Kiefer stülpen können! Bleiben Sie anfangs in der Nähe, um ein gieriges Verschlingen notfalls verhindern zu können!

Fest installierte Boxen sind sicher und gewährleisten eine gute Luftzirkulation. Bei Fahrtpausen kann der Kofferraumdeckel offen gelassen oder mit einem Heckklappenhaken halboffen fixiert werden.

Der Kennel sollte so groß sein, dass der erwachsene Hund ausreichend Platz hat, um mit erhobenem Kopf zu stehen, sich umzudrehen und ausgestreckt liegen zu können.

› **WELPENSPIELZEUGE** Am besten entscheiden Sie sich für Spielsachen, die dem Kau- und Nagebedürfnis Ihres Welpen entgegenkommen, wie z. B. Kauseile, Latextiere oder spezielle Kauknollen.

Wichtig! Alle Spielzeuge müssen eine angemessene Größe haben, dürfen keine verschluckbaren Kleinteile enthalten, die abgebissen werden können und sollten NICHT quietschen. Labradors zeichnen sich beim Apportieren vor allem durch ihr sanftes Tragen aus, und ein neugieriger Welpe lernt sehr schnell, dass er dem Spielzeug durch einen festen Zugriff einen für ihn interessanten Ton entlocken kann.

› **WELPENDUMMY** Ein Welpendummy ist ein Apportier- und niemals ein Spielgegenstand! Sie sollten ihn deshalb nie dem Welpen zur freien Verfügung überlassen und vor allem vermeiden, dass er selbstständig darauf herumkaut.

› **WELPENFUTTER** Kaufen Sie lieber kleinere Mengen und achten Sie dabei unbedingt auf das Verfallsdatum.

› **KAU- UND KNABBERARTIKEL** Bewährt haben sich harte Hundekuchen, Kaustangen, getrocknete Rinder- oder Schweineohren, Kausnacks vom Rind, Lamm, Kaninchen.

› **HUNDEHANDTÜCHER** Gut bewährt haben sich spezielle Kunstfasertücher mit besonders hoher Saugkraft, die häufig mehr als einen Liter Flüssigkeit aufnehmen können, schnell trocknen und pflegeleicht sind.

› **ZUBEHÖR FÜR DEN TRANSPORT IM AUTO** In Deutschland gibt es zwar keine gesetzliche Gurtpflicht für Hunde, aber im verkehrsrechtlichen Sinne gelten sie als Ladung, weshalb die Verkehrssicherheit durch ihren Transport nicht beeinträchtigt werden darf. Da ein mittelgroßer Hund von 20 Kilogramm Gewicht bei einem Unfall eine Durchschlagskraft von einer halben Tonne entwickeln kann, raten Sicherheitsexperten dringend dazu, Hunde auch auf kurzen Strecken abzusichern. Verstöße gegen die Sicherungspflicht werden mit Bußgeldern und bei Entstehen einer Gefährdungslage mit bis zu drei Punkten in Flensburg geahndet.

› **SO TRANSPORTIEREN SIE IHREN HUND SICHER** Fest installierte Boxen sind stabil und sicher. Der Hund hat einen festen Platz im Auto und das Interieur des Fahrzeugs ist vor spitzen Welpenzähnen geschützt.

Mobile Transportboxen bieten unter der Voraussetzung, dass sie gut befestigt bzw. verankert sind, im Wesentlichen dieselben Sicherheiten wie fest installierte Boxen.

Nur fest verschraubte oder angeschweißte Trenngitter bieten einen guten Schutz gegen das Vorschleudern des Hundes bei einem Unfall. Ein weiterer Nachteil besteht darin, dass der Hund beim Öffnen der Türen oder bei defekten Scheiben nach einem Unfall ungehindert auf die Fahrbahn springen kann.

Crashgeprüfte Hundesicherheitsgurte haben sich im Einsatz gut bewährt, stoppen den Hund im Falle eines Unfalls aber erst nach der Beschleunigungsphase. Die Bedienung ist einfach, aber es besteht auch die Gefahr, dass der Hund sich verheddert oder das Geschirr zerbeißt.

> WASSERKANISTER UND NAPF FÜR UNTERWEGS Wichtige Utensilien für unterwegs sind ein Wasserkanister und ein Napf.

> ZECKENZANGE Zecken übertragen Viren und Bakterien, die gefährliche Erkrankungen hervorrufen können. Deshalb ist es wichtig, dass Sie festgebissene Zecken sofort fachgerecht mittels einer Zeckenzange entfernen.

Hundehaftpflichtversicherung

Auch wenn der Abschluss einer Hundehaftpflichtversicherung in Ihrem Bundesland noch nicht Pflicht sein sollte, sollten Sie dennoch kein Risiko eingehen. Denn gemäß § 833 BGB haften Sie als Tierhalter für alle Schäden, die von Ihrem Hund verursacht werden. In diesem Zusammenhang sind viele Szenarien vorstellbar, angefangen bei der stürmisch begrüßten, gestürzten alten Dame bis hin zum von Ihrem Hund verursachten Verkehrsunfall. Die Hundehaftpflichtversicherung übernimmt grundsätzlich Ihre Verpflichtungen als Halter eines Hundes (Haftpflicht als Tierhalter), sollte aber auch dann einspringen, wenn nicht Sie als Halter, sondern Ihre Familienmitglieder, Freunde, Bekannten oder der Nachbar auf Ihren Hund aufpassen (Haftpflicht als Tierhüter). Wie bei allen Versicherungen gibt es zahlreiche Anbieter. Da die Konditionen recht ähnlich sind, können Sie durchaus preisbewusst wählen. Achten Sie jedoch darauf, dass der Anbieter Erfahrung mit Tierhalterhaftpflichtversicherungen hat. Ferner sollten Sie überprüfen, ob ein Versicherungsschutz nur dann gewährleistet ist, wenn der Hund ständig an der Leine geführt wird.

Nehmen Sie Kontakt zu einem Tierarzt in Ihrer Nähe auf

Nehmen Sie schon vor der Abholung Ihres Welpen Kontakt zu einem Tierarzt in Ihrer Nähe auf. Besprechen Sie, wie das vom Züchter begonnene Impf- und Entwurmungsprogramm weitergeführt werden soll. Gewöhnen Sie Ihren Welpen später frühzeitig an die „Tierarztsituation“.

Nehmen Sie sich am Abholtag ausreichend Zeit. Holen Sie Ihren Welpen am besten morgens beim Züchter ab, und nehmen Sie eine Begleitperson mit, damit Sie sich während der Heimfahrt um ihn kümmern können.

Das Abholen des Welpen

Mit dem Tag des Abholens ändert sich das Leben Ihres Welpen grundlegend. Er muss sich nun völlig neu orientieren, und dies ist Ihre Chance, sich als Vertrauensperson, Sozialpartner und Rudelführer zu etablieren!

Nehmen Sie sich deshalb am Abholtag ausreichend Zeit und holen Sie Ihren Welpen am besten morgens beim Züchter ab, denn dann bleibt Ihnen noch genug Zeit für einen ausgiebigen, gemeinsamen Erkundungsgang durch sein neues Zuhause. Eine zuvor beim Züchter deponierte Decke, die den Geruch der Mutter, der Wurfgeschwister und der vertrauten Umgebung trägt, kann dabei sowohl während der Heimfahrt als auch bei der Ankunft in der neuen Umgebung eine nützliche Eingewöhnungshilfe sein.

Die Formalitäten

Neben den Formalitäten, wie dem Unterschreiben des Kaufvertrags, der Übergabe der Ahnentafel (soweit diese schon am Abholtag vorliegt) und des Impfpasses, gehört für einen verantwortungsvollen Züchter auch die Übergabe eines Welpenbegleitordners mit dem Wurfabnahmebericht, der Käuferliste der Wurfgeschwister, den Informationen über die Eltern Ihres Welpen, dem Futterplan sowie weiteren Informationen bezüglich Impfungen, Entwurmungen und ersten Erziehungstipps zum Übergabeprozedere.

Die Heimfahrt

Labradorwelpen vertragen Autofahrten in der Regel gut. Wichtig ist, dass Ihr Welpe vor der Fahrt nicht gefressen hat und sich noch einmal lösen konnte. Hat er bereits beim Züchter erste positive Autoerfahrungen gemacht, wird die Fahrt sicher kein Problem werden. Nehmen Sie auf jeden Fall eine Begleitperson mit, damit Sie sich um den Welpen kümmern und ihm über eventuelle Unsicherheiten hinweghelfen können. Hatte er bereits Gelegenheit eine Transportbox kennen zu lernen, können Sie diese auf den Rücksitz stellen und sich danebensetzen. Ansonsten behalten Sie Ihren Welpen am besten auf Ihrem Schoß oder im Fußraum des Beifahrersitzes. Nehmen Sie zusätzlich ein Handtuch, Wasser, einen Napf, eine Rolle Haushaltspapier und eine Plastiktüte für „Notfälle" mit. Dauert Ihre Heimfahrt länger, sollten Sie etwa alle zwei Stunden eine Pause einlegen; ansonsten können Sie, solange Ihr Welpe ruhig und entspannt bleibt, ohne Unterbrechung bis nach Hause fahren.

Beginnt Ihr Welpe nach einiger Zeit unruhig zu werden, häufig zu gähnen, zu speicheln, zu schlucken oder sich wiederholt über den Fang zu lecken, sind dies Anzeichen einer beginnenden Übelkeit. Da die erste gemeinsame Autofahrt für den Welpen möglichst angenehm verlaufen sollte, sollten Sie die Fahrt dann unterbrechen und ihm eine Pause gönnen.

Vorsichtiges Erkunden des neuen Heims und seiner Bewohner

Endlich zu Hause

In dem Moment, in dem Sie Ihren Welpen vom Züchter abholen, liegt es in Ihrer Verantwortung, ihn zu einem angenehmen Begleiter zu erziehen. Durch die Eingliederung in sein neues Heim, das Füttern, das gemeinsame Spiel, die allgemeine Pflege und vor allem das spielerische Erlernen einfacher Kommandos entsteht in dieser Zeit eine Bindung, die für sein weiteres Leben von dauerhafter Bedeutung sein wird. Nutzen Sie diese wertvolle Zeit von Anfang an, vergessen Sie dabei aber nicht, dass auch das Vermitteln von Vertrauen, Sicherheit und Geborgenheit beim Aufbau von Bindung eine große Rolle spielt.

Zu Hause angekommen sollten Sie Ihren Welpen sofort an den Platz tragen, an dem er sich auch in Zukunft lösen soll. Lassen Sie ihn dort in aller Ruhe schnüffeln und achten Sie darauf, dass er nicht abgelenkt wird und sein Vorhaben vergisst. Je nach Situation können Sie ihn auch angeleint lassen, um zu verhindern, dass er sich kurzerhand doch für einen anderen Ort entscheidet. Sobald er sich löst, loben Sie ihn ausgiebig dafür.

Erste Erkundungsgänge durch Haus und Garten

Sobald sich Ihr Welpe nach seiner Ankunft auf dem vorgesehenen Platz gelöst hat, sollten Sie ihm Gelegenheit geben, seine neue Welt selbstständig zu erkunden. Begleiten Sie ihn dabei ruhig, unterstützen Sie seine Neugier und helfen Sie ihm über eventuelle Unsicherheiten hinweg, indem Sie versuchen, die ungewisse Situation mit ihm zusammen zu überwinden. Nach Ihrem Rundgang können Sie ihm eine erste Mahlzeit nach dem Futterplan des Züchters zubereiten. Am besten füttern Sie ihn bereits jetzt dort, wo Sie ihn auch in Zukunft füttern wollen, und vergessen Sie anschließend nicht, ihn unmittelbar nach dem Fressen wieder nach draußen zu bringen!

Der beste Platz für ein Nickerchen

Ausreichend lange Ruhephasen sind für die gesunde Entwicklung des Welpen äußerst wichtig. Im Alter von acht Wochen benötigt er immer noch 15 bis 18 Stunden Schlaf täglich. Wählen Sie als Ruhebereich am besten einen ruhigen, zugfreien Platz, der dem Welpen einerseits eine gute Rückzugsmöglichkeit bietet und andererseits ermöglicht, das Leben um ihn herum zu beobachten. Achten Sie unter allen Umständen darauf, dass die Ruhezone von allen Familienmitgliedern, vor allem auch von Kindern, respektiert wird!

Als Liegeplatz bietet sich ein Zimmerkennel an, der dem Schlafplatz nicht nur den bevorzugten „Höhlencharakter" verleiht, sondern auch die Stubenreinheit Ihres Welpen unterstützt. Sobald er aufwacht, wird er sich bemerkbar machen und Sie können ihn sofort nach draußen bringen.

Grenzen setzen

Das Setzen von Grenzen ist ein schwieriges Thema, denn es erfordert viel Konsequenz und Gefühl für das richtige Timing. Einerseits ist es gerade in den ersten Tagen besonders wichtig, Vertrauen und Bindung aufzubauen, andererseits müssen Sie Ihrem Welpen von Anfang an Ihre sozialen Spielregeln und die Grenzen seiner „neuen“ Welt klarmachen. Zur Durchsetzung Ihrer Grenzen bedarf es keinerlei körperlicher Strenge, sondern ausschließlich der Konsequenz, dass eine einmal aufgestellte Regel auch eingehalten werden muss. Für Hunde ist das Anerkennen sozialer Ordnungen Normalität. Jeder gut geprägte Welpe sollte bereits durch seine Mutter und Wurfgeschwister Sozialkompetenz erfahren haben. Aufgrund ihrer Reaktionen konnte er nicht nur sein eigenes Verhaltensrepertoire weiter vervollständigen, sondern auch den Umgang mit Frustration lernen. Ein einfaches Beispiel ist in diesem Zusammenhang das Tabuisieren bestimmter Gegenstände durch die Mutterhündin. Mit der Abholung des Welpen vom Züchter ist es nun Ihre Aufgabe zu bestimmen, was akzeptabel ist und was nicht. Ihr Welpe wird Ihre Autorität jedoch nur dann anerkennen, wenn Sie konsequent und für ihn zuordenbar handeln.

Der Zimmerkennel als Ausbildungshilfe

Die Philosophie, die hinter dem Einsatz eines Zimmerkennels steht, versteht ihn nicht als eine Art „Minizwinger“, sondern ausschließlich als Rückzugsmöglichkeit für Ihren Welpen sowie als Trainingshilfe für die Stubenreinheit und das Alleinbleiben. Voraussetzung ist in beiden Fällen, dass Ihr Welpe den Kennel von Anfang an positiv verknüpft. In dem Moment, in dem Sie ihn als „Strafmaßnahme“ missbrauchen, verliert er in jeglicher Hinsicht seinen Wert. Oberstes Ziel ist deshalb, dass Ihr Welpe gern in seinen Kennel geht, sich darin wohlfühlt und ein kurzfristiger Verbleib im Kennel für ihn zur Routine wird. Dies setzt zunächst voraus, dass Sie auf eine angepasste Größe achten, die ihm eine gewisse Bewegungsfreiheit gewährt. Um den Kennel als Rückzugsort noch attraktiver zu gestalten, sollten Sie einen geeigneten Standort wählen und ihn mit einer pflegeleichten Flauschdecke ausstatten, die – je nach Modell – auch mit einem gummiertem Rücken versehen sein kann.

Ein erstes Nickerchen im neuen Zuhause – nutzen Sie die Zeit, um Ihren Züchter darüber zu informieren, wie die Heimfahrt verlaufen ist und wie der Welpe die neuen Eindrücke verarbeitet hat.

Die Gewöhnung an den Kennel

Die Gewöhnung an den Aufenthalt im Kennel gelingt am einfachsten, wenn Ihr Welpe bereits müde ist. Bringen Sie ihn in den Kennel und geben Sie ihm etwas Leckeres zum Kauen, das ihn noch eine Weile beschäftigen wird. Dann gibt es zwei Möglichkeiten: Entweder er schläft anschließend ein und meldet sich erst nach dem Aufwachen wieder, oder aber er beginnt, nachdem er das Leckerchen verspeist hat, lautstark zu protestieren. Letzteres ist Ihre erste Bewährungsprobe, und die einzig richtige Reaktion auf dieses Verhalten ist das vollkommene Ignorieren seines Protestes! Bedenken Sie dabei, dass ihn schon ein Blick in seine Richtung in seinem „Protestverhalten" bestätigen kann. Die große Herausforderung liegt also darin, dass Sie, auch wenn es noch so schwerfällt, durchhalten und konsequent bleiben. Egal, ob er zu toben, zu winseln, zu bellen oder gar zu schreien beginnt, er muss jetzt lernen, dass sein Verhalten zu keinerlei Erfolg führt. Nur wenn Sie absolut konsequent sind, wird sein Protest immer kürzer ausfallen und schließlich verstummen. Ist Ihr Welpe letztlich ganz ruhig, sollten Sie ihn unverzüglich dafür bestätigen. Dabei kommt es ganz entscheidend auf Ihr „Timing" an! Sollten Sie den Moment der Ruhe verpassen, dann müssen Sie Ihr Ignoranzprogramm wieder von vorne starten und darauf achten, das nächste Mal den richtigen Zeitpunkt nicht zu verpassen!

Die Geheimnisse der Stubenreinheit

Aufmerksamkeit, Konsequenz und Ausdauer sind die Geheimnisse der Stubenreinheit. Da die Blasenkapazität eines Welpen noch gering ist, muss er sich wesentlich öfter lösen. Anfänglich sollten Sie ihn tagsüber alle zwei Stunden, auf jeden Fall aber sofort nach jedem Aufwachen, nach jeder Mahlzeit und nach jedem Spielen nach draußen bringen. Grundsätzlich gilt: Lieber einmal mehr als einmal zu wenig! Beobachten Sie Ihren Welpen genau, denn er zeigt sein „Vorhaben" meist deutlich an, indem er plötzlich unruhig wird und intensiv zu suchen oder sich im Kreis zu drehen beginnt. Nehmen Sie Ihren Welpen dann sofort auf den Arm und tragen ihn nach draußen. Löst er sich, sollten Sie ihn ausgiebig dafür loben. Haben Sie sich für einen festen Löseplatz entschieden, haben Sie auch die Möglichkeit, das Lösen selbst mit einem „Kommando" (wie z. B. „Mach was") zu belegen. Dies kann später vor einer Prüfung, auf dem Löseplatz einer Ausstellung oder vor einem Stadtbummel von großem Nutzen sein.

Die beste Nachtstrategie

Die einfachste und beste Möglichkeit, Ihren Welpen auch nachts unter Kontrolle zu haben, ist ein neben Ihrem Bett aufgestellter Zimmerkennel. Da er sein Schlaflager naturgemäß nicht verunreinigen möchte, wird er sich melden, sobald er sich lösen muss. Reagieren Sie zügig auf seine Unruhe und bringen Sie ihn ohne große Verzögerungen nach draußen. Löst er sich, loben Sie ihn und bringen ihn anschließend zu seinem Kennel zurück. Sollte er nun den Anschein erwecken, dass die Nacht für ihn vorbei sei, ignorieren Sie seine Proteste oder Spielaufforderungen und machen Sie ihm klar, dass nun Schlafenszeit ist. Zur kurzfristigen Ablenkung können Sie ihm vorübergehend auch einen kleinen Hundekuchen mit in seinen Kennel geben. Hat sich Ihr Welpe bereits gut eingelebt, können Sie beginnen, den Kennel Meter für Meter vom Schlafzimmer in Richtung der geplanten Ruhezone zu versetzen.

Ein neben dem Bett aufgestellter Zimmerkennel ist die beste Nachtstrategie auf dem Weg zur Stubenreinheit.

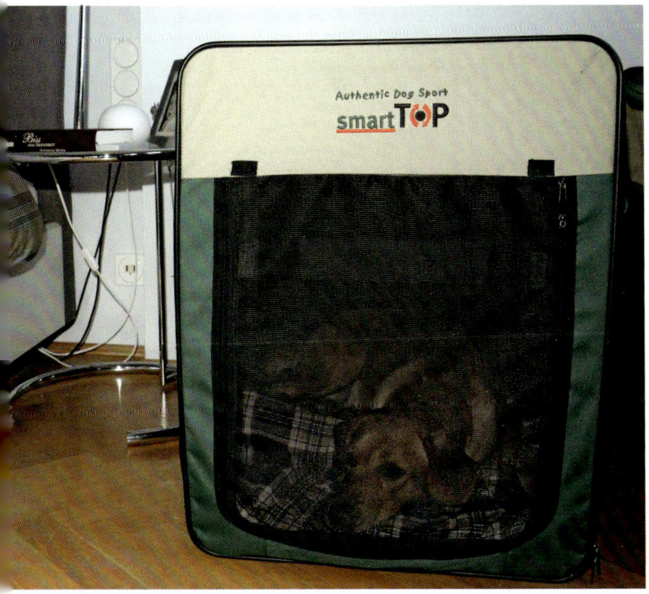

Manche Welpen urinieren auch vor Aufregung und Freude beim Eintreffen geliebter Personen oder im Rahmen von Unterwürfigkeitsgesten gegenüber älteren, ranghöheren Artgenossen. Auch hier ist das „Strafen" völlig unangemessen, denn der Welpe reagiert rein instinktiv. Wesentlich sinnvoller wäre es, die konkrete Situation so zu gestalten, dass es nicht zu einem Fehlverhalten kommen kann. So könnten Sie z. B. die auslösende Begrüßungssituation in den Garten verlegen.

Ein Malheur – was nun?

Die einfache Antwort lautet: Pech gehabt! Es bleibt Ihnen nur eines: Reinigen Sie die Stelle gründlich und benutzen Sie dabei eine biologische Waschmittellösung. Besprühen Sie die Stelle anschließend mit hochprozentigem Alkohol, um den Geruch verlässlich zu entfernen.

„Strafe" hat grundsätzlich nur dann einen Sinn, wenn Sie den Welpen auf frischer Tat ertappen, und selbst dann sollten Sie sich, um sein noch junges Vertrauen nicht nachhaltig zu erschüttern, auf ein scharfes „Nein!" beschränken. Nehmen Sie ihn anschließend ruhig hoch und tragen Sie ihn kommentarlos nach draußen. Das nachträgliche Strafen oder hoffentlich mittlerweile antiquierte Stoßen der Welpennase in die Hinterlassenschaft ist vollkommen sinnlos, denn es nimmt dem Welpen jede Möglichkeit, das gewünschte Verhalten zu verknüpfen.

Seien Sie stattdessen in Zukunft noch aufmerksamer.

Das Alleinbleiben

Auch für das Üben des Alleinbleibens ist der Zimmerkennel eine wertvolle Hilfe. Beginnen Sie auch hier am besten mit dem Training, wenn Ihr Welpe müde ist. Fangen Sie mit sehr kurzen Aufenthaltsphasen an. Je nach Temperament sollten Sie ihn zunächst nur sekunden- bis minutenweise im Kennel lassen. Unterstützen Sie das Training mit einem besonderen Leckerbissen oder einem bevorzugten Spielgegenstand. Schließen Sie die Kenneltür und verlassen Sie für einen kurzen Moment den Raum. Bleibt Ihr Welpe ruhig, gehen Sie zurück und bestätigen ihn positiv für das Ruhigbleiben. Beginnt Ihr Welpe hingegen während Ihrer Abwesenheit zu protestieren, dann haben Sie ihm zu viel zugemutet. Reduzieren Sie die Zeit Ihrer Abwesenheit wieder so weit, dass Ihr Welpe es gerade noch toleriert. Anschließend dehnen Sie sie, wenn nötig sekundenweise, wieder aus und versuchen ein Gefühl für das richtige Timing zu entwickeln! Beginnt Ihr Welpe bereits während Sie den Raum verlassen zu protestieren, müssen Sie standhaft bleiben und ihn so lange ignorieren, bis er sich wieder beruhigt. Sobald er ruhig ist, können Sie zu ihm gehen und ihn bestätigen.

Auf diese Weise wird Ihr Welpe zwei Dinge sehr schnell lernen: erstens, dass es im Kennel immer eine besondere Leckerei gibt, und zweitens, dass Sie immer wieder zu ihm zurückkommen. Derart positiv aufgebaut wird Ihr Welpe den kurzfristigen Verbleib im Kennel schnell akzeptieren und voller Erwartung auf eine Leckerei von selbst hineinspringen.

Entspannen lernen

Der Zimmerkennel kann auch als Signal für sogenannte Auszeiten dienen. Wenn Ihr Welpe aufgrund seines Temperaments dazu neigt, sich völlig zu verausgaben, und sich nur schwer wieder beruhigen lässt, können Sie ihn mithilfe des Kennels zur Ruhe und Entspannung „zwingen". Welpen brauchen für eine gesunde Entwicklung ausreichend lange Ruhephasen, deshalb ist es sehr wichtig, dass Ihr Welpe lernt zu entspannen. Gehen Sie beim Initiieren des Signals „Kennel = Auszeit" genauso vor wie beim Training des Alleinbleibens und ignorieren Sie unter allen Umständen eventuelles Protestgeschrei. Hat Ihr Welpe bereits früh gelernt, im Kennel zu entspannen, wird Ihnen dies sowohl bei seiner weiteren Ausbildung (z. B. als Mittel zum Stressabbau) als auch beim kurzfristigen „Ruhigstellen" aus medizinischen Gründen von großem Nutzen sein!

1 *Bei einem „Abenteuerspaziergang" sollte der Welpe die Möglichkeit bekommen, verschiedene Umwelteindrücke zu sammeln, ohne dass er große Strecken zurücklegen muss.*

2 *Das Folgeverhalten des Welpen macht auch vor scheinbar unüberwindbaren Hindernissen nicht Halt!*

Erste gemeinsame Aktivitäten

Ideale gemeinsame Aktivitäten sind „Prägungs- oder Abenteuerspaziergänge", die dem Welpen die Möglichkeit bieten, mit Ihnen zusammen verschiedene Umwelteindrücke zu sammeln, und Ihnen gleichzeitig die Chance geben, sich als routinierter, sicherer „Rudelchef" zu beweisen. Allerdings sollte die Bezeichnung „Spaziergang" nicht missverstanden werden, denn Ziel ist, dass Ihr Welpe seine Umwelt erfahren kann, ohne selbst große Strecken zurücklegen zu müssen. Da er zwischen dem vierten und achten Lebensmonat eine Phase intensivsten Knochenwachstums durchläuft, sollten Sie ihn im Interesse einer gesunden und physiologischen Gelenkentwicklung in dieser Zeit nur sehr eingeschränkt bewegen.

Das richtige Maß an Bewegung

Leider zählt auch der Labrador zu den großwüchsigen Rassen, die eine erhöhte Tendenz zu Gelenkproblemen aufweisen. Da bei der Entstehung und Ausprägung degenerativer Gelenkprobleme im Wachstumsalter neben einer genetischen Disposition vor allem die Ernährung und Bewegung im ersten Lebensjahr eine wesentliche Rolle spielen, ist das richtige Maß an Bewegung für eine gesunde Skelettentwicklung immens wichtig. Umfangreiche wissenschaftliche Studien zum Thema Hüftgelenks- (HD) und Ellbogendysplasie (ED) haben gezeigt, dass eine strikte Bewegungseinschränkung in Kombination mit entsprechender Fütterung bei genetisch schlecht veranlagten Hunden die Entwicklung von Gelenkproblemen verhindern oder zumindest stark reduzieren kann. Natürlich ist es kaum möglich, Pauschalregeln mit konkreten Zeit- oder Längenangaben aufzustellen, aber Ihnen sollte bewusst sein, dass für einen zehn Wochen alten Welpen eine einfache Strecke von dreimal täglich 200 Metern mehr als genug ist. Grundsätzlich gilt, dass Sie Ihren Welpen und Junghund körperlich kaum unter-, aber sehr leicht überfordern können. Es ist daher extrem wichtig, dass Sie Ihren Welpen in dieser heiklen Wachstumsperiode außerordentlich bewusst bewegen oder spielen lassen.

In diesem Zusammenhang spielt auch die Ernährung des Welpen eine wichtige Rolle. Das weitverbreitete Füttern mit zu energiereichem Welpenfutter führt in der Regel nicht nur zu einem zu schnellen Wachstum, sondern häufig auch zu einem erheblichen Energieüberschuss und daraus resultierenden vermehrten Bewegungsdrang. Geben Sie diesem nach, anstatt Ihre Futterwahl zu überdenken, wird Ihr Welpe durch immer längere Spaziergänge eine immer bessere Kondition bekommen und immer mehr Bewegung fordern.

Das Folgeverhalten des Welpen

Die weitverbreitete Meinung, dass Ihr Welpe Ihnen anzeigt, wenn er müde ist, ist ein absoluter Irrglauben. Aufgrund seines natürlichen Folgeverhaltens wird er Ihnen auch dann noch zu folgen versuchen, wenn er eigentlich schon völlig erschöpft ist. Spätestens, wenn Sie typische Ermüdungszeichen (wie z. B. häufiges Hinsetzen oder Hinlegen) bemerken, ist es höchste Zeit, den Ausflug abzubrechen. Deshalb ist es außerordentlich wichtig, dass Sie Ihren Welpen während gemeinsamen Aktivitäten genau beobachten! Insbesondere Welpen aus Arbeitslinien neigen häufig dazu, ihre Belastungsgrenzen weit zu überschreiten.

Spezielle Sportsysteme mit Bauchgurt, Verbindungsleine und Hundegeschirr ermöglichen ein sicheres Fahrrad fahren mit beiden Händen am Lenker. Dank einer Schnelllöseschlaufe kann das System bei Gefahr sofort gelöst werden.

Das Spielen mit anderen Hunden

Selbstverständlich sollte Ihr Welpe, sobald er durchgeimpft ist, Gelegenheit bekommen, mit anderen Hunden verschiedener Rassen und unterschiedlichen Alters zusammenzutreffen. Auch wenn das Spiel junger Hunde meist äußerst ungestüm aussieht, besteht es genau betrachtet aus wesentlich natürlicheren Bewegungsabläufen als das monotone Spaziergehen an der Leine. Allerdings sollte der Kontakt zeitlich begrenzt und durchdacht erfolgen und keinesfalls dazu führen, dass Ihr Welpe ständig von größeren Hunden überrannt oder dominiert wird. Vermeiden Sie ein unkontrolliertes Spiel mit mehreren Hunden und achten Sie auf größen- und gewichtsmäßig angepasste Spielgefährten. Welpen kennen ihre körperlichen Grenzen noch nicht, und ein ungebremster frontaler oder seitlicher Aufprall kann böse Folgen für die weitere Gelenkentwicklung haben.

Treppen & Co.

Grundsätzlich sollte ein Welpe Treppen so lange hinauf- und hinuntergetragen werden, bis er körperlich in der Lage ist, die Treppe an der Leine Schritt für Schritt hinauf- oder hinunterzulaufen. Während das Hinunterlaufen immer kontrolliert erfolgen sollte, um Verletzungen zu vermeiden, hat das Hinauflaufen auch einen positiven Effekt, denn es stärkt die Rückenmuskulatur.

Da die Vorderläufe eines Hundes in der Landephase eines Sprunges ein x-Faches seines Gewichts aufnehmen müssen, sollte Ihr Welpe bzw. Junghund bis zu einem Alter von etwa acht Monaten weder aus dem Auto noch steile Abhänge hinunter oder über Hindernisse springen, um eine Überlastung der Gelenke, Sehnen und Bänder zu vermeiden.

Fahrrad fahren

Normalerweise ist ein gesunder Labrador im Alter von zwölf bis fünfzehn Monaten voll belastungsfähig. Ab diesem Zeitpunkt können Sie auch beginnen, ihn am Fahrrad mitzunehmen. Bauen Sie die Distanzen jedoch langsam auf und achten Sie darauf, dass die vorherrschende Gangart der Trab ist.

Welpenspielstunden und Welpenprägungstage

Das Kennenlernen von Artgenossen verschiedener Rassen und unterschiedlichen Alters ist für die weitere Sozialisierung Ihres Welpen wichtig, denn über das Spielen lernt er alle Formen innerartlicher sozialer Verhaltensweisen kennen. Dies ermöglicht ihm, sein eigenes Ausdrucksverhalten zu trainieren und während der verbleibenden Sozialisierungszeit weiter zu perfektionieren.

OBEN: *Eine sorgfältige Prägung ist wichtig für die Wesens- und Verhaltensentwicklung Ihres Welpen. Aber sie sollte sich nicht nur auf Artgenossen erstrecken, sondern auch auf Sie als „Rudelführer"!*
UNTEN: *Eine Herausforderung gemeinsam zu meistern fördert Vertrauen und Bindung.*

Welpenspielstunden

Reine Welpenspielstunden, in denen sechs oder mehr Welpen völlig unkontrolliert und sich selbst überlassen miteinander toben, sind nicht nur aus Sicht einer gesunden Gelenkentwicklung fragwürdig. Es stellt sich auch die Frage, wie Ihr Welpe diese Situation verknüpft bzw. was er daraus im weitesten Sinne lernt. Aus seiner Sicht stellt sich die Situation nämlich so dar: Er kommt am Übungsgelände an, wird abgeleint und stürzt sich so lange ins Getümmel, bis Sie ihn wieder einfangen. Eins zu eins verknüpft heißt das für ihn nichts anderes als „Übungsplatz + andere Hunde = Spielen". Dies hat im Wesentlichen zwei Folgen: Einerseits wird Ihnen diese Verknüpfung die Ausbildung Ihres Welpen unnötig erschweren, denn Sie werden, unabhängig von Ihren persönlichen Zielen, im Laufe seines Hundelebens ständig mit ähnlichen Konstellationen, die dann beinahe wie Schlüsselreize wirken, konfrontiert. Und andererseits sollte Ihnen klar sein, dass Sie aus der Sicht des Welpen im Rahmen dieser „Tobe-Orgien" nur als „Chauffeur" fungieren, sich aber keinesfalls einen Namen als Hunde- bzw. Rudelführer machen.

Welpenprägungstage

„Prägungsspieltage" beruhen unter anderem auf dem Gedanken, dem Welpen im Rahmen der verbleibenden Sozialisierungszeit vielfältige Lernerfahrungen zu ermöglichen und ihm gleichzeitig die verlorenen Kontakte des Familienverbandes zu ersetzen. Bei kompetent geführten Welpenprägungstagen werden in der Regel zwei Drittel der Zeit dazu genutzt, dass der Besitzer mit seinem Welpen spielt bzw. ihn spielerisch trainiert. Dabei wird mithilfe kleiner Basisübungen (wie dem Heranrufen oder dem Sitzen und Warten vor dem Ableinen) die Kommunikation und durch das gemeinsame Meistern kleinerer Herausforderungen (wie das Gehen über eine Wippe) die Bindung und das Vertrauen zwischen Hund und Besitzer gefördert. Die restliche Zeit ist dem freien Spiel zwischen Art- und Altersgenossen unter fachkundiger Aufsicht gewidmet.

EIN LABRADOR AUS ZWEITER HAND

Wenn Sie einen erwachsenen Hund zu sich nehmen möchten, informieren Sie sich am besten auf den Homepages des DRC oder des LCD. Manchmal vermitteln Züchter ältere Hunde aus ihrer Zucht, die von ihren Besitzern umständehalber abgegeben wurden.

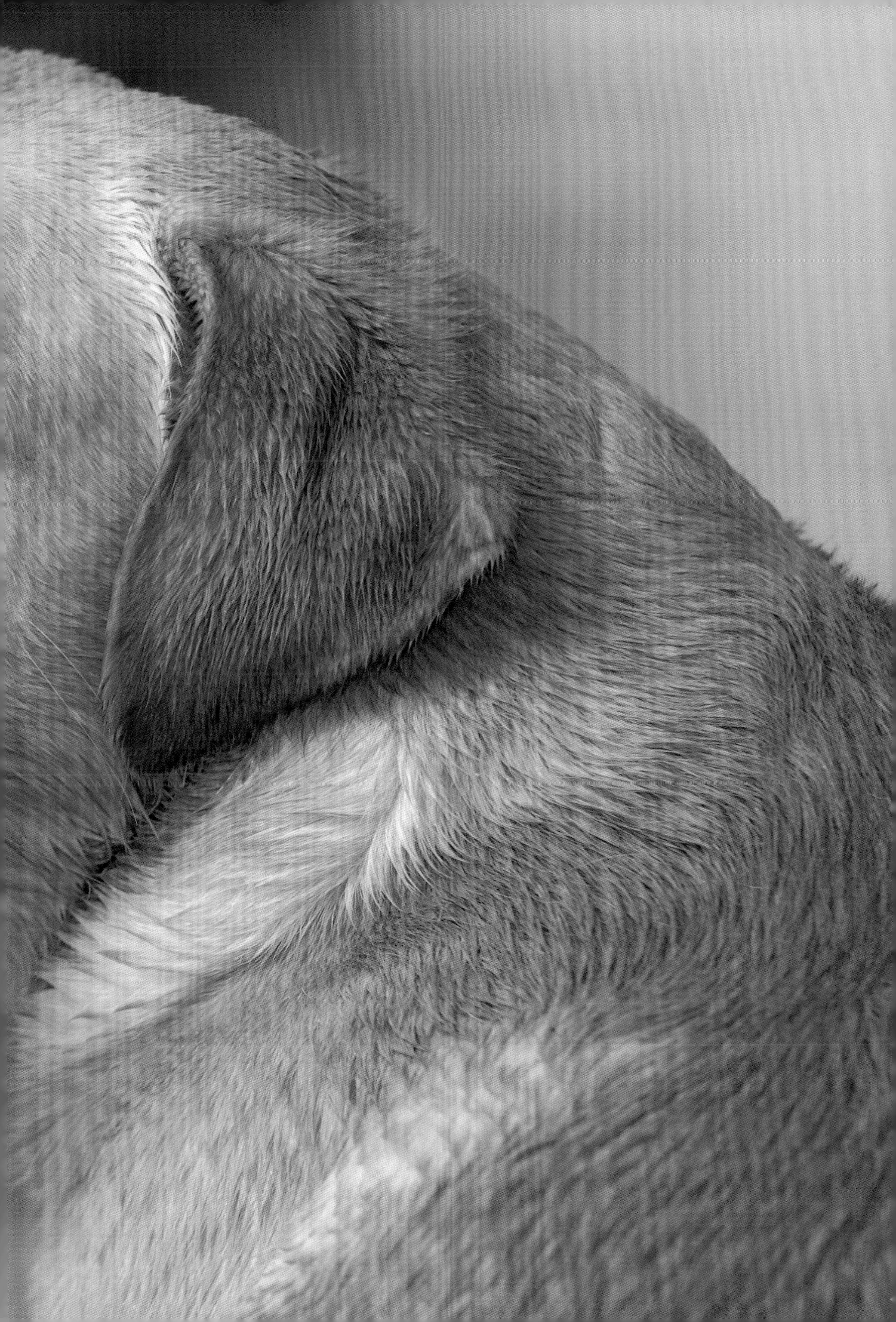

Gunsight

Die klassische Retrieverarbeit

Die jagdliche Arbeit nach dem Schuss

Labrador Retriever wurden ursprünglich als Spezialisten für die Arbeit nach dem Schuss gezüchtet. Sie finden ihren Einsatz vorwiegend bei Treibjagden auf Niederwild. Aufgrund ihrer typischen Arbeitsweise ergeben sich im Vergleich zu anderen Jagdhunderassen Unterschiede im Jagdeinsatz. Seit über 100 Jahren bilden die nachfolgenden Merkmale die Basis aller Prüfungsreglemente bei der Bewertung der Arbeit eines Labradors.

Die besonderen jagdlichen Qualitäten des Labradors

Die Standruhe

Für die Arbeit nach dem Schuss ist die Standruhe (engl. „Steadiness") des Hundes essenziell, denn sie ermöglicht dem Jäger oder Hundeführer, sich auf das Jagdgeschehen zu konzentrieren und gegebenenfalls zum „Schuss" zu kommen. Die „Steadiness" umfasst das ruhige, konzentrierte, unangeleinte Verharren des Hundes neben seinem Führer und die allgemeine Nervenfestigkeit. Winseln oder Bellen führen bei allen nach englischer Art durchgeführten Retrieverprüfungen zum sofortigen Ausschluss.

Die Markierfähigkeit

Die Markierfähigkeit (engl. „Marking"), eine besondere Fähigkeit des Retrievers, ist weitgehend angeboren, kann aber auch durch ein systematisches Aufbautraining gefördert und verbessert werden. Ein gut veranlagter oder trainierter Labrador kann die Flugbahn beschossener Vögel weiterverfolgen und sich deren Fallstellen über einen längeren Zeitraum merken, um nach erfolgtem Kommando schnell und auf direktem Weg dorthin zu laufen und die Stücke nacheinander einzusammeln. Diese Arbeitsmethode ist bei sichtig gefallenen Stücken äußerst effektiv, da sich der Hund zunächst optisch auf den Fallbereich konzentriert und erst dort die Nase einsetzt. Damit entfällt eine weiträumige, Gelände beunruhigende Suche.

Die natürliche Fähigkeit Wild zu finden

Diese Fähigkeit (engl. „Natural Game Finding Ability") ist angeboren, verfeinert sich aber auch mit zunehmender Jagderfahrung. Dabei spielt nicht nur die Nasenqualität, sondern auch der „Jagdverstand" eine Rolle, der dem Hund ermöglicht, das Verhalten eines verwundeten Stück Wildes nachzuvollziehen und so schnell zum Erfolg zu kommen.

Der Labrador als Arbeitshund: immer aufmerksam, leistungsbereit und bemüht seinem Besitzer zu gefallen!

1

Die Weichmäuligkeit

Weichmäuligkeit (engl. „Soft Mouth“) ist ausdrücklich im Standard des Labradors niedergelegt. Sie äußert sich darin, dass er jegliches Apportiergut – angefangen vom verwundeten Stück Wild bis hin zum buchstäblichen rohen Ei – sorgsam aufnimmt, locker im Fang trägt und unversehrt bringt.

Das Apportieren

Das Apportieren (engl. „Retrieving And Delivery“) setzt sich aus mehreren Teilschritten zusammen, die jeder für sich das Bild einer perfekten Arbeit beeinflussen:

> **DER WEG ZUR BEUTE** Der Hund soll mit viel Initiative und Tempo zur Beute laufen.

> **DAS AUFNEHMEN** (engl. „Pick Up“). Jegliche Art von Wild soll schnell und korrekt aufgenommen werden.

> **DER RÜCKWEG** (engl. „Fast Return“). Nach dem Aufnehmen soll der Hund auf direktem Weg und in der gleichen Geschwindigkeit wie auf dem Hinweg mit korrekt getragenem Stück zum Hundeführer zurückkehren.

> **DIE ABGABE** (engl. „Delivery“). Ein ideales Abgeben zeichnet sich durch die beiden folgenden Merkmale aus: Durch das „Anbieten“ des Wildes mit erhobenem Kopf und das ruhige Ausgeben – ohne nachzufassen – in die Hand des Hundeführers nach erfolgtem Kommando.

Die Führigkeit oder der „Wille zu gefallen“

Die Leichtführigkeit des Labradors beruht auf seinem angeborenen „Will to Please“. Ein Hund mit „Will to Please“ zeichnet sich dadurch aus, dass er gern mit seinem Hundeführer zusammenarbeitet. So sollte der Labrador, trotz der bei der Suche erwünschten Eigeninitiative, immer bemüht sein, den Kontakt zu seinem Führer aufrechtzuerhalten, und sich auch auf große Distanzen noch als gut lenkbar erweisen, ohne abhängig zu wirken. Dies ist auch ein häufiger Grund für Jäger, sich für einen Retriever zu entscheiden, denn er ist im Vergleich zu anderen Jagdgebrauchshunderassen verhältnismäßig leicht auszubilden und zu führen.

2

1 *Die Wasserfreude des Labradors äußert sich vor allem darin, dass er das nasse Element unabhängig von Witterung und Ufergegebenheiten unerschrocken und ohne zu zögern annimmt.*

2 *Bei Field Trials überprüfen die Richter die Weichmäuligkeit anhand der Unversehrtheit von jedem gebrachten Stück Wild.*

Das Einweisen

Eine besondere Disziplin der Retriever ist das Einweisen (engl. „Directions"). Es erfordert einen sehr gut lenkbaren, leichtführigen Hund und kommt immer dann zum Einsatz, wenn es sich um ein für den Hund nicht sichtig gefallenes Stück handelt. Mithilfe von Hand- und Hörzeichen (Pfeife und Stimme) wird er auf möglichst direktem Wege in den Bereich des Stückes geschickt und dort zur selbstständigen, kleinräumigen Suche aufgefordert.

Die Wasserfreude

Aufgrund ihres ursprünglichen Einsatzgebiets ist die ausgeprägte Wasserfreude des Labradors auch im Rassestandard als Charakteristikum niedergelegt.

Alle diese Eigenschaften und sein ausgeglichenes, menschenbezogenes Wesen machen den Labrador zu einem idealen und zuverlässigen Gefährten im täglichen Jagdbetrieb und im häuslichen Leben. Da sich die jagdlichen Gegebenheiten in Deutschland wesentlich vom Ursprungsland England unterscheiden und die Niederwildstrecken hierzulande zusehends zurückgehen, werden Labradors aufgrund ihrer ruhigen, konzentrierten Arbeitsweise heute häufig als Schweißhunde auf leichteren Nachsuchen oder aufgrund ihrer guten Lenkbarkeit zum Buschieren eingesetzt. Während einige Labradors durchaus auch krankes Wild niederziehen, fehlt ihnen in der Regel der Spur- bzw. Sichtlaut, die Mannschärfe und der Schutztrieb. Wenngleich Wildschärfe an Schalen- und Raubwild nicht in allen Zuchtlinien in ausreichendem Maß vorhanden sind, eignen sich Labrador Retriever doch vorzüglich für die in der Praxis überwiegend anfallenden Totsuchen.

Field Trials in England – damals & heute

In England werden die besonderen jagdlichen Fähigkeiten der Retriever seit über 100 Jahren auf Field Trials (dt. Jagdprüfungen im Felde) geprüft.

Field Trials werden, um die typischen Qualitäten des Retrievers möglichst gut beurteilen zu können, im Rahmen von Treib- bzw. Streifjagden auf frei lebendes Feder- und Haarnutzwild abgehalten. Labrador Retriever, deren Ahnen ihre ausgeprägten Retrieverfähigkeiten durch entsprechende Erfolge auf Field Trials unter Beweis gestellt haben und die seit Generationen auf diese Arbeitsqualitäten hin selektiert wurden, werden deshalb auch häufig einfach „Field Trial Labradors" genannt.

Die geschichtliche Entwicklung

Schon in den 70er-Jahren des 19. Jahrhunderts wurden anlässlich verschiedener Pointer-, Setter- und Spaniel-Trials sogenannte „Retriever Competitions“ abgehalten, in deren Mittelpunkt die Überprüfung der Nasenleistung stand. 1899 wurde im Rahmen eines Spaniel Meetings im englischen Comptom erstmals eine Retrieverklasse (engl. „Retriever Stake“) angeboten. In der Folge gründete sich die Retriever Society als Zweig der International Gundog League.

Das erste Retriever Field Trial

Das erste Field Trial der neu gegründeten Society fand im Oktober 1900 statt. Die für dieses Trial aufgestellten Regeln erwiesen sich als so praktikabel, dass sie zum Teil auch heute noch in den Field Trial Regulations des englischen Kennel Club enthalten sind. Im Rahmen dieses Trials fand sowohl ein Treiben (engl. „Drive“) als auch eine Streifjagd statt, bei der Richter, Schützen und Hundeführer in einer Linie (engl. „Walk Up“) durch ein Rübenfeld gingen. Mit diesem ersten „Walk Up“ in der Retrievergeschichte wurde ein Vorbild geschaffen, das bis zum heutigen Tag kaum verändert wurde. Während zunächst der Flat Coated Retriever auf Field Trials dominierte, änderte sich dies als 1907 erstmals ein Labrador, Mr Portals schwarzer Rüde „Flapper“, auf dem Siegerpodest stand. Mehr als jeder andere Hund dieser Zeit überzeugte er die Öffentlichkeit von der Überlegenheit des Labradors gegenüber den zuvor allgegenwärtigen Flat Coated Retrievern.

Der Revolutionär in der Entwicklung der Arbeitslinien

Im Jahr 1908 nahmen erstmals mehr Labradors als Flat Coated Retriever an Field Trials teil und ihre Vorherrschaft verfestigte sich in den folgenden zwei Jahren immer mehr. 1909 gab Mr A. E. Butter C. M. G. sein „Debüt“ als Labradorführer und leistete in der Folge einen außergewöhnlich wichtigen Beitrag für die weitere Entwicklung der Arbeitslinien. Mehr als jeder andere Ausbilder seiner Zeit wusste er die hohe natürliche Trainierbarkeit (engl. „Trainability“) des Labradors zu schätzen und zu nutzen. Seine wichtigste Erkenntnis beruhte auf der Idee, dass es sowohl im Jagdbetrieb als auch auf Field Trials von erheblichem Vorteil wäre, wenn ein Hund auf größere Distanzen lenkbar bliebe. Hinter seinen Überlegungen stand folgender jagdethischer Gedanke: Je mehr Kontrolle man über den Hund hatte, desto schneller konnte man ihn in den Bereich des geschossenen Wildes schicken. Auf diese Weise versetzte man ihn in die Lage, rasch zu finden, was sich vor allem bei angeschossenem Wild auszahlte. Zugleich wurde sich drückendes Wild nicht unnötig beunruhigt, was sich zudem positiv auf den weiteren Fortgang der Jagd auswirkte. Um sein Ziel zu erreichen, machte er sich die Methoden der Schäfer seiner schottischen Heimat zunutze und übernahm verschiedene Elemente der Hütehundausbildung in sein Training. So benutzte er z. B. als erster Retrieverführer Hand- und Pfeifsignale, um seine Hunde zu lenken. Mithilfe seiner revolutionären Methoden erreichten seine Hunde ein nie zuvor da gewesenes Leistungsniveau.

Seine Ideen wurden jedoch durchaus kontrovers diskutiert. Während einige bekannte Hundeführer sie erfolgreich übernahmen, bezeichneten andere sie verächtlich als „Sheep-Dogging“. Was seine Zweifler vor allem aufbrachte war die Vorstellung, dass die natürlichen Anlagen eines Hundes durch eine über-

Eine historische Field-Trial-Szene

triebene Abrichtung verschleiert werden könnten, was auch die Zucht langfristig negativ beeinflussen würde.

In der heutigen Zeit, in der sich alle Retrieverausbilder und -führer Butters Gedanken zu eigen gemacht haben, mag die Kontroverse, die damals durch die Sportpresse ging, merkwürdig klingen. Und doch flammt ihr Widerhall auch heute noch regelmäßig wieder auf, wenn „workingtest-geschulte" Hunde und ihre Führer an Field Trials teilnehmen und sich herausstellt, dass sie die Fähigkeit, selbstständig zu arbeiten, scheinbar verloren haben.

Die Gründung des Labrador Retriever Clubs

Als der Labrador Retriever Club (LRC) 1916 gegründet wurde, zählte er 129 Mitglieder. Darunter befanden sich ungefähr 16 Prozent hochgestellte Adlige sowie viele weitere Angehörige einflussreicher Familien der Britischen Inseln. Nahezu alle der sogenannten „5-Shilling-Mitglieder" waren Wildhüter (engl. „Gamekeeper") oder Hundeführer, die im Dienste anderer Mitglieder standen.

Das Organisieren geeigneter Gelände für Trials war in dieser Zeit kein Problem, denn viele Mitglieder waren bereit, ihren Landbesitz zur Verfügung zu stellen. Alle Mitglieder waren selbst Jäger und schätzten deshalb einen gut erzogenen Retriever als Jagdgefährten. Der Sportpresse dieser Tage zufolge waren die damaligen Field Trials sowohl ein gesellschaftliches als auch ein sportliches Ereignis. Dies spiegelte sich auch darin wider, dass stets ein hohes Maß an sportlicher Fairness von den Teilnehmern erwartet wurde. Das erste Field Trial des englischen Labrador Retriever Clubs fand im Oktober 1920 statt.

Das Zeitalter des „einfachen" Mannes

Mit dem Ausbruch des Zweiten Weltkriegs 1939 ging auch das Ende der englischen Klassengesellschaft einher. Während in den Zwischenkriegsjahren Angehörige des Adels und deren Angestellte auf Field Trials dominierten, begann mit Kriegsende das Zeitalter des „einfachen" Mannes. Die Mitgliederzahlen des LRC änderten sich im Vergleich zu 1939 zwar nur wenig, aber sie setzten sich fortan anders zusammen.

In den ersten Nachkriegsjahren nahm die Anzahl der Teilnehmer an Field Trials stetig weiter zu, auch wenn erst in den frühen 50er-Jahren die Vorkriegszahlen wieder erreicht wurden. Eine wichtige Rolle spielte dabei der in dieser Zeit einsetzende Aufschwung Großbritanniens aus der Wirtschaftskrise. Der Lebensstandard begann sich allgemein zu bessern, was sich auch auf das Freizeitverhalten auswirkte. Die Klassischen „Country Sports" (dt. Landsportarten) fanden zunehmend auch bei Städtern Anklang.

Die steigende Popularität des Labradors

Mit zunehmendem Wohlstand wuchs auch die Zahl der Hundebesitzer, insbesondere der Rassehundebesitzer. Waren es zuvor einige wohlhabende Aristokraten und Angehörige der Oberschicht gewesen, die die Rasse als Jagdhund schätzten, erstreckte sich die Liebe zum Labrador bald nun auf alle Bevölkerungsschichten. Es setzte ein regelrechter Boom auf den als leichtführig geltenden Labrador als Ausstellungs- und Familienhund ein. Die von verschiedenen Clubs angebotenen Trainingsgruppen wurden bereitwillig angenommen. Zur Überprüfung der Ausbildungsfortschritte wurden sogenannte Working Tests veranstaltet, die sich bald großer Beliebtheit erfreuten. In Working Tests wurden mithilfe von Dummys (dt. Attrappen), die anstelle von Wild zum Apportieren dienten, typische Jagdsituationen nachgestellt. Dies vereinfachte auch für den Nichtjäger die Grundausbildung und half bei der Überprüfung des Leistungsstandes.

Die neue Field-Trial-Szene

Fortan stellte dic „Working-Test-Bewegung“ eine große Anzahl von Teilnehmern an Trials. Vielen fehlte jedoch das Verständnis für jagdliche Zusammenhänge, während es ihren Hunden gleichzeitig an jagdlicher Erfahrung mangelte, die auch ein stolz gewonnene Working Test nicht ersetzen konnte. Die Situation spitzte sich so weit zu, dass die Veranstalter Mitteilungen an die Teilnehmer herausgaben, die sie daran erinnern sollten, dass ihre Hunde Erfahrungen beim Apportieren von frisch geschossenem Wild haben sollten, ehe sie für Trials gemeldet wurden. Dies war eine Situation, die 70 Jahre zuvor undenkbar gewesen wäre und die auch Auswirkungen auf die vormals großzügigen Revierinhaber hatte. Viele von ihnen stellten ihre Jagdreviere nur noch widerwillig oder beschränkt zur Verfügung. Zum Glück gab es „neue Gastgeber“, häufig Konsortien, die ihre Reviere zur Verfügung stellten, denn das Interesse war nach wie vor ungebrochen. Die Schwierigkeiten, geeignete Reviere zu finden, brachte einige Veranstalter dazu, in kommerziellen Jagdrevieren entsprechende Jagdtage zu „kaufen“. Es wurden verschiedene Wege der Finanzierung solcher Jagdtage ersonnen, um Trials nicht wieder zu einem Sport des „reichen“ Mannes werden zu lassen. Ein Weg war die Beschränkung der Stücke, die anlässlich eines Trials geschossen werden durften. Zwangsläufig ergab sich damit auch eine Limitierung der Stücke, die der einzelne Hund zu apportieren hatte, was zur Folge hatte, dass die Richter fortan mit einem Minimum an Apporten zu einer Entscheidung kommen mussten. Gleichzeitig änderte sich auch die Situation der Teilnehmer, denn die Nachfrage nach Startplätzen hatte das verfügbare Angebot bald völlig überstiegen. So finden sich heute häufig mehr als 150 Bewerber für 24 angebotene Startplätze und Losglück bzw. -pech entscheiden, ob ein Hund die Chance bekommt, seine Qualitäten unter Beweis zu stellen.

Die IGL Retriever Championship

Da es beinahe unmöglich ist, alle honorigen Field Trial Champions der Geschichte zu nennen, folgt stellvertretend eine Tabelle derjenigen Labradors, die in den letzten 30 Jahren die IGL Retriever Championship für sich entscheiden konnten. Der Vollständigkeit halber sei angemerkt, dass die Championship in den Jahren 1982 und 2006 von Golden Retrievern gewonnen wurde.

Gewinner der IGL Retriever Championship der letzten 30 Jahre

1979	Mrs S. Halstead FTCh. Westead Shot of Drakeshead	1994	Mr T. Bain FTCh. Black Sabel Sonia
1980	The Duke of Wellington FTCh. Stratfieldsaye Dipper	1995	Mrs S. Chichester FTCh. Highdunscott Alice of Wiscombe
1981	Mr D. Garbutt FTCh. Pocklington Glen	1996	Mrs A. Reid FTCh. Linksview Jet
1983	Mr A. Daly FTCh. Marie of Cleary	1997	Mr G. Holt FTCh. Haskayne Moss of Glensue
1984	Mr N. T. Rowson FTCh. Palgrave Nettle	1998	Mr S. Jolly FTCh. Garendon Captain
1985	Mr J. Halstead FTCh. Breeze of Drakeshead	1999	Mr H. Taylor FTCh. Styperson Dipper
1986	Mr J. Halstead FTCh. Breeze of Drakeshead	2000	Mrs A. Reid FTCh. Bracken of Berrybrae
1987	Mr J. Halstead FTCh. Breeze of Drakeshead	2001	Mr T. Smith FTCh. Craighorn Bracken
1988	Mr. D. Benson FTCh. Pocklea Tide of Middlegate	2002	Mr M. Tallamy FTCh. Bringwood Bobby of Brindlebay
1989	Mr R. Keanie FTCh. Ramornie Challenger	2003	Mr. D. Latham FTCh. Drakeshead Deana
1990	Mr A. Thornton FTCh. Tasco Dancing Brave of Willowyck	2004	Mr J. Drury FTCh. Tweedshot Kite
1991	Mr D. Garbutt FTCh. Pocklea Remus	2005	Mr J. Swindlehurst FTCh. Mill Cottage Pathfinder
1992	Mr J. Halstead FTCh. Raughlin Pete of Drakeshead	2007	Mrs T. Lawrence FTCh. Willowyck Ruff
1993	Mr A. Rountree FTCh. Treo's Sequin of Tasco	2008	Mr N. Bayley FTCh. Craighorn Abby

Die 1910 von Captain Glen Kidston gestiftete prächtige Silbertrophäe wird auch heute noch an den Sieger der IGL Retriever Championship verliehen. Findet die Veranstaltung auf dem Privatbesitz der britischen Königsfamilie in Sandringham statt, lässt es sich Ihre Hoheit Königin Elisabeth II. meist nicht nehmen, sie eigenhändig zu überreichen.

Englische Field Trials heute

Englische Field Trials werden vom englischen Kennel Club lizenziert und im Einklang mit dessen „Field Trial Regulations" durchgeführt. Labradors, die sich an Field Trials behaupten wollen, müssen zum einen ruhig und aufmerksam warten können, bis sie an der Reihe sind, und zum anderen in der Lage sein, gut zu markieren, sich Fallstellen über längere Zeit zu merken, auch bei starken Verleitungen lenkbar und im Gehorsam zu bleiben sowie in schwierigstem Gelände ausdauernd zu suchen, zu verfolgen und zu apportieren. Neben den allgemeinen Qualitäten fließen bei der Bewertung der Arbeit auch immer die nachfolgenden individuellen Elemente mit ein.

Arbeitsstil

Der Begriff des sogenannten „Style" lässt sich nur schwer in Worte fassen, und doch weiß selbst der Laie schnell, was gemeint ist, wenn er einen stilvoll arbeitenden Labrador sieht. Im Style drückt sich die Arbeitsfreude aus, wobei die begeisterten Rutenbewegungen (engl. „Tail Action") am augenscheinlichsten sind. Aber auch in anderen körpersprachlichen Elementen, wie z. B. der Art, wie er das Gelände annimmt, absucht und auf Witterung reagiert, spiegelt sich der Arbeitswille wider.

Der IGL Retriever Championship Gewinner 2004: Mr John Drury mit dem schwarzen Labradorrüden „FTCh. Tweedshot Kite"

Das Warten während eines Drives einer Open Stake

Gangart

Die Gangart (engl. „Pace") drückt sich sowohl in der Arbeitsgeschwindigkeit als auch in der Wendigkeit eines Labradors aus und sollte eher einem Wiesel als einem galoppierenden Rennpferd ähneln.

Tatkraft, Elan, Initiative

Der sogenannte „Drive" eines Hundes setzt sich aus dem Willen und dem Eifer zu finden zusammen und äußert sich darin, dass er seine Arbeit ohne Rücksicht auf eventuelle Schwierigkeiten, wie z. B. das Überwinden unangenehmen Bewuchses, eines Zaunes oder eines schnell fließenden Flusses, ausführt.

Da es sich bei Field Trials immer um eine tatsächliche Jagd handelt, gleicht keine Aufgabe der anderen. Suchenglück und -pech liegen oft nur um Haaresbreite voneinander entfernt. Field Trials können entweder als Standtreiben (engl. „Drive"), bei dem die Hundeführer mit ihren Hunden an einem Ort verbleiben, oder als Streifjagd abgehalten werden, bei der die aufgerufenen Hundeführer mit ihren unangeleinten Hunden in einer Linie mit den Richtern, Schützen und Treibern gehen (engl. „Walk up").

Bei einem Drive werden die Hunde nach Anweisung der Richter so platziert, dass sie fallendes Wild gut markieren können. Die Richter entscheiden, wann die Hunde zum Apportieren geschickt werden, was bei totem Wild normalerweise am Ende des Treibens geschieht. Falls jedoch Wild angeschossen und verwundet wird, werden die Hunde aus Gründen der Waidgerechtigkeit unverzüglich geschickt.

Bei einem Walk up bewegt sich die Linie so lange vorwärts, bis Wild aufsteht und geschossen wird. Auf Anweisung des Richters wird ein Hund geschickt, um das Stück zu finden und zurückzubringen.

Gestartet wird in verschiedenen Klassen (engl. „Stakes"), die sich durch ihr Leistungsniveau unterscheiden, wie z. B. „Novice" oder „Open Stakes". Auch die Voraussetzungen für die Qualifikation der Richter (A-, B- oder Non-Panel-Richter) sind in den „Field Trial Regulations" des Kennel Clubs festgelegt, wobei sich der A-Panel-Richter vor allem durch seine langjährige Erfahrung auszeichnet.

OBEN *Im Walk up einer Open Stake*

UNTEN *Die Teilnehmer einer Novice Stake folgen der roten Flagge, bis sie von den Richtern aufgerufen werden.*

Open Stakes

Eine „Open Stake" ist eine Prüfung, an der ein Retriever die Möglichkeit hat, eine Anwartschaft auf den Titel des Field Trial Champion zu erhalten und sich für die Teilnahme an der jährlich abgehaltenen IGL Retriever Championship zu qualifizieren. Bei der Bewertung der Hunde wird sowohl die Leistung als auch der Schwierigkeitsgrad der Arbeit berücksichtigt. Beurteilt wird die einzelne Arbeit als „A-, B- oder C-Retrieve", wobei A die höchste Bewertung ist. In einer „24-Dog-Open-Stake" kann jeweils ein erster, zweiter, dritter und vierter Platz (engl. „Award") und in einer „12-Dog-Open-Stake" ein erster, zweiter und dritter Platz vergeben werden.

Grundsätzlich wird an einem Field Trial die Arbeit im Feld beurteilt. So wird bei einer Open Stake erwartet, dass die unangeleinten Hunde während des Treibens oder in der Linie ruhig, geduldig und aufmerksam warten, bis sie an der Reihe sind. Bei der Arbeit ist das gute Markieren für Retriever im Hinblick auf eine möglichst geringe Beunruhigung des Geländes unentbehrlich. Aus diesem Grund bilden die Markierfähigkeit, die Lenkbarkeit, die natürliche Fähigkeit

Novice Stakes

Eine Novice Stake ist ein Field Trial, an dem Hunde jeglichen Alters zugelassen werden können, die zuvor weder einen 1., 2., 3. oder 4. Platz in einer Open Stake mit 24 Hunden noch einen 1., 2. oder 3. Platz in einer Open Stake mit 12 Hunden oder einen 1. Platz in einer All-Aged oder Novice Stake errungen haben. Damit hat die Novice Stake des Kennel Clubs nichts mit der kontinentalen Unterscheidung des Field Trials in „à la française" oder „à l'anglaise" zu tun, sondern ausschließlich mit den bisherigen Erfolgen des Hundes. Wie bei jedem anderen Field Trial steht auch hier die „Natural Game Finding Ability" (dt. die natürliche Fähigkeit Wild zu finden) im Mittelpunkt. Allerdings wird der geringeren Erfahrung der Hunde dadurch Rechnung getragen, dass die Arbeitsentfernungen kürzer gehalten und hinsichtlich der zu erwartenden Führigkeit Zugeständnisse gemacht werden. Im „Guide to the Conduct of Field Trials" findet sich zudem die Regelung, dass die Richter einer Novice Stake die Schützen dazu anhalten sollen, nicht weiterzuschießen, während ein Hund arbeitet.

Wild zu finden, die Nasenleistung, der Arbeitsstil und die Arbeitsfreude, das schnelle Aufnehmen, das direkte Zurückkommen sowie das saubere Abgeben von Wild die Grundlagen für die Beurteilung der Arbeit eines Hundes.

Field Trial Awards

Ein „Award" (dt. Auszeichnung) ist eine Platzierung von 1 bis 4 bei einem Field Trial nach Entscheidung der Richter. Daneben können die Richter nach eigenem Ermessen im Rahmen der IGL Retriever Championship auch ein „Diploma of Merit" (DoM) oder im Rahmen anderer Field Trials ein „Certificate of Merit" (CoM) vergeben. Bei einem DoM bzw. CoM handelt es sich um eine Auszeichnung, die die Richter an diejenigen Hunde vergeben können, die zwar aktuell nicht den Sprung ins Finale der besten vier Hunde geschafft haben, jedoch trotzdem fehlerfrei gearbeitet haben und von ihren Qualitäten als verlässliche Retriever überzeugen konnten.

Ausscheidungsgründe – Eliminating Faults

Bei Field Trials gibt es eine Reihe von Fehlern, die zum sofortigen Ausscheiden aus der Prüfung führen. Dazu zählen beispielsweise Hartmäuligkeit, Winseln oder Bellen, Einspringen und Hetzen, außer Kontrolle geraten, die Verweigerung Wasser anzunehmen, das Tauschen oder das Nichtapportieren. Daneben gibt es ferner schwere Fehler (engl. „Major Faults"), die nicht unbedingt zum sofortigen Ausschluss führen, wie das Nichtfinden von erlegtem oder verletztem Wild, ein „Eye Wipe" oder „First Dog Failure", schlechte Fußarbeit, die Beunruhigung von noch nicht bejagtem Gelände, nachlässiges Apportieren, übermäßige und laute Kommandos des Führers oder schlechte Kontrolle über den Hund.

Eye Wipe

Der Begriff des „Eye Wipe" beschreibt die Situation, dass ein Hund das angegebene Stück Wild nicht findet, während der nachfolgende, unter den gleichen Bedingungen arbeitende Hund zum Erfolg kommt und ihn damit überflügelt. Gleiches gilt, wenn das Stück von den Richtern gefunden wird.

First Dog Down / First Dog Failure

Der Begriff umschreibt die nicht genutzte Chance, ein vermutlich verwundetes Stück Wild zu finden, das der Hund markieren konnte und auf das er unverzüglich geschickt wurde. Auch wenn das betreffende Stück anschließend weder von einem nachfolgenden Hund noch von den Richtern gefunden wird, gilt das Nichtfinden für den ersten Hund als schwerer Fehler.

Das Working Gundog Certificate

Vorbild für die Entwicklung dieser Bescheinigung war das vereinsinterne „Shooting Dog Certificate", das schon seit vielen Jahren von der

Eine „24 Dogs Qualifying Open Stake" in Blankney, bei der sich die Teilnehmer für die IGL Retriever Championship 2008 qualifizieren konnten.

englischen „Flat Coated Retriever Society" vergeben wurde. Die Bescheinigung soll vor allem Hundeführer ansprechen, deren Hunde ein gutes jagdliches Niveau erreicht, die aber kein Interesse an der Teilnahme an Field Trials oder Working Tests haben. Die Teilnahme steht allen vom KC registrierten Jagdhunderassen offen. Ziel des „Working Gundog Certificate" ist es, anhand möglichst jagdnaher Situationen zu bewerten, ob der Ausbildungsstand von Führer und Hund den Anforderungen im praktischen Jagdbetrieb entspricht. Hervorragende Leistungen beim Apportieren, Suchen oder Vorstehen sind jedoch kein Ersatz für Gehorsam und allgemein gutes Benehmen. Deshalb zieht ein Misserfolg bei einem Apport nicht notwendigerweise das Nichtbestehen nach sich. Verweigert der Hund jedoch offensichtlich zu apportieren, wird dies als Fehler gewertet. Da aggressive, laute oder schlecht erzogene Hunde auch bei einer Jagd nicht toleriert werden können, scheiden sie auch hier aus der Prüfung aus. Obwohl die unterschiedlichen Jagdhunderassen verschiedene Aufgabenbereiche zu erfüllen haben, gibt es bestimmte Bewertungselemente (z. B. der allgemeine Gehorsam), die im Training allen gemeinsam sind. Deshalb steht es den Richtern offen, ein „Jagdszenario" mit unterschiedlichen Rassen zu arrangieren. Anbieten würde sich beispielsweise, dass Retriever ruhig außerhalb des Treibens warten, während Spaniels oder Vorstehhunde in der Treiberkette arbeiten. Beim „Working Gundog Certificate" werden keine Platzierungen vergeben, sondern nur ein „Bestanden" oder „Nicht bestanden" für jede der gestellten Aufgaben.

Field Trials auf dem Kontinent

Auch in kontinentaleuropäischen Ländern, wie Dänemark, Schweden, Finnland, Belgien, Italien, Frankreich, Österreich, Ungarn und Deutschland, finden während der Jagdsaison Field Trials nach englischem Vorbild und im Einklang mit den Vorschriften der „Fédération Cynologique Internationale" (FCI) statt. Während hierzulande ebenfalls überwiegend in zwei verschiedenen Klassen, „Novice" und „Open", gestartet wird, unterscheiden Frankreich und Italien das „Field Trial à la française" und „Field Trial à l'anglaise".

Field Trial à la française

Bei einem Field Trial à la française oder francese, wie es in Frankreich und Italien praktiziert wird, dürfen die Hunde während des Treibens, oder wenn sie nicht gerade an der Reihe sind und auf ihren nächsten Apport warten, angeleint bleiben.

Die Teilnehmer eines „Field Trial à la française" warten angeleint auf ihren nächsten Einsatz.

Das Finale der FCI-Europa-Meisterschaften für Retriever 2007 im italienischen Montodine

Field Trial à l'anglaise

Mit dieser Bezeichnung soll zum Ausdruck gebracht werden, dass diese Prüfung in der gleichen Art und Weise abgehalten wird wie Field Trials in England.

Während die Vergabe der Anwartschaften für den Titel des nationalen Arbeitschampions durch das jeweilige Mitgliedsland geregelt wird, unterliegt die Vergabe des Internationalen Arbeitstitels der FCI.

Das FCI-Reglement

Das FCI-Reglement unterscheidet sich durch die Bewertung der Fehler im Moment noch von den „Field Trial Regulations" des Kennel Clubs, wobei in Zukunft jedoch eine Angleichung geplant ist. So kann ein Retriever, der einen schweren Fehler begangen hat, durch eine ansonsten überzeugende Leistung nach aktuellem FCI-Reglement immer noch mit der Qualifikation „sehr gut" bewertet werden. Ein Ausschluss erfolgt erst bei zweimaligem Begehen eines schweren Fehlers. Schwere Fehler sind beispielsweise mangelnde Kontrollierbarkeit und / oder unnötige Störung des bejagten Gebiets sowie unruhiges Verhalten des Hundes, sodass der Hundeführer ihm zu viel Aufmerksamkeit schenken muss, oder auch ein einmaliger Eye Wipe. Fehler, die zum sofortigen Ausschluss führen, sind das Winseln oder Bellen, Austauschen von Wild, Einspringen oder die Verweigerung gefundenes Wild zu apportieren.

Das CACIT = „Certificat d'Aptitude au Championnat International de Travail"

Eine Anwartschaft auf den Internationalen Arbeitstitel (CACIT) der FCI kann für Retriever ausschließlich an Prüfungen auf lebendes Wild, das an praktischen Jagdtagen in Anwesenheit der Hunde geschossen wurde, vergeben werden.

Zur Erlangung des Titels „Internationaler Arbeitschampion Field Trial" – ChIT (ft) – muss ein Retriever laut aktuellem Reglement folgende Voraussetzungen vorweisen:

- in einem Alter von mehr als 15 Monaten zwei CACIT oder ein CACIT und zwei Reserve-CACIT, errungen an Field Trials, die unter dem Patronat zweier verschiedener Landesverbände und unter verschiedenen Richtern durchgeführt wurden.
- in einem Alter von mehr als 15 Monaten auf einer internationalen, unter der Schirmherrschaft der FCI abgehaltenen Ausstellung, unabhängig von der Zahl der ausgestellten Hunde, zumindest das Prädikat „sehr gut" erhalten haben, oder in Ländern, die diese Bewertung nicht kennen, mindestens einen zweiten Preis in der Offenen, Zwischen- oder Arbeitsklasse.

Die FCI-Europameisterschaften für Retriever

Die Europameisterschaften für Retriever wurden 1992 von der Retrieverkommission der FCI als internationales Field Trial konzipiert. Sie stehen allen Retrieverrassen offen und werden alle zwei Jahre von wechselnden FCI-Mitgliedsländern durchgeführt. Laut Reglement ist „das Ziel der Europameisterschaft, diejenigen Hunde zu selektionieren, die anlässlich einer praktischen Jagd das geschossene Wild möglichst effizient auffinden und zurückbringen, so wie es der retrieverspezifischen Art am besten entspricht". Ferner ermöglichen sie neben einem Leistungsvergleich auch einen Blick auf die unterschiedlichen jagdlichen Anforderungen in den verschiedenen Ländern und Regionen

Europas. Startberechtigt sind Mannschaften aller europäischen FCI-Mitgliedsländer, wobei jedes Land durch jeweils eine Mannschaft vertreten wird. Dabei kann jedes Land seine Mannschaft frei bestimmen, die je nach den Kapazitäten des organisierenden Landes aus mindestens zwei und höchstens vier Hunden bestehen muss. Grundvoraussetzung für eine Teammitgliedschaft ist, dass der Hund mindestens 6 Monate im entsprechenden Stammbuch des Landes eingetragen ist und der Besitzer entweder die Staatsbürgerschaft des Landes hat, für das sein Hund starten soll, oder zumindest in den letzten 12 Monaten seinen ständigen Wohnsitz in dem betreffenden Land hatte.

Deutsche Jagdprüfungen

Die Jagdethik weist dem Retriever seine Hauptaufgabe in der Arbeit nach dem Schuss zu. Aus diesem Grund zielen die deutschen Jagdprüfungen vor allem auf die Feststellung derjenigen Anlagen und Eigenschaften ab, die einen sicheren Verlorenbringer auszeichnen. Dies sind z. B. eine gute Nase, ein ausgeprägter Finder- und Spurwille, und eine allgemeine Wesensfestigkeit, die sich sowohl in der ruhigen und konzentrierten Arbeit des Retrievers widerspiegelt als auch in seinem Durchhaltewillen.

Die Prüfungsordnungen der deutschen Retrieverjagdprüfungen wurden von den rassebetreuenden Zuchtvereinen, dem Deutschen Retriever Club (DRC) und dem Labrador Club Deutschland (LCD), weitestgehend an die Gebrauchsprüfungen des JGHV angelehnt und um einige retrievertypische Aspekte erweitert. Nach und nach entstanden so die jagdliche Jugendprüfung für Retriever des DRC, die Bringleistungsprüfungen des DRC und LCD, die Retrievergebrauchsprüfung des DRC und die Jagdgebrauchsprüfung des LCD, die Dr.-Heraeus-Gedächtnis-Prüfung des DRC und die Spezial-Jagdgebrauchsprüfung des LCD, die DRC-Vereins-Schweißprüfung und die DRC-Schweißprüfung ohne Richterbegleitung, die DRC-Vereinsprüfung nach dem Schuss und die St.-John's-Retrieverprüfung.

Die Hierarchie der Jagdprüfungen des DRC und LCD

DRC-Field Trial (DRC-FT)		
DRC-St.-John's-Retrieverprüfung (SRP)		
DRC-Vereins-Schweißprüfung (R/SwP)	DRC-Schweißprüfung ohne Richterbegleitung (SwPO/o.Rb.)	DRC-Vereinsprüfung nach dem Schuss (PnS)
DRC-Dr. Heraeus-Gedächtnis-Prüfung für Retriever (HP/R)	LCD-Spezial-Jagdgebrauchsprüfung für Retriever (LCD-SpJGP/R)	
DRC Retrievergebrauchsprüfung (RGP) LCD-Jagdgebrauchsprüfung für Retriever (JGP/R)		
DRC-Bringleistungsprüfung (BLP/R) LCD-Bringleistungsprüfung mit lebender Ente (BLP)		
DRC-Jugendprüfung für Retriever JP/R		

Allen Prüfungen gemein ist die Feststellung der Schussfestigkeit an Land und mit Ausnahme der JP/R auch im Wasser, die Beurteilung des Nasengebrauchs, des Bringens, der Führigkeit und der Arbeitsfreude. Gerade die Arbeitsfreude ist ein typisches Merkmal des Retrievers, das sich vor allem darin widerspiegelt, dass er ihm zugewiesene Arbeiten freudig, schnell und effektiv ausführt.

Die Prüfungen im Einzelnen

DRC-Jugendprüfung für Retriever

Ziel der Jugendprüfung (JP/R) ist die Feststellung der natürlichen Anlagen eines jungen Retrievers sowohl im Hinblick auf seine zukünftige Verwendung im vielseitigen Jagdgebrauch als auch als Zuchthund. Damit dient die JP/R auch dem Erkennen des Erbwertes der Eltern, dessen Feststellung durch Prüfung möglichst vieler Nachkommen erleichtert wird.

DRC-Bringleistungsprüfung für Retriever und LCD-Bringleistungsprüfung

Die BLP ist eine Zucht- und Leistungsprüfung. Neben den gezeigten Leistungen werden auch die Anlagen des Retrievers beurteilt. Die Prüfungsfächer sind auf die Arbeit nach dem Schuss ausgerichtet und beinhalten den Gehorsam ohne Wildberührung ebenso wie die Überprüfung der allgemeinen Wesensfestigkeit. Die Ausbildung soll zum Zeitpunkt dieser Prüfung weitestgehend abgeschlossen sein.

DRC-Retrievergebrauchsprüfung und LCD-Jagdgebrauchsprüfung für Retriever

Die DRC-Retrievergebrauchsprüfung (RGP) bzw. die LCD-Jagdgebrauchsprüfung für Retriever (LCD-JGP/R) ist eine reine Leistungsprüfung, in deren Mittelpunkt der für den vielseitigen Jagdeinsatz (Feld-, Wald-, Wasserarbeit) brauchbare Retriever steht. Als sogenannte „Meisterprüfung" dient sie der Feststellung der abgeschlossenen Ausbildung, wie sie für den praktischen

Die Arbeit auf der Schleppspur bei der DRC-Jugendprüfung für Retriever

Jagdbetrieb und das waidgerechte Jagen notwendig ist. Neben einer gründlichen Abrichtung wird auch besonderer Wert auf die jagdpraktische Erfahrung des Prüflings gelegt. Darüber hinaus hat die RGP auch einen hohen züchterischen Wert, der sich in der Eintragung im Gebrauchshundestammbuch des DRC (DRC-GStB) und im Deutschen Gebrauchshundestammbuch (DGStB) des JGHV niederschlägt. Die Prüfungsordnung der RGP hat alle Prüfungsfächer der Verbandsgebrauchsprüfung (VGPO) des JGHV, die dem Wesen und den Anlagen des Retrievers nicht entgegenstehen, sowie diejenigen Vorschriften der VGPO, die mit dem Vereinsrecht des DRC vereinbar sind, übernommen.

Dr.-Heraeus-Gedächtnis-Prüfung für Retriever des DRC

Die Dr.-Heraeus-Gedächtnis-Prüfung (HP/R) ist eine jagdliche Eliteprüfung, die in Gedenken des Ehrenpräsidenten Dr. H. W. Heraeus des Deutschen Retriever Clubs konzipiert wurde.

Es handelt sich um eine retrieverspezifische Leistungsprüfung im Sinne einer Prüfung nach dem Schuss, die hohe Anforderungen an die Nasenleistung, Lenkbarkeit, Merkfähigkeit und Apportierfreude des Hundes stellt. Der Retriever soll bei seiner Arbeit ein ausgeglichenes Temperament und einen guten Arbeitsstil zeigen, standruhig und leichtführig sein, ohne dabei an Selbstständigkeit zu verlieren.

LCD-Spezial-Jagdgebrauchsprüfung für Retriever

Die LCD-SpJGP/R ist eine Leistungsprüfung des LCD mit hohen Anforderungen an die Lenkbar-, Spurwillig- und Apportierfähigkeit des Retrievers.

Vereins-Schweißprüfung des DRC

Fährtenwille, Fährtentreue, Ruhe, Sicherheit und Riemenfestigkeit des Hundes, gepaart mit Einfühlungsvermögen des Führers und Durchhaltevermögen des Gespanns, sind wesentliche Voraussetzungen für das Bewältigen der anspruchsvollen Aufgabe, eine schwierige Kunstfährte halten und ausarbeiten zu können. Auf der Vereins-Schweißprüfung des DRC (R/SwP) sollen Führer und Jagdhund zeigen, dass sie in der Lage sind, eine mit wenig Schweiß hergestellte Kunstfährte auszuarbeiten, deren Länge, Alter und Verlauf Ansprüche an das Gespann stellen, die dem Einsatz in der Praxis dienen. Zu bewerten ist daher sowohl die Zusammenarbeit von Hund und Führer als auch die Arbeitsweise des Hundes: Fährtenwille, Ruhe, Sicherheit und Selbstständigkeit, die Art und Weise, wie sich der Hund bei Verlust der Ansatzfährte durch Bogenschlagen, Vor- oder Zurücksuchen selbst zu helfen weiß, ob er Pirschzeichen verweist und ob er sich beim

Ein Gespann auf dem Weg zur Aufgabe „Einweisen auf eine Entenschleppe am gegenüberliegenden Ufer“ anlässlich einer Vereinsprüfung nach dem Schuss (PnS)

Abkommen auf eine Verleitungsfährte selbst verbessert oder zurückgenommen werden muss. Ein hastig arbeitender Hund wird in schwierigen Situationen versagen. Deshalb ist übermäßiges, nicht gezügeltes Tempo nicht erwünscht.

Schweißprüfung ohne Richterbegleitung des DRC

Die Schweißprüfung ohne Richterbegleitung (SwPO/o.Rb.) folgt den gleichen Prinzipien wie die R/SwP (siehe S. 139), wobei das Gespann die Fährtentreue des Hundes durch die Anzahl der auf der Fährte gefundenen, speziell gekennzeichneten „Verweiserblätter“ nachweisen muss. Diese spezielle Prüfung stellt die „Krönung“ der künstlichen Fährte dar, denn sie entspricht am ehesten den Bedingungen einer echten Nachsuche, da Führer und Hund auf sich allein gestellt sind.

Vereinsprüfung nach dem Schuss des DRC

Die sogenannte PnS ist eine eigenständige Prüfung, die sich aus einzelnen Fächern der Verbandsgebrauchsprüfung (VGP), der Retrievergebrauchsprüfung (RGP), der Dr.-Heraeus-Gedächtnis-Prüfung (HP/R), der Bringtreueprüfung (Btr) sowie der Schweißprüfung ohne Richterbegleitung zusammensetzt und insbesondere den jagdlichen „Allrounder“ auszeichnet.

St.-John's-Retrieverprüfung des DRC

Diese internationale jagdliche Apportierprüfung – abgekürzt SRP – ist eine retrieverspezifische Leistungsprüfung im Sinne einer Prüfung nach dem Schuss. Sie gilt als „Eliteprüfung“ und soll die besondere Bringleistungsfähigkeit der Retriever aufzeigen, indem sie hohe Anforderungen an die Lenkbarkeit, Nasenleistung, Merkfähigkeit und Apportierfreude

„Int. FTCh. & Dt. Jagd-Ch. Gunsight's Bracket"

stellt. Bei der Arbeit soll der Hund ein gutes Temperament und guten Arbeitsstil zeigen, Ruhe auf dem Stand haben und leichtführig, aber dennoch selbstständig sein. Das Ziel dieser Prüfung ist es, diejenigen Hunde herauszustellen, die eine sehr gute Befähigung haben, geschossenes Wild zu finden und mit weichem Maul zu apportieren. Um eine derartige Beurteilung der Hunde zu ermöglichen und den hohen Anforderungen dieser Spezialprüfung gerecht zu werden, ist es notwendig, die Aufgaben möglichst jagdnah zu gestalten. Grundlage des Richtens dieser Prüfung ist das internationale Reglement für Arbeitsprüfungen im Felde (= Field Trials) für Retrieverrassen der FCI.

DRC-Field Trials

DRC-Field Trials (DRC-FT) werden in Übereinstimmung mit dem Internationalen Reglement der FCI für Arbeitsprüfungen im Felde für Hunde der Retrieverrassen abgehalten.

Die Jagdarbeitschampiontitel des DRC

In Deutschland gibt es auf nationaler Ebene im jagdlichen Bereich derzeit zwei Arbeitschampiontitel, den Deutschen Field-Trial-Champion (Dt.-FTCh.) und den Deutschen Jagd-Champion (Dt.-Jagd-Ch.), die vom DRC vergeben werden können.

Deutscher Field-Trial-Champion

Die Voraussetzungen für die Vergabe sind:

> eine FCI-anerkannte Ahnentafel
> eine nationale Anwartschaft (= CACT), die bei einem deutschen Field Trial erworben wurde
> eine nationale Anwartschaft (= CACT) bei einem Field Trial eines anderen FCI-Mitgliedslandes
> ein Ausstellungsergebnis mit der Bewertung „sehr gut" oder „vorzüglich" anlässlich einer deutschen oder internationalen FCI-anerkannten Ausstellung

Deutscher Jagd-Champion

Die Voraussetzungen für die Vergabe sind:

> eine FCI-anerkannte Ahnentafel
> zwei nationale Anwartschaften (= CACT), die anlässlich einer Retrievergebrauchsprüfung (RGP), einer St.-Johns-Retrieverprüfung (SRP) oder einer Prüfung nach dem Schuss (PnS) erworben wurden
> ein Ausstellungsergebnis mit der Bewertung „sehr gut" oder „vorzüglich" anlässlich einer deutschen oder internationalen FCI-anerkannten Ausstellung

Nichts eignet sich besser für die Ausbildung und artgerechte Beschäftigung eines Retrievers als die Arbeit mit Dummys.

Der Labrador in der Dummyarbeit

Die Dummyarbeit hat in den vergangenen 20 Jahren auf dem Kontinent einen regelrechten Boom erfahren. Waren es vor ein paar Jahren noch familiär anmutende Veranstaltungen, sind heute Working Tests mit weit über 100 Teilnehmern keine Seltenheit mehr. Ganz zu schweigen von der rasanten Entwicklung des Leistungsstandards der Hunde, die sich mittlerweile in jeglicher Hinsicht als international konkurrenzfähig erweisen. Selbst in England, dem „Mutterland" der Retrieverarbeit, geben die kontinentaleuropäischen Hunde im direkten Vergleich zumindest im Dummybereich ein sehr gutes Bild ab.

Sinn und Zweck der Dummyarbeit

Wie bereits erwähnt, entstand die Dummyarbeit ursprünglich in England. Anstelle von Wild werden zum Apportieren Attrappen in Form von festen Leinensäckchen verwendet, die standardmäßig 500 Gramm wiegen und schwimmfähig sind. Da sich nahezu alle jagdlichen Situationen mithilfe von Dummys ausgezeichnet nachstellen lassen, leistet diese Art der Retrieverarbeit nicht nur einen wichtigen Beitrag zum Erhalt der typischen Arbeitseigenschaften, sondern ist auch aus jagdethischer Sicht für nicht jagende Hundebesitzer sinnvoll, z. B. für:

> das Heranführen eines jungen Hundes an die retrieverspezifische, jagdliche Arbeit, ohne sofort mit Wild arbeiten zu müssen

- das Erhalten und Verbessern des Leistungsstandes eines ausgebildeten, jagdlich geführten Hundes auch außerhalb der Jagdsaison
- die artgerechte Beschäftigung eines Retrievers ohne die Zielsetzung des zukünftigen praktischen Jagdeinsatzes

Mittlerweile erfreut sich die Dummyarbeit in Form von Dummyprüfungen und Working Tests als Hundesportdisziplin größter Beliebtheit in Deutschland und ganz Europa. Dummyprüfungen und Working Tests werden in der Regel in drei Leistungsklassen – Anfänger-, Fortgeschrittenen- und Offene Klasse – abgehalten. Die Aufgabenstellungen, die bei Dummyprüfungen genau vorgegeben und bei Working Tests frei gestaltbar sind, orientieren sich schwerpunktmäßig an den klassischen Retrieverdisziplinen, wie dem Markieren sichtig geworfener Dummys, dem Einweisen auf nicht sichtig gefallene Dummys und der Suche. Insbesondere auf Fortgeschrittenem- und Offenem Niveau können die Aufgaben durch erhöhte Anforderungen an die Standruhe (engl. „Steadiness“), ein anspruchsvolleres Gelände, längere Distanzen oder vielfältige Verleitungen (= Ablenkungen) erschwert werden.

Die Bewertung der Leistungen

Die Bewertung der gezeigten Leistungen sowie leistungsmindernde oder zum Ausschluss führende Fehler orientieren sich im Wesentlichen am Internationalen Field Trial Reglement der FCI. Das Idealbild ist auch hier ein nervenfester, schnell und effizient arbeitender Hund, der sauber in die Hand des Hundeführers apportiert. Sowohl bei Dummyprüfungen als auch bei Working Tests erfolgt eine Bewertung der Arbeit in Punkten, die den Prädikaten „vorzüglich“, „sehr gut“, „gut“ und „bestanden“ bzw. „nicht bestanden“ zugeordnet werden.

Anforderungen in der Dummyarbeit

Eigenschaften, die der Retriever zeigen sollte	Schwere Fehler, die die Leistungen eines Retrievers stark mindern	Fehler, die zum Nichtbestehen einer geforderten Aufgabe bzw. der ganzen Prüfung führen
› Arbeitsfreude › Initiative › Stilvolle Arbeitsweise › Standruhe › Apportierfreudigkeit › Markierfähigkeit › Nase › Ausdauer › Gehorsam › Lenkbarkeit	› Schlechter Appell des Hundes › Unruhe › Sehr langsames Arbeiten ohne Initiative › Lautes Verhalten des Hundeführers bei der Arbeit › Übermäßige Abhängigkeit vom Führer › Nicht sofortiges Zurückkommen nach Finden des Dummys › Nichtausgeben in die Hand des Führers › Unnötiger, übermäßiger Geländeverbrauch	› Einspringen › Verweigerung des Apportierens › Nicht-Zurückbringen des Dummys zum Führer › Außer Kontrolle geraten oder Weitersuchen mit Dummy im Fang › Tauschen von Dummys › Verweigerung ins Wasser zu gehen › Hochgradiges Knautschen (Lochen) › Aggressivität gegenüber Artgenossen oder Personen › Winseln oder Bellen › Physisches Einwirken auf den Hund › Schussscheue

Arbeitsprüfungen mit Dummys

Bei Dummyprüfungen sind die Aufgaben aller drei Leistungsklassen genau definiert. Die Arbeitsentfernungen entsprechen unter Berücksichtigung des Geländes und der Witterungsverhältnisse dem jeweilig anzustrebenden Ausbildungsstand jeder Klasse. Mit dem Bestehen einer Dummyprüfung beweist ein Hund-Führer-Gespann, dass es die Mindestanforderungen der jeweiligen Leistungsklasse beherrscht.

Working Tests

Ziel eines Working Tests ist es, möglichst jagdnahe Situationen mithilfe von Dummys nachzustellen. Dabei sind die einzelnen Aufgaben im Gegensatz zu Dummyprüfungen nicht in einer Prüfungsordnung festgelegt, sondern werden vor Beginn von den Richtern unter Berücksichtigung der Geländegegebenheiten festgelegt. Die Aufgaben setzen sich aus den typischen Elementen der Retrieverarbeit zusammen und sind frei gestalt- und kombinierbar. Auch bei Working Tests wird in der Regel in drei Leistungsklassen gestartet, wobei sich der Schwierigkeitsgrad an den Erfordernissen der jeweiligen Leistungsklasse der Dummyprüfungen orientiert. Einen Sonderstatus genießen dabei „Schnupper-Working-Tests", die vor allem für unerfahrene Hundeführer und junge Hunde konzipiert wurden. Bei ihnen tritt der Leistungsgedanke zugunsten erster gemeinsamer Erfahrungen

Arbeitsprüfungen mit Dummys für Retriever (APD/R)

Schwerpunkte	Anfängerklasse	Fortgeschrittenenklasse	Offene Klasse
Markierfähigkeit	Einzelmarkierung an Land	Doppelmarkierung (i. d. R. Land/Wasser; Reihenfolge beliebig)	Doppelmarkierung (Reihenfolge vorgegeben)
	Einzelmarkierung ins oder über Wasser	Plus Standruhe Gehen in einer Linie (engl. „Walk Up") in Verbindung mit Markieren	Plus Standruhe Gehen in einer Linie (engl. „Walk Up") in Verbindung mit Markieren und Einweisen
Lenkbarkeit und Gehorsam	–	Einweisen	Plus Nase, Ausdauer und Initiative Einweisen in ein Suchengelände
Nase, Ausdauer und Initiative	Verlorensuche in einem bezeichneten Suchengebiet	Verlorensuche in einem bezeichneten Suchengebiet	Plus Standruhe Verlorensuche nach Standtreiben
Gehorsam und Merkfähigkeit	Appell und „Memory" (= Erinnerungsvermögen)	–	–

Einer der alljährlichen Höhepunkte der Working-Test-Saison: der „International Working Test“

bezüglich des Ablaufs, Richtens und möglicher Aufgabenstellungen eines Working Tests in den Hintergrund. „Schnupper-Working-Tests“ werden offen gerichtet, sodass der Teilnehmer einerseits Verständnis für das „Idealbild eines Retrievers“ entwickeln und andererseits Anregungen für das weitere Vorgehen im Training mit nach Hause nehmen kann.

Working Tests werden sowohl als Einzel- als auch als Teamwettbewerbe durchgeführt. Bei Letzteren arbeitet in der Regel ein aus drei Hund-Führer-Gespannen bestehendes Team zusammen. Meist haben die Teampartner Gelegenheit selbst zu bestimmen, welches Gespann welchen Teil der drei Einzelarbeiten einer Teamaufgabe arbeiten soll. Damit ist es möglich zu taktieren und jedes Gespann nach seinen Stärken einzusetzen.

Einige Working Tests, wie die „Newcomer Trophy“, der „German Cup“ , das „Working Test Finale“ oder der „International Working Test“, haben sich über die Jahre hinweg als besondere „Highlights“ in der deutschen „Working-Test-Szene“ fest etabliert.

DRC Newcomer Trophy (NCT)

Die Newcomer Trophy ist ein mit einer deutschen Junghundemeisterschaft vergleichbarer Einzelwettbewerb für Retriever bis zu einem Alter von 30 Monaten. Teilnahmevoraussetzung ist eine bestandene APD/R oder eine andere gleichwertige Prüfung.

DRC German Cup (GC)

Der GC ist die offizielle deutsche Arbeitsmeisterschaft des Deutschen Retriever Clubs. Es handelt sich dabei um einen Teamwettbewerb. Der GC gilt als Sichtungsprüfung für die Teilnahme am Internationalen Working Test (IWT), soll aber auch den Teamgedanken fördern und dem gegenseitigen Erfahrungsaustausch dienen.

DRC Working Test Finale

Das Finale stellt den alljährlichen Abschluss der Working-Test-Saison dar. Für die Teilnahme in den einzelnen Klassen qualifizieren sich alle, die im Laufe der Saison bei einem Einzelwettbewerb einen 1.–3. Platz bei einem Working Test des Deutschen Retriever Clubs in der entsprechenden Klasse belegt haben.

International Working Test (IWT)

In den 18 Jahren seines Bestehens hat sich der sogenannte „International Working Test" zum Höhepunkt kontinentaleuropäischer Retrieverarbeit auf höchstem Niveau entwickelt. Gemäß seiner Regularien werden maximal 33 Teams, bestehend aus jeweils drei Hundeführern, zur Teilnahme zugelassen. Dabei hat jedes europäische Land die Möglichkeit, vier offizielle, nationale Teams zu nominieren. Die verbleibenden Startplätze werden unter sogenannten „Free Teams" verlost. Obwohl der IWT mittlerweile den Rang einer „Retriever-Europameisterschaft mit Dummys" einnimmt, ist er auch ein gesellschaftliches Ereignis und eine gute Gelegenheit, internationale Freundschaften zu pflegen und neue Kontakte zu knüpfen.

Dummy Trials

Ziel eines Dummy Trials („Mock Trials") ist es, die jagdliche Situation während eines Field Trials mithilfe von Dummys so authentisch wie möglich nachzuempfinden. Im Unterschied zu Working Tests werden dabei nicht nur Einzelsituationen nachgestellt, sondern der Gesamtablauf einer Jagd. Wenngleich es sich nur um Dummys handelt, werden alle anderen Umstände, wie beispielsweise die Organisation des Ablaufs, die Abgabe der Schüsse mit Flinten und die Bewertung der Apporte, wie bei einem Field Trial gehandhabt. Auch Dummy Trials können entweder als Standtreiben (engl. „Drive") oder als Streifjagd (engl. „Walk Up") abgehalten werden. Bei einem Drive werden die Hunde nach Anweisung der Richter so platziert, dass sie in der Lage sind, geworfene Dummys

LINKS *DRC-Arbeitschampion Enya vom Keien Fenn*

UNTEN *DRC-Arbeitschampion Alpha vom Keien Fenn*

Der Titel des DRC-Arbeits-Champions (DRC-Arbeits-Ch.)

Für den Erhalt des Titels gibt es zwei alternative Möglichkeiten:

Dreimal einen 1. Platz bei einem vom DRC ausgeschriebenen Working Test in der Offenen Klasse	Zweimal einen 1. Platz bei einem vom DRC ausgeschriebenen Working Test in der Offenen Klasse und einmal einen 1. Platz bei einer vom DRC ausgeschriebenen Arbeitsprüfung mit Dummys (APD/R) in der Offenen Klasse

gut zu markieren. Die Richter entscheiden, wann die Hunde geschickt werden. Bei einem Walk Up bewegt sich die Linie so lange vorwärts, bis ein Schuss fällt und entweder eine sichtige Markierung geworfen oder ein nicht sichtig gefallenes Dummy „beschossen“ wird. Auf Anweisung des Richters wird dann derjenige Hund, der als nächstes an der Reihe ist, geschickt, um das angegebene Dummy zu finden und zu bringen.

Wesentliche Unterschiede zwischen Working Tests und Dummy Trials

Unterschiede	Working Test
Klassen	Anfänger-, Fortgeschrittenen- und Offene Klasse
Aufgaben	Für alle Teilnehmer einer Klasse gleich, denn die Dummys liegen i. d. R. für jeden Hund an derselben Stelle.
Startreihenfolge	Die Reihenfolge steht aufgrund der vergebenen Startnummern fest.
Anzahl der Apporte	Bei einem Working Test müssen i. d. R. alle Hunde die gleiche Anzahl an Aufgaben arbeiten.
Beurteilung der Aufgaben	Die Beurteilung jeder Aufgabe erfolgt durch den jeweiligen Richter.
Begehen eines Ausscheidungsfehlers	Ein Ausscheidungsfehler führt nur in der Aufgabe, in der er begangen wird, zu einer „Nullrunde". Damit kann das Gespann in den anderen Aufgaben weiter beurteilt werden, aber nicht mehr in die Wertung der Rangliste kommen.
Teilnehmerzahl	Hängt vom Veranstalter ab, bis zu 100 Starter sind heute keine Seltenheit mehr.
Bewertung	Bei einem Working Test erfolgt die Bewertung der Arbeiten nach einem Punktesystem. Entsprechend der erzielten Gesamtpunktzahl wird am Ende ein Prädikat (vorzüglich, sehr gut, gut, bestanden) vergeben.
Schwere Fehler	Ein Hund mit einem schweren Fehler bekommt einen Punktabzug in der entsprechenden Aufgabe, kann aber mit der Prüfung weiter fortfahren.

	Dummy Trial
	Fortgeschrittene und Offene Klasse
	Wie auf der Jagd gleicht keine Situation der anderen und jeder Apport kann anders sein.
	Die Gespanne werden vom Steward zur Arbeit aufgerufen. Nach einem oder zwei Apporten ist eine Runde für das Gespann beendet und das nächste wird aufgerufen, um den frei gewordenen Platz zu besetzen. Aus diesem Grund ist es notwendig, dass bei einem Walk Up alle beteiligten Gespanne außerhalb der Linie mitziehen, um schnell eingesetzt werden zu können.
	Ein Dummy Trial funktioniert nach dem K.-o.-System, d. h. dass Hunde mit einem Ausschlussfehler nicht weitergeprüft werden. Hunde mit einem schweren Fehler (z. B. einem Eye Wipe) scheiden zwar nicht sofort aus, aber ihr weiterer Einsatz hängt vom Verlauf des gesamten Trials ab.
	Die Beurteilung jeder Arbeit erfolgt bei einem Trial stets von mehr als einem Richter. Die Richter stimmen sich während des gesamten Trials ständig über die einzelnen Bewertungen und das weitere Fortkommen der Gespanne ab.
	Ein Hund, der einen „Ausscheidungsfehler" begangen hat, scheidet aus der gesamten Prüfung aus, auch wenn dies beim ersten Apport geschieht!
	Aufgrund des besonderen Ablaufs kann ein Dummy Trial nur mit beschränkter Teilnehmerzahl von maximal 20 – 24 Startern durchgeführt werden.
	Bei einem Dummy Trial folgt die Bewertung der Apporte, dem in Field Trials gebräuchlichen „A-B-C-System". Dabei ist zu unterscheiden, ob nach FCI-Regeln oder den Regeln des englischen Kennel Clubs gerichtet wird. Bei Ersteren wird die gezeigte Arbeit zunächst nach ihrer Schwierigkeit (A = schwer, B = mittel, C = leicht) eingeteilt und dann nach ihrer Qualität mit 1 – 10 Punkten bewertet. Beim englischen Bewertungssystem ist bereits das „A-B-C" ein Ausdruck der Bewertung (A = sehr gut, B = gut usw.), wobei durch Plus- und Minuszeichen noch zusätzliche Abstufungen gemacht werden können.
	Ein Hund mit einem schweren Fehler kann höchstens noch mit einem „Sehr gut" bewertet werden, auch wenn er alle anderen Aufgaben bestens gelöst hat.

1 2

Vom Welpen zum Junghund

Die Entwicklungsphasen des Welpen ab der 8. Lebenswoche

Sozialisierungsphase

Die Sozialisierungsphase (8. – 12. Lebenswoche) des Welpen beginnt mit etwa acht Wochen und sollte unbedingt zum Aufbau einer dauerhaften Bindung genutzt werden. Bindungsfördernd wirken sich neben dem Füttern und anderen allgemeinen Pflegetätigkeiten vor allem auch das Spielen und gemeinsame Unternehmungen aus. Prägungs- oder Abenteuerspaziergänge bieten neben dem Bindungsaspekt auch optimale Voraussetzungen für das Sammeln vielfältiger Umwelterfahrungen (siehe Seite 114). Aber auch die Eingliederung des Welpen in seine neue Umgebung ist ein wichtiger Part in dieser Phase. Einerseits kann ein sich dort wohlfühlender Welpe die nötige Selbstsicherheit entwickeln, seine Lernbereitschaft voll zu entfalten, und andererseits sollte er durch das Setzen von Grenzen die sozialen Spielregeln seines neuen „Rudels" kennen lernen. In spielerischer Form können die ersten einfachen Grundkommandos, wie „Hier", „Sitz" und „Bleib", gelehrt werden. Das gemeinsame Training ist nicht nur ein erster Schritt in Richtung Grunderziehung, sondern fördert auch das Zusammengehörigkeitsgefühl und die Bindung.

Rangordnungsphase

Mit der 13. Lebenswoche beginnt die Rangordnungsphase (13. – 16. Lebenswoche). Ein Welpe, der in dieser Phase noch bei seiner Mutter ist, beginnt sich nun deutlich von ihr zu lösen. Seine Neigung zu dominierendem Verhalten verstärkt sich und er wird versuchen, zuvor akzeptierte Grenzen wieder zu überschreiten. Dies geschieht beispielsweise, indem er Kommandos, die zuvor gut geklappt haben, plötzlich ignoriert.

Nun müssen Besitzer und Hund endgültig die Frage klären, wer in Zukunft der Rudelführer sein wird. Wird die Klärung dieser Frage auf später verschoben, sind zur Durchsetzung der

Wichtig!
Falls Ihr Welpe in einer bestimmten neuen Situation ängstlich reagiert, sollten Sie sein Verhalten ignorieren und ihm gleichzeitig durch Ihr eigenes Verhalten vermitteln, dass es nichts gibt, vor dem man sich fürchten müsste. Sobald er die ersten Ansätze von Vertrauen zeigt, sollten Sie ihn positiv bestätigen. Auf keinen Fall sollten Sie versuchen ihn zu beruhigen, denn damit erreichen Sie nur das Gegenteil – Sie bestätigen ihn, dass seine Angst berechtigt ist.

1 *Auch das gemeinsame Bewältigen eines Hindernisses schafft Vertrauen und erhöht die Bindung.*
2 *Welpen, die während der Sozialisierungsphase im Wurf verbleiben, beginnen zunehmend intensivere Rangordnungskämpfe*

Führungsansprüche nicht nur erheblich größere Körperkräfte nötig, sondern ab einem gewissen Alter wird der Hund eine gelungene Unterwerfung auch nur zeitlich begrenzt anerkennen und bald erneut die Machtfrage stellen. Im Falle des Ignorierens eines bereits gelernten Kommandos sollte auf keinen Fall versucht werden, es durch mehrmaliges Wiederholen doch noch durchzusetzen. Denn damit lernt der Welpe nur, dass ihm eigentlich nichts weiter passiert, wenn er nicht gehorcht. Stattdessen sollte dem Ignorieren des Kommandos sofort mit artgerechter Konsequenz begegnet werden. Als angemessene Signale bieten sich je nach Situation und Hundetyp ein verbaler Tadel in entsprechend tiefer, „knurrender" Stimmlage, der Schnauzengriff oder das im Nacken Auf-den-Boden-Drücken an. Da diese Erziehungssignale weitestgehend genetisch fixiert sind, werden sie in der Regel sofort verstanden und mit Demutsgesten beantwortet. Reagiert er beim nächsten Mal wieder wie gewünscht, sollten Sie ihn ausgiebig loben.

In der Rangordnungsphase kommt es auch immer wieder vor, dass der Welpe im Zusammenhang mit Beute bzw. Futter beginnt, seinen Besitzer anzuknurren. Mit dem Knurren will er vor allem zweierlei andeuten: seine Bereitschaft zur Verteidigung seiner Beute und das Sträuben gegen die Rudelführerschaft. Um derartige Situationen möglichst erst gar nicht entstehen zu lassen, bietet es sich an, dem Welpen von Anfang an immer wieder einmal für ihn „wertvolle" Dinge abzunehmen, um sie ihm anschließend wiederzugeben und ihn zu loben. Möglich ist es auch, dem Welpen ein für ihn attraktives „Tauschgeschäft" anzubieten, denn viele Welpen geraten erst durch das mehrmalige Wegnehmen der Beute zur Rangdemonstration in Stress und reagieren in der Folge mit Knurren. Ein Tausch (Leckerchen, Spielzeug) hilft, derartige Situationen zu vermeiden, indem Sie dem Welpen vermitteln, dass es sich für ihn lohnt, die Beute mit Ihnen zu teilen. Ist er von Anfang an mit Situationen dieser Art vertraut, entstehen meist auch keine Probleme. Sollte er trotzdem knurren, bieten sich dieselben Konsequenzen wie beim Ignorieren eines Kommandos an. Wenn der Griff zur Futterschüssel oder zum Kauknochen ein Knurren auslöst, sollte die „korrigierende" Hand bereits über dem Nacken des Welpen schweben, um sofort eingreifen zu können.

Weitere Beispiele, wie Sie Ihren Rang im täglichen Leben demonstrieren können, finden Sie im Kasten Seite 156.

Der Welpe zeigt deutlich, dass ihm die Wellen noch etwas unheimlich sind. Vermitteln Sie ihm in solchen Situationen Sicherheit durch Ihr eigenes Verhalten!

Die Rangordnung im Alltag	
Der Ranghöhere …	**Was bedeutet dies für Ihr Verhalten?**
… gewährt oder versagt Aufmerksamkeit	Sie bestimmen, ob, wann und wie lange Sie Ihrem Hund Aufmerksamkeit gewähren. Aufmerksamkeit beginnt beim bloßen Ansehen und erstreckt sich über gemeinsame Aktionen und Kontakte, wie Spielen oder Streicheln. Als Ranghöherem obliegt es Ihnen, Aktionen zu initiieren oder sich auf die Aufforderung Ihres Hundes einzulassen. Ihr Rang drückt sich vor allem darin aus, dass Sie sie nach Belieben beenden können. Gehen Sie deshalb nicht immer auf die Spielaufforderungen Ihres Hundes ein und achten Sie stets darauf, das Spiel zur richtigen Zeit zu beenden und einem Motivationsverlust Ihres Hundes zuvorzukommen. Wichtig! Ignorieren heißt vollständiges und konsequentes Nichtbeachten!
… gibt die Richtung vor	Bei Dominanzfragen sollte auch die Grundregel, dass der Rangniedere dem Ranghöheren folgt, beachtet werden. Diese spielt nicht nur auf Spaziergängen, sondern auch im häuslichen Bereich eine Rolle. Auf Spaziergängen lässt sich Ihre Rudelführerschaft leicht unter Beweis stellen, indem Sie die Laufrichtung vorgeben und sie beim Vorauslaufen des Welpen unvermittelt ändern. Im häuslichen Leben kann Ihre Rudelführerschaft ebenfalls mit einfachen, konsequenten Gesten, wie beispielsweise der festgelegten Reihenfolge beim Durchschreiten von Engpässen, wie z. B. dem Passieren der Haustür oder des Gartentürchens, demonstriert werden. Drängelt sich Ihr Junghund an Ihnen vorbei, dann versuchen Sie ihn möglichst ohne Kommentar nachdrücklich zurückzudrängen. Schließen Sie die Tür wieder und warten Sie, bis er auf Sie konzentriert ist. Dann öffnen Sie die Tür erneut und gehen zuerst hindurch. Hat sich das Verhalten Ihres Hundes schon etabliert, bleibt Ihnen nichts anderes übrig, als mit Gehorsam zu arbeiten. Setzen Sie Ihren Hund konsequent ab, durchschreiten Sie den Engpass und rufen Sie ihn dann. Um die Erwartungshaltung zu reduzieren, sollten Sie die Situation häufig variieren.
… begrüßt Neuankömmlinge zuerst	Als Ranghöherer ist es auch Ihre Aufgabe, Neuankömmlinge zu begrüßen. Sollte Ihr Labrador an Ihnen vorbeistürmen, sollten Sie sich ähnlich wie beim Durchschreiten von Engpässen verhalten und dafür sorgen, dass Sie Ihren Besuch zuerst begrüßen können.
… hat Anspruch auf bevorzugte, erhöhte Liegeplätze	Auch das In-Anspruch-Nehmen von erhöhten oder besonders bevorzugten Liegeplätzen ist ein Vorrecht des Ranghöheren. Dabei steht es Ihnen frei zu entscheiden, ob Sie Ihren Hund einladen, mit Ihnen gemeinsam auf dem Sofa zu liegen, oder nicht. Sie müssen die einmal getroffene Entscheidung nur konsequent durchsetzen.

Rudelordnungsphase

Mit der 16. Lebenswoche ist die Welpenentwicklung abgeschlossen. In der Natur wird der Junghund nun ins Rudel integriert und seine Position festgelegt. Er lernt den Nutzen der Rangordnung in Bezug auf eine erfolgreiche Zusammenarbeit bei der Jagd und zur Vermeidung innerartlicher Aggression kennen. In einem Mensch-Hund-Rudel wird sich der Junghund nun demjenigen anschließen, der für ihn den Rudelführer symbolisiert und dessen Autorität er akzeptiert. Nach erfolgtem Zahn-

Der Grundstein für ein harmonisches Vertrauensverhältnis ist gelegt.

wechsel und in Abhängigkeit des individuellen Reifegrads können die zuvor spielerisch gelernten Grundkommandos nun mit mehr Präzision, Nachdruck und unter moderaten Ablenkungssituationen geübt werden. Diese Phase dauert ca. von der 17.–24. Lebenswoche.

Pubertätsphase

Während der Pubertät (ca. 7.–12. Lebensmonat) befindet sich der Hund in der Endphase seiner körperlichen und geistigen Entwicklung. Er entwickelt jetzt nicht nur seine sexuellen Verhaltensformen, sondern perfektioniert durch Kombination von Erlerntem und Erfahrungen auch sein Verhaltensrepertoire. Beides zieht meist auch eine Steigerung seines Eigeninitiativverhaltens nach sich und kann auch in dieser Phase zu Rangstreitigkeiten führen, denen wie schon in der Rangordnungsphase mit Konsequenz und Nachdruck begegnet werden muss.

Lernen vom ersten Moment an

Die Erziehung eines Labradors sollte bereits am Tag seiner Abholung vom Züchter beginnen. Denn auch wenn er in allen Rassebeschreibungen als leicht erziehbar geschildert wird, muss auch der talentierteste Labrador trotzdem erzogen werden! Mit Verständnis, Geduld und Konsequenz können Sie Ihrem Welpen viele

Spielerisches Lernen steht im Mittelpunkt der „Ausbildung“ des Welpen.

Dinge spielerisch beibringen, die Ihnen ein Hundeleben lang von Nutzen sein können. Auch wenn Sie die Regeln festlegen, darf die „Ausbildung“ eines Welpen niemals in Zwang ausarten. Sie sollte vielmehr altersgerecht, Schritt für Schritt aufgebaut und abwechslungsreich sein. Labradorwelpen sind in der Regel sehr neugierig und lernfreudig. Sie genießen die gemeinsame Beschäftigung, und wenn Sie es richtig anstellen, werden Sie sehr schnell erste sichtbare Lernerfolge sehen. Allerdings gilt dies sowohl im positiven als auch im negativen Sinn, denn wenn Sie seinem Drang nach mentaler Beschäftigung nicht nachgeben, wird er auch schnell lernen sich selbst zu beschäftigen.

Warum ist die Erziehung eines Hundes überhaupt wichtig?

Labradors sind überaus kontaktfreudige Hunde. Sie lieben menschliche Gesellschaft häufig genauso wie die von Artgenossen. Ihre ausgeprägte Menschenbezogenheit beschränkt sich in der Regel nicht nur auf ihre Besitzer, sondern auch auf andere Menschen, die ihre täglichen Wege kreuzen. Doch Hunde sind in Innenstadt- und stadtnahen Randgebieten nicht immer willkommen. Vor allem schwarze Hunde sorgen manchmal allein aufgrund ihrer Fellfarbe für zurückhaltende oder gar ängstliche Reaktionen. Der einzige Weg, wie Sie solchen Situationen souverän begegnen können, ist, dass sich Ihr Labrador in jeder erdenklichen Situation vorbildlich benimmt. Aus diesen Gründen ist ein solider Grundgehorsam unabdingbar.

Wie Welpen lernen

„Antiautoritäre Hundeerziehung“ ist vergebene Liebesmüh. Diese Form einer menschlichen Lebenseinstellung ist Hunden fremd und wider-

spricht jedem Verständnis ihres Sozialverhaltens. Im Gegenteil, es ist für das Wohlbefinden eines Hundes überaus wichtig, in einen Rudelverband eingebunden zu sein und innerhalb dieses Rudels eine klar definierte Position einzunehmen. Hunden, vor allem Welpen, fällt es leicht, Ihre Autorität als Rudelchef anzuerkennen – vorausgesetzt Sie bleiben in Ihrem Verhalten dem Hund gegenüber konsequent und fair! Grundlage jeder Mensch-Hund-Beziehung sollte ein harmonisches Miteinander sein, wobei Ihr Auftreten je nach Persönlichkeit Ihres Hundes variieren kann und sollte. Deshalb gehört zu einer erfolgreichen Erziehung nicht nur ein solides Wissen über das Lernverhalten, sondern auch die Fähigkeit zu erkennen, mit welchem Typ Hund Sie es zu tun haben, und das Gefühl dafür zu entwickeln, wie Sie in Zukunft zu einem erfolgreichen Team zusammenwachsen können.

Wenn Sie sich hochrangige jagdliche Prüfungen oder Prüfungen im Rettungshundebereich ansehen, werden Sie bemerken, dass in der Regel diejenigen Teams gewinnen, die sich durch freudiges, souveränes und sicheres Zusammenspiel zwischen Hund und Führer auszeichnen. Die Hunde reagieren auf ihre Hundeführer, als gebe es zwischen ihnen ein unsichtbares Band, und das ist tatsächlich so: ein nahezu unerschütterliches Band aus Vertrauen, Bindung und Achtung!

Auch wenn der Hundeführer stets der lenkende Part des Teams sein sollte, sollte sich seine Autorität nicht über Druck und Zwang definieren, sondern über soziale Kompetenz, Konsequenz und Vertrauen.

Die Eckpfeiler des gemeinsamen Lernens von Mensch und Hund

Lernen durch Vertrauen und Bindung

Vertrauen und Bindung sind eng aneinandergekoppelt. Ein stabiles Vertrauensverhältnis ist keinesfalls erzwingbar, es will vielmehr verdient sein. Grundsätzlich besitzt jeder Hund das natürliche Bestreben, sich in eine Sozialordnung einzufügen. Aus Sicht des Hundes ist ein Mensch dann führungskompetent, wenn er sich ihm gegenüber im täglichen Leben und im Training sowohl vertrauenswürdig als auch besonnen, transparent und eindeutig verhält. Freundliche Konsequenz im Handeln einerseits und klare Regeln für gemeinsame Interaktionen andererseits sind die Basis einer soliden Beziehung. Sind diese Voraussetzungen erfüllt, bindet sich der Hund auch gern an den Menschen und folgt ihm willig. Mit der Zeit entsteht so ein starkes Band aus gegenseitigem Vertrauen.

Lernen durch Motivation

Eine wichtige Voraussetzung dafür, dass Lernen überhaupt stattfindet, ist das Vorhandensein einer entsprechenden Motivation. Nur wenn der Hund entsprechend motiviert ist, bringt er auch die nötige Aufmerksamkeit und Konzentration auf, um die zu erlernende Aufgabe anzugehen. Unter Motivation ist die innere Antriebskraft zu verstehen, die den Hund animiert, in Abhängigkeit zum angestrebten Ziel ein bestimmtes Verhalten auszuführen. Demnach ist immer ein bestimmter Auslöser vonnöten, um ein bestimmtes Verhalten auszulösen. Grundsätzlich werden zwei Formen, die Eigen- und die Fremdmotivation, unterschieden. Bei der Eigenmotivation wird der Hund aus Eigeninitiative

<table>
<tr><th colspan="3">Lernen durch Belohnung oder Bestätigung</th></tr>
<tr><td>Eine Belohnung …</td><td colspan="2">Eine Bestätigung …</td></tr>
<tr><td rowspan="3">… ist eine positive Erfahrung, die einem bestimmten Verhalten des Hundes direkt nachfolgt.

Nachteil
Eine Belohnung erhöht die Wahrscheinlichkeit, dass das Verhalten in Zukunft häufiger gezeigt wird, allerdings nur dann, wenn sie so zeitnah (innerhalb von max. zwei Sekunden!) erfolgt, dass der Hund sein Verhalten mit der Belohnung verknüpfen kann.

Eine Belohnung kann beispielsweise durch Futter, Beute (Spielzeug) oder Zuwendung (Aufmerksamkeit, Lob usw.) erfolgen.</td><td colspan="2">… ist eine positive Erfahrung, die während eines Verhaltens des Hundes erfolgt.</td></tr>
<tr><td>Primäre Bestätigung</td><td>Sekundäre Bestätigung</td></tr>
<tr><td>Bei einer primären Bestätigung fühlt sich der Hund auch ohne vorherigen Lernprozess durch einen primären Bestärker, wie Futter, Beute (Spielzeug) oder Zuwendung (Aufmerksamkeit, Lob usw.) in seinem Verhalten bestätigt.</td><td>Bei einer sekundären Bestätigung nimmt der Hund den durch einen bereits erfolgten Lernprozess (klassische Konditionierung) eingeführten sekundären Bestärker (wie z. B. das Clickgeräusch beim Clickertraining) als Versprechen auf eine später nachfolgende Belohnung wahr.

Vorteile
Das Verhalten des Hundes kann zeitnah und auch auf größere Distanz bestätigt werden. Die leichte zeitliche Verzögerung der nachfolgenden, eigentlichen Belohnung wirkt sich nicht mehr negativ auf den Lernprozess aus.</td></tr>
<tr><td colspan="3">Sowohl Belohnung als auch Bestätigung erhöhen die Wahrscheinlichkeit, dass ein gewünschtes Verhalten fortan vom Hund häufiger und intensiver ausgeführt wird.</td></tr>
</table>

(z. B. aus Neugier) aktiv. Dabei wirkt die Aktivität an sich schon belohnend auf den Hund, während sich Misserfolge besonders schnell demotivierend auswirken.

Bei der Fremdmotivation wird der Hund durch äußere Einflüsse aktiv, z. B. um eine Belohnung (Zuwendung, Futter usw.) zu erhalten oder um eine Strafe zu verhindern. Beim Training eines Hundes kommt meist eine Mischform zum Tragen.

Aktivierende und hemmende Einflüsse auf die Lernvorgänge des jungen Hundes

Aktivierende Einflüsse

Aktivierende Einflüsse auf die Lernvorgänge ergeben sich in erster Linie aus der Lernumgebung, aus der Person des Trainers und aus der Trainingsgestaltung. Es sollte selbstverständlich sein, dass eine entspannte Lernatmosphäre in ruhiger Umgebung vor allem für die ersten Lernschritte Erfolg versprechender ist als eine viel besuchte Hundewiese. Auch ein gleichbleibend freundlicher, konsequenter und kompetenter Trainer wirkt sich positiv auf das Bestreben des Hundes zur Kooperation und auf das darauf beruhende zuverlässige Erlernen und Ausführen von Kommandos aus. Ein guter Trainer bleibt auch dann noch ruhig, wenn der Hund in eine unerwünschte Richtung tendiert.

Basis allen Trainings sollte ein sorgfältig zusammengestellter, alters- und leistungsangepasster Trainingsplan sein. Im Mittelpunkt sollten ein klar definiertes Endziel und darauf abgestimmte einzelne Aufbauschritte stehen. Analog zur Gehirnentwicklung sollten auch beim Trainingsaufbau zuerst die einfachen Basiselemente angelegt und anschließend puzzlegleich zu komplexen Abläufen zusammengesetzt werden. Durch ein sorgfältiges Detailtraining hat der Hund später die Möglichkeit neue

Aufgabenkombinationen schnell zu erfassen und auszuführen. Ein sorgsam strukturierter Trainingsaufbau sollte, um stereotype Wiederholungen zu vermeiden und die Aufmerksamkeit des jungen Hundes zu erhalten, auch eine gewisse Lernvielfalt gewährleisten. Gleichzeitig sollte jedoch eine körperliche und geistige Überforderung unbedingt vermieden werden.

Hemmende Einflüsse

Hemmende Einflüsse können sowohl in der Person des Trainers als auch im Wesen des Hundes liegen. Eines der größten Lernhindernisse ist sicher ein zu ungeduldiger Trainer, der zu schnell zu viel erwartet und dabei in zu großen Schritten vorwärtsgeht. Ein nicht sorgsam aufgebautes und auf den Leistungsstand abgestimmtes Training kann, z. B. bei zu früh eingeführten oder fehlerhaft dosierten Ablenkungsreizen, schnell zum Versagen des Hundes führen. Ähnlich verhält es sich mit Trainern, die ihre Emotionen nicht im Griff haben und sich zu Affekthandlungen hinreißen lassen, mit denen sie außer einem groben Vertrauensverlust nichts erreichen.

Hemmende Einflüsse können sich jedoch auch aus einem mangelhaft entwickelten Sozialverhalten des Hundes ergeben. Blieb dem Hund die Chance, ein stabiles und angepasstes Sozialverhalten zu entwickeln, verwehrt, kann ihn schon die bloße Anwesenheit eines anderen Hundes in seinem Lernverhalten beeinträchtigen.

Das Absichern von Übungen

Ein viel diskutiertes Thema in der Hundeausbildung ist die Frage, wie man eine Übung absichern, d. h. eine hohe Zuverlässigkeit in der Ausführung eines Kommandos erreichen kann.

Absichern über Zwang

Ansatzpunkt beim Absichern über Zwang ist, dass dem Hund unterstellt wird, er würde ein zuvor erlerntes Kommando mit „Absicht“ nicht ausführen. Aus diesem Grund wird er bei dieser Methode in der Absicherungsphase bewusst in Versuchung geführt (z. B. durch einen starken Ablenkungsreiz), um damit eine Korrektur durch ein körperliches Einwirken (z. B. Schmerzzufügung durch Ziehen am Ohr) zu ermöglichen. Das Problem einer Zwangseinwirkung dieser Art ist jedoch, dass sie in der Regel nicht punktuell auf das Fehlverhalten wirkt, sondern das gesamte Verhalten des Hundes mit einbezieht. Damit besteht die Gefahr, dass der Hund die Korrektur nicht mit dem unerwünschten Verhalten, sondern unbemerkt mit diversen, begleitenden Umweltreizen negativ verknüpft. Weiter besteht die Gefahr, dass der Hund in der Folge aus Unsicherheit heraus in Zukunft mit Meide- oder Fluchtverhalten reagiert.

Absichern durch Generalisieren

Ansatzpunkt beim Absichern durch Generalisieren ist der Gedanke, dass ein Hund auch unter schwierigsten Bedingungen Kommandos zuverlässig ausführt, wenn er sorgfältig und möglichst variantenreich darauf trainiert wurde. Dies bedeutet, dass der Hund in sorgsam strukturierten Aufbauschritten lernt, ein Kommando auch unter verschiedensten Ablenkungsreizen und Umweltsituationen auszuführen. Dabei sollte der Schwierigkeitsgrad des Trainings immer gerade so weit angehoben werden, dass der Hund die Übung noch erfolgreich absolvieren kann. Dies wirkt sich sowohl positiv auf das Vertrauensband zwischen Mensch und Hund als auch auf die innere Sicherheit des Hundes aus.

Der Welpe zeigt hier deutliche Beschwichtigungssignale: „Züngeln" und eine gedrückte Körperhaltung.

Die Sprache des Hundes

Kommunikation im Rudel

Hunde kommunizieren im Rudel größtenteils über Körpersprache. Sie verfügen über ein großes Repertoire an Signalen, die in vielfältiger Art und Weise kombiniert werden können. Neben optischen Signalen, wie Mimik, Gestik oder Bewegungen, spielen auch Lautäußerungen (= akustisches Ausdrucksverhalten) und die Kommunikation über Gerüche eine Rolle (z. B. beim Markieren eines Reviers mittels Duftmarken, Übermittlung des Zyklusstatus der Hündin usw.).

Kommunikation mit dem Menschen

Auch Menschen sind in der Lage über Körpersprache zu kommunizieren, doch der Schwerpunkt menschlicher Kommunikation liegt eindeutig auf verbaler Ebene. Körpersprachliche Signale werden im Allgemeinen nur wenig gezielt eingesetzt und eher unbewusst wahrgenommen. Die unterschiedliche Gewichtung der dem Menschen und dem Hund zur Verfügung stehenden Kommunikationsebenen kann in der Praxis schnell zu Verständigungsschwierigkeiten führen. Um dies zu vermeiden, muss sich der Mensch auf eine „hundegerechte" Kommunikation einstellen.

Verständigung über Körpersprache

Hunde kommunizieren sehr intensiv und vielfältig über körpersprachliche Signale. Mittels Körpersprache teilen sie ihren Kommunikationspartnern – egal ob Artgenosse oder Mensch – äußerst differenzierte Botschaften und Befindlichkeiten mit. Sie variieren dazu nicht nur Mimik, Gestik und Körperhaltung, sondern geben auch zusätzliche Informationen über das Fell (z. B. durch Haarsträuben), die Haltung oder Bewegung der Ohren, Rute, Lefzen, Zunge oder auch den Ausdruck der Augen ab. Häufig glaubt der Mensch das Verhalten des Hundes intuitiv zu verstehen, ohne sich tatsächlich über die

Solange die Vorderläufe des Welpen in der Luft sind, käme eine Bestätigung für das korrekte Sitzen zum falschen Zeitpunkt.

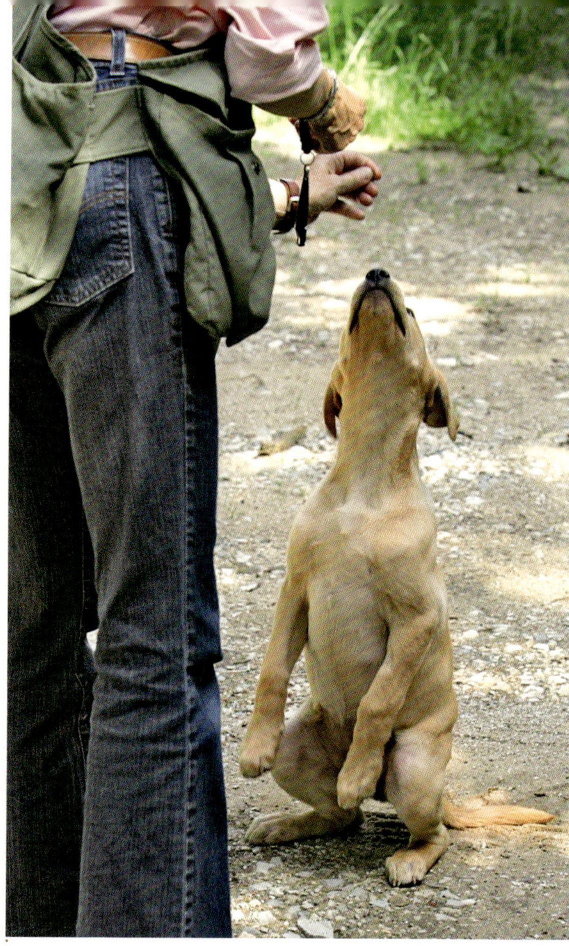

Hintergründe oder Zusammenhänge im Klaren zu sein. Da sich die Körpersprache des Hundes aus vielen Einzelinformationen zusammensetzt, kann sie nur verlässlich interpretiert werden, indem Einzelelemente nicht isoliert, sondern im Zusammenhang gesehen werden. Aufgrund ihres Kommunikationsschwerpunkts reagieren Hunde naturgemäß auch äußerst feinsinnig auf die Körpersprache des Menschen, der ebenfalls ständig körpersprachliche Signale aussendet, wenn auch weitgehend unbewusst, weniger differenziert und im zwischenmenschlichen Bereich meist wenig beachtet. Die großen Herausforderungen, denen sich ein Hundeausbilder bzw. -führer stellen muss, sind demnach zu lernen, die Körpersprache des Hundes richtig zu interpretieren, daraus Rückschlüsse auf das gemeinsame Miteinander zu ziehen und die eigene Körpersprache bewusster und eindeutiger einzusetzen, um Verständigungsprobleme zu vermeiden.

Verständigung über akustische Signale

Der Mensch versucht in erster Linie verbal mit dem Hund zu kommunizieren. Aufgrund der ausgeprägten Bereitschaft des Hundes zum sozialen Lernen fällt es ihm relativ leicht, akustische Signale zu verstehen und damit verknüpfte Aufgaben auszuführen. Allerdings kann er nicht die Bedeutung der jeweiligen Worte verstehen. Da er beim Hören eines Wortes nicht nur auf den akustischen Charakter achtet, sondern auch auf die Betonung, die Stimmlage und die mimischen Besonderheiten des Menschen beim Gebrauch des entsprechenden Wortes, ist es ihm jedoch möglich, eine Vielzahl von Worten voneinander zu unterscheiden. Besonders große Bedeutung entfaltet die Stimmlage bei der Unterscheidung zwischen erwünschtem und unerwünschtem Verhalten. Da der Hund eben nicht den konkreten Inhalt eines Wortes verstehen kann, ist es immens wichtig, dass der angewandte Tonfall der Bedeutung des Signals entspricht und eine angepasste Lautstärke gewählt wird. Eine von vornherein sehr laute Stimmlage bietet kaum Möglichkeiten, die Intensität eines akustischen Signals zu steigern.

> **LOBEN** Der Tonfall eines Lobes ist dann richtig gewählt, wenn der Hund auch deutlich positiv darauf reagiert. Dabei muss berücksichtigt werden, dass jeder Hund individuelle Präferenzen haben kann. Deshalb muss Art und Intensität des verbalen Lobes an den jeweiligen Hundetyp angepasst werden.

Bei der Erziehung eines Welpen sollte das verbale Lob anfangs immer mit einer für den Welpen wichtigen Motivation positiv verstärkt werden, z. B. mit einem kurzen Spiel, einer Streicheleinheit oder einem Leckerbissen. Auch der ältere Hund sollte zu Beginn für jeden erfolg-

Erst wenn der Welpe dazu ansetzt, auch noch die rechte Vorderpfote aufzusetzen, ist der richtige Zeitpunkt gekommen, um ihn für die „Sitz"-Übung zu bestätigen.

reichen Abschluss einer neuen Übung zusätzlich zum verbalen Lob bestätigt werden. Hat er die Übung später zuverlässig verstanden, kann die zusätzliche Bestätigung nach und nach wieder reduziert werden, bis sie schließlich nur noch ab und zu nach dem „Zufallsprinzip" erfolgt.

Wichtig ist, dass immer nur eine absolut korrekt ausgeführte Übung bestätigt wird und dass anstelle des Kommandos nicht die Belohnung zum Auslösereiz für das erwünschte Verhalten wird, indem sie als „Lockmittel" missbraucht wird.

Richtig Loben und Tadeln

Lob	Tadel
sollte immer mit einer hohen, „schmeicheln-den", lockenden, freundlichen Stimme ausgesprochen werden.	sollte immer mit einer tiefen, unfreundlichen, „knurrenden" Stimme erfolgen.

› **TADELN** Wenngleich Hunde am effektivsten über die positive Bestätigung erwünschten Verhaltens lernen, erfahren sie in der Regel schon während der Welpenzeit durch die Mutterhündin die Grenzen tolerierten Verhaltens. Die Toleranz, die ihnen während der ersten Lebenswochen von den Alttieren entgegengebracht wird und die sich weitgehend in einer Ignoranz unerwünschten Verhaltens äußert, wandelt sich ab der 9. Lebenswoche grundlegend. Fortan reagieren die Alttiere immer unnachgiebiger auf ein Fehlverhalten der Jungtiere und machen deutlich, dass das Zusammenleben in einer sozialen Gemeinschaft nur mit klaren Regeln funktionieren kann. Die Welpen lernen dabei nicht nur ihre Grenzen, sondern auch wichtige Kommunikationsregeln kennen. Am deutlichsten zu beobachten sind die verwendeten Drohsignale (wie z. B. das Lefzenhochziehen oder Drohknurren) und die finalen Abbruchsignale unerwünschten Verhaltens, wie der Schnauzengriff oder das Auf-den-Boden-Drücken. Bezüglich des Einhaltens der Regeln innerhalb des Rudels gibt es keine „Grauzonen", sondern nur ein klares Schwarz oder Weiß. Auf die gleiche Weise sollte es auch im menschlichen „Ersatzrudel" ablaufen. Unerwünschtes Verhalten sollte immer sofort mit artgerechter Konsequenz unterbrochen bzw. unterdrückt werden. Als Abbruchsignale bieten sich dabei in Übereinstimmung mit innerartlicher Kommunikation ein verbaler Tadel in entsprechend drohender Stimmlage sowie der Schnauzengriff oder das im Nacken Auf-den-Boden-Drücken an. Dabei ist jedoch zu berücksichtigen, dass der Welpe nur dann ein Verständnis dafür entwickeln kann, was von ihm erwartet wird, wenn die Regeln klar und unsere Reaktionen auf das gezeigte Verhalten immer vergleichbar sind.

Beginnen Sie das Welpentraining mit sehr kurzen Übungseinheiten, denn die Konzentrationsfähigkeit des Welpen ist noch sehr begrenzt.

Das richtige Timing

Nur wenn im richtigen Moment, also während oder unmittelbar nach dem entsprechenden Verhalten, eine Bestätigung oder Korrektur erfolgt, kann der Hund diese auch mit dem gezeigten Verhalten in Zusammenhang bringen. Unmittelbar bedeutet dabei innerhalb einer Zeitspanne von maximal zwei Sekunden! Nur mit dem richtigen Timing kann das Verhalten des Hundes gezielt geformt werden. Am Erfolg versprechendsten ist es, ein Verhalten bereits im Ansatz zu bestätigen oder zu korrigieren. Das richtige Timing spielt sowohl beim Bestätigen oder Korrigieren als auch beim blitzschnellen Umschalten zwischen Tadel und Lob, in dem Moment, in dem der Hund aufgrund einer erfolgten Korrektur zur erwünschten Handlung ansetzt, eine wichtige Rolle.

Korrekturen

Grundsätzlich sollte sowohl die Grunderziehung eines Welpen als auch das weiterführende Training so gestaltet sein, dass Lerninhalte über positive Motivation vermittelt werden können und Korrekturen nicht notwendig werden. Dies erfordert einen umsichtigen und durchdachten Übungsaufbau mit dem Ziel, die Übungen so zu gestalten, dass der Hund sich zwangsläufig richtig verhalten muss und wie geplant zum erwünschten Erfolg kommt, für den er dann bestätigt und in seinem Verhalten bestärkt werden kann.

Was aber, wenn der Hund trotz allem etwas Unerwünschtes tut?

Sollte der Hund trotz sorgfältiger Planung etwas Unerwünschtes tun, ist das oberste Gebot, das Verhalten sofort und nachhaltig zu unterbrechen. Dabei muss jedoch auf jeden Fall die Verhältnismäßigkeit gewahrt bleiben, d. h., die Intensität der Korrektur muss dem Verhalten und dem Charakter des Welpen angepasst sein und darf nicht über das Ziel hinausschießen. So reicht bei einem Welpen häufig ein einfaches Hochnehmen und Wegtragen oder auch ein leichtes, von einem unfreundlich geknurrten „Nein!“ begleitetes Wegschubsen aus, während Maßnahmen wie der Schnauzengriff oder das Auf-den-Boden-Drücken schon in den Bereich von Korrekturen höchster Intensität fallen.

Kleiner Leitfaden für das Welpentraining

Da Hunde am effektivsten über positive Bestärkung lernen, ist ein gut durchdachter Übungsaufbau wichtigste Voraussetzung für eine erfolgreiche Hundeausbildung. Dies gilt sowohl für den Aufbau einer Einzelübung als auch einer ganzen Übungssequenz.

Wichtig!

- Jede Übung sollte vor Übungsbeginn vom Anfang bis zum Ende und unter Berücksichtigung aller möglicherweise eintretenden Eventualitäten so gut durchdacht werden, dass das Erreichen des jeweiligen Trainingsziels sichergestellt ist!
- Planloses Trainieren ist vor allem beim Aufbau absolut kontraproduktiv!
- Zuerst müssen die Basiselemente trainiert und abgesichert werden, bevor sie wie bei einem Puzzle zu einem Gesamtablauf zusammengesetzt werden.

Beginnen Sie das Welpentraining mit sehr kurzen Übungseinheiten und versuchen Sie die Übungen so einfach und spielerisch wie möglich zu gestalten. Denken Sie daran, dass sich ein Welpe nur sehr kurze Zeit konzentrieren kann. Loben und bestätigen Sie bereits den kleinsten Ansatz in die richtige Richtung und achten Sie dabei auf Ihre Stimmlage. Falls es nicht klappen sollte, bleiben Sie ruhig und überdenken die Übungssituation. Versuchen Sie diese so umzugestalten, dass es für den Welpen so einfach wie möglich ist, sich richtig zu verhalten, und Sie ihn anschließend für den erfolgreichen Übungsabschluss überschwänglich loben können. Bleiben Sie während der gesamten Trainingssequenz (ein- bis zweimal täglich ein paar Minuten!) freundlich konsequent, auch wenn eine Hilfestellung nötig werden sollte. Sollte eine Übung gut funktionieren, sollten Sie es für diesen Tag dabei belassen. Häufige Wiederholungen nehmen dem Welpen nicht nur den Spaß an der Arbeit, sondern bergen mit sinkender Konzentration auch die Gefahr eines plötzlichen Misserfolgs. Denken Sie beim Übungsaufbau auch daran, die Schwierigkeit in kleinsten Schritten zu steigern, um die Aufmerksamkeit des Welpen zu erhalten und um die Übung Stück für Stück zu generalisieren. Innere Ruhe, Disziplin, klare Gedanken, die Lust am Üben und nicht zuletzt die Einsicht, dass für „Fehler“ in der Regel der Mensch verantwortlich ist, sind Grundvoraussetzungen für einen guten Hundeführer.

Der Schnauzengriff

Sinnvolle akustische & optische Kommandos in der Retrieverausbildung

Bevor Sie mit dem Training beginnen, sollten Sie sich über die Kommandos, die Sie verwenden wollen, klar werden. Gleichgültig, ob Sie sich für deutsche oder englische Kommandos entscheiden, wichtig ist, dass sie kurz, prägnant und gut voneinander unterscheidbar sind. Zudem sollten Sie ein einmal eingeführtes Kommando beibehalten, um Ihren Hund nicht zu verunsichern.

Wichtige Grundregeln rund um die Kommandos

> Nur über Konsequenz lernt Ihr Hund Ihre Kommandos auch mit den gewünschten Verhaltensweisen zu verknüpfen. Deshalb sollten sie als Auslöser für das gewünschte Verhalten auch konsequent eingesetzt werden.

> Die wichtigste Regel ist jedoch, dass Sie ein Kommando nur dann geben sollten, wenn Sie auch in der Lage sind, seine Ausführung durchzusetzen.

Eine Auswahl häufig verwendeter Kommandos

	Deutsch	Englisch	Pfeifsignal	Handzeichen
Herankommen	„Hier", „Komm"	„Here"	Kurzer Doppelpfiff	
Sich setzen	„Sitz"	„Sit"	Langer Einzelpfiff	Zum Hund zeigende, ausgestreckte Handfläche
Sich hinlegen	„Platz"	„Down"		Nach unten zeigende, offen ausgestreckte Handfläche
Bei Fuß gehen	„Fuß"	„Heel"		
Gerade voran laufen	„Voran"	„Get on"		Senkrecht stehende und auf den Zielpunkt ausgerichtete, ausgestreckte Handfläche
Freiverlorensuche	„Such verloren"	„Hi lost"		
Kleine Suche		„There" „Steady"	Kurze, schnell aufeinanderfolgende Sequenz von Einzelpfiffen	Die nach unten gedrehte Handfläche zeigt in Bodennähe in die Richtung, in der der Hund suchen soll.
Apportieren	„Apport"	„Fetch it"		
Überspringen eines Hindernisses	„Hopp" „Sprung"	„Over"		
Auflösungskommando	„Lauf", „Frei"	„Go" „Free"		
Absolutes Verbot	„Nein"	„No"		

> Jedes einmal gegebene Kommando muss konsequenterweise auch wieder aufgehoben werden. Entweder durch ein darauffolgendes Kommando, wie z. B. das auf das „Fuß“ folgende Kommando „Sitz“, oder durch ein gesondertes Auflösungskommando, wie z. B. das Kommando „Lauf“, das den Hund beim Spaziergang nach dem Heranrufen und kurzen Fußlaufen wieder freigibt.

Der Name des Hundes

Das Wichtigste, was Ihr Welpe zu Beginn seiner Ausbildung lernen muss, ist sein Name. Bei der Wahl des Namens sollten Sie darauf achten, dass er Ihnen leicht über die Lippen kommt und in verschiedenen Tonlagen gut auszusprechen ist. Sprechen Sie Ihren Welpen anfangs immer mit seinem Namen an, wenn er sie ansieht, dann wird er schnell verstehen, dass er gemeint ist. Reagiert er positiv, sollten Sie ihn ohne Verzögerung in seinem Verhalten bestärken.

Das Herankommen – „Hier“

Wenn Ihr Züchter die Welpen bereits verbal oder mit einem Pfiff zur Futterschüssel gerufen hat, hat sich das entsprechende Signal in der Regel bereits tief eingeprägt. Sie werden überrascht sein, wie gut es auch in der neuen Umgebung funktioniert. Es liegt nun an Ihnen, dass das auch so bleibt!

Kennt Ihr Welpe das Signal hingegen noch nicht, können Sie es ebenfalls mithilfe des Futternapfes aufbauen. Rufen Sie ihn einfach jedes

Sein Name und das Herankommen auf Ruf oder Pfiff sind zwei der wichtigsten Dinge, die Ihr Welpen zu Beginn lernen muss.

Ein Helfer sichert am Anfang den Erfolg der Übung. Er verhindert notfalls, dass der Welpe Ihnen nachfolgt, bevor Sie ihn zu sich rufen.

Mal, wenn Sie ihn füttern wollen, mit seinem Namen und dem entsprechenden Kommando. Sobald er Ihr Signal entsprechend verknüpft hat, wird er schon während des Zubereitens des Futters parat stehen. Dann ist Ihre Kreativität gefragt! Versuchen Sie ihn zu überraschen, indem Sie das Futter unbemerkt zubereiten und ihn beispielsweise an unterschiedlichen Orten im Haus oder im Garten füttern.

Um das Kommando ohne Zuhilfenahme der Futterschüssel weiter zu festigen, sollten Sie es anfangs nur einsetzen, wenn Ihr Welpe schon auf dem Weg zu Ihnen ist. Damit entgehen Sie einerseits der Gefahr, dass er Ihr Kommando ignoriert, und haben andererseits die Möglichkeit ihn für sein Kommen überschwänglich zu loben. Bestätigen Sie ihn aber erst, wenn er ganz zu Ihnen herangekommen ist, sonst haben Sie irgendwann einen Hund, der auf Ihr Rufen hin nur noch im Vorbeigehen „Hallo" sagt. Achten Sie beim Heranrufen auch auf Ihre Körpersprache. Ein sich über den Welpen beugender Mensch kann durchaus bedrohlich wirken. Gehen Sie deshalb am besten in die Hocke, strecken Sie mit aufgerichtetem Oberkörper Ihre Arme seitlich aus und rufen Sie mit einladend freundlicher Stimme. Sollte Ihr Welpe dazu neigen, nicht von vorn auf Sie zuzukommen, sondern seitlich auszuweichen, sollten Sie sich nicht zu ihm hindrehen oder ihm gar hinterherlaufen, sondern am besten in Ihrer ursprünglichen Stellung verharren und die Situation „aussitzen". Nur so kann er lernen, was Sie von ihm erwarten. Beim ersten Üben im freien Gelände sollten Sie einen möglichst ablenkungsarmen Ort wählen und mit sehr kurzen Distanzen beginnen. Ideal wäre es auch, wenn Sie einen Helfer dabeihaben, der Ihren Welpen festhalten oder ablenken kann, während Sie sich entfernen, um ihn dann mit Namen und dem entsprechenden Signal zu sich zu rufen. Falls die Übung klappt, können Sie die Distanzen Schritt für Schritt vergrößern (evtl. auch außer Sicht gehen) und Ablenkungen einbauen. Dabei bieten sich anfangs kleine Hindernisse (wie z. B. das Überwinden eines kleinen Grabens, einer Geländekante oder das Durchqueren eines höheren, unangenehmeren Bewuchses) an. Im weiteren Verlauf können Sie auch sich neutral verhaltende Ablenkungspersonen „einbauen", die der Hund beim Kommen passieren muss. Der Schwierigkeitsgrad kann durch Bewegung oder, falls mehrere Personen verfügbar sind, durch Gassenbildung weiter variiert werden. Denken Sie aber immer daran, die Schwierigkeit der Übungen nur langsam zu steigern, denn Welpen lassen sich noch sehr leicht ablenken, und bei einem Misserfolg sind Sie gezwungen, wieder einige Trainingsschritte zurückzugehen.

Nachdem Sie Ihren Welpen gerufen haben, gehen Sie in die Hocke und bestätigen ihn erst für das Herankommen, wenn er auch wirklich ganz bei Ihnen angekommen ist. Sobald die Übung klappt, können Sie kleine Ablenkungen oder Hindernisse einbauen.

Was tun, wenn es nicht klappt?

> Grundsätzlich sollten Sie versuchen Misserfolge durch eine umsichtige Planung der jeweiligen Übung zu vermeiden. Gehen Sie im Fall des Falles mehrere Trainingsaufbauschritte zurück, verkürzen Sie die Distanzen und reduzieren Sie die Ablenkungsreize. Arbeiten Sie zusätzlich wieder an Bindung und Vertrauen!

> Überprüfen Sie selbstkritisch Ihre Körperhaltung beim Herankommen des Welpen! Wirkt sie freundlich einladend oder lehnen Sie sich vielleicht doch unbewusst drohend über Ihren Welpen?

> Wenn Ihr Welpe Ihr Kommando ignoriert, sollten Sie sich einfach umdrehen und in die entgegengesetzte Richtung weggehen. Sollte er sich nun besinnen und hinter Ihnen her rennen, dann können Sie in die Hocke gehen und sein Kommen mit überschwänglichem verbalem Lob und einem Leckerchen bestätigen. Sollte er jedoch immer noch nicht kommen, verstecken Sie sich und warten ruhig ab. Sobald er Ihr Verschwinden bemerkt und Sie hektisch zu suchen beginnt, können Sie ihn rufen und ihn dann für sein Kommen bestätigen.

> Wenn auch nur im Entferntesten die Möglichkeit besteht, dass Ihr Welpe Ihr „Hier“ ignorieren könnte, sollten Sie ihn gar nicht erst rufen, sondern stattdessen ruhig auf ihn zugehen, ihn kommentarlos hochnehmen und wegtragen.

Führen Sie das Leckerchen von der Nase über den Kopf des Welpen langsam nach hinten.

Sich hinsetzen – „Sitz"

Parallel zum Herankommen sollten Sie auch mit dem Üben des Kommandos „Sitz" beginnen. Sie können dazu jedes sich selbstständige Setzen des Welpen mit dem Kommando „Sitz" sowie einem Leckerchen und/oder einem freundlichen Lob bestätigen oder ihn gezielt zum Sitzen animieren. Bei Letzterem bietet es sich an, die „Sitz"- mit der „Komm"-Übung zu kombinieren. Haben Sie Ihren Welpe mit Unterstützung des Futternapfes zu sich gerufen, dann können Sie diesen so lange direkt über seinem Kopf halten, bis er sich von allein setzt. Sobald er beginnt sich zu setzen, geben Sie ihm das Kommando „Sitz" und bestätigen das Sitzen, indem Sie ihm den Futternapf hinstellen. Achten Sie darauf, dass er in dem Moment, in dem Sie den Futternapf abstellen, auch wirklich noch sitzt. Ist er bereits wieder aufgestanden, nehmen Sie den Napf kommentarlos wieder hoch (Frustration) und beginnen die Übung neu. Nur wenn Ihr Welpe perfekt sitzt und ein enger zeitlicher Zusammenhang zwischen Kommando und Handlung vorliegt, kann er richtig verknüpfen. Die gleiche Übung können Sie auch mit einem Leckerbissen wiederholen, indem Sie ihn von der Nase über den Kopf des Welpen langsam nach hinten führen. Wenn er dem Leckerchen mit dem Blick folgt, wird er sich aus Gründen der Körperbalance unweigerlich hinsetzen. Sobald er beginnt sich hinzusetzen, geben Sie das Kommando „Sitz" und bestätigen ihn – sofort – mit der Belohnung.

Sobald Ihr Welpe die Bedeutung des Signals „Sitz" verstanden hat, können Sie zusätzlich auch das entsprechende Handzeichen (= die zum Hund zeigende ausgestreckte Handfläche) und das Pfeifsignal (= ein langer Einzelpfiff) einführen.

Denken Sie immer daran, dass Ihr Welpe sich nur sehr kurze Zeit konzentrieren kann. Beobachten Sie ihn deshalb genau und geben Sie ihm rechtzeitig, d. h. bevor er das Kommando von allein auflösen kann, das erlösende Kommando, z. B. „Lauf". Mit dem Auflösungskommando aus dem „Sitz" können Sie gleichzeitigt auch den Augenkontakt Ihres Welpen fördern. Sobald Ihr Welpe zuverlässig sitzen bleibt und sicher auf das Auflösungskommando wartet, können Sie beginnen die Übung schrittweise schwieriger zu machen. Sie können Ihren Welpen vor der Futterschüssel oder vor der Haustür sitzen lassen,

Sobald er beginnt sich zu setzen, geben Sie das Kommando „Sitz". Sobald er sitzt, bestätigen Sie ihn mit der Belohnung.

Sie können sich aber auch kurz von Ihrem Welpen entfernen und wieder zurückgehen oder ihn umkreisen, bevor Sie ihn für das Sitzen bestätigen und das Kommando auflösen. Mit zunehmender Distanz erhöht sich automatisch die Sitzdauer. Sie können die Sitzdauer aber auch ausdehnen, indem Sie Ihren Welpen neben sich absetzen, während Sie sich für den geplanten Ausflug ankleiden. Eine Herausforderung kann auch das Sitzen auf schwierigem Untergrund (z. B. an einem Hang oder einer Uferböschung) oder das Üben alltäglicher Situationen, wie das Begrüßen anderer Personen, während Ihr Welpe brav neben Ihnen sitzt, sein.

Was tun, wenn es nicht klappt?

› Beherrscht Ihr Welpe das Kommando „Sitz" bereits, steht aber trotzdem auf, bevor Sie ihm das Auflösungskommando gegeben haben, dann müssen Sie ihn an die entsprechende Stelle zurückbringen, ihm erneut das „Sitz"-Signal geben und beim nachfolgenden Versuch Wartezeit und Distanz so wählen, dass der Erfolg sicher ist!
› Achten Sie auf ein perfektes Timing und vergessen Sie auf keinen Fall ihn kräftig zu loben!
› Überprüfen Sie Ihren Übungsaufbau! Vielleicht sind Sie zu schnell vorwärtsgegangen? War die Wartezeit zu lang, die Distanz zu groß oder der Ablenkungsreiz zu stark gewählt?
› Gehen Sie ein paar Trainingsschritte zurück und bauen Sie die Übung in kleineren Schritten wieder auf.

Der Welpe geht bei durchhängender Leine aufmerksam bei Fuß.

Sobald die Aufmerksamkeit abbricht …

Die durchhängende Leine – der erste Schritt zur Leinenführigkeit

Erstes Ziel auf dem Weg zur Leinenführigkeit sollte sein, dass Ihr Welpe ohne Kommando und bei locker durchhängender Leine in Ihrer Nähe bleibt. Dazu benötigen Sie auf jeden Fall eine ausreichend lange Leine, denn ist sie zu kurz, wird es dem Welpen beinahe unmöglich, sich richtig zu verhalten, und er gewöhnt sich schnell an die gespannte Leine. Ähnlich verhält es sich auch, wenn Sie Ihrem angeleinten Welpen die Laufrichtung vorgeben lassen. Der Welpe lernt dabei nichts anderes, als dass Sie ihm folgen, wenn er an der Leine zieht. Aus diesem Grund sollten Sie die ersten Übungen an der Leine so gestalten, dass die Motivation Ihres Welpen, in Ihrer Nähe zu bleiben, höher ist als der Drang, davonzustreben. Dabei ist es äußerst hilfreich, wenn Sie eine möglichst ablenkungsarme Umgebung wählen. Mithilfe eines interessanten Motivationsgegenstands (z. B. Leckerchen, Spielzeug usw.) gelingt es in der Regel leicht, die Aufmerksamkeit des Welpen zu gewinnen und sie für die Dauer der Übung zu erhalten. Sollte seine Aufmerksamkeit dennoch abbrechen und der Welpe von ihnen wegstreben, dann bleiben Sie einfach so lange stehen, bis er sich Ihnen wieder zuwendet. Sobald er seine Aufmerksamkeit wieder auf Sie richtet, bestätigen Sie zunächst seine selbstständige Kontaktaufnahme und gehen anschließend noch einige wenige Schritte „bei Fuß“ weiter, bevor Sie ihn bestätigen und die Übung beenden.

Üblicherweise läuft der Hund links neben dem Hundeführer. Dies macht auch Sinn, wenn Sie beispielweise an einer Straße entlanggehen

... bleiben Sie stehen, bis er sich wieder auf Sie konzentriert.

und der Hund damit an der verkehrsabgewandten Seite läuft. Wenn Sie das Fußlaufen mithilfe eines Leckerchens üben, dann sollte sich dieses immer in Ihrer linken Hand befinden. Halten Sie das Leckerchen hingegen in der rechten Hand, besteht die Gefahr, dass Ihr Welpe nicht mehr gerade neben Ihnen läuft (mit der Schulter auf der Höhe Ihres Beines), sondern schräg vor Ihnen, um Ihre Hand mit dem Leckerchen fixieren zu können. Um die richtige „Fuß"-Position zu üben, können Sie auch an einem Zaun oder einer Hecke entlanggehen. Damit können Sie ein seitliches Ausweichen verhindern. Im weiteren Aufbau können Sie Richtungswechsel, verschiedene Untergründe oder auch kleine Hindernisse einbauen, die nicht nur die Attraktivität der Übung erhöhen, sondern auch Aufmerksamkeit und Konzentration fördern.

Was tun, wenn es nicht klappt?

Bei mangelnder Motivation bzw. dem Zurückbleiben des Welpen:

- Triebförderung über Futter oder ein Spielobjekt o. Ä.
- Aufmunterung durch Stimme (allerdings keine Dauerberieselung!)
- Überprüfen der Körpersprache des Hundeführers! Beugen Sie sich unbewusst über Ihren Welpen?
- Einschränkung der Bewegung vor dem Üben

Bei zu hoher Motivation bzw. dem ständigen Vorprellen des Welpen:

- Motivationsgegenstand wechseln
- Häufiges Stehenbleiben und viele unerwartete Richtungswechsel

Das Apportieren

Sowohl der Beutefang als auch das Beutetragen gehören zu den grundlegenden Verhaltensweisen des Urahns Wolf. Beides dient der Nahrungsbeschaffung und sichert das Überleben. Auch bei unseren Hunden sind diese Verhaltensweisen zumindest ansatzweise vorhanden. Gerade bei der Zucht von Jagdgebrauchshunden, wie auch dem Labrador Retriever, wurde von jeher Wert auf ein ausgeprägtes Beuteverhalten gelegt. Während dieses in erster Linie angeboren ist, sollte das Bringverhalten (auch beim Labrador!) möglichst vom Welpenalter an gezielt weitergefördert werden.

Sobald Ihr Welpe den Apportiergegenstand aufgenommen hat, gehen Sie in die Hocke und locken ihn mit freundlicher Stimme zu sich.

Erste Apportierversuche

Da Beute- und Bringverhalten nicht immer gleich stark ausgeprägt sind, ist es Ihre Aufgabe, Ihren Labrador im jeweiligen Bereich zu fördern. In der Regel tragen Labradorwelpen alles herum, was sie finden. Dadurch kann das Thema Apportieren schnell eine heikle Wendung annehmen, denn er wird weder vor Ihren neuesten Designerschuhen noch vor halb verwestem Aas haltmachen. In diesen Momenten heißt es für Sie Haltung bewahren, denn auch ein Retriever lässt sich schnell und nachhaltig in seinem Bringverhalten frustrieren. Deshalb lautet die erste Regel: Tadeln Sie Ihren Welpen niemals, wenn er etwas – egal was auch immer – im Fang trägt! Im Gegenteil: Bestätigen Sie ihn und freuen Sie sich, dass Sie einen apportierfreudigen Hund haben! Gehen Sie in die Hocke und versuchen Sie ihn zu sich zu locken. Wenn er kommt, greifen Sie niemals sofort nach dem apportierten Gegenstand, sondern streicheln Sie Ihren Welpen am ganzen Körper und halten Sie ihn oder nehmen Sie ihn in den Arm, wenn er wieder wegwill. Lassen Sie den Welpen „Ihren Stolz“ über seine Leistung spüren und loben Sie ihn kräftig für das Festhalten. Doch auch hier gilt das richtige Timing beizubehalten: weder zu kurz noch zu lange bestätigen! Zu kurz würde beim Welpen zur Frustration führen, zu lange dazu, dass er das Apportel fallen lässt. Nach dem Bestätigen des Festhaltens können Sie ihm den Gegenstand vorsichtig mit dem Kommando

Greifen Sie niemals sofort nach dem apportierten Gegenstand, sondern streicheln Sie Ihren Welpen und versuchen Sie ihn mit der Beute bei sich zu behalten!

„Aus" abnehmen und zusätzlich das Ausgeben bestätigen. Anschließend können Sie ihm die Beute mit dem Kommando „Apport" nochmals kurz in den Fang geben und ihn noch einmal für das kurze Festhalten belohnen. Auf diese Weise lernt er, dass Sie ihm die Beute nicht streitig machen. Sie können zu diesem Zweck auch die Beute gegen einen Leckerbissen tauschen. Wichtig ist jedoch, dass Sie das Tauschobjekt erst dann anbieten, wenn Sie ihm die Beute bereits abgenommen haben. Keinesfalls dürfen Sie im Aufbau den „Tausch" als Lockmittel oder Bestechung einsetzen, denn bei einem fehlerhaften Timing laufen Sie Gefahr, dass Ihr Welpe in Erwartung des Tausches beginnt, den apportierten Gegenstand bereits vorher fallen zu lassen. Damit würden Sie unnötigerweise ein Problem initiieren, an dessen Lösung Sie später gezielt arbeiten müssten. Lässt Ihr Welpe den Gegenstand auch ohne „Tauschgeschäft" immer wieder fallen, brechen Sie das „Apportierspiel" ab und ignorieren Sie ihn. Widmet er dem Gegenstand keinerlei Aufmerksamkeit mehr, heben Sie ihn kommentarlos auf und stecken ihn ein, denn im Mittelpunkt dieser Phase sollte das freudige und vertrauensvolle Bringen stehen und keineswegs das perfekte Apportieren!

Hat Ihr Welpe kein Interesse?

Zeigt Ihr Welpe wider Erwarten kein großes Interesse am Apportieren, dann könnte nun der richtige Zeitpunkt sein, um seinen Spaß gezielt zu fördern. Wählen Sie dazu am besten seinen bevorzugten Spielgegenstand aus und hauchen Sie ihm „Leben" ein, indem Sie ihn vor dem Welpen hin und her bewegen. Simulieren Sie ein flüchtendes Beutetier. Sobald er beginnt, sich dafür zu interessieren, können Sie einen ersten Erfolg für sich verbuchen! Zeigt er ein deutlich gesteigertes Interesse, können Sie den Gegenstand aus der Bewegung heraus ein, zwei Meter weit werfen. Wählen Sie für die ersten Male ein gut übersichtliches Gelände, denn Ihr Welpe wird, wenn er nicht schnell findet, seine neu entfachte Motivation bald wieder verlieren.

Bestätigen Sie Ihren Welpen bereits für das Hinterherrennen. Nimmt er den Gegenstand sofort auf, dann loben Sie ihn ruhig und versuchen Sie ihn zu sich zu locken. Gehen Sie dazu am besten in die Hocke und achten Sie auf Ihre Körperhaltung. Wenn Sie ihn verbal zu überschwänglich loben, kann es passieren, dass er den Gegenstand sofort wieder fallen lässt und ohne ihn zurückkommt. Sparen Sie sich Ihr überschwängliches Lob lieber für den Moment auf, in dem er mitsamt seiner Beute bei Ihnen angekommen ist. Loben und bestätigen Sie ihn für das Kommen und das Festhalten, aber greifen Sie nicht sofort nach der Beute!

Wenn Ihr Welpe zunächst kein Interesse zeigt, machen Sie den Apportiergegenstand interessant! Hauchen Sie ihm „Leben“ ein und simulieren Sie ein flüchtendes Beutetier!

Rennt Ihr Welpe zwar dem Gegenstand hinterher, verliert aber sofort wieder das Interesse, dann müssen Sie sich etwas Neues einfallen lassen. Entweder Sie wechseln den Motivationsgegenstand oder Sie versuchen das Interesse des Welpen zu wecken, indem Sie dem Gegenstand besondere Aufmerksamkeit widmen, ohne dass Ihr Welpe die Möglichkeit bekommt, in seinen Besitz zu kommen.

Lassen Sie in dieser Phase möglichst keine Gegenstände oder Spielzeuge zu Hause herumliegen, um zu vermeiden, dass Ihr Welpe sein Beuteverhalten selbst befriedigen kann. Ziel ist es, die welpeneigene Neugier zu wecken. Haben Sie seine Neugier und sein Interesse geweckt, dann können Sie einen weiteren Apportierversuch wagen.

Meine Beute!

Versucht Ihr Welpe seine Beute in Sicherheit zu bringen und lässt sich nicht heranlocken, sollten Sie eine Übungsumgebung wählen, in der er Ihnen nicht ausweichen oder sich verstecken kann (z. B. im Hausflur). Laufen Sie ihm keinesfalls hinterher, ansonsten lernt er nur, dass er Sie zu einem „Fangspiel“ animieren kann.

Wenn er versucht an Ihnen vorbeizurennen, dann fangen Sie ihn ab, nehmen ihn mitsamt seiner Beute auf den Arm und streicheln beruhigend seinen ganzen Körper, ohne in die Nähe seines Fangs zu kommen. Versuchen Sie ihm zu vermitteln, dass er keine Angst um seine Beute haben muss.

Legt er sich jedoch hin und beginnt an der Beute zu kauen, ignorieren Sie ihn und unterbrechen Sie das Spiel, indem Sie aufstehen und gehen. Er wird schnell merken, dass das Spiel in diesem Fall sofort endet und dass allein spielen langweilig ist.

Sobald Ihr Welpe beginnt, ein gesteigertes Interesse zu zeigen, werfen Sie den Gegenstand aus der Bewegung heraus ein paar Meter weit. Wählen Sie für die ersten Male unbedingt ein übersichtliches Gelände, denn Ihr Welpe sollte schnell zum Erfolg kommen.

Wichtige Regeln für das erste Apportieren

- Das Apportieren erfolgt in den ersten Wochen nur spielerisch und hat nichts mit dem korrekten, disziplinierten Apportiertraining eines erwachsenen Retrievers zu tun!
- Bestätigen Sie jedes Aufnehmen, Tragen und Bringen positiv – unabhängig von der Art der Beute! Nehmen Sie sich notfalls einen Einmalhandschuh und eine kleine Plastiktüte mit, um dem Welpen jegliche „Beute" mit Freude abnehmen zu können.
- Agieren Sie je nach Temperament Ihres Welpen unterschiedlich: Für einen triebstarken Welpen ist eine Apportierübung wöchentlich mit zwei bis drei Apporten vollkommen ausreichend, denn sein Übungsschwerpunkt sollte schon früh das „Warten" sein. Bei einem eher triebschwachen Welpen müssen Sie das Beuteverhalten fördern, indem Sie beispielsweise viel mit „bewegter" Beute arbeiten und ihn möglichst wenig warten lassen.
- Wählen Sie anfangs immer einen dem Alter angepassten, weichen Apportiergegenstand. Das Spielen mit Holzstöcken ist nicht nur aus Verletzungsgründen abzulehnen, sondern es verleitet auch zum fest Zupacken und Knautschen. Gleiches gilt für Spielzeuge mit „Quietschis" oder Spielzeuge aus Gummi.
- Ein absolutes Tabu sind für Retriever Zerrspiele. Sogar ein anlagemäßig weichmäuliger Labrador lernt dabei schnell das feste Zupacken.

Der erste Dummy-Apport

Haben Sie das Interesse Ihres Welpen erfolgreich geweckt, können Sie ihn an das Dummy als Apportiergegenstand gewöhnen. Versuchen Sie den Ablauf der Übungen nun schon dem „Endziel“ anzugleichen. Gehen Sie dafür in die Hocke und halten Sie Ihren Welpen an Ihrer linken Seite fest. Machen Sie das Dummy interessant, bevor Sie es werfen. Haben Sie einen triebschwächeren Welpen, dann lassen Sie ihn mit dem Kommando „Apport“ schon gehen, bevor oder unmittelbar nachdem das Dummy auf dem Boden gelandet ist. Einen triebstarken Welpen sollten Sie hingegen noch einen Moment länger zurückhalten und erst gehen lassen, wenn Sie merken, dass er das Warten akzeptiert.

Nimmt Ihr Welpe das Dummy sofort auf, dann locken Sie ihn zu sich und loben ihn ausgiebig, wenn er kommt. Versuchen Sie ihn bei sich zu behalten und streicheln Sie ihn am ganzen Körper, aber nehmen Sie ihm das Dummy nicht sofort ab.

Das Festhalten und das Abgeben des Dummys

Lässt Ihr Welpe das Dummy fallen, bevor Sie es ihm gezielt abnehmen, dann sollten Sie ihn nochmals animieren, es wieder in den Fang zu nehmen. Nimmt er es wieder auf, dann können Sie ihn bestätigen und loben, bevor Sie es mit dem Kommando „Aus“ vorsichtig abnehmen. Nimmt er es jedoch nicht wieder auf, dann sollten Sie es einfach wortlos wegstecken. Oftmals ist besser noch einige Zeit zu warten, bis der Welpe in seiner Individualreife so weit ist. Denn jede Art von Druck oder Zwang ist in diesem Alter fehl am Platz.

Hält Ihr Welpe das Dummy hingegen bereits sicher, können Sie jetzt schon beginnen, ihn dazu zu animieren, dass er Ihnen das Dummy mit erhobenem Kopf anbietet. Knien Sie sich dazu am besten mit nach hinten geneigten Oberkörper auf den Boden. Kommt er mit dem Dummy zurück, ermuntern Sie ihn mitsamt dem Dummy an Ihrer Brust nach oben zu steigen und Ihnen das Dummy entgegenzustrecken. Loben und bestätigen Sie ihn ausgiebig, bevor Sie ihm das Dummy mit dem entsprechenden Signal abnehmen.

Neigt Ihr Welpe dazu, das Dummy vor Ihnen abzulegen, dann versuchen Sie ihm zuvorzukommen. Beobachten Sie Ihren Welpen genau, um den kritischen Moment nicht zu verpassen. Sobald Sie merken, dass er unmittelbar bevorsteht, drehen Sie sich um, entfernen Sie sich zügig und versuchen Sie sich hinter einer Ecke, einem Baum oder einem Busch zu verstecken. Sobald Ihr Welpe um die Ecke biegt, stehen Sie plötzlich unmittelbar vor ihm. Nutzen Sie das Überraschungsmoment, bestätigen Sie das Bringen und Halten. Loben Sie ihn ausgiebig, aber verpassen Sie auf keinen Fall den richtigen Zeitpunkt für das Abnehmen.

Die nächsten Schritte

Sobald Ihr Welpe zuverlässig bringt, können Sie die Anforderungen langsam steigern. Wählen Sie ein weniger gut einsehbares Gelände mit höherem Bewuchs oder bauen Sie moderate optische Grenzen ein, wie z. B. den Wechsel von niedrigem zu höherem Bewuchs oder auch einen kleinen Graben. Ihr Welpe lernt dabei nicht nur verschiedene Geländegegebenheiten und Bewuchsarten kennen, sondern auch seine Nase einzusetzen.

Mit zunehmender Übung können Sie auch die Wartezeit auch allmählich ausdehnen, während Sie mit der Vergrößerung der Distanzen noch bis nach dem Zahnwechsel warten sollten.

Greifen Sie niemals sofort nach dem Dummy, sondern streicheln Sie Ihren Welpen am ganzen Körper und lassen ihn auf sich herum klettern.

Der Zahnwechsel

Der Zahnwechsel des Welpen beginnt mit dem Ausfall der Schneidezähne im dritten Lebensmonat und ist meist mit sechs Monaten abgeschlossen. Da die nachschiebenden Zahnkeime des Dauergebisses starken Druck auf das Zahnfleisch und die Milchzähne ausüben, hat Ihr Welpe in dieser Zeit ein erhöhtes Kaubedürfnis. Bieten Sie ihm deshalb genügend geeignetes Kaumaterial an. Während des Zahnwechsels befindet sich Ihr Welpe in einer ganz heiklen Entwicklungsphase. Manche Welpen wirken in dieser Zeit lustlos und verweigern das Apportieren völlig, anderen wiederum ist mit Ausnahme des einen oder anderen aufgefundenen Milchzahnes kaum etwas anzumerken. Seien Sie bei beiden Typen extrem vorsichtig mit dem Apportieren, denn wenn Ihr Welpe aufgrund eines „Wackelzahns" beim Aufnehmen oder Tragen Schmerz empfindet, kann dies sehr schnell zu einer Fehlverknüpfung mit dem Apportiergegenstand und/oder dem Apportieren selbst führen. Vor allem bei triebschwachen Welpen ist es besser, den Zahnwechsel abzuwarten. Anschließend können Sie mit dem gezielten weiterführenden Dummytraining beginnen.

Bei der Gewöhnung an Wild im Welpenalter steht nicht das Apportieren, sondern ausschließlich das Kennen lernen der Witterung im Vordergrund.

Die Gewöhnung an Wild

Da Hunde in ihrem Riechzentrum sogenannte „Duftdatenbanken" aufbauen, sollte der jagdlich geführte Welpe schon früh Gelegenheit bekommen, verschiedene Wildarten kennen zu lernen. Der Erstkontakt sollte möglichst positiv verlaufen. Deshalb ist es nicht notwendig, dass er auch apportiert. Das gezielte Training mit Wild sollten Sie vielmehr erst dann beginnen, wenn Ihr Labrador bereits gut im Gehorsam steht und Dummys, auch unter erschwerten Bedingungen, sicher und zuverlässig bringt.

Die Gewöhnung ans Wasser

Die meisten Labradorwelpen fühlen sich vom ersten Moment an vom Wasser angezogen, während andere einige Zeit brauchen, bis sie das nasse Element für sich entdecken. Sollte Ihr Welpe zur letzteren Kategorie gehören, zwingen Sie ihn auf keinen Fall bei kalten Temperaturen ins Wasser zu gehen! Die beste Zeit für die Gewöhnung ans Wasser ist naturgemäß der Sommer. Für erste Wasserkontakte und Schwimmversuche sollten Sie ein möglichst strömungsarmes Gewässer mit sanft abfallendem Uferbereich und einem leichten Wassereinstieg wählen. Lassen Sie ihm Zeit, sich mit dem neuen Element vertraut zu machen. Er muss nicht gleich beim ersten Ausflug ans Wasser schwimmen. Stellen Sie sich selbst mit den Füßen ins Wasser und animieren Sie ihn mithilfe seines Beuteverhaltens, die erste Scheu

OBEN *Zu zweit ist es einfacher – die Gewöhnung ans Wasser*
UNTEN *An seiner Schwimmtechnik muss dieser Welpe noch arbeiten!*

Lenken Sie Ihren Welpen während der ersten Schüsse ab und beobachten Sie seine Reaktionen genau!

zu überwinden, indem Sie ein Dummy auf der Wasseroberfläche hin und her bewegen. Sobald er beginnt Ihren Bewegungen zu folgen, lassen Sie es einfach los, sodass er es noch watend erreichen kann. Wenn dies gut klappt, dann können Sie beginnen das Dummy immer ein paar Zentimeter weiter ins tiefere Wasser zu werfen, bis er schließlich schwimmen muss. Vielleicht haben Sie auch die Möglichkeit einen älteren schwimmbegeisterten Hund mitzunehmen, der als gutes Beispiel vorausgehen kann.

Auch wenn Ihr Welpe anfangs beim Schwimmen noch unbeholfen mit den Vorderläufen auf das Wasser schlägt, wird er seine Schwimmtechnik schnell verbessern und zunehmend ruhiger werden.

Sollten alle Bemühungen erfolglos geblieben sein, bleibt Ihnen nur eines: Sie müssen selbst mit ins Wasser und versuchen, ihn mittels eines Motivationsgegenstandes zu sich zu locken.

Die Gewöhnung an den Schuss

Da ein Labrador sowohl für die jagdliche als auch die Dummyarbeit absolut schussfest sein muss, sollten Sie Ihren Welpen mit äußerster Vor- und Umsicht an das Schussgeräusch heranführen. Aus diesem Grund ist es sinnvoll, dass er seine ersten Schüsse (6-mm-Revolver!) aus möglichst großer Entfernung und am besten im Freilauf oder im Spiel mit Ihnen wahrnimmt. Achten Sie dabei auch auf die Windrichtung und das Gelände, denn durch beides kann der Schussknall verstärkt werden! Sollten Sie irgendwelche Anzeichen einer Empfindlichkeit erkennen, müssen Sie die Situation so gestalten bzw. eine Ablenkungssituation schaffen, dass der Schuss möglichst positiv verknüpft werden kann (z. B. im Spiel, mit Futter usw.).

Wichtig!
Überprüfen Sie bei Anzeichen einer Schussempfindlichkeit auch Ihre eigene Körpersprache beim Erklingen des Schusses! Erschrecken Sie selbst jedes Mal, dann beeinflusst das auch Ihren Welpen in seiner Reaktion!

Aus der Perspektive des Menschen ist das Gelände bis zum Hochsitz gut überschaubar.

Kleines 1 x 1 der Dummyarbeit

Das Trainingsziel

Im Sinne eines systematischen Aufbaus liegen zwischen Trainingsbeginn und jeweiligem Trainingsziel stets mehrere Teilschritte, die so lange separat geübt werden sollten, bis sie vom Hund verstanden und zuverlässig ausgeübt werden. Beim Planen der einzelnen Trainingsschritte sollten Sie zunächst das Lernziel herausarbeiten, es in Teilschritte zerlegen und sich vorab Gedanken über das Vermeiden eventuell auftretender Schwierigkeiten machen.

Die richtige Geländewahl – Einschätzung der Schwierigkeiten

Um die Schwierigkeiten eines Trainingsgeländes richtig beurteilen zu können, müssen Sie sich in die Lage Ihres Hundes versetzen und die Welt durch seine Augen betrachten. Da nicht nur seine Fähigkeit zur Tiefenwahrnehmung weniger gut ausgeprägt ist, sondern sich auch das Blickfeld in Augenhöhe des Hundes wesentlich ändert, werden Sie überrascht sein, wie viel schwieriger es ist, aus seiner Position heraus z. B. Entfernungen einzuschätzen. Ein in Ihren Augen normal hügeliges Gelände besteht in den Augen Ihres Hundes aus zahlreichen optischen Leitlinien (Geländekanten), denen er naturgemäß eher folgen wird, anstatt der von Ihnen angestrebten geraden Verbindungslinie zwischen zwei Punkten. Geländeübergänge (wie z. B. Wege, Gräben oder Bäche u.v.m.) wirken auf Ihren Hund wie optische Grenzen, die zu überwinden er meist erst lernen muss. Aber auch der Bewuchs an sich beeinflusst die Schwierigkeit eines Geländes, wobei nicht nur die Höhe, sondern auch die Art des Bewuchses eine Rolle spielt. Handelt es sich um Pflanzen mit einem starken Eigengeruch (wie z. B. Raps) oder ist die Wuchsdichte so hoch, dass sich Witterung nur begrenzt ausbreiten kann (wie z. B. bei Klee)? Oder sind die Blätter so groß, dass sie die Witterung unter sich einschließen und der Hund nur Erfolg haben kann, wenn er mit tiefer Nase in den Bewuchs „eintaucht" (wie z. B. bei Zuckerrüben)?

Die Berücksichtigung der Windrichtung

Als „Nasentier" orientiert sich der Hund bei seiner Arbeit überwiegend an der Witterung des jeweiligen Apportiergegenstandes. Da die Windrichtung bei der Ausbreitung der Witterung eine wesentliche Rolle spielt, muss auch sie beim Aufbau einer Übung besonders beachtet werden. Die Beurteilung des Windes will, wie die Beurteilung eines Geländes, geübt sein. Denn einerseits herrschen in Bodennähe und damit auf Höhe der Hundenase oft ganz andere Windbedingungen als auf Kopfhöhe des Menschen, und andererseits kann die Windrichtung auch massiv durch die Geländegegebenheiten beeinflusst werden. So können sich beispielsweise durch Verwirbelungen an Erdwällen Gräben oder Bewuchsrändern ganz andere Witterungsbedingungen ergeben als auf einer offenen, flachen Wiese.

Aus der Position des Hundes ist die Strecke bis zum Hochsitz wesentlich schlechter einzusehen. Da seine Fähigkeit zur Tiefenwahrnehmung im Vergleich zum Menschen zudem weniger gut ausgeprägt ist, erschwert ihm dies zusätzlich das Einschätzen von Entfernungen.

Sinnvolle Trainingsgegenstände

Moxonleine

Die in der Retrieverarbeit gebräuchlichste Leine ist die sogenannte Moxonleine. Sie hat den Vorteil, dass Halsband und Leine an einem Stück sind. Da Retriever bei Prüfungen immer ohne Halsband vorgestellt werden müssen und sie sich klein zusammenfalten lässt, kann man sie gut in der Jackentasche verstauen.

Wichtig! Achten Sie immer darauf, die Moxonleine richtig anzulegen! Nach dem Zusammenziehen muss sie sich unter nachlassendem Zug sofort wieder von allein öffnen!

Pfeife & Pfeifenband

Zu empfehlen sind englische ACME-Pfeifen aus Kunststoff. Sie sind überall im Retrieverhandel erhältlich, wetterbeständig und in drei genormten Tonlagen (210 ½, 211 ½ und 212) erhältlich.

Wichtig! Um die Pfeife jederzeit parat zu haben, sollte sie unbedingt an einem Pfeifenband um den Hals getragen werden.

Dummys

Verwenden Sie für das Training möglichst viele verschiedene Dummys unterschiedlicher Fabrikate.

Obwohl die Dummys mehr oder weniger die gleiche Form haben, unterscheiden sie sich doch bezüglich Material, Größe, Gewicht und Füllungsart bzw. -zustand.

Dummytasche oder -weste

Ein äußerst wichtiges Trainingsutensil ist eine Dummytasche oder -weste, in der Sie Ihre Dummys verstauen können.

Wichtig! Werfen Sie ein zurückgebrachtes Dummy – sprich die Beute, die Ihnen Ihr Hund anvertraut hat – niemals achtlos auf den Boden, sondern behandeln Sie es als etwas Besonderes.

6-mm-Revolver

Für das Training mit Schuss bietet sich ein 6-mm-Schreckschussrevolver an. Er ist nicht so laut wie ein 9-mm-Revolver und stört damit auch andere Erholungssuchende weniger. Ferner ist die Munition billiger.

Wichtig! Denken Sie aber daran, dass Sie nach der momentanen Rechtslage einen „Kleinen Waffenschein“ des Ordnungsamtes benötigen, um ihn zu führen.

Wetterfeste Kleidung

Wie heißt es immer so optimistisch: Es gibt kein schlechtes Wetter, nur unpassende Kleidung? Dies gilt auch für das Training Ihres Labrador Retrievers!

Die wichtigsten Trainingselemente

Die Standruhe

Die typische Standruhe (engl. „Steadiness“) des Labrador Retrievers hat ihre Wurzeln in seiner Verwendung als Jagdhund nach dem Schuss. Ein für die Arbeit nach dem Schuss prädestinierter Hund muss sich während der Jagd absolut ruhig verhalten. Er darf weder winseln noch bellen, sich unruhig hin und her bewegen oder gar ohne Kommando den Platz neben seinem Führer verlassen (= einspringen), während Wild geschossen wird. Ein unruhiger Hund stört nicht nur seinen Führer, sondern auch den Jagdbetrieb. Sollte er zusätzlich noch winseln oder bellen, beunruhigt er zudem das Wild und vermindert so die Chancen der Schützen „Beute“ zu machen.

Da die Steadiness ein zentraler Punkt bei der Arbeit eines Retrievers ist, wird ihr auch bei retrievertypischen Prüfungen ein besonderer Stellenwert beigemessen. Dies hat zur Folge, dass Verhaltensweisen, wie allgemeine Unruhe, Fiepen oder Einspringen, zum sofortigen Ausschluss aus jeder Prüfung führen. Ursächlich für diese unerwünschten Verhaltenweisen ist eine übermäßige Erwartungshaltung. Die sich daraus ergebende innere Spannungssituation entlädt sich beim Überschreiten einer bestimmten Schwelle über verschiedene Kompensationshandlungen. Die Palette der Kompensationshandlungen ist vielfältig und reicht vom hektischen Schwanzwedeln, Gähnen, Zähneklappern und Hecheln bis hin zum Knautschen, Einspringen, Startlautgeben, Winseln (Fiepen) oder Bellen.

Eine übermäßige Erwartungshaltung des Hundes liegt meist darin begründet, dass für ihn nicht nur die Verknüpfung eines bestimmten Verhaltens mit einem Kommando zum Erfolg führt, sondern auch eine auf situativen Merkmalen basierende, in der Regel von uns unbemerkt erfolgende, Verknüpfung. Das beste Beispiel dafür ist das Verhalten Ihres Hundes vor dem Spaziergang. Sehr schnell hat er die typischen Anzeichen dafür erkannt und wird seinem Temperament entsprechend beginnen seine Vorfreude zu äußern. Typische Verhaltensweisen, die in dieser Situation ein Ausdruck seiner gesteigerten Erwartungshaltung oder Antizipation (= Vorwegnahme) sind, sind z. B. aufregtes Hin- und Herrennen, in die Leine beißen oder auch Lautäußerungen verschiedener Intensität. Da Sie ihn anschließend unbewusst durch den nachfolgenden Spaziergang in seinem Verhalten bestätigen, geraten Sie, ohne es zu merken, in einen wahren „Teufelkreis“!

Steadiness – eine der wichtigsten Anforderungen für die Arbeit nach dem Schuss. Solange die Jagd andauert, sollten Labradors das Geschehen aufmerksam und zugleich absolut ruhig verfolgen.

> STEADINESS IM ALLTAG

Am Beispiel des Spaziergangs wird sehr deutlich, dass Steadiness bereits im Alltag beginnt. Dabei ist eine Vielzahl von Situationen denkbar, in deren Folge Ihr Labrador eine übermäßige Erwartungshaltung aufbaut. Wenn Sie die jeweilige Situation näher betrachten, werden Sie schnell feststellen, dass Sie Ihren Hund, wenn auch in unerwünschter Weise, perfekt konditioniert haben, indem Sie ihn stets in seiner Erwartungshaltung bestätigt haben.

Wie können Sie also in Zukunft reagieren? Die Antwort ist einfach: so, wie Ihr Hund es nicht von Ihnen erwartet! Ziel sollte ein Abbau der Erwartungshaltung Ihres Hundes durch eine Änderung Ihres eigenen Verhaltens sein. Wenn Sie versuchen für Ihren Hund weniger vorhersehbar zu handeln, Ihre typischen Verhaltensmuster zu durchbrechen und mehr zu variieren, erschweren Sie es ihm erheblich, zu antizipieren. Was Sie hingegen in diesen Situationen auf keinen Fall tun sollten, ist, zu starken Druck auf Ihren Hund auszuüben, denn damit würden Sie nur einen Konflikt zwischen seiner gesteigerten Erwartungshaltung und seiner Angst vor Bestrafung heraufbeschwören. Dies würde die Situation eher verschärfen als die Ursache zu beheben.

> STEADINESS IN DER DUMMYARBEIT

In der Dummyarbeit spielt die Balance zwischen erwünschter und übermäßiger innerer Spannung eine große Rolle, denn einerseits möchte man einen ambitioniert arbeitenden Hund, andererseits aber eine zu hohe Erwartungshaltung vermeiden. Eine der häufigsten Kompensationshandlungen zum Spannungsabbau in der Dummyarbeit ist das Winseln oder Fiepen. Neben einer nicht zu vernachlässigenden genetischen Komponente liegt die Ursache einer zu hohen Erwartungshaltung meist in einem falsch aufgebauten Training im Welpen- und Junghundealter. Das häufige Arbeiten direkter Markierungen ist der beste Garant dafür, dass Ihr Junghund, sobald er ein Dummy fliegen sieht, eine so hohe innere Spannung entwickeln wird, dass eine Kompensationshandlung unausweichlich wird. Sobald deutlich wird, dass Ihr Welpe einen grundlegenden Apportierwillen hat, sollte der Apportieranteil Ihres Trainings deshalb auf ein Minimum zurückgeschraubt und der Trainingsschwerpunkt auf den Grundgehorsam und das „Wartenlernen" verlagert werden. Ferner sollten Sie im Training stets unvorhersehbar arbeiten und sich vor Trainingsroutine hüten. Weitere nicht zu unterschätzende Auslöser, die bei jungen Hunden schnell zum Winseln führen können, sind auch das zu frühe Arbeiten in Trainingsgruppen oder das Arbeiten in Gegenwart von anderen winselnden Hunden.

Apportieren und Basisübungen

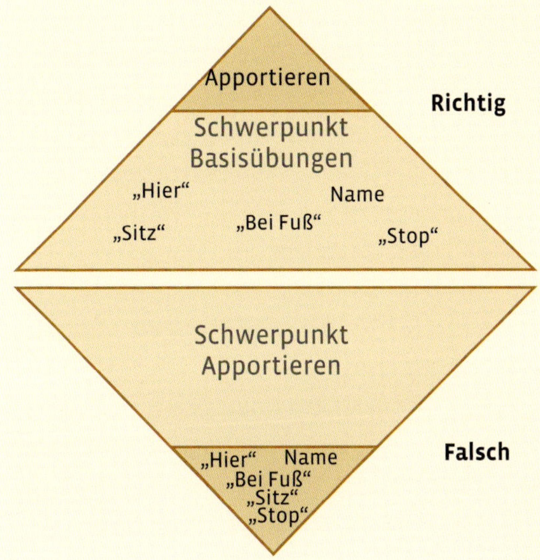

1 *Geben Sie Ihrem Junghund ein Stopp-Signal und bewegen Sie dann langsam einen Tennisball vor ihm hin und her. Mit dieser Übung können Sie sowohl erste Ansätze zur Steadiness als auch den Augenkontakt, die Aufmerksamkeit und die Konzentration fördern.*

1

2

> DIE WICHTIGSTEN REGELN FÜR EIN SINNVOLLES STEADINESS-TRAINING

Um die Erwartungshaltung niedrig und die Konzentration Ihres Hundes hoch zu halten, sollten Sie schon früh damit beginnen, immer mehrere Dummys auszulegen. Auf diese Weise lassen Sie Ihren Hund im Unsicheren darüber, ob und, wenn ja, welches Dummy er als Nächstes arbeiten soll. Sie sollten auch immer wieder einmal ein besonders „interessantes“ Dummy selbst holen, während Ihr Hund ruhig sitzen bleiben muss.

Wichtig für die Sicherheit des Junghundes ist, dass Sie anfangs nur mit wenigen unterschiedlichen Fall- bzw. Memory-Stellen arbeiten und lieber Ihre eigene Position zu diesen Stellen variieren (Distanz und Winkel), um ihn nicht zu zu stark zu verunsichern.

Arbeiten Sie nur sehr selten direkte Markierungen! Besser sind sogenannte „Memories“ (engl. „Erinnerungen“), d. h. Markierungen, die nicht sofort, sondern erst nach einer anderen, vorgeschalteten Arbeit geholt werden.

BEISPIEL 1 Werfen Sie eine Markierung, drehen Sie sich mit Ihrem Hund um 180° und entfernen Sie sich von der Fallstelle. Wählen Sie eine dem Trainingsstand Ihres Hundes entsprechende Entfernung, drehen Sie sich wieder um und warten noch einige Sekunden, bevor Sie ihn auf die Markierung schicken.

BEISPIEL 2 Eine Markierung wird geworfen, drehen Sie sich mit Ihrem Hund um 180° und lassen Sie ihn zuerst ein zuvor geworfenes Memory oder eine kleine Suche in die entgegengesetzte Richtung arbeiten, bevor Sie sich wieder drehen und ihn auf die zuerst geworfene Markierung schicken.

2 *Bleibt Ihr Hund während der Übung ruhig und aufmerksam sitzen, können Sie ihm zur Bestätigung den Ball geben und ihn mit der „Beute" im Fang loben. Anschließend können Sie ihm den Ball mit dem Kommando „Aus" abnehmen und die Übung damit beenden.*

Sobald Ihr Hund zu antizipieren beginnt, müssen Sie die Übungen so gestalten, dass Ihnen immer mehrere Möglichkeiten für den nächsten Apport offenstehen.

BEISPIEL Lassen Sie Ihren Hund frei laufen und stoppen ihn dann in einiger Entfernung. Bitten Sie einen Helfer, links vom Hund ein Dummy zu werfen. Dreht sich dieser daraufhin nach links, ist dies ein deutliches Anzeichen dafür, dass er antizipiert, d. h. er geht davon aus, dass dies sein nächster Apport sein wird. Nun haben Sie verschiedene Möglichkeiten, ihn vom Gegenteil zu überzeugen. Sie können z. B. ein Dummy in seine Richtung werfen und ihn dann hereinpfeifen. Oder Sie werfen ein Dummy auf seine rechte Seite, sodass er zwischen dem linken und rechten Dummy hin- und hergerissen ist, und Sie entscheiden, welches er holen soll.

Die Fußarbeit

Das saubere Fußgehen bzw. die sogenannte Fußarbeit (engl. „Heelwork") mit und ohne Leine stellt die Basis allen Arbeitens dar. Ziel sollte letztlich der ruhige Begleiter sein, der, ohne die Aufmerksamkeit seines Hundeführers zu beanspruchen, zuverlässig an dessen Seite bleibt. Dabei ist es nicht notwendig, dass Ihr Hund buchstäblich an Ihrem Bein „klebt". Er sollte vielmehr in der Lage sein, aus seiner Position heraus das Geschehen mitzuverfolgen, um erforderlichenfalls markieren und auf Kommando schnell und effektiv apportieren zu können.

Voraussetzung für eine gute Fußarbeit ist, dass Ihr Hund sich auf Sie konzentriert. Er muss lernen sich an Ihnen zu orientieren und nicht umgekehrt. Um die Konzentration zu fördern, sollte das Fußgehen im Training nicht nur aus langweiligem Geradeauslaufen bestehen, sondern möglichst variantenreich gestaltet werden. Dabei bieten sich neben häufigen Richtungsänderungen, diversen Stopps und vielfältigen Ablenkungen auch wechselndes Gelände und unterschiedliche Bewuchsarten an. Ferner sollten Sie das Fußgehen in der Dummyarbeit nicht separat, sondern vielmehr als „Mittel zum Zweck" – sprich in Verbindung mit Dummys – trainieren.

BEISPIEL Ihr Hund geht frei bei Fuß und Sie legen vier Dummys an verschiedenen Punkten aus. Die Entscheidung, welches der vier Dummys zuerst vom Hund zu arbeiten ist, vermitteln Sie Ihrem Hund, indem Sie ein kurzes Stück in Richtung des entsprechenden Dummys laufen und dann stehen bleiben. Ihr Hund muss Ihr eindeutiges Startkommando abwarten, bevor er losgeht. Um seine Erwartungshaltung einzudämmen, sollten Sie häufig variieren. Sie können z. B. gelegentlich ein Dummy anlaufen, stehen bleiben, Ihre „Schickgeste" jedoch nach einiger Zeit abbrechen und zunächst ein anderes Dummy anlaufen, oder Sie setzen Ihren Hund ab, während Sie selbst das anvisierte Dummy holen.

Während des Gehens sollten Sie strikt darauf achten, dass Sie mit aufrechter Körperhaltung laufen, d. h. Ihr Becken sollte in die Bewegungsrichtung zeigen. Drehen Sie sich stattdessen beim Gehen unbewusst Ihrem Hund zu, dann wird auch Ihr Hund nicht gerade, sondern Ihnen zugewandt laufen bzw. sitzen, was vor dem Schicken eine weitere Korrektur nötig macht.

Sobald Ihr Hund verlässlich am Fuß läuft, sollten Sie sich angewöhnen ihn während des Gehens nicht mehr ständig zu beobachten. Denn

Die Konzentration des Hundes liegt während des Fußgehens auf dem Führer und doch kann er aus dieser Position heraus, das Geschehen um sich herum mitverfolgen.

dies kann später, beim Arbeiten aus der Linie (engl. „Walk up"), zu Problemen führen, wenn Sie vor lauter Nach-dem-Hund-Sehen, die geworfenen Markierungen verpassen. Um dies zu vermeiden, können Sie sich beispielsweise angewöhnen, sich beim Fußgehen auf einen bestimmten Punkt am Horizont zu konzentrieren.

Vergessen Sie gerade bei der Fußarbeit auch nicht, Ihren Hund immer wieder einmal für das korrekte Gehen zu bestätigen und zu loben.

Wichtig!

› Korrektes Fußgehen ist die Basis jeder Arbeit mit dem Hund.

› Fußgehen kann auch als „Konzentrationsphase" dienen, sowohl hinsichtlich der notwendigen Aufmerksamkeit dem Führer gegenüber als auch hinsichtlich der anstehenden Arbeit. Aus diesem Grund ist auch das Schnuppern am Boden oder das Umheräugen möglichst zu unterbinden.

› Fußgehen ist essenziell für das Arbeiten aus der Linie (engl. „Walk up").

› Fußgehen ist auch für das korrekte Einüben von Startsituationen nötig. Aus diesem Grund sollte der Hund auch stets erst nach exaktem „Richtungssitzen" geschickt werden. Sitzt er nicht gerade – also parallel zum Führer –, sollte er im Training nicht manuell, sondern durch erneutes Angehen des Startpunktes korrigiert werden.

› Fußgehen kann auch beim Training des Tragens und des Ausgebens eines Dummys sowie als Korrekturmittel eingesetzt werden.

Der „Sitz-" oder „Stopp"-Pfiff

Der „Sitz-" oder „Stopp"-Pfiff hat zwei wesentliche Aspekte. Einerseits ist er eine der Voraussetzungen für das retrievertypische Einweisen und hat dort eher die Qualität eines „Pass-auf-Pfiffes", andererseits ist er eine Art „Lebensversicherung" für Ihren Labrador, vergleichbar mit dem „Down-Triller", der bei anderen Jagdgebrauchshunderassen trainiert wird. Aus beiden Gründen sollten Sie größte Sorgfalt und Konsequenz aufbieten, um Ihren Hund in jeder Entfernung und unter jeglicher Ablenkung abstoppen zu können. Während Sie beim Üben der Standruhe versuchen, die Erwartungshaltung Ihres Hundes abzubauen, können Sie sie im Falle des „Stopp"-Signals nutzen. So können Sie Ihren Hund im Sinne eines „Pass-auf-Pfiffes" nach dem korrekten Befolgen des Signals, beispielsweise durch ein geworfenes Dummy, das er selbstverständlich erst nach Ihrem Kommando „Apport" holen darf, in seiner Erwartung bestätigen.

> **„SITZ"-PFIFF AM FUSS** Am einfachsten kann der „Sitz"-Pfiff am Fuß konditioniert werden. Sobald Ihr Junghund das Kommando „Sitz" beherrscht, können Sie zusätzlich das Pfeifsignal (= ein langer Einzelpfiff) und das entsprechende Handzeichen (= die zum Hund zeigende ausgestreckte Handfläche) einführen. Geben Sie immer zuerst das Pfeifsignal zusammen mit dem Handzeichen und im Anschluss daran das verbale Kommando. Auf diese Weise wird Ihr Hund den Pfiff schnell mit der gewünschten Handlung verknüpfen und sich bereits beim Ertönen des Pfiffs setzen. Vergessen Sie nicht, Ihren Hund zu bestätigen und zu loben, wenn er sich schnell setzt und denken Sie im Anschluss auch daran, den „Sitz"-Pfiff wieder aufzulösen!

Da Hunde häufig situationsgebundene Nebenverknüpfungen machen, müssen Sie ferner darauf achten, dass Ihr Hund bei der Verknüpfung „Pfeifsignal/Handzeichen = Hinsetzen" nicht zusätzlich die Situation mit einbezieht, dass er gerade bei Fuß geht. Ansonsten kann es passieren, dass er später in dem Moment, in dem er das Pfeifsignal hört, zu Ihnen zurückkehrt, um sich neben Sie zu setzen, anstatt sich an Ort und Stelle zu setzen. Um dies zu vermeiden, sollten Sie den „Sitz"-Pfiff ins tägliche Leben einbauen, indem Sie überall dort, wo Sie Ihrem Labrador ein kurzes Warten abfordern, damit arbeiten. Denkbar wäre beispielsweise das Warten vor dem Futternapf, vor der Haustür, vor dem Ein- oder Aussteigen ins bzw.aus dem Auto oder auch während Sie sich für den Spaziergang anziehen. Sollte Ihr Hund nach dem „Stopp"-Pfiff beginnen auf Sie zuzulaufen, gehen Sie ihm ruhig entgegen und führen ihn zu der Stelle zurück, an der Sie ihn stoppen wollten. Anschließend entfernen Sie sich wieder einige Schritte, geben ihm erneut das „Stopp"-Signal und bestätigen ihn für das Sitzen.

> **„SITZ"-PFIFF AUF DISTANZ** In einem zweiten Aufbauschritt können Sie den „Sitz-Pfiff" während eines kurzen Freilaufs auf kurze Distanzen üben. Ziel dieses „Zwischenschrittes" ist es, das Signal als positiven „Erlebnisauftakt" zu konditionieren.

Hat Ihr Hund sich einige Meter von Ihnen entfernt, stoppen Sie ihn mit dem entsprechenden Pfeifsignal und dem begleitenden Handzeichen. Setzt er sich an Ort und Stelle und sieht Sie erwartungsvoll an, können Sie entweder zu ihm zurückgehen und ihn für sein Sitzen und Warten bestätigen oder ihm als Bestätigung ein Dummy werfen, das er auf Ihr Kommando hin holen darf. Beide Varianten haben ihre Vorteile. Gehen Sie zu Ihrem Hund zurück, um ihn an der Stelle zu bestätigen, an der er gestoppt wurde, lernt er auch ohne in eine gesteigerte Erwartungshaltung auf ein zu apportierendes Dummy zu geraten, dass es sich für ihn lohnt, den Pfiff zu befolgen. Dies entspricht auch vielen Situationen des täglichen Lebens, wenn Sie ihn beispielsweise stoppen wollen, weil Ihnen ein Fußgänger oder Radfahrer entgegenkommt.

Bestätigen Sie ihn hingegen mit einem nachfolgenden Apport, fördern Sie damit seine Erwartungshaltung mit der Folge, dass er sich schnell setzen und bald erwartungsvoll auf weitere Kommandos warten wird. Allerdings vergrößern Sie damit auch die Gefahr, dass er Ihr Kommando bald nicht mehr abwarten, sondern sofort in Richtung Dummy durchstarten wird. Um dies zu vermeiden, ist es anfangs sinnvoll, mit einem Helfer zu arbeiten, der Ihrem Hund im Falle eines Falles zuvorkommen und das Dummy wieder aufheben kann. Lassen Sie Ihren Hund in dieser Situation ruhig erfolglos nach dem Dummy suchen, und rufen Sie ihn erst zurück, wenn er aufgibt und wieder Kontakt zu Ihnen aufnimmt. Anschließend starten Sie einen zweiten Versuch. Bleibt er dieses Mal sitzen und wartet auf Ihr Kommando, dann zählen Sie bis drei und schicken ihn erst dann mit dem entsprechenden Kommando zum Dummy. Auf diese Weise wird er schnell lernen, dass er nur in Zusammenarbeit mit Ihnen zum Erfolg kommt. Ziel dieser Übung ist nicht das Finden und Apportieren des Dummys, sondern die korrekte Verknüpfung des „Sitz“-Pfiffs mit dem Stoppen. Auf solch positive Art vermittelt, wird Ihr Labrador das Pfeifsignal nicht als einschränkendes, sondern schnell als Erfolg versprechendes Signal empfinden.

> DER WEITERE DISTANZAUFBAU Bauen Sie die Distanz erst weiter aus, wenn der „Sitz“-Pfiff auf kurze Distanz schon zuverlässig klappt. Da Sie nach wie vor unbedingt vermeiden müssen, dass Ihr Hund zum Erfolg kommt, wenn er Ihr „Stopp“-Signal überläuft, sollten Sie bei größeren Distanzen sicherheitshalber immer mit einem Helfer arbeiten. Erweitern Sie die Distanzen nur ganz langsam und denken Sie daran, Ihren Hund für jedes Stoppen zu bestätigen. Falls Sie ihn mit einem Apport bestätigen wollen, dann lassen Sie den Helfer erst werfen, wenn Ihr Hund schon sitzt.

Falls Ihr Hund Ihr „Stopp“-Signal überläuft, versuchen Sie keinesfalls ihn ein zweites oder gar drittes Mal zu stoppen, sondern werden Sie bereits nach dem ersten „überhörten“ Pfiff aktiv! Gehen Sie ruhig und beherrscht auf ihn zu, leinen Sie ihn an und bringen Sie ihn zu der Stelle zurück, an der Sie das Signal gegeben haben (hierbei ist Ihr „Marking“ gefragt!). Lassen Sie ihn dort sitzen, stellen Sie sich vor ihn hin und geben Sie ihm erneut das „Stopp“-Signal mit dem begleitenden Handzeichen. Gehen Sie dann wieder zu Ihrer ursprünglichen Position zurück und rufen Sie ihn zu sich heran. Anschließend können Sie einen zweiten Versuch starten. Beim Training des „Sitz-Pfiffes“ ist es wichtig, dass Sie die Übungen je nach Temperament Ihres Hundes variieren, um seine Aufmerksamkeit und Motivation auch auf Dauer aufrechtzuerhalten. Bei triebstarken Hunden kann es schon nach wenigen Wiederholungen vorkommen, dass sie aufgrund ihrer hohen Erwartungshaltung bei Ertönen des Pfiffes nur noch kurz verharren, um bei jeder kleinsten Bewegung Ihrerseits wieder loszuschießen. Aus diesem Grund sollten Sie möglichst unvorhersehbar und variantenreich arbeiten.

Stopp-Signal auf kurzer Distanz: Stoppen Sie Ihren Hund, nachdem er sich einige Meter entfernt hat mit Handzeichen und Pfeifsignal. Bestätigen Sie ihn dann entweder, indem Sie ihn an Ort und Stelle für sein Stoppen loben oder ihn ein anschließend geworfenes Dummy arbeiten lassen.

BEISPIELE Sie geben Ihrem Hund das „Stopp"-Signal" und

- gehen zu ihm, um ihn vor Ort für sein Sitzen zu bestätigen.
- gehen zu ihm, um ihn vor Ort zu bestätigen, geben ihm dann nochmals das „Stopp"-Signal und entfernen sich wieder ein Stück, bevor Sie ihn abholen.
- werfen, sobald er sitzt, ein Dummy seitlich vor oder hinter ihn. Dann gehen Sie zu ihm und bestätigen ihn vor Ort. Anschließend nehmen Sie ihn bei Fuß, kehren zu Ihrem Ausgangspunkt zurück und schicken ihn von dort aus auf das Dummy.
- werfen, sobald er sitzt, ein Dummy hinter ihn. Dann gehen Sie zu ihm und bestätigen ihn vor Ort für sein Sitzen. Anschließend nehmen Sie ihn bei Fuß und entfernen sich in Richtung Ihres Ausgangspunktes. Unterwegs setzen Sie ihn wieder mit dem „Stopp"-Signal und dem Handzeichen ab, kehren allein zum Ausgangspunkt zurück und schicken ihn von dort über Kopf zum Dummy.

Triebschwächere, sehr gehorsame Hunde sollten hingegen im Training nur sehr restriktiv gestoppt werden, denn sie verlieren meist schnell an Motivation und neigen stark dazu, zu unselbstständig und abhängig vom Führer zu werden.

Im weiteren Aufbau können Sie Ihren Hund auch ab und zu auf dem Weg zu einer Markierung abstoppen und ihn dann entweder über Kopf weiterschicken oder ein weiteres Dummy neben ihn werfen, das er zuerst holen soll, bevor Sie ihn anschließend auf die zuerst geworfene Markierung durchlaufen lassen.

Die möglichen Variationen sind vielfältig, lassen Sie daher Ihrer Kreativität freien Lauf, aber vermeiden Sie häufige Wiederholungen! Denn: Rufen Sie Ihren Hund beispielweise zu oft von einer Markierung ab, laufen Sie Gefahr, dass er bald von sich aus nach ein paar Metern stehen bleibt. Achten Sie deshalb immer auf eine ausgewogene Balance zwischen Stoppen und Durchlaufen-Lassen.

Wichtig!

- Ihr Hund verknüpft den „Stopp"-Pfiff positiv, d. h., er soll ihn eher als „Pass-auf-Pfiff" und weniger als Korrektur-Pfiff begreifen.
- Arbeiten Sie stets nur mit einem voll konzentrierten Hund! Ihr Hund muss Sie nach dem Stoppen ansehen! Falls er dies nicht tut, können Sie je nach Situation warten oder ihn abholen. Sie sollten dann wieder mit dem „Sitz"-Pfiff am Fuß beginnen und eventuell einen Motivationsgegenstand benutzen, um seine Aufmerksamkeit nach dem Pfiff zu fördern.

Idealerweise sollte Ihr Labrador mit Initiative zum Dummy laufen und es …

Das Apportieren

Nach den ersten spielerischen Apportierversuchen im Welpenalter und der bereits erfolgten Verknüpfung des Kommandos „Apport“, können Sie im Anschluss an den Zahnwechsel mit dem gezielteren Apportiertraining beginnen. Wichtig ist dabei, das Training dem Temperament Ihres Hundes anzupassen, um bei einem triebstarken Hund eine unerwünscht hohe Erwartungshaltung zu vermeiden oder einen triebschwächeren oder unsicheren Hund nicht noch mehr in seinem Trieb zu frustrieren oder zu verunsichern.

Das Apportieren umfasst vier Elemente, die einzeln trainiert werden können: das schnelle Losgehen, das rasche Aufnehmen, das flotte Zurückkommen und das saubere Abgeben des Dummys in die Hand des Hundeführers.

Das Losgehen

IDEALBILD Ihr Hund läuft mit Initiative und Tempo zum Dummy.

TIPPS FÜR TRIEBSTARKE HUNDE

> Um die Erwartungshaltung im Rahmen zu halten, sollten Sie die Dummys auslegen, anstatt sie zu werfen.
> Arbeiten Sie häufig in schwierigerem Gelände, denn dadurch lernt Ihr Hund nach und nach sein Tempo den Gelände- und Witterungsverhältnissen anzupassen.

TIPPS FÜR TRIEBSCHWÄCHERE HUNDE

> Für triebschwache Hunde wirken direkte Markierungen meist eher positiv motivierend, als dass sie eine negative Erwartungshaltung nach sich ziehen.
> Sie können Ihren triebschwachen Hund auch ab und zu bewusst einspringen lassen.
> Machen Sie das Dummy interessant, indem Sie es „aufreizend“ werfen! Sie können anstelle von Dummys auch Tennisbälle verwenden und diese mit einem Tennisschläger verteilen.
> Je nach Hund können Sie versuchen, Spannung durch Warten oder durch die Konkurrenzsituation beim Arbeiten anderer Hunde aufzubauen.
> Ferner können Sie unterschiedliche Apportiergegenstände, z. B. ein Dummy mit Fellbezug, ausprobieren.

Das Aufnehmen

Das Aufnehmen wird im Englischen als „Pick up“ bezeichnet.

IDEALBILD Der Hund nimmt das Dummy ohne zu zögern und mit sicherem Griff auf.

TRAININGSTIPPS

> Wichtig ist, dass Sie das schnelle Aufnehmen immer sofort bestätigen!
> Üben Sie zuerst das Aufnehmen aus kurzer Distanz (ca. 3 m), um Ihren Hund sofort bestätigen und zu sich locken zu können.
> Falls Ihr Hund das Dummy nicht sofort aufnimmt, sollten Sie oder ein Helfer versuchen, es für den Hund interessanter zu machen, z. B. durch Bewegen.

… ohne Zögern und mit angepasstem Griff aufnehmen und im selben Tempo auf dem direkten Weg zu Ihnen zurückkehren.

> Alternativ können Sie auch mit Ihrem angeleinten Hund an dem am Boden liegenden Dummy vorbeilaufen und ihn im Vorbeigehen zum Aufnehmen ermuntern.
> Klappt das Aufnehmen auf kurze Distanz, können Sie diese verlängern (ca. 10 m), wobei Sie anfangs nach dem Schicken ruhigen Schrittes nachrücken können, um im „Notfall" näher an Ihrem Hund zu sein.
> Im weiteren Verlauf können Sie das Dummy dann außerhalb Ihres Sichtbereichs auslegen. Auch hier sollten Sie anfangs sicherheitshalber nachrücken.

Das Zurückkommen

Für das Zurückkommen wird auch der englische Begriff „Fast return" verwendet.

IDEALBILD Nach dem Aufnehmen kehrt Ihr Hund in flottem Tempo und auf dem direkten Weg zu Ihnen zurück.

TRAININGSTIPPS

> Setzen Sie Ihren Hund mit Dummy im Fang in einiger Entfernung ab und rufen Sie ihn zu sich heran.
> Als Alternative können Sie Ihren Hund auch absetzen und sich mit einem Dummy in der Hand von ihm entfernen. Legen Sie das Dummy dann zwischen sich und dem Hund ab. Beim Hereinrufen sollte der Hund es selbstständig aufnehmen und bringen. Der Vorteil: Das Dummy liegt bereits auf seinem Rückweg. Wenn Ihr Verhältnis zum Hund stimmt, wird er bestrebt sein, schnell aufzunehmen und zu kommen.
> Beim geringsten Zweifel am schnellen Zurückkommen sollten Sie Ihren Hund immer sofort lockend ermuntern.
> Sie können auch versuchen sich umzudrehen und wegzulaufen, sobald Ihr Hund das Dummy aufgenommen hat.
> Sollte es Probleme beim Bringen der Beute geben, ist es vorteilhaft, wenn Sie sofort nach dem Schicken ruhigen Schrittes in Richtung Ihres Hundes aufrücken, um besser auf ihn einwirken zu können. Ferner sollten Sie den Übungsort so wählen, dass ein Ausweichen weitestgehend ausgeschlossen ist. Übergangsweise können Sie ihn auch mit einer langen Leine sichern.

1

2

Die Abgabe

Der englische Begriff „Delivery“ bezeichnet die Abgabe des Dummys.

IDEALBILD Ihr Hund steht oder sitzt vor Ihnen, bietet Ihnen das Dummy mit erhobenem Kopf an und gibt es auf Kommando aus.

TRAININGSTIPPS

> Es ist sinnvoll, die Abgabe zunächst getrennt zu trainieren!

> Geben Sie Ihrem Hund ein Dummy in den Fang und ermutigen Sie ihn, den Kopf hochzunehmen, indem Sie ihm mit beiden Händen von der Kehle zum Fang streichen und dann seinen erhobenen Kopf sanft festhalten.

> Wichtig! Nehmen Sie ihm die Beute niemals sofort ab, sondern bestätigen und loben Sie ihn zuerst ausgiebig mit dem Dummy im Fang!

> Geben Sie Ihrem Hund während des Fußgehens das Dummy in den Fang, lassen Sie es kurz tragen, nehmen Sie es ihm dann ab, geben es ihm wieder usw. Bewegung fördert das Festhalten des Dummys! Bestätigen und Belohnen nicht vergessen!

> Setzen Sie Ihren Hund mit Dummy im Fang ab und rufen Sie ihn zu sich heran.

> Signalisieren Sie Ihrem Hund beim Zurückkommen mit Ihrer positiven Körperhaltung Freundlichkeit. Offen dargebotene Handflächen zeigen dem Hund deutlich, an welcher Stelle er das Dummy abliefern soll.

> Schlechtes Tragen wird nach der Ausgabe freundlich korrigiert, indem Sie Ihrem Hund das Dummy nochmals mit Kommando in den Fang geben, ihn wieder animieren den Kopf hochzunehmen und ihn dann für die korrekte Abgabe bestätigen.

Das Markieren und das Memory Mark

Das Markieren ist eine der „Spezialdisziplinen“ des Retrievers. Gute Markierfähigkeit ist weitgehend angeboren, kann aber durch systematisches Training weiter entwickelt und gefördert werden. Grundsätzlich heißt Markieren für den Hund, die Fallstelle aufzusuchen und dort zu bleiben, bis er findet. Dazu gehört auch die Fähigkeit, Entfernungen richtig einschätzen zu können.

Gehört Ihr Labrador nicht zu den „geborenen Markierern“ und neigt dazu, wenn er nicht sofort findet, auch ohne Dummy zu Ihnen zurückzukommen, dann können Sie Ihr „Markiertraining“ z. B. folgendermaßen beginnen:

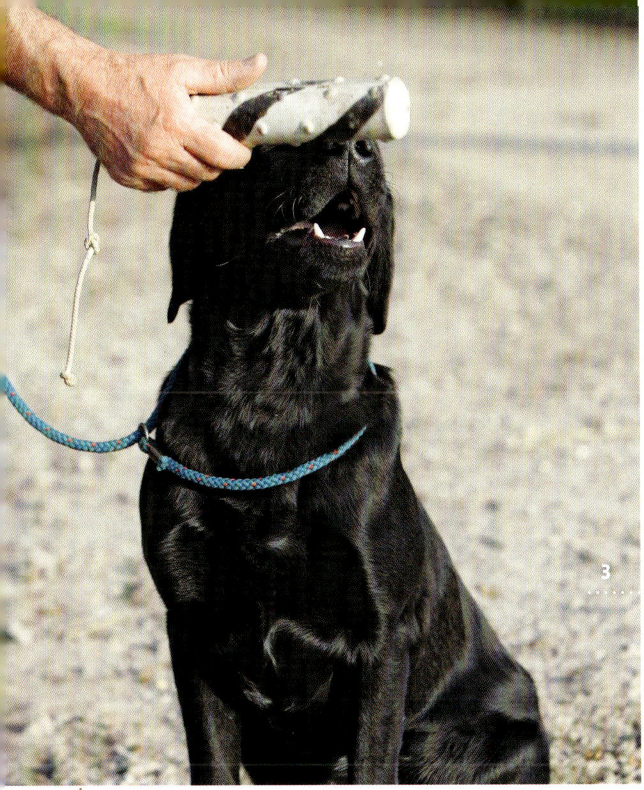

1 *Geben Sie Ihrem Hund das Dummy mit dem Kommando „Apport“ in den Fang und*
2 *… ermutigen Sie ihn den Kopf hochzunehmen, bevor*
3 *… Sie ihm das Dummy mit dem Kommando „Aus“ wieder abnehmen und ihn loben.*

1. SCHRITT Gehen Sie mit Ihrem Hund zu der geplanten Fallstelle und setzen Sie ihn dort ab, während Sie eine 1–2 qm große Fläche niedertreten, auf die Sie ein Dummy als Memory legen.
2. SCHRITT Gehen Sie anschließend bei Fuß zu der Stelle, von der Sie Ihren Hund schicken möchten, und lassen Sie ihn das Memory arbeiten.

3. SCHRITT Lassen Sie anschließend einen Helfer eine Markierung auf die Memory-Stelle werfen.
4. SCHRITT Um das richtige „Entfernungsschätzen“ Ihres Hundes weiterzufördern, können Sie Schritt für Schritt sowohl die Distanz als auch den Winkel zu der angelegten Fallstelle verändern.

Wichtig! Markierungen sollten in der Ausbildung erst sehr spät und nur in sehr kleinem Umfang geübt werden, da sie die Erwartungshaltung Ihres Hundes unnötig stark fördern. Als Orientierungshilfe mag eine Markierung pro Woche für einen Junghund in der Übungsphase gelten! Besser ist es, mit der kleinräumigen Suche oder mit Memories als Apportiermöglichkeiten zu arbeiten. Aus diesem Grund sollte bei jedem Übungs-Walk-up (= Arbeiten aus der Linie) vor der Markierung stets zunächst eine andere Arbeit, wie z. B. ein Memory oder eine kleine Suche in Gegenrichtung, „vorgeschaltet“ werden.

Auf einen Blick

Markieren
Das Beobachten der Flugbahn eines oder mehrerer sichtig geworfener Dummys sowie das Merken der Fallstellen.

Markierung
Ein geworfenes Dummy, dessen Flugbahn der Hund ganz oder teilweise beobachten kann. Der Wurf des Dummys wird meistens mit einem Schuss kombiniert, um die Aufmerksamkeit des Hundes zu erregen. Als direkte Markierung wird jede Markierung bezeichnet, auf die der Hund sofort vom Führer geschickt wird.

Wichtig! Zu viele direkte Markierungen wirken sich schnell negativ auf die Standruhe Ihres Hundes aus!

Memory Mark
Das sogenannte „Memory Mark“ ist eine Markierung, die entweder zeitlich verzögert oder von einem anderen Standort aus gearbeitet wird als dem, an dem der Hund die Flugbahn und die Fallstelle beobachten konnte.
Wichtig! Das Memory Mark fördert die Gedächtnisleistung Ihres Hundes und hilft seine Erwartungshaltung niedrig zu halten.

Das Einweisen

Bei der speziellen „Retriever-Disziplin“ des Einweisens lenkt der Hundeführer seinen Hund mithilfe von Stimme, Pfeifsignalen und Handzeichen in den Bereich eines Dummys, das der Hund nicht hat fallen sehen (engl. „Blind“ oder„Unseen retrieve“).

Wichtig! Ziel ist es, den Hund auf schnellstem Wege in den angegebenen Bereich einzuweisen. Dort soll er auf Kommando mit einer kleinräumigen, selbstständigen Suche beginnen, um das nicht sichtig gefallene Dummy zu finden. Der Hund sollte sich bei dieser Arbeit als gut lenkbar, während der Suche aber nicht als zu abhängig vom Hundeführer erweisen.

Das Einweisen ist ein sehr komplexes Thema, das sich aus verschiedenen Komponenten zusammensetzt, die alle einzeln aufgebaut und trainiert werden müssen. Voraussetzung für ein erfolgreiches Einweisetraining ist einerseits die Bereitschaft und das Vertrauen des Hundes, mit dem Führer zusammenzuarbeiten, und andererseits ein klar strukturierter Aufbau. Beim Einweisen steht die Teamarbeit von Hund und Führer im Vordergrund, deshalb sind auch in keinem anderen „Retriever-Fach“ die Qualitäten des Hundeführers mehr gefragt als dort. Nur über eine optimale Kommunikation, d. h. klare Kommandos, korrekt ausgeführte Sichtzeichen, eine eindeutige Körperhaltung und das richtige Timing ist Ihr Hund in der Lage zu verstehen, was Sie von ihm verlangen.

Das Voranschicken

Trainingsziel ist, dass Ihr Hund aus der Fußposition heraus auf Ihr Kommando hin so lange in einer geraden Linie in der angezeigten Richtung läuft, bis er ein neues Kommando bekommt.

Die Basis-Komponenten des Einweisens

Voranschicken
Kommando: „Voran“ oder „Get on“
Handzeichen: Senkrecht stehende und auf den Zielpunkt ausgerichtete, ausgestreckte Handfläche.

Abstoppen
Kommando: „Stopp“-Pfiff
Handzeichen: Senkrecht nach oben ausgestreckter Arm mit nach vorn zeigender, offener Handfläche.

„Über-Kopf“-Zurückschicken
Kommando: „Zurück“ oder „Back“
Handzeichen: Knicken Sie Ihren senkrecht nach oben gestreckten Arm im Ellenbogen ab und drücken Sie ihn mit einer schnellen Bewegung wieder nach oben.

Rechts- und Linksschicken
Kommando: „Rüber“ oder „Out“
Handzeichen: Waagrecht nach rechts oder links ausgestreckter, in Richtung des Dummys zeigender Arm.

Selbstständige, kleinräumige Suche im Suchenbereich
Kommando: „There“, „Steady“ oder Suchenpfiff, bestehend aus kurzen, schnell aufeinanderfolgenden Einzelpfiffen
Handzeichen: Die nach unten gedrehte Handfläche deutet in die Richtung, in der der Hund suchen soll.

1 *Sobald Ihr Welpe zuverlässig sitzt, können Sie mithilfe des Futternapfs den Grundstein für die Verknüpfung des Kommandos „Voran" mit dem Geradeauslaufen legen. Stellen Sie den Napf an einen optisch markanten Punkt und loben Sie den Welpen für das Sitzen bleiben.*

> DIE RICHTIGE KÖRPERHALTUNG Idealerweise sollten Sie beim Einweisen gerade neben Ihrem Hund stehen, wobei Ihr Becken in Richtung des Ziels ausgerichtet ist. Ob Sie Ihren Hund mit der linken oder rechten Hand schicken wollen, hängt von Ihren persönlichen Vorlieben ab. Probieren Sie einfach aus, welche Körperhaltung Ihnen am leichtesten fällt. Wichtig ist nur, dass Sie bei Ihrer Entscheidung bleiben!

Beugen Sie Ihren Oberkörper zum Schicken leicht nach vorn und nehmen Sie entweder den rechten Fuß und die rechte Hand oder den linken Fuß und die linke Hand nach vorn, als ob Sie einen ersten Schritt in Richtung des Ziels machen wollten. Halten Sie Ihre Hand neben dem Hundekopf nach vorn und achten Sie darauf, sich nicht über Ihren Hund lehnen, denn das könnte ihn zum seitlichen Ausweichen veranlassen! Sobald Sie merken, dass Ihr Hund sich auf die angegebene Richtung konzentriert, können Sie ihn mit dem Kommando „Voran" losschicken. Achten Sie ferner darauf, Ihre Hand während des Schickens ruhig stehen zu lassen, denn durch eine Bewegung Ihrer Hand könnten Sie den „Bewegungsseher" Hund in letzter Sekunde vom Ziel ablenken.

2 *Achten Sie von Anfang an auf eine klare Körpersprache: Richten Sie Ihr Becken in Richtung des Napfes aus. Gleichgültig, ob Sie sich dafür entscheiden Ihren Hund später mit der rechten oder linken Hand schicken zu wollen – ritualisieren Sie Ihre Körperhaltung schon jetzt!*

3 *„Voran!"*

4 *Die positive Bestärkung des gewünschten Verhaltens – das Vorangehen in gerader Linie – erfolgt durch das Futter im Napf.*

1 *Setzen Sie Ihren Junghund vor der Memory-Stelle – hier ein kleiner Felsen – ab.*
2 *Kehren Sie zu ihm zurück, …*
3 *… entfernen Sie sich mit dem bei Fuß gehenden Hund und …*

> „VORAN“ IM WELPENALTER Mithilfe des Futternapfes können Sie bereits im Welpenalter den Grundstein für das Einweisen legen, indem Sie Ihren Welpen aus kurzer Entfernung in Richtung seines Napfes schicken. Allerdings sollten Sie mit dieser Übung erst beginnen, wenn er schon sicher vor seinem Napf sitzen bleibt. Ziel der Übung ist die Verknüpfung des Kommandos „Voran“ mit dem erwünschten Verhalten, dem Geradeauslaufen auf einen bestimmten Punkt zu, und dem entsprechenden Handzeichen sowie der dazugehörigen Körperhaltung des Hundeführers. Wie bei allen Übungen im Welpenalter ist es sehr wichtig, ihn genau zu beobachten, um ihn nicht zu überfordern!

> AUFBAU MITHILFE VON MEMORIES Im weiteren Aufbau bietet es sich an, zunächst ausschließlich mit Memories, die im Beisein des Hundes sichtig ausgelegt wurden, zu arbeiten. Dies erleichtert Ihnen das Ritualisieren Ihrer Körperhaltung und gibt Ihrem Hund die Möglichkeit, die nötige Sicherheit in Ihre Kommandos zu entwickeln. Ferner bietet sich beim jungen Hund

1 3

2

4 *... schicken Sie ihn anschließend mit dem Kommando „Voran" zur Memory-Stelle zurück.*

an, zunächst mit sogenannten „Leitlinien", z. B. entlang von Wegen oder Geländekanten, zu arbeiten. Später können Sie dazu übergehen, Memories an optisch „markanten" Stellen (z. B. an einem einzelnen Baum) auszulegen. Sie können mit einer Memory-Stelle beginnen und Stück für Stück die Entfernung vergrößern sowie den Winkel zu dem entsprechenden Punkt verändern. Später können Sie dann auch mehrere Memory-Stellen aufbauen und bewusst Ablenkungen und Geländeschwierigkeiten einfließen lassen.

4

> DAS ERSTE „BLIND" Führt Ihr Hund die „Voran"-Übungen auf Memories zuverlässig aus, können Sie darangehen, das erste tatsächliche Blind zu arbeiten. Legen Sie es, ohne dass Ihr Hund es sieht, an eine der zuvor im Training genutzten Memory-Stellen. Konzentrieren Sie Ihren Hund und schicken Sie ihn in der gleichen Art und Weise, wie Sie ihn zuvor auf die Memories geschickt haben. Hat Ihr Hund das nötige Vertrauen bereits aufgebaut, können Sie ihn in einem nächsten Trainingsschritt zu einem Blind in einem unbekannten Gelände schicken. Wählen Sie dazu ein nicht allzu schweres Gelände und nutzen Sie eventuell vorhandene „Leitlinien". Achten Sie auch auf den Wind, denn sollte Ihr Hund beginnen auf der Linie unsicher zu werden, ist es gut, wenn er im richtigen Moment Witterung des Dummys bekommt!

> KORREKTURMÖGLICHKEITEN Treten bereits in der Memory-Phase Probleme auf, müssen Sie Ihre Körperhaltung und Ihren Übungsaufbau überprüfen! Sind Sie eventuell zu schnell vorwärtsgegangen (zu starke Ablenkungen, zu große Entfernungen, zu schwieriges Gelände)? Gehen Sie einige Aufbauschritte zurück und gestalten Sie die Aufgabe so klar, dass Ihr Hund genau weiß, was Sie von ihm wollen. Sie können ihn auch zum Auslegen der Memories mitnehmen, sodass er die Linie schon einmal gelaufen ist und dadurch die nötige Sicherheit bekommt. Da das Trainingsziel beim „Voran" das Geradeauslaufen auf einer Linie bis zu einem neuen Kommando ist, sollten Sie nicht damit beginnen, Ihren Hund mittels etwaiger Richtungskorrekturen irgendwie zum Dummy zu bringen. Gehen Sie stattdessen ein paar Trainingsschritte zurück und bauen Sie in kleineren Schritten weiter auf.

Um Ihren Hund auf die Einweisearbeit einzustimmen, ist es wichtig, Ihre Körperhaltung von Anfang an zu ritualisieren.

Wichtig!

› Ritualisieren Sie eine eindeutige Körperhaltung für das Voranschicken.

› Stehen Sie beim Einweisen gerade neben Ihrem Hund, Ihr Becken zeigt dabei in Richtung des Zieles.

› Die Körpermittellinie Ihres Hundes ist ebenfalls genau in die Zielrichtung ausgerichtet.

› Um das Vertrauen des Hundes in Ihr „Voran"-Kommando zu fördern, können Sie es, während er läuft, auch nochmals wiederholen.

› Arbeiten Sie auch während des Trainings mit Ihrem fortgeschritteneren Hund überwiegend mit Memories. Dies gewährleistet den Erfolg, stärkt das Selbstvertrauen Ihres Hundes und gibt Ihnen die Möglichkeit, ihn positiv zu bestätigen.

› Schätzen Sie die Geländegegebenheiten und die Windverhältnisse richtig ein, um den Schwierigkeitsgrad Ihrer Aufbauschritte mit dem Leistungsstand Ihres Hundes abgleichen zu können.

› Lernen Sie etwaige Schwierigkeiten vorauszusehen und rücken Sie nach dem Schicken eventuell in Richtung des Hundes auf, um im „Notfall" näher bei ihm zu sein und ihn unterstützen zu können.

Ist Ihr Hund bereits firm im Einweisen, kommt aber beispielsweise aufgrund der schwierigen Geländegegebenheiten von der „Ideallinie" ab, dann können Sie ihn stoppen, auf die Linie zurücklenken, erneut stoppen und „über Kopf" auf der ursprünglich anvisierten Linie weiter zurückschicken.

Das „Über-Kopf"-Zurückschicken

Ziel des Zurückschickens ist, dass sich Ihr Hund nach dem Stoppen auf Ihr Kommando und Handzeichen hin wieder um 180° dreht und sich in gerader Linie weiter von Ihnen entfernt. Auch diese Übung können Sie mithilfe von Memories sehr gut aufbauen. Gehen Sie mit Ihrem Hund einen Weg entlang, lassen Sie ihn Sitz machen, entfernen Sie sich ein weiteres Stück und legen dann sichtig ein Dummy mitten auf dem Weg aus. Anschließend kehren Sie zu Ihrem Hund zurück, drehen ihn um 180° vom Dummy weg und entfernen sich ein Stück von ihm. Dann wenden Sie sich ihm wieder zu, geben das von Ihrem ausgestreckten Arm begleitete „Stopp"-Signal und schicken ihn mit dem entsprechenden Handzeichen auf das Dummy zurück. Im weiteren Aufbau können Sie genauso verfahren wie beim Voranschicken, indem Sie Ihren Hund auf dem Weg zur jeweiligen Memory-Stelle absetzen und ihn dann „über Kopf" zum Dummy zurückzuschicken.

Geben Sie Ihrem Hund, um ihn aufmerksam zu machen, nochmals ein Stopp-Signal, bevor Sie ihn mit einem deutlichen Handzeichen und dem Kommando „Voran" oder „Back" auf das ausgelegte Dummy schicken.

Wichtig!

- Geben Sie vor dem Zurückschicken immer erst den „Stopp"-Pfiff, denn das ist genau die Konstellation, aus der heraus der Hund später das Kommando ausführen soll.
- Beginnen Sie schon früh, Ihren Hund „bewusst" nach rechts oder links drehen zu lassen, je nachdem, ob Sie ihn mit dem rechten oder linken Arm zurückschicken. Dies ist z. B. äußerst nützlich, wenn Sie ihn später von einer Ablenkung wegdrehen wollen. Am einfachsten können Sie das „bewusste" Drehen aufbauen, indem Sie ein Dummy auf kurze Distanz nicht direkt hinter dem Hund, sondern leicht nach rechts oder links versetzt auslegen. Betonen Sie die gewünschte Drehrichtung, indem Sie zusätzlich zum entsprechenden Handzeichen einen kleinen Schritt nach schräg vorn in die entsprechende Richtung machen.
- Vergrößern Sie sowohl die Entfernungen zwischen dem Hund und dem Dummy, als auch zwischen dem Hund und Ihnen selbst Schritt für Schritt.

Das Rechts- und Linksschicken

Ziel des Rechts- oder Linksschickens ist, dass Ihr Hund nach dem Stoppen in einem annähernd rechten Winkel in die angezeigte Richtung weiterläuft. Das Rechts- oder Linksschicken kann ebenfalls am einfachsten mithilfe von Memories aufgebaut werden. Anfangs bietet sich eine Wegkreuzung als „Leitlinie" an. Setzen Sie Ihren Hund auf der Kreuzung ab und legen Sie rechts oder links neben ihm ein Dummy aus. Gehen Sie zu Ihrem Hund zurück und richten ihn in die Richtung aus, in der Sie sich von ihm entfernen. Achten Sie dabei darauf, dass die gedachte Verbindungslinie zwischen Ihnen, Ihrem Hund und dem Dummy einen annähernd rechten Winkel beschreibt. Denken Sie auch daran, ihm vor dem Schicken zunächst das von Ihrem ausgestreckten Arm begleitete „Stopp"-Signal zu

Geben Sie Ihrem Hund auch beim Rechts- bzw. Linksschicken zunächst ein Stopp-Signal, bevor Sie ihn mithilfe des entsprechenden Kommandos und Ihrer eindeutigen Körpersprache in die gewünschte Richtung lenken.

geben. Schicken Sie ihn dann mit dem entsprechenden Handzeichen nach rechts oder links auf das Dummy. Um ein Antizipieren Ihres Hundes zu vermeiden, können Sie, sobald er Kommando und Handzeichen verstanden hat, auch Dummys zu beiden Seiten auslegen. Die Entscheidung, ob Sie ihn anschließend zuerst nach rechts oder links schicken, können Sie dann von seiner Körpersprache abhängig machen. Wenn Sie den Eindruck haben, er sei auf eine Seite besonders fixiert, können Sie ihn bewusst zur anderen schicken.

Im weiteren Aufbau können Sie wie bei den Aufbauübungen für das Voranschicken oder das Zurückschicken vorgehen, indem Sie Ihren Hund nach rechts oder links auf eine Memory-Stelle schicken. Bauen Sie auch hier im weiteren Trainingsverlauf immer mehr Geländeschwierigkeiten, wie z. B. Geländeübergänge oder Hindernisse ein.

Die kleine Suche im Fallbereich

Bei der kleinen Suche soll der Hund mit tiefer Nase ein sehr kleines Gebiet sehr intensiv absuchen. Die kleine Suche wird dann erforderlich, wenn Sie Ihren Hund in den Fallbereich eines für ihn nicht sichtig gefallenen Dummys (engl. „Blind“) eingewiesen haben und ihn dort zur selbstständigen Suche auffordern wollen.

Da Hunde aufgrund ihrer Lauffreude naturgemäß eher zum weiträumigen Suchen neigen, sollten Sie die kleinräumige Suche von Anfang an und ständig trainieren. Sucht Ihr Hund zu weit, sollten Sie ihn zunächst nicht über ein Zurückholen in den Suchenbereich korrigieren, sondern ihn selbst die Erfahrung machen lassen, dass er nur in dem zugewiesenen Gebiet zum Erfolg kommt.

Stellen Sie sich anfangs in die Nähe der Wasserkante, um zu vermeiden, dass sich Ihr Hund vor der Abgabe schüttelt oder das Dummy fallen lässt. Achten Sie auf Ihr Timing! Nehmen Sie ihm das Dummy rechtzeitig ab und fordern Sie ihn dann auf, sich zu schütteln.

Die Wasserarbeit

Da die meisten Labradors regelrecht wasserverrückt sind, birgt gerade die Wasserarbeit eine erhöhte Gefahr in puncto einer übersteigerten Erwartungshaltung. Viele Hunde „lernen" erst am Wasser das Winseln. Aus diesem Grund sollte ein triebstarker, sehr wasserfreudiger Hund bei der Wasserarbeit zuerst lernen, dass die Anwesenheit von Wasser nicht zwingend bedeutet, dass auch im Wasser gearbeitet wird. Um die Erwartungshaltung möglichst niedrig zu halten, sollten Sie Ihren Hund zunächst durch Fußgehen konzentrieren und ihn anschließend immer erst einige „Landapporte" in Wassernähe arbeiten lassen.

Wenn Ihr Hund nicht ganz so wasserbegeistert ist, sollten Sie darauf achten, dass er stets den direkten Weg ins Wasser nimmt. Das Auf- und Ablaufen vor dem Wassereinstieg sollte schon im Ansatz unterbunden werden. Zeigt Ihr Hund eine Tendenz dazu, sollten Sie mit zum Uferrand gehen und Ihren Hund dazu ermuntern, das Wasser an der entsprechenden Stelle direkt anzunehmen.

Das Schütteln bzw. Ablegen des Dummy nach dem Wasserausstieg können Sie vermeiden, indem Sie Ihrem Hund das Dummy bereits im Wasser stehend abnehmen, ihn sich schütteln lassen, ihm das Dummy wieder in den Fang geben, sich nach hinten entfernen und ihn zu sich rufen. Dann nehmen Sie ihm das Dummy wieder ab und animieren ihn nochmals zum Schütteln. Auf diese Weise vermeiden Sie, dass Ihr Hund die Erfahrung macht, dass er sich mit dem Dummy im Fang schütteln kann. Es bietet sich ferner an, auch das Schütteln des Hundes mit einem Kommando wie „Schüttle dich" zu belegen und ihn dafür zu bestätigen.

Wichtig!

› Trainieren Sie immer eine Kombination aus Land-Wasser-Land-Arbeiten, damit Ihr Hund in Erwartung eines weiteren Apports lernt, schnell und direkt aus dem Wasser zurückzukommen.
› Achten Sie darauf, dass das Dummy beim Junghundetraining nicht ins Wasser, sondern stets hinter die Gegenuferkante (mind. 10 m) fällt, damit er lernt ein Gewässer zu durchqueren.
› Da Grenzen am oder im Wasser (z. B. Schilfrand/offenes Wasser) den Hund besonders stark beeinflussen, sollten Sie anfangs am besten mit einem Helfer am Gegenufer arbeiten, um Misserfolgen vorzubeugen.
› Bauen Sie aufgrund der schlechten Einwirkungsmöglichkeiten im Wasser Ablenkungen erst dann ein, wenn Ihr Hund in der Basisarbeit bereits ganz sicher ist.

Der Labrador – ein Multitalent mit vielen Fähigkeiten & Facetten

Die wichtigsten Gründe für die Erfolgsgeschichte des Labradors sind neben seinem Erscheinungsbild und seinem freundlichen Wesen vor allem seine Anpassungsfähigkeit, Intelligenz und Lernbereitschaft. So erfreut sich der Labrador heute längst nicht mehr nur als zuverlässiger Jagdgefährte, sondern auch als Familienbegleithund, Ausstellungs-, Blindenführ-, Assistenz- und Therapiehund und in verschiedensten Hundesportbereichen größter Beliebtheit. Auch wenn der Labrador aufgrund mangelnden Schutztriebs in Deutschland nicht als Diensthunderasse zugelassen ist, findet er in Zolldienst- und Militärhundebereichen, in denen eine Schutzhundeausbildung nicht erforderlich ist, wie beispielsweise als Spürhund für Rauschgift, Sprengstoff, Waffen, Munition, Tabak oder Bargeld, aufgrund seines ausgeglichenen Wesens und seiner hervorragenden Nase immer mehr Beachtung. Gerade in Bereichen, in denen Hunde direkt an Personen eingesetzt werden, wie bei Personen- oder Handgepäckkontrollen, werden häufig passiv verweisende Rauschgiftspürhunde bevorzugt. Eine Besonderheit ist auch der in jüngster Zeit immer wieder in den Medien propagierte Schimmelspürhund. Seine Ausbildung verläuft vergleichbar der eines Drogen- oder Sprengstoffspürhundes, wobei der Hund auf einen bestimmten Geruchsstoff sensibilisiert wird und lernt diesen anzuzeigen. Eine Prüfung für Schimmelspürhunde gibt es in Deutschland bisher nicht und die Anzahl der ausgebildeten Hunde ist noch überschaubar.

Der Labrador als Familienbegleithund

Nach dem Zweiten Weltkrieg begann sich die breite englische Öffentlichkeit immer mehr für den Labrador als robusten, ausgeglichenen, leicht erziehbaren und gutmütigen Familienbegleithund zu interessieren. Diese Entwicklung setzte sich weltweit fort und machte ihn bald zu einer der beliebtesten Hunderassen der Welt. Die Ansprüche an einen Familienbegleithund sind vielfältig. Auf der einen Seite stehen

Ob als Begleiter oder bester Freund, als Helfer beim Zoll oder als Rettungshund: Der Labrador macht überall eine gute Figur!

persönliche Erwartungen des Besitzers, der sich einen Hund wünscht, der ihn im täglichen Leben und bei den verschiedensten Freizeitaktivitäten begleitet. Andererseits stellt das enge Zusammenleben innerhalb der Familie in unserer heutigen, dicht bevölkerten Umwelt hohe Anforderungen an Hund und Halter.

Erwartungen an Hund und Halter

> **IHRE UMWELT** erwartet, dass Sie die Hinterlassenschaften Ihres Hundes immer und überall mittels eines „Kotsäckchens" aufsammeln und entsorgen.

> **DIE NACHBARN** möchten, dass er sich ruhig und freundlich verhält und nicht jeden Zaunpfahl, jeden Blumenkübel oder jede Hausecke markiert.

> **IHRE BESUCHER** erwarten, dass er sich freundlich, aber nicht zu aufdringlich verhält und sich auf Ihr Kommando auf seinen Platz zurückzieht.

> **SPAZIERGÄNGER, JOGGER, RADFAHRER** erwarten, dass Sie ihn anleinen und zur Seite treten. Einerseits signalisieren Sie damit Rücksichtnahme und andererseits erfüllen Sie Ihre Aufsichtspflicht als Tierhalter.

> **FREMDE MENSCHEN** wollen, dass Sie Ihren Hund jederzeit unter Kontrolle haben und ihn im Zweifelsfall daran hindern, etwaige Passanten zu belästigen. Sie sollten Ihrem Welpen deshalb von Anfang an vermitteln, dass das Anspringen nicht erwünscht ist, indem Sie sich, sobald er Sie anspringt, einfach wegdrehen. Sobald er alle vier Füße wieder auf dem Boden hat, gehen Sie in die Hocke und bestätigen ihn.

Außerdem wird erwartet, dass Sie bei Begegnungen mit fremden Menschen Ihren Welpen an die Leine nehmen, um zu verhindern, dass er überhaupt in die Situation kommt, jemanden anzuspringen. Sobald er das Kommando „Sitz" beherrscht, können Sie ihn immer sitzen lassen, wenn Sie unterwegs jemanden treffen oder begrüßen.

Das korrekte Verhalten eines Begleithundes gegenüber seiner Umwelt wird häufig als selbstverständlich vorausgesetzt. Doch der Weg zum verlässlichen Begleiter ist eine anspruchsvolle Aufgabe, die Zeit, Geduld und Konsequenz erfordert.

> **ANDERE HUNDEBESITZER** möchten, dass Ihr Hund sich in jeder Situation, auch unter Ablenkung anderer Hunde, zuverlässig abrufen lässt, und dass Sie bereits Ihrem Welpen vermitteln, dass er nicht von sich aus spontan zu anderen Hunden rennen darf. Nicht alle Hunde sind sozial verträglich, und es gehört zum guten Ton, dass Sie Ihren Hund immer anleinen, wenn Ihnen ein angeleinter Hund entgegenkommt.

> **BAUERN** erwarten, dass Sie Hundehinterlassenschaften auf landwirtschaftlich genutzten Flächen mittels eines „Kotsäckchens" aufsammeln und entsorgen und dass Sie ihn davon abhalten, auf landwirtschaftlich genutzten Wiesen „Mäuselöcher" zu graben, denn abgesehen von verschiedenen Gesundheitsrisiken für Ihren Hund (z. B. durch das Fressen von Mäusen, das Treten in Löcher usw.), verursachen Löcher auch evtl. Schäden an landwirtschaftlichem Gerät.

> **FÖRSTER UND JAGDPÄCHTER** verlangen, dass sich Ihr Hund auf Spaziergängen nicht verselbstständigt, Wild beunruhigt oder gar hetzt, sondern zu jeder Zeit, d. h. auch bei Sichtkontakt mit Wild, im Gehorsam oder eben vorausschauend an der Leine bleibt.

Das Einmaleins guten Benehmens

Während Arbeitshunde meist sorgfältig auf ihre Aufgabe vorbereitet werden, wird das untadelige Verhalten eines Familienbegleithundes häufig als selbstverständlich vorausgesetzt. Dabei ist dies eine große Herausforderung angesichts der vielfältigen Erwartungen, die an den Hund gestellt werden. Denn obwohl der Labrador ein besonders leichtführiger und lernfähiger Hund ist, gilt auch für ihn: Ohne Fleiß kein Preis! Es liegt also an Ihnen, sicherzustellen, dass Sie und Ihr Labrador „gesellschaftsfähig" sind und bleiben. Absolute Basisvoraussetzung dafür ist ein solider Grundgehorsam im Alltag und in der Freizeit.

Der erste Schritt: der Begleithundekurs

Der einfachste Weg, den richtigen Einstieg in die Gehorsamsarbeit Ihres Labradors zu finden, ist das Absolvieren eines Begleithundekurses (ab ca. 10 Monaten). Ausbildungsziel ist der

Gehorsam im Alltag

Das „Minimal-Gehorsamsprogramm"	Die typische Alltagssituation
Das Herbeirufen Ihr Hund sollte aus jeder Situation, auch unter größter Ablenkung (z. B. andere Hunde, bekannte Menschen, Katze, flüchtende Wildtiere usw.) zuverlässig abrufbar sein!	**Spaziergang im Stadtpark** Ziel ist ein sich Spaziergängern, Joggern oder Radfahrern gegenüber neutral verhaltender Hund, der jederzeit im Gehorsam steht. Dies ist vor allem beim manchmal zu überschäumender Menschenfreundlichkeit neigenden, beinahe schon „aufdringlichen" Labrador sehr wichtig, denn nicht jeder Freizeitsuchende ist ein verständnisvoller Hundefreund.
Das Fußgehen Ihr Hund sollte mit und ohne Leine zuverlässig, d. h. ohne Ihre erhöhte Aufmerksamkeit in Anspruch zu nehmen, bei Fuß gehen!	**Der Stadtbummel** Ziel ist, dass Ihr Labrador so gut bei Fuß geht, dass Sie sich auf Ihre Einkäufe konzentrieren können, anstatt ständig auf ihn achten oder ihn halbherzig korrigieren zu müssen.
Das Sitzen- oder Liegenbleiben Ihr Hund sollte zuverlässig an der Stelle verharren, an der Sie ihn abgesetzt oder -gelegt haben, bis Sie das Kommando auflösen, indem Sie ihn von dort abholen oder abrufen.	**Der Restaurantbesuch** Ziel ist ein während des Restaurantbesuchs ruhig unter dem Tisch liegender Hund, den Sie so abgelegt haben, dass er niemanden am Durchgehen behindert oder zwingt, über ihn zu steigen, und der sich erst auf Ihr Kommando wieder erhebt.

verkehrssichere und sozial verträgliche Begleiter in allen Lebenslagen. Aus diesem Grund lernen Sie in den von den rassebetreuenden oder anderen VDH-angeschlossenen Vereinen sowie in den von entsprechenden Hundeschulen angebotenen Kursen nicht nur die wichtigsten Gehorsamselemente, sondern auch allgemeine Benimmregeln für Hund und Halter. Das Training innerhalb einer Gruppe hilft Ihnen nicht nur eine gewisse Trainingsroutine zu entwickeln, sondern auch den Gehorsam unter verschiedensten Ablenkungen zu festigen. Allerdings ersetzt die Teilnahme an einem Kurs nicht das konsequente Umsetzen der gelernten Übungen im Alltag! Die den Kurs abschließende Begleithundeprüfung gibt Ihnen einen guten Anhaltspunkt über den Ausbildungsstand Ihres Hundes. Ferner ist sie heute Teilnahmevoraussetzung für viele anerkannte Hundesportarten.

Die verschiedenen Begleithundeprüfungen

Begleithundeprüfungen werden sowohl von den rassebetreuenden Vereinen (DRC und LCD) als auch von verschiedenen anderen dem VDH angeschlossen Vereinen und Verbänden angeboten. Wichtig ist zu wissen, dass für weitere Ausbildungen in einigen Hundesportbereichen, wie beispielsweise der Fährtenhundearbeit, dem „Obedience" und „Agility" sowie dem Rettungshundewesen nur Begleithundeprüfungen anerkannt werden, die bei einem der AZG (Arbeitsgemeinschaft der Rassezuchtvereine und Gebrauchshundeverbände) angehörenden VDH-Verein / -Verband abgelegt wurden.

Die Begleithundeprüfung des VDH

Die Begleithundeprüfung des VDH mit Verhaltenstest und Sachkundenachweis besteht aus den folgenden vier Teilen:

Setzen Sie die gelernten Elemente, wie z. B. das Gehen an der durchhängenden Leine …

> SACHKUNDENACHWEIS Der Sachkundenachweis des Hundeführers kann entweder unmittelbar vor der Prüfung oder durch Vorlage des VDH-Hundeführerscheins, einer entsprechenden Bescheinigung des Amtstierarztes oder einer bereits mit einem anderen Hund bestandenen Begleithundeprüfung (Leistungsheft) nachgewiesen werden. Der VDH-Sachkundenachweis ist personengebunden, d. h., er gilt – einmal bestanden – lebenslang. Die Prüfungsfragen erstrecken sich von allgemeinem Wissen über den Hund, sein Verhalten und seine Sinne bis hin zu spezielleren Fragen über Hundekrankheiten, Hundehaltung und deren gesetzlichen Grundlagen sowie über die Vereinsstruktur des VDH und Details diverser Hundesportarten.

> VERHALTENSTEST Im Rahmen eines Verhaltenstests, der ebenfalls vor der Zulassung zur eigentlichen BH-Prüfung zu absolvieren ist, wird der Hund einer sogenannten Unbefangenheitsprobe unterzogen. Der Hund sollte sich dabei fremden Menschen gegenüber, egal ob einzeln wie beispielsweise bei der Identitätskontrolle der Tätowiernummer und / oder Chipnummer oder auch in der Gruppe, neutral verhalten. Mit Ausnahme der stets durchzuführenden Identitätskontrolle ist es dem Leistungsrichter selbst überlassen, wie er die Probe gestaltet, sie sollte jedoch unter normalen Umweltbedingungen und an einem neutralen Ort stattfinden. Benimmt sich der Hund nicht neutral, ist er von der weiteren Prüfung auszuschließen. Das Ergebnis der Unbefangenheitsprobe wird folgendermaßen unterteilt in:

> Bestanden
> Weiter zu beobachten
> Hunde, die nicht zur Prüfung zugelassen werden können

> PRÜFUNG AUF DEM ÜBUNGSPLATZ Überprüft werden die Grundgehorsamselemente, wie die Leinenführigkeit, die Freifolge, das Sitz aus der Bewegung und das Ablegen in Verbindung mit Herankommen sowie unter Ablenkung. Hunde, die diesen Teil der Prüfung nicht bestehen oder weniger als 70 % der erreichbaren Punkte erzielen, dürfen nicht an der folgenden Prüfung im Verkehr teilnehmen.

> PRÜFUNG IM VERKEHR
In diesem Prüfungsteil steht das Verhalten des Hundes im öffentlichen Verkehrsraum im Mittelpunkt. Ziel ist es, die Sozialverträglichkeit

... oder das sich selbstständige Setzen beim Stehenbleiben, auch im Alltag konsequent um!

Ein wichtiges Element der Verkehrssicherheitsprüfung ist das neutrale Verhalten des kurzfristig allein gelassenen Hundes.

des Hundes gegenüber Mensch und Tier sowie seine allgemeine Umweltsicherheit festzustellen. Entscheidend ist der Gesamteindruck des zu beurteilenden Hundes, der auf die variierenden Reize möglichst neutral und unbeeindruckt reagieren sollte.

Begleithundeprüfungen im Vergleich

Im Gegensatz zur Begleithundeprüfung des VDH unterscheiden sich die entsprechenden Prüfungen des DRC und LCD nicht nur hinsichtlich des niedrigeren Zulassungsalters zur Prüfung, sondern auch bezüglich einzelner, spezifischer Prüfungselemente. Die Gründe hierfür liegen vor allem darin, dass die rassebetreuenden Vereine unter Berücksichtigung des Labradors als Apportierspezialisten für die Arbeit nach dem Schuss weder auf das Apportieren noch auf die Überprüfung der Schussfestigkeit verzichten möchten.

Ferner ist es an Jagdhundeprüfungen auch nicht üblich, einen Hund aus der Platzlage abzurufen. Weitere Unterschiede ergeben sich beim Fach Ablegen unter Ablenkung. So ist bei den Vereinsprüfungen z.B. ein Entfernen des Hundeführers außerhalb des Sichtbereiches des Hundes vorgesehen.

Harmonie zwischen Hund und Führerin einmal anders: der Slalom durch die Beine beim „Dog Dancing“

Beschäftigungsmöglichkeiten nach der Begleithundeprüfung

Der Labrador ist ein bewegungsfreudiger, wasserliebender Hund, dessen natürliche jagdliche Anlagen und hohe Lernbereitschaft gleichermaßen die Verpflichtung in sich tragen, ihn nicht nur körperlich, sondern auch mental zu fördern und zu fordern. Spazierengehen und Spielen reichen deshalb in der Regel nicht aus, um ihn auszulasten. Ein geistig unterforderter Hund kann sehr schnell in ein unerwünschtes Verhalten abgleiten, wobei das Ausleben seines Jagdtriebs nur eine der denkbaren Facetten ist. Unter Berücksichtigung des ursprünglichen Verwendungszwecks und der darauf beruhenden züchterischen Selektion, kann sein Drang nach Beschäftigung beinahe als ein Grundbedürfnis der Rasse angesehen werden, das mit unseren

heutigen Ansprüchen, die vom Arbeitshund bis hin zum Freizeitbegleiter, Partner- bzw. Kinderersatz oder gar Prestigeobjekt reichen können, in Einklang zu bringen ist. Beschäftigung mit dem Hund heißt jedoch nicht zwingend, dass Sie mit Ihrem Labrador fortan Höchstleistungen vollbringen müssen. Das boomende Hundeausbildungswesen hält heutzutage viele Alternativen bereit, die von Spiel und Spaß mit dem Hund bis hin zu sportlich ambitionierten Beschäftigungsmöglichkeiten reichen, sodass eigentlich für jeden Geschmack und jedes Talent etwas Passendes angeboten wird.

Anlagengemäß bietet sich beim Labrador neben der Dummyarbeit vor allem Nasenarbeit in jeglicher Form an, angefangen bei in Hundeschulen angebotenen „Schnüffelkursen“ (Suchen bzw. Anzeigen verloren gegangener Gegenstände oder versteckter Personen, Unterscheidung von Gegenständen und Gerüchen usw.) bis hin zur sportlichen Fährtenhundeausbildung.

Positive Aspekte der gemeinsamen Beschäftigung

Jede sinnvolle gemeinsame Beschäftigung mit Ihrem Labrador fördert die Bindung und das gegenseitige Vertauen. Gemeinsame Erfolge stärken das Selbstbewusstsein der Teampartner und gemeinsames Üben schweißt das Mensch-Hund-Team zusammen. Zudem lernen Sie Ihren Hund immer besser kennen und einzuschätzen, während Sie gleichzeitig scheinbar nebenbei Ihr „Hundewissen“ immer mehr erweitern können. Gleichgültig, ob Sie sich „just for fun“ oder wettkampfmäßig engagieren möchten, die gemeinsame Beschäftigung wirkt sich auch positiv auf den Gehorsam Ihres Hundes aus.

Wichtig!
Wettkampfambitionen bitte nur bei geeignetem Körperbau und guter Gesundheit, ansonsten sollte das Motto „just for fun“ lauten!

Wettkampfambitionen oder „just for fun“?

Die Frage, ob Sie Ihren Labrador wettkampfmäßig oder „just for fun“ beschäftigen möchten, hängt nicht nur von Ihrem eigenen Engagement, sondern auch ganz entscheidend vom Gesundheitszustand, der Körperlichkeit und der Kondition Ihres Hundes ab.

So sind Hundesportarten, wie Agility oder Flyball, weder für Hunde mit degenerativen Gelenkveränderungen noch für Hunde mit Herz- und Kreislauferkrankungen geeignet. Auch wettkampfmäßige Dummyarbeit ist bei Gelenkerkrankungen nur begrenzt empfehlenswert, denn das abrupte Abbremsen beim Aufnehmen des Dummys stellt für die Gelenke eine hohe, punktuelle Belastungssituation dar. Schwere oder gar übergewichtige Vertreter der Rasse sind oft körperlich nicht in der Lage, Übungen, die Wendigkeit und Schnelligkeit erfordern, auszuführen. Zudem schaden hohe Sprünge den Gelenken kompakterer Tiere besonders, da sie das höhere Gewicht beim Landen auffangen müssen. Hüten Sie sich deshalb vor falschem Ehrgeiz und stellen Sie das Wohlbefinden Ihres Hundes in den Vordergrund!

Agility & Co

Einige Beschäftigungsmöglichkeiten werden in der Tabelle auf der folgenden Seite vorgestellt. Vielleicht entdecken Sie dabei eine Sportart, die Ihnen und Ihrem Hund Spaß bereiten könnte!

Interessante Beschäftigungsmöglichkeiten auf einen Blick

Beschäftigungsmöglichkeiten für den Labrador Retriever als Familienbegleiter

Dummyarbeit

Fährtenhundearbeit
Das Verfolgen einer Menschenfährte ist eine äußerst anspruchsvolle Herausforderung. Die einzelnen Prüfungsstufen unterscheiden sich in ihrem Schwierigkeitsgrad bezüglich Länge, Stehzeit, Fährtenführung, Gelände und Verleitungen. Zusätzlich müssen vom Fährtenleger auf der Strecke deponierte Gegenstände gefunden und verwiesen werden.

Agility
Das Mensch-Hund-Team meistert auf einer Streckenlänge von 100 bis 200 m einen aus bis zu 20 verschiedenen Hindernissen bestehenden Parcours möglichst schnell und fehlerfrei. Der Hund wird dabei nur durch Gesten und die Stimme des Hundeführers gelenkt.

Mobility
Im Gegensatz zum Agility steht weniger die Geschwindigkeit, sondern die korrekte Ausführung der Übungen im Vordergrund. Das Schweizer Mobility-Reglement umfasst insgesamt 18 Übungen. Die Hindernisse des Geschicklichkeitsparcours sind detailliert vorgeschrieben und laufen immer gleich ab. Bewertet werden die Übungen mit „erfüllt“ oder „nicht erfüllt“.

Dog Dancing
Beim Dog Dancing vereinen sich Elemente des Obedience mit speziell eingeübten Kunststücken zu einer genau auf die begleitende musikalische Untermalung abgestimmten Choreografie. Die Tanzfiguren werden sowohl im gegenseitigen Kontakt als auch auf Distanz ausgeübt, wobei der Hund nur durch kleinste Körpersignale und leise verbale Kommandos gelenkt wird.

Obedience
Die „Hohe Schule der Unterordnung“ beruht auf dem perfekten Zusammenspiel zwischen Mensch und Hund ohne psychischen oder physischen Druck, wobei die harmonische, schnelle und exakte Ausführung (auch auf Entfernung) im Mittelpunkt steht. Im Unterschied zu anderen Hundesportarten läuft der Hundeführer in den verschiedenen Leistungsklassen keinen festlegten Parcours ab, sondern handelt auf Anweisung des Ringstewards. Zu den bekannten Gehorsamsübungen der Begleithundeprüfung kommen noch weitere Elemente hinzu, wie z. B. das Apportieren, das Suchen, das Vorausschicken, der Positionswechsel auf Distanz („Sitz“, „Platz“, „Steh“) u. Ä.

Flyball
Ein aus England stammender Teamwettbewerb, bei dem der Hund auf Kommando des Hundeführers mehrere Hürden überwindet, um zu einer Ballmaschine zu gelangen. Dort löst er mit der Pfote einen Kontakt aus, fängt den herausgeschleuderten Tennisball und kehrt über die Hürden zum Hundeführer zurück. In dem Moment, in dem er die Start-Ziel-Linie überquert, darf der nächste Hundeführer des Teams seinen Hund losschicken.

Voraussetzungen für die Teilnahme an Kursen bzw. Prüfungen	Welche typischen Eigenschaften des Labradors werden abgefragt?
Vorlage einer FCI-anerkannten Ahnentafel	Alle typischen Retrievereigenschaften
Begleithundeprüfung – Verhaltenstest / Sachkundenachweis	Wille zur Zusammenarbeit, Arbeitsfreude, Nasenleistung, Ausdauer, Konzentrationsfähigkeit
› Begleithundeprüfung – Verhaltenstest / Sachkundenachweis › Guter Gesundheitszustand › Agilität (angepasste Statur und vernünftiges Gewicht) › Kondition	Wille zur Zusammenarbeit, Intelligenz, Lernfähigkeit, Bewegungs- und Arbeitsfreude, Ausdauer, Konzentrationsfähigkeit
› Motto: JEKAMI (=Jeder kann mitmachen) › Grundgehorsam	Wille zur Zusammenarbeit, Intelligenz, Lernfähigkeit, Arbeits- und Bewegungsfreude
› Harmonie zwischen Hund und Führer › Grundgehorsam › Dog Dancing ist so variantenreich, dass die Choreografie an die Körperlichkeit des Hundes angepasst werden kann. Grenzen ergeben sich jedoch hinsichtlich der eingebauten Kunststücke!	Wille zur Zusammenarbeit, Intelligenz, Lernfähigkeit, Arbeits- und Bewegungsfreude
› Begleithundeprüfung – Verhaltenstest / Sachkundenachweis › Gut eingespieltes Mensch-Hund-Team	Wille zur Zusammenarbeit, Intelligenz, Lernfähigkeit, Bewegungs-, Arbeits- und Apportierfreude, Konzentrationsfähigkeit
› Guter Gesundheitszustand › Agilität (angepasste Statur und vernünftiges Gewicht) › Kondition	Intelligenz, Lernfähigkeit, Bewegungs-, Arbeits- und Apportierfreude

Kinder und Labradors können – unter Ihrer Anleitung – eine besondere Beziehung zueinander entwickeln.

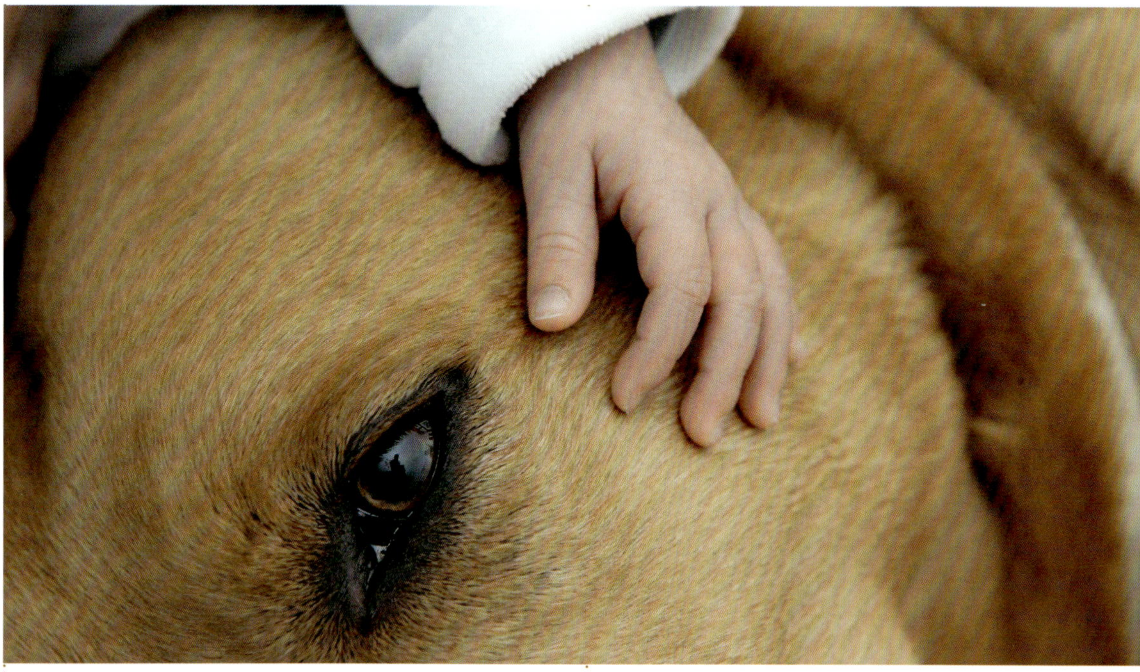

Der Labrador und Kinder

In vielen Rassebeschreibungen wird immer wieder auf die besondere Kinderfreundlichkeit der Rasse hingewiesen. Nur, was bedeutet dies im Klartext? Auch wenn der Labrador als idealer „Gefährte" für Kinder gilt, ist er immer noch ein Hund! Kinderfreundlichkeit bedeutet nicht, dass er automatisch zu jedem Kind freundlich ist, egal wie er behandelt wird. Seine Kinderfreundlichkeit beruht in erster Linie darauf, dass er generell mehr Geduld im Umgang mit Kindern zeigt und sich bei Konflikten eher zurückzieht oder ausweicht, anstatt die Gegeninitiative zu ergreifen. Dabei gilt jedoch zu beachten, dass die Toleranzgrenze Ihres Labradors Kindern gegenüber entscheidend von seinem individuellen „Nervenkostüm" und seinen bisherigen Erfahrungen abhängt. Es liegt also in Ihrer Verantwortung, Ihrem Kind klare Regeln im Umgang mit dem Hund zu vermitteln, um beiderseitige Negativerfahrungen zu vermeiden.

Typische Gefahrenquellen

> **KOMMUNIKATIVE MISSVERSTÄNDNISSE** Wenn Sie sich in diesem Zusammenhang nochmals ins Gedächtnis rufen, wie leicht es zwischen Erwachsenen und Hunden zu kommunikativen Missverständnissen kommen kann, dann gilt das erst recht für kleinere Kinder. Deshalb sollten Kinder unter sechs Jahren NIE mit einem noch so lieben Hund allein gelassen werden. Das gilt besonders für Kinder, die schon krabbeln können. Durch das Zurobben auf den Hund kann für ihn schnell eine Situation entstehen, in der er sich bedrängt oder verunsichert fühlt. Da Sie von einem Kind in diesem Alter nicht erwarten können, dass es Warnsignale des Hundes richtig deutet, kann es unvermittelt zu Eskala-

tionen kommen. Vergleichbare Situationen können sich auch aus vermeintlich gut gemeinten, aber für den Hund völlig überraschenden „Liebesbezeugungen“ oder dem Fangenspielen größerer Kinder ergeben. Damit wird deutlich, dass Kinder ursächlich eigentlich nicht aufgrund der Anwesenheit des Hundes, sondern vor allem aufgrund ihres eigenen Verhaltens gefährdet sind. Da ein grundsätzlich korrektes Verhalten von Kindern gegenüber Hunden jedoch nicht vorausgesetzt werden kann, sollte ein Hund niemals ohne kompetente Aufsichtsperson mit Kindern allein gelassen werden!

> KIND UND HUND ALLEIN UNTERWEGS Ab welchem Alter Kinder allein mit dem Hund spazieren gehen sollten, ist eine Frage ihrer individuellen Reife. In der Regel sind Kinder bis zu 12 Jahren nicht in der Lage, den Part eines Rudelführers zu übernehmen. Meist stuft sich der Hund deshalb in der Rangordnung als höher positioniert ein. Das hat zur Folge, dass er entweder selbst die Führung übernehmen will oder durch die mangelnde Kompetenz verunsichert wird – beides kann zu Gefährdungssituationen für Kind, Hund und andere Personen führen. Ein weiterer Punkt ist, dass es Kindern in diesem Alter in der Regel schlichtweg an Kraft fehlt, um einen losstürmenden Labrador überhaupt halten zu können. Ab 12 bis 14 Jahren sind Kinder in ihrer körperlichen und mentalen Entwicklung meist weit genug, um unter sachkundiger Anleitung Verantwortung für einen Hund zu übernehmen. Sie können dann die Rangordnung gegenüber dem Hund bewusst „leben“ und ein entsprechendes Verständnis für das Verhalten und Lernen des Hundes entwickeln.

Wichtige Regeln im Umgang zwischen Kind und Hund

- Hunde und Kinder können zu einem tollen Team zusammenwachsen – die Verantwortung für beide liegt aber bei Ihnen!
- Lassen Sie Ihr Kind niemals unbeaufsichtigt mit Ihrem Hund – weder im Welpen- noch im Erwachsenenalter!
- Fangspiele und Zerrspiele sind für Kinder tabu!
- Kinder sollten Hunde nie unerwartet berühren!
- Kinder sollten Hunde nie beim Fressen oder im Schlaf stören!
- Kinder sollten nie versuchen, raufende Hunde zu trennen!

> ALTERNATIVEN ZUM SPAZIERENGEHEN Eine schöne Alternative zum Spazierengehen kann z. B. auch ein Kinder-Agilitykurs sein. Er ermöglicht Ihrem Kind unter fachgerechter Betreuung mit dem Hund aktiv zu werden. Dies kommt nicht nur Ihrem Labrador zugute, sondern fördert auch das Körperbewusstsein, die Koordination, die Teamfähigkeit, die Entwicklung eines gesunden Ehrgeizes und nicht zuletzt das Selbstvertrauens Ihres Kindes! Auch wenn in seriösen Hundeschulen kindgerechte Gehorsamsübungen in die Kurse integriert werden und der Hund auf spielerische Weise lernt, das Kind als Führungspersönlichkeit zu akzeptieren, ist ein solider Grundgehorsam und das untadelige Verhalten gegenüber Artgenossen unabdingbare Voraussetzung für die Teilnahme. Achten Sie bei der Wahl der Hundeschule unbedingt darauf, dass es sich um kleine Kurse mit nicht mehr als fünf bis sechs Kind-Hund-Teams vergleichbarer Alters- bzw. Ausbildungsstufen handelt, denn nur so ist eine individuelle Betreuung gewährleistet.

Die erste historisch belegte Hundeausstellung fand 1859 in Newcastle-upon-Tyne statt.

Der Labrador als Ausstellungshund

Seit rund 150 Jahren gibt es in Großbritannien, Frankreich, Deutschland und anderen europäischen Ländern Hundeausstellungen. Damals wie heute erfüllen sie in der Welt der Kynologie vielerlei Funktionen. Neben der Ermittlung des jeweils typvollsten und „schönsten" Vertreters der Rasse, dienen sie der Information über Rassen, Zuchtvereine und allgemeine Fragen der Hundehaltung. Ferner fördern sie Kontakte zwischen Züchtern, Ausstellern und interessierten Hundefreunden. Zudem haben Hundesportgruppen, Rettungshundestaffeln und andere Organisationen des Gebrauchshundewesens die Möglichkeit, ihre Arbeit einem breiten Publikum vorzustellen.

Ausstellungen in England – gestern und heute

Ende des 19. Jahrhunderts entwickelte sich die Hundezucht in England, dem „Mutterland" der Ausstellungen, rasant. Die erste historisch belegte Hundeausstellung fand 1859 in Newcastle-upon-Tyne statt. Von diesem Zeitpunkt an wurden Hundeausstellungen immer populärer. Das neue Transportmittel „Eisenbahn" machte das Reisen bequemer und eröffnete vielen Hundebesitzern und Züchtern die Möglichkeit, landesweit Ausstellungen zu besuchen. Mit der Gründung des Kennel Clubs 1873 wurde nicht nur eine ständige Einrichtung für die Koordination und Organisation von Hundeausstellungen geschaffen, sondern auch erstmals ein Zuchtbuch veröffentlicht, in dem sich die Stammbäume von über 4 000 Hunden befanden. Kurze Zeit später wurden als Vorläufer der späteren Rassestandards erste Richtlinien für Reinrassigkeit und ein erstes Ausstellungsreglement verfasst. Heute gibt es in England alljährlich eine Vielzahl von Hundeausstellungen. Die renommiertesten sind die „Crufts Dog Show" und die Championatsausstellungen (engl. „Championship Shows"), anlässlich derer Anwartschaften auf den Titel des Ausstellungschampions, sogenannte „Challenge Certificates" (CC), an den jeweils besten Rüden und die beste Hündin der Rasse verliehen werden können. Auch wenn der Gründung des ältesten englischen Labrador Retriever Clubs (LRC) 1916 im Laufe der Jahre noch viele weitere Vereine folgten, die heute ebenfalls „Championship Shows" veranstalten, ist es für jeden Ausstellungshund immer noch eine ganz besondere Auszeichnung, ein „Challenge Certificate" anlässlich der „Club Championship Show" des LRC zu erhalten.

Der in Italien gezogene Labradorrüde „It. Ch. Loch Mor Welldone" gewann auf der Crufts 2007 sowohl das „Best of Breed" als auch die „Gundog Group".

Die „Crufts Dog Show" – die größte Hundeausstellung der Welt

Die „Crufts" findet alljährlich im März statt und gilt als größte Hundeausstellung weltweit. Sie erhielt ihren Namen von ihrem Gründer Charles Cruft und blickt auf eine lange Tradition zurück. Sie fand erstmals 1886 unter dem Namen „First Great Terrier Show" statt. Seit 1891 läuft sie unter ihrem heutigen Namen. Die Ausstellung gewann schnell an Beliebtheit und ist damals wie heute das „Highlight" jedes Ausstellungsenthusiasten. Waren es 1886 noch rund 600 Besucher, so wurden an Crufts 2007 über 140 000 Besucher erwartet!

Nach dem Tod von Charles Cruft wurde die Schirmherrschaft der Ausstellung 1948 vom Kennel Club übernommen. Nach mehreren Ortswechseln aufgrund der immer weiter anwachsenden Meldezahlen, wird sie nun seit 1991 im „National Exhibition Centre" in Birmingham abgehalten. Mittlerweile geht die Ausstellung über vier Tage und besteht aus mehreren, zeitgleich durchgeführten Veranstaltungen, in deren Mittelpunkt die Zuchtschauen der einzelnen Rassen stehen.

Seit der Änderung der Quarantänebestimmungen für die Einreise nach England ist es auch für kontinentaleuropäische Aussteller möglich, sich für eine Teilnahme an der „Crufts" zu qualifizieren. Qualifiziert sind Labradors, die bereits einen Internationalen FCI-Schönheitschampion-Titel besitzen oder die die notwendige Teilnahmeberechtigung (engl. „Overseas Qualification") als Bundessieger oder Bundesjugendsieger anlässlich der Bundessiegerzuchtschau erworben haben.

Das deutsche Ausstellungswesen

Die heutigen VDH-Ausstellungen

Über Sinn oder „Unsinn" von Hundeausstellungen wird immer wieder kontrovers diskutiert. Ausgehend davon, dass auf einer Ausstellung die Nachzucht einer Rasse gezeigt und ihre Übereinstimmung mit dem international gültigen Rassestandard von einem anerkannten Zuchtrichter bewertet wird, geben sie Züchtern ein gutes „Feedback" bezüglich ihrer Zuchtziele. Höhepunkte der VDH-Ausstellungen sind die alljährlich in Dortmund stattfindende Bundessieger- und die VDH-Europasieger-Ausstellung. Im Wesentlichen gibt es fünf Arten von Ausstellungen:

Internationale Rassehundeausstellungen

In Deutschland finden jährlich rund zwölf internationale Ausstellungen statt, die entweder von den VDH-Landesverbänden oder dem VDH selbst veranstaltet werden und allen Hunde-

Eine typische Spezial-Rassehunde-Ausstellung ...

rassen offenstehen. Sie müssen von der FCI genehmigt und terminlich geschützt werden. Es können sowohl internationale (CACIB) als auch nationale Titelanwartschaften (CAC) vergeben werden.

Das CACIB (= Certificat d'Aptitude au Championnat International de Beauté) ist eine Anwartschaft auf den internationalen und das CAC (= Certificat d'Aptitude au Championat de Beauté) eine Anwartschaft auf den nationalen Schönheitssiegertitel.

Welthundeausstellungen, Bundessieger- und Europasiegerausstellungen
Entsprechen im Wesentlichen den internationalen Rassehundeausstellungen mit dem Unterschied, dass spezielle Siegertitel (Bundessieger, Europasieger) vergeben werden können.
> FCI-Europasieger-Ausstellung
> VDH-Europasieger-Ausstellung
> Bundessieger-Ausstellung

Nationale Rassehundeausstellungen
Nationale Rassehundeausstellungen werden ebenfalls von den Landesverbänden des VDH veranstaltet und stehen allen Hunderassen offen. Im Unterschied zu Internationalen Rassehundeausstellungen können hier jedoch nur nationale Titelanwartschaften (CAC) vergeben werden.

Spezial-Rassehundeausstellungen
Spezial-Rassehundeausstellungen sind alle vom Deutschen Retriever Club (DRC) oder Labrador Club Deutschland (LCD) in eigener Verantwortlichkeit ausgerichtete Schauen, an denen nur die jeweils betreuten Retrieverrassen teilnehmen können. Es kann sowohl eine Anwartschaft auf den Schönheitstitel des jeweiligen Clubs als auch eine Anwartschaft auf den jeweiligen VDH-Titel vergeben werden.

Sonderschauen
Sonderschauen sind vom Deutschen Retriever Club oder Labrador Club Deutschland an Ausstellungen anderer Veranstalter angegliedert.

Wie gewöhne ich meinen Labrador an die Ausstellung?
Um Ihren Labrador an den Ausstellungstrubel zu gewöhnen, eignen sich insbesondere kleinere kleinere Spezial-Rassehundeausstellungen oder inoffizielle Pfostenschauen. Pfostenschauen sind lokale Veranstaltungen, die nicht unter VDH-Terminschutz stehen und an denen demnach auch keine Anwartschaften auf Titel vergeben werden. Da dort meist eine recht familiäre Atmosphäre herrscht, eignen sie sich eher für „Newcomer" um erste Erfahrungen zu sammeln, als Internationale CACIB-Ausstellungen, an denen sich häufig mehr als 2 000 Hunde aller Rassen in den Ausstellungshallen tummeln.

Geschichtliche Entwicklung der Ausstellungen in Deutschland	
1863	Erste deutsche Hundeausstellung in Hamburg mit 243 gemeldeten Hunden überwiegend englischer Abstammung
Ende 19. Jh.	Entstehung verschiedener Rassehundevereine
1906	Zusammenschluss verschiedener Rassehundevereine im „Kartell der stammbuchführenden Spezialclubs" (später „Deutsches Kartell für das Hundewesen") als Dachorganisation mit dem Hauptziel der Schaffung von Richtlinien für Ausstellungen
1911	Gründung der „Fédération Cynologique Internationale" (FCI), der weltweiten Dachorganisation im Hundewesen und Schließung eines Gegenseitigkeitsvertrages zwischen der FCI und dem Kartell
1931	25-jähriges Jubiläum des Kartells mit zwei Jubiläumsausstellungen in Frankfurt a. M. und in Berlin mit über 27 000 Besuchern
1933	Umbenennung des Kartells in „Reichsverband für das Deutsche Hundewesen" – Einführung einer Richterordnung, Ausstellungsbestimmungen wurden für ganz Deutschland verbindlich
1935	Welthundeausstellung in Frankfurt a. M. mit über 60 000 Besuchern
Ende 1941	Austritt Deutschlands aus der FCI – alle Verbindungen zum Ausland wurden abgebrochen
1949	Gründung des VDH
1951	Der VDH schließt sich wieder der FCI an: Ab 1952 können nun auch wieder Anwartschaften auf den Internationalen Schönheitssieger-Titel der FCI vergeben werden; in Stuttgart findet die erste Bundessiegerschau statt
1956	Welt-Kynologen-Kongress und Welthundeausstellung in Dortmund
1963	Gründung des Deutschen Retriever Clubs e. V. (DRC)
1973 und 1981	Welt-Kynologen-Kongress und Welthundeausstellung in Dortmund
1984	Gründung des Labrador Retriever Clubs Deutschland e. V. (LCD)
1991 und 2003	Welt-Kynologen-Kongress und Welthundeausstellung in Dortmund

Vorbereitung und Anmeldung

Grundsätzlich können an Ausstellungen, die vom VDH oder einem dem VDH angehörigen Verein veranstaltet werden, nur Hunde teilnehmen, die eine Ahnentafel eines dem VDH angeschlossenen Rassehundevereins vorweisen können. Sollte Ihr Hund aus dem Ausland stammen, muss seine Ahnentafel von einem FCI-anerkannten Mitgliedsverein ausgestellt worden sein. Beides können Sie mit einem Blick auf die Ahnentafel leicht feststellen. Befinden sich dort die Vermerke: „Mitglied im VDH" oder „der FCI angeschlossen" sowie deren entsprechende Stempel, haben Sie die erste Hürde genommen. Selbstverständlich sind auch Ahnentafeln des englischen Kennel Clubs anerkannt.

Ihr Labrador ist in Ihren Augen natürlich der schönste Hund der Welt. Das ist vollkommen normal, so geht es nahezu jedem Hundebesitzer! Da im Ausstellungsring jedoch nur der Rassestandard Grundlage für die Beurteilung Ihres Hundes sein kann, sollten Sie versuchen schon im Vorfeld Meinungen von Kennern der Szene einzuholen. Dazu zählt in erster Linie Ihr Züchter, aber auch andere erfahrene Aussteller, die in der Lage sind, Sie bereits im Vorfeld auf etwaige anatomische Fehler Ihres Hundes hinzuweisen, wie die Einhodigkeit (Monorchismus) des Rüden, ein nicht korrekt angelegtes Gebiss oder Augenfehler, wie Entropium oder Ektropium, die zur Disqualifikation bzw. zur Bewertung „nicht genügend" führen würden.

Außerdem sollte Ihr Hund auch ordentlich sozialisiert sein, denn nirgendwo sonst trifft er auf so engem Raum auf eine so große Zahl von fremden Hunden aller Rassen. Er muss tolerieren, dass fremde Menschen ihn anfassen, und darf sich durch die Situation im Ring nicht beeindruckt zeigen. Auch eine solide Grundausbildung sollte selbstverständlich sein, denn ohne ein gewisses Maß an Leinenführigkeit wird Ihr Gang durch die Ausstellungshalle zu einer nervenaufreibenden Herausforderung.

Informationen, wo und wann Ausstellungen stattfinden, finden Sie in den Internetauftritten der beiden Rassezuchtvereine Deutscher Retriever Club (DRC) und Labrador Club Deutschland (LCD) sowie in deren Clubmagazinen oder in diversen kynologischen Zeitschriften. In den Ausstellungsausschreibungen finden sich auch Hinweise über die Meldeformalien, den Meldeschluss und die Meldekosten.

Nach der Anmeldung bekommen Sie in der Regel eine Meldebestätigung, die meist auch gleich als Eintrittskarte gilt. Spätestens jetzt sollten Sie einen Blick in die „Schaurichtlinien" werfen, um eine Vorstellung davon zu bekommen, was Sie am Ausstellungstag erwartet.

Eine perfekte Präsentation im Stand

Wie führe ich meinen Labrador richtig vor?

Für eine überzeugende Vorstellung Ihres Labradors im Ring sollte er sich in einem ausgezeichneten Pflegezustand befinden und möglichst optimal vorgeführt werden. Da eines der kennzeichnenden Merkmale der Rasse die Fellqualität ist, sollten Sie besonders auf ein gepflegtes, sauberes Fell achten. Denken Sie aber daran, dass zu viel Baden die Fellstruktur nachteilig verändert. Es wird dadurch weicher und verliert seine Wasser abweisende Funktion. Deshalb sollten Sie Ihren Labrador nur, wenn unbedingt notwendig und immer bereits ein paar Tage vor der Ausstellung, baden, damit sich die Fellstruktur wieder regenerieren kann. Getrimmt wird beim Labrador nur – wenn überhaupt – der Haarwirbel an der Rutenspitze. Die Otterrute ist ebenfalls ein wesentliches Rassemerkmal. Zuweilen sieht man heute auf Ausstellungen gerade, beinahe kantig abgeschnittene Enden. Dies widerspricht jedoch dem Vorbild des Otters, dessen Schwanz sich zum Ende hin verjüngt, also eher spitz zuläuft.

Auch ein gesäubertes und so weit wie möglich von Zahnstein befreites Gebiss sowie gesäuberte Außenohren sollten am Ausstellungstag selbstverständlich sein. Zu lange Krallen sollten geschnitten werden, um die Rundheit der gewünschten „Katzenpfoten" optisch zu unterstreichen. Achten Sie auch auf das Idealgewicht Ihres Hundes. Er sollte agil, gut bemuskelt und weder zu dünn noch zu dick sein.

> DIE VORSTELLUNG IM STAND Da ein Labrador frei stehend vorgeführt wird, ist es sinnvoll, wenn Sie das Kommando „Steh" bereits vom Welpenalter an üben. Sie können Ihren Welpen zum „Steh" ermuntern, indem Sie ihn aus dem Liegen oder Sitzen mittels eines Leckerchens zum Aufstehen animieren oder das zufällige Stehen positiv bestätigen. Sobald er steht, kraulen Sie ihn sanft am Kinn. Achten Sie dabei unbedingt darauf, Ihren Oberkörper nicht über ihn zu lehnen. Je nach Temperament kann dies entweder sehr dominant auf ihn wirken und ihn zurück- oder seitlich ausweichen lassen oder ihn animieren Sie anzuspringen. Solange er in der gewünschten Postion stehen bleibt, sollten Sie ihn durch das Kraulen bestätigen und das „Steh" mit einem freundlich gesprochenen Kommando begleiten. Üben Sie anfangs nur sehr kurz. Bleibt er für einige Momente ruhig stehen, können Sie das Kommando wieder auflösen und ihn loben. Sollte er sich schon vorher hinsetzen, gibt es verschiedene Ansätze, wobei es nicht viel Sinn macht, wenn Sie versuchen den sitzenden Hund manuell wieder aufzustellen. Besser ist es, wenn Sie ihn entweder durch einen Schritt nach hinten zum Aufstehen animieren oder einen kleinen Kreis gehen und ihn dann an der alten Stelle wieder zum Stehen ermuntern. Überprüfen Sie dabei auch Ihr „Timing"! Haben Sie den ersten Versuch vielleicht zu lange ausgedehnt und den richtigen Zeitpunkt, die Übung zu beenden, verpasst? Dann sollten Sie ihn nochmals zum „Steh" ermuntern und die Übung im Moment der korrekten Ausführung auf Ihr Kommando hin beenden. Anschließend können Sie die Dauer des Stehens schrittweise wieder ausdehnen. Beobachten Sie Ihren Hund dabei jedoch genau und versuchen Sie den richtigen Zeitpunkt für die Auflösung des Kommandos zu erwischen. Sobald Ihr Hund das Kommando „Steh" gut verknüpft hat, können Sie Ihre unterstützende, kraulende Hand durch die Aussicht auf kleine Leckerbissen ersetzen. Bewahren Sie diese am besten in einer Plastiktüte in Ihrer Jackentasche auf.

Wenn Ihr Hund schön steht, unterstützen Sie ihn verbal und bestätigen ihn anfänglich häufig mit einem Leckerbissen. Umso zuverlässiger Ihr Hund das Kommando beherrscht, umso weiter können Sie das Füttern reduzieren. Ziel ist es, Ihren Hund letztlich allein durch das Rascheln der Tüte in eine so freudige Erwartungshaltung zu versetzen, dass er aufmerksam und freundlich wedelnd vor Ihnen steht. Während die Erwartungshaltung im Dummybereich möglichst niedrig gehalten werden sollte, kann sie hier von außerordentlichem Nutzen sein!

Parallel zum „Steh“ sollten Sie auch schon frühzeitig beginnen das „Zähne zeigen“ zu üben. Dies ist vor allem deshalb wichtig, weil der Zuchtrichter nicht nur die Gebissstellung, sondern auch die Vollständigkeit des Gebisses kontrolliert, wozu er den Fang Ihres Hundes öffnen muss. Ein wenig Honig oder Sirup am Finger hilft Ihnen diese Übung für Ihren Welpen anfangs etwas angenehmer zu gestalten und sie schließlich zur Normalität werden zu lassen. Während des Zahnwechsels sollten Sie bei der Gebisskontrolle sehr vorsichtig vorgehen oder sie eventuell ganz einstellen, um negative Reaktionen zu vermeiden.

> **DIE VORSTELLUNG IN DER BEWEGUNG** Der Richter möchte Ihren Hund im Ring in einem gleichmäßigen Trab sehen. Die typischen Bewegungsanweisungen sind so ausgelegt, dass der links neben dem Führer laufende Hund immer dem Richter zugewandt ist, d. h. die Sicht des Richters bei richtiger Ausführung niemals durch den Führer verdeckt ist.

Bevor Sie mit dem Bewegungstraining beginnen, sollte Ihr Labrador bereits leinenführig sein, denn schließlich wollen Sie und nicht Ihr Hund das Tempo und die Laufrichtung im Ring bestimmen. Trotzdem sollte er sich im Ring nicht zu stark in der Unterordnung befinden, da er ansonsten vielleicht zu eng am Bein läuft oder seinen Blick zu sehr nach oben richtet, anstatt nach vorn zu schauen. Um dem Hund die Unterscheidung zwischen Unterordnungsübungen und dem Training für die Ausstellung zu erleichtern, benutzen viele Aussteller bei Letzterem von Anfang an immer ein Ausstellungsleine.

Das Ringtraining

Um individuelle Tipps, mehr Praxis und den letzten Feinschliff zu bekommen, ist es empfehlenswert, wenn Sie sich und Ihren Hund im Rahmen eines Ringtrainings auf Ihren ersten großen Auftritt vorbereiten. Ringtrainings werden in der Regel von den Zuchtvereinen oder engagierten Züchtern angeboten.

Beim Ringtraining lernt Ihr Hund …

- ruhig und gelassen stillzustehen, während Fremde seinen Körper abtasten, sein Gebiss und bei Rüden auch das Vorhandensein zweier normal ausgebildeter Hoden prüfen.
- sich im Stand fröhlich wedelnd und entspannt zu zeigen.
- in der Bewegung ruhig, zugleich aber schwungvoll und raumgreifend an Ihrer linken Seite zu traben, ohne dabei an der Leine zu ziehen oder ständig hochzuspringen.

Beim Ringtraining lernen Sie …

- dass die Ausstellungsleine immer locker um den Hals liegen sollte, um ihn optisch nicht kürzer erscheinen zu lassen.
- wie Sie Ihren Hund am besten motivieren können, damit er sich von seiner Schokoladenseite zeigt.

Die wichtigsten Bewegungsrichtungen

Das Dreieck

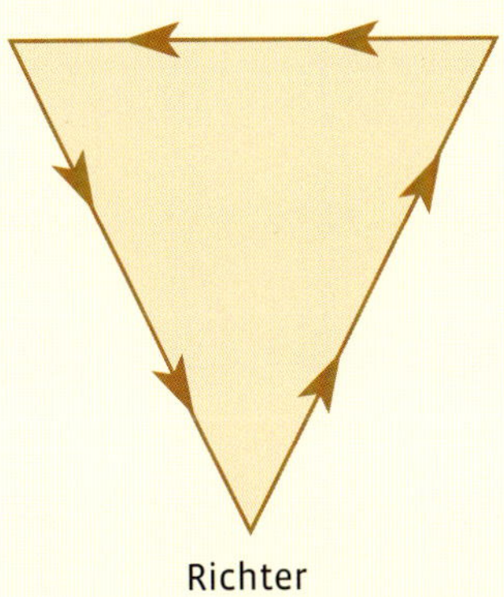

Laufen Sie in gerader Linie zur gegenüberliegenden Ringecke, dann am Ringrand entlang, d. h. parallel zum Standort des Richters, und anschließend von der anderen Ringecke aus wieder in gerader Linie auf den Richter zu.

Wichtig!
Die Laufrichtung muss so gewählt sein, dass der links neben dem Führer laufende Hund auf der dem Standort des Richters gegenüberliegenden Seite innen, d. h. zum Richter gewandt, läuft.

Der Kreis

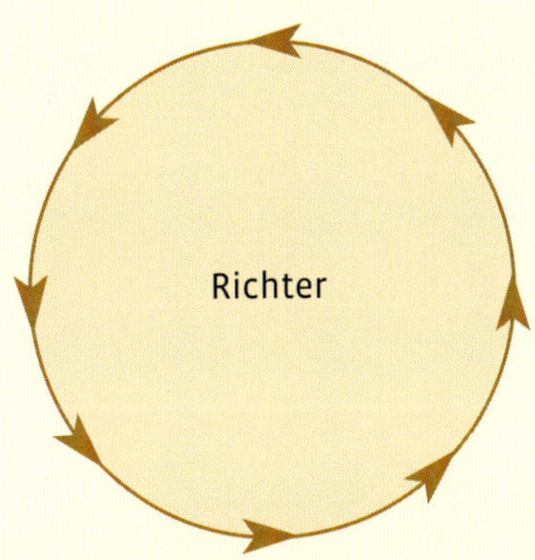

Wenn der Richter einen „Kreislauf" aller im Ring befindlicher Hunde verlangt, dann steht er selbst in der Mitte. Meist versucht er sich auf diese Weise einen ersten Überblick über die Qualität der Klasse zu verschaffen.

Wichtig!
Laufen Sie gegen den Uhrzeigersinn im Kreis, denn nur dann befindet sich der links neben Ihnen laufende Hund auch dem Richter zugewandt! Versuchen Sie die Abstände zwischen den Hunden einzuhalten und achten Sie darauf, dass Ihr Hund auf Sie konzentriert bleibt.

Die gerade Linie

Laufen Sie zuerst in einer geraden Linie vom Richter weg. Am Ende der Ringbegrenzung machen Sie eine Drehung nach links, denn nur so kann der Richter den Hund auch in der Drehbewegung sehen! Anschließend laufen Sie wieder in einer geraden Linie auf den Richter zu.

Wichtig!
Auf beiden Strecken sollte sich Ihr Hund auf einer Linie mit dem Richter bewegen!

- in welchem Tempo er das schönste Gangwerk zeigt.
- die „Geometrie des Showrings" kennen und wie Sie die vom Richter üblicherweise vorgegebenen Bewegungsrichtungen, wie Kreise, Dreiecke oder auch Quadrate, innerhalb der Banderolen am besten laufen. Wichtig ist dabei, dass Sie dem Richter nie die Sicht auf Ihren Hund versperren oder andere Aussteller behindern.

Der Erfolg bei Ausstellungen hängt nicht nur vom Erscheinungsbild Ihres Hundes ab, sondern auch von Ihrer Präsentation. Das gekonnte Vorführen muss genauso trainiert werden wie andere Ausbildungsinhalte auch.

Die Klasseneinteilung

Bei internationalen und nationalen Rassehundeausstellungen werden die Klassen in folgender Reihenfolge gerichtet: Veteranen-, Ehren-, Jüngsten-, Jugend-, Zwischen-, Champion-, Gebrauchshundeklasse und Offene Klasse. Ist nur ein Richter eingeladen, werden zunächst alle Rüden- und im Anschluss die Hündinnenklassen bewertet. Es gibt Einzelbewertungen (Einteilung siehe Tabelle) und die folgenden Gruppenbewertungen:

› **ZUCHTGRUPPE** Eine Zuchtgruppe besteht aus mindestens drei Hunden einer Retrieverrasse

Einzelbewertungen

Klasse	Altersvorgaben	Spezielle Zulassungsvoraussetzungen
Jüngstenklasse	6–9 Monate	–
Jugendklasse	9–18 Monate	–
Zwischenklasse	15–24 Monate	–
Offene Klasse	Ab 15 Monaten	–
Gebrauchshundeklasse	Ab 15 Monaten	Für die Meldung in der Gebrauchshundeklasse muss das von der FCI vorgeschriebene Formular über die Bestätigung einer erfolgreich abgelegten und anerkannten Prüfung beigefügt sein. Folgende Prüfungen berechtigen einen Labrador in Deutschland zum Start in der Gebrauchshundeklasse: › BLP/R, RGP des DRC bzw. JGP/R des LCD, HP/R des DRC bzw. Spez. JGP/R des LCD sowie die HZP und VGP des JGHV
Championklasse	Ab 15 Monaten	Voraussetzung für die Meldung in dieser Klasse ist ein bereits bestätigter Titel. Dies kann im Einzelnen sein: › „Internationaler Champion FCI“ › „Nationaler Champion“ › „Clubsieger mit Arbeitsprüfung“ (nur auf Spezial-Rassehundeausstellungen des jeweiligen Rassezuchtvereins) › „Deutscher Champion“ (Club oder VDH) › „Deutscher Bundessieger“ › „VDH-Europasieger“
Ehrenklasse		Voraussetzung für die Meldung in dieser Klasse ist der bereits bestätigte Titel „Internationaler Schönheitschampion“. In dieser Klasse gibt es keine Formwertnote, sondern nur Platzierungen. Der an erster Stelle platzierte Hund nimmt am Wettbewerb „Bester Hund der Rasse“ (BOB) teil.
Veteranenklasse	Ab dem vollendeten 8. Lebensjahr	Auch in dieser Klasse werden keine Formwerte vergeben. Der Zuchtrichter platziert die Hunde in Hinsicht auf den Standard und unter besonderer Berücksichtigung der Kondition.

Früh übt sich, was ein Ausstellungshund werden will.

mit gleichem Zwingernamen. Weitere Voraussetzung für die Teilnahme ist, dass alle drei am gleichen Tag bereits bei der Einzelbewertung mindestens die Formwertnote „gut" erhalten haben oder in der Ehren- bzw. Veteranenklasse ausgestellt worden sind.

> **NACHZUCHTGRUPPE** Eine Nachzuchtgruppe besteht aus mindestens fünf Nachkommen eines Rüden oder einer Hündin aus mindestens zwei verschiedenen Würfen. Alle vorgestellten Hunde müssen zuvor auf einer Zuchtschau mindestens die Formwerte „gut" erhalten haben, wobei mindestens zwei der vorgestellten Hunde am gleichen Tag ausgestellt worden sein müssen. In die Beurteilung fließen sowohl die Qualität der einzelnen Nachkommen als auch die phänotypische Übereinstimmung mit Vater oder Mutter mit ein.

> **PAARKLASSE** In der Paarklasse werden ein Rüde und eine Hündin vorgestellt, die beide im Eigentum eines Ausstellers stehen und am Ausstellungstag bereits in Einzelbewertung mit mindestens „gut" beurteilt bzw. in der Ehren- oder Veteranenklasse ausgestellt worden sein müssen. Die Beurteilung gleicht der der Zuchtgruppen – gesucht wird das idealtypische Paar!

Die Ausstellungsleine sollte auf die Farbe Ihres Labradors abgestimmt sein, um die Halslinie optisch nicht zu unterbrechen und damit den Gesamteindruck zu stören.

Rund um die Ausstellung

Es ist durchaus sinnvoll, wenn Sie sich bereits einige Tage vor Ihrer ersten Ausstellung eine Liste wichtiger Dinge erstellen, die Ihnen und Ihrem Hund vor Ort nützlich sein könnten. Ferner sollten Sie auch der Kleiderfrage ein paar Gedanken widmen. Gerade ausländische Richter schätzen es, wenn Sie nicht allzu leger im Ring erscheinen. Erfahrene Aussteller achten bei der Kleiderwahl auch bewusst auf die Farbe. Ein schwarzer Labrador vor einer schwarzen Hose lässt seine Körperkonturen leicht verschwimmen, während ein moderater Kontrast sie eher hervorhebt.

Die Ankunft auf der Ausstellung

Fahren Sie am Ausstellungstag pünktlich los, damit sich Ihr Hund in aller Ruhe auf die Ausstellungsatmosphäre einstellen kann. Am Eingang wird ein Tierarzt den Impfpass Ihres Hundes auf seine Aktualität hin überprüfen und Sie bekommen gegen Vorlage Ihrer Meldebestätigung einen Ausstellungskatalog. Die Information, in welchem Ring Ihre Rasse gezeigt wird, finden Sie ebenso im Ausstellungskatalog wie eine Übersicht über die Ringe und ein Tagesprogramm, das Ihnen Aufschluss darüber geben wird, wann die Klasse, in der Ihr Hund gemeldet ist, an der Reihe sein wird.

Auf einen Blick

Die wichtigsten Ausstellungs-utensilien

Wichtige Formalien

- Meldebestätigung
- Gegebenenfalls Nachweis über die Berechtigung zum Start in der Gebrauchshundeklasse
- Ahnentafel
- Impfpass mit gültiger Tollwutimpfung
- Wegbeschreibung für Anfahrt, Buchungsbeleg fürs Hotel usw.

Für das Wohlbefinden von Hund & Mensch

- Hundedecke, evtl. auch ein zusammenklappbarer Zimmerkennel, in den sich Ihr Hund während des Wartens zurückziehen kann
- Wassernapf und ein kleiner Wasservorrat
- Handtuch, Kamm und Bürste für den Hund
- Säckchen zum Kotaufsammeln
- Verpflegung für Hund und Mensch
- Klappstuhl
- Sonnen- oder Regenschirm bei Ausstellungen im Freien
- Evtl. Bodenanker bei Ausstellungen im Freien

Wichtige Ringutensilien

- Ausstellungsleine (Empfehlenswert ist eine sehr dünne, auf die Farbe Ihres Hundes abgestimmte, weiche Nylonleine. Lederleinen sind häufig zu steif und lassen sich deshalb schlechter handhaben.)
- Sicherheitsnadel oder „Showclip" zum Befestigen der Startnummer
- Leckerchen zur Belohnung im Ring (Es bieten sich dabei vor allem weiche, nicht allzu große Stückchen Wurst oder Käse an, die der Hund leicht abschlucken kann. Bewährt haben sich auch wiederbefüllbare Tuben mit Leberwurst oder Käsecreme, die eine feine Dosierung zulassen. Harte Biskuits sind nicht geeignet!)

Am Ring angekommen, sollten Sie sich beim Ringpersonal melden und Ihre Startnummer abholen, die Sie mithilfe der mitgebrachten Sicherheitsnadel oder des Clips an Ihrer Kleidung befestigen können. Suchen Sie sich anschließend einen ruhigen Platz im Ringbereich, von dem Sie das Richten gut beobachten können. Der beste Platz befindet sich gegenüber dem Richtertisch, denn von dort aus können Sie die zur Endbewertung präsentierten Hunde besonders gut sehen. Auch wenn es noch länger dauert, bis Sie mit Ihrem Hund an der Reihe sind, bleiben Sie in Ringnähe und beobachten Sie den Fortgang des Richtens. Einerseits können Sie auf diese Weise vielleicht noch den einen oder anderen Trick von den Profis lernen, andererseits sind Sie zur Stelle, wenn Ihre Nummer aufgerufen wird.

Der Ablauf im Ring

Die einzelnen Klassen werden vom Ringsteward, dem Helfer des Richters, aufgerufen. Sobald Ihre Klasse genannt wird, gehen Sie mit Ihrem Hund in den Ring und stellen sich in der Reihenfolge der Startnummern auf. Achten Sie dabei auf einen gleichmäßigen Abstand zu Ihrem Vorder- und Hintermann. Sobald der Richter in die Mitte des Rings tritt, sollten Sie Ihren Labrador in Position bringen. Stellen Sie ihn dabei so auf, dass er vom Richter gut von der Seite betrachtet werden kann. Nachdem sich der Richter einen ersten Überblick über die anwesenden Hunde im Stand verschafft hat, wird er die Gruppe in der Regel dazu auffordern, im Kreis zu laufen, um die Hunde auch ein erstes Mal in der Bewegung begutachten zu können. Konzentrieren Sie sich beim Kreisgang auf Ihren Hund und achten Sie gleichzeitig darauf, Ihre Laufgeschwindigkeit dem vorhergehenden Teilnehmer anzupassen.

Da manchmal nicht nur der erste, sondern auch der letzte Eindruck zählt, sollten Sie Ihren Labrador, solange der Richter sein Urteil formuliert, möglichst optimal präsentieren.

Sie haben später bei der Einzelbewertung noch die Möglichkeit, ihn in dem für ihn am vorteilhaftesten Tempo vorzustellen. Wenn sich der Richter ein erstes Bild gemacht hat, gibt er das Kommando zum Abbrechen und fordert den ersten Teilnehmer auf, zur Einzelbewertung zu ihm zu kommen.

Solange Sie nicht an der Reihe sind, können Sie Ihren Hund in der Wartesituation entspannen lassen, denn die Konzentration des Richters gehört jetzt ganz dem jeweiligen Hund in der Einzelbewertung. Ist der Richter mit seiner Bewertung fertig, dann schließt der bereits gerichtete Hund wieder am Ende der Reihe wartender Hunde auf, während der nächste Hund zur Einzelbewertung nachrückt. Sollten Sie als Nächstes an der Reihe sein, machen Sie Ihren Hund zuerst auf sich aufmerksam, bevor Sie zum Richter gehen. Normalerweise wird er zunächst den Körper Ihres Hundes begutachten wollen. Er tastet dabei den Brustkorb ab, überprüft eventuell die Länge der Rute und bei Rüden das Vorhandensein beider Hoden. Bei der Kontrolle des Gebisses können Sie ihm diskret helfen, indem Sie mit einem Bein hinter Ihren Hund treten, um zu verhindern, dass er nach hinten ausweicht. Danach wird der Richter vor den Hund treten und ihn ansprechen, um seinen Kopf, Mimik und Ausstrahlung beurteilen zu können. Anschließend wird er Sie auffordern, Ihren Hund in der Bewegung zu zeigen. Hat er sich ein ausreichendes Bild über die Qualitäten Ihres Hundes gemacht, begibt er sich an den Richtertisch, um dem Steward seine Bewertung zu diktieren. Während des Diktats wird er immer wieder einen Blick auf Ihren Hund werfen, deshalb müssen Sie ihn jetzt bestmöglich von der Seite präsentieren. Achten Sie darauf, nicht zu nahe am Richtertisch zu stehen, damit der Richter das Gesamtbild Ihres Hundes auch noch im Sitzen beurteilen kann. Konzentrieren Sie sich in diesem Moment ausschließlich auf Ihren Hund und versuchen Sie nicht nervös zu werden. Sobald die Bewertung fertiggestellt ist, wird der Richter sich erheben, Sie in die Warte-

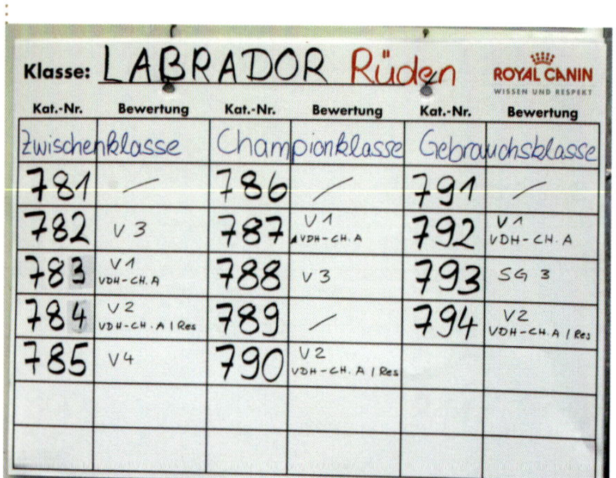

Die Bekanntgabe der einzelnen Resultate erfolgt direkt im Anschluss an die jeweilige Klasse.

reihe zurückschicken und den nächsten Hund aufrufen. Nachdem Sie Ihren Platz in der Reihe wieder eingenommen haben, können Sie sich ein bisschen entspannen.

In dem Moment, in dem die letzte Einzelbewertung geschrieben worden ist, ist auch schon eine erste Entscheidung gefallen. Normalerweise wird die Gruppe nun vom Richter oder Steward geteilt: Die Hunde, die mit der Formwertnote „vorzüglich" bewertet worden sind, dürfen im Ring verbleiben, während alle anderen verabschiedet werden und den Ring verlassen müssen. Sind Sie und Ihr Hund in der darauffolgenden Endausscheidung dabei, können Sie schon einmal gewiss sein, dass Sie einen „vorzüglichen" Labrador haben. Allerdings gilt das für die anderen noch im Ring verbliebenen Hunde in gleichem Maße. Am Ende entscheiden häufig Details, und eine professionelle Präsentation kann schnell zum „Zünglein an der Waage" werden! Nach einer weiteren Vorstellung im Stand und in der Bewegung erfolgt ein letztes Aufstellen. Während der Richter seinen Blick ein letztes Mal von einem Hund zum anderen schweifen lässt, sollten Sie noch einmal versuchen, Ihren Hund von seiner besten Seite zu präsentieren. Nach der Aufstellung der Platzierungstafeln von 1 bis 4 wird der Richter nun zunächst dem Viertplatzierten gratulieren, bevor er in aufsteigender Reihenfolge die ersten Hunde platziert.

Die Bewertungen

Auch im Ausstellungsring kann immer nur einer gewinnen! Sollten Sie vielleicht nicht so gut abschneiden wie erwartet, bleiben Sie trotzdem souverän und fair. Das Urteil der Zuchtrichter ist frei und unanfechtbar. Sie sind bei ihren Bewertungen ausschließlich ihrer Interpretation des Rassestandards verpflichtet. Jeder Richter wird, ebenso wie jeder Rassehundbesitzer und -züchter, einen bestimmten Typ im Rahmen des Standards bevorzugen und seine persönlichen Präferenzen oder Toleranzen in seine Bewertungen mit einfließen lassen. Abhängig von der gerichteten Klasse hat der Zuchtrichter die Möglichkeit, die auf Seite 245 aufgeführten Formwertnoten zu vergeben.

Die begehrten Pokale

Die Platzierungen

Die Platzierung der Hunde erfolgt immer unmittelbar nach der Bewertung der einzelnen Hunde jeder Klasse. Platziert werden die jeweils besten vier Hunde jeder Klasse, sofern sie mindestens die Formwertnote „sehr gut“ erhalten haben. Sollte in einer Klasse nur ein Hund vorgeführt und mit der Formwertnote „vorzüglich“ oder „sehr gut“ bewertet werden, so wird ihm zusätzlich der erste Platz zuerkannt („vorzüglich 1“ bzw. „sehr gut 1“).

> **BOB, BOS UND BIS** Nach dem Richten aller Klassen treten die erstplatzierten und mit „vorzüglich“ bewerteten Rüden und Hündinnen der Jugend-, Zwischen-, Champion-, Gebrauchshunde- und Offenen Klasse sowie die Erstplatzierten der Ehren- und Veteranenklasse nochmals gegeneinander an, um den besten Rüden und die beste Hündin zu bestimmen. Anschließend prämiert der Zuchtrichter aus diesen beiden den „Besten Hund der Rasse“ (BOB = engl. „Best of Breed“) sowie den Unterlegenen als den „Besten Hund des anderen Geschlechts“ (BOS = engl. „Best of Opposite Sex“). Am Ende des Ausstellungstages wird im Ehrenring noch aus allen BOB der gezeigten Rassen der beste Hund der Schau (BIS = engl. „Best in Show“) ausgewählt.

> **GRUPPENWETTBEWERBE** Alle „Besten Hunde der Rasse“ nehmen zusätzlich am sogenannten „Gruppenwettbewerb“ teil. Gemeint ist damit die FCI-Gruppe, in der Ihre Rasse registriert ist. Beim Labrador Retriever ist dies die Gruppe 8, in der sämtliche Apportier-, Stöber- und Wasserhunde zusammengefasst sind. In jeder einzelnen FCI-Gruppe werden die ersten drei Hunde platziert und somit der Gruppensieger ermittelt.

Die Anwartschaften

Die Vergabe aller internationaler Anwartschaften (CACIB) und aller nationaler Anwartschaften (CAC) liegen im Ermessen des Richters. Sie werden sowohl für Rüden und Hündinnen ausgegeben, können jedoch nur einem Hund zuerkannt werden, der auch tatsächlich „Championqualitäten“ besitzt. Um das CACIB konkurrieren die mit „vorzüglich“ bewerteten Erstplatzierten der Zwischen-, Gebrauchshunde-, Champion- und Offenen Klasse, während ein CAC nicht nur in diesen, sondern auch in der Jugend- (Jugend-CAC) und Veteranenklasse (Veteranen-CAC) vergeben werden kann.

Zusätzlich zu den direkten Anwartschaften können auch sogenannte Reserve-Anwartschaften (Res.-CACIB oder Res.-CAC) vergeben werden. Diese werden vor allem dann relevant, wenn der Erstplatzierte den entsprechenden Titel bereits führt oder eine der geforderten Voraussetzungen nicht erfüllt. Während das Reserve-CAC an die mit „vorzüglich“ bewerteten Zweitplatzierten der jeweiligen Klasse vergeben werden kann, gestaltet sich die Vergabe des

Bewertungen auf einen Blick

Jüngstenklasse
› Vielversprechend (Vv)
› Versprechend (Vsp)
› Wenig versprechend (Wv)

Jugendklasse, Zwischenklasse, Offene Klasse, Gebrauchshundeklasse und Championklasse

Vorzüglich (V) = Ihr Labrador kommt dem Idealstandard der Rasse sehr nahe.

Sehr Gut (SG) = Ihr Labrador besitzt die typischen Merkmale seiner Rasse.

Gut (G) = Ihr Labrador besitzt die Hauptmerkmale seiner Rasse, zeigt aber auch Abweichungen oder Fehler.

Genügend (Ggd) = Ihr Labrador entspricht seinem Rassetyp in genügender Weise, ohne jedoch die allgemein bekannten Eigenschaften zu besitzen.

Disqualifiziert (Disq) = Ihr Labrador entspricht anatomisch oder in seinem Verhalten nicht dem im Standard vorgeschriebenen Rassetyp oder weist beispielsweise Gebiss-, Zahn- oder Farbfehler auf.

Ohne Bewertung = bleibt Ihr Labrador, wenn ihm keiner der vorgenannten Formwerte zuerkannt werden kann. Dies könnte z. B. der Fall sein, wenn er sich nicht anfassen lässt, sich der Gebisskontrolle entzieht oder wenn sein Gangwerk nicht beurteilt werden kann, weil er lahmt.

Beste Zuchtgruppe
Der Titel wird dann an die beste Zuchtgruppe vergeben, wenn alle Hunde zuvor bei der Einzelbewertung mindestens die Formwertnote „sehr gut" erreicht haben. Die Urkunde erhält der Züchter.

Beste Nachzuchtgruppe
Der Titel wird dann an die beste Nachzuchtgruppe vergeben, wenn alle Hunde zuvor bei der Einzelbewertung mindestens die Formwertnote „sehr gut" erreicht haben. Die Urkunde erhält der Rüden- oder Hündinnenbesitzer.

Bestes Paar
Die Paarklasse besteht aus einem Rüden und einer Hündin, die beide im Eigentum eines Ausstellers stehen müssen. Die Beurteilung erfolgt im gleichen Modus wie die Vergabe des Titels „Beste Zuchtgruppe".

Reserve-CACIB etwas aufwendiger. Es treten dafür nicht nur die mit „vorzüglich" bewerteten Erstplatzierten der anderen Klassen an , sondern auch der mit „vorzüglich" Zweitplatzierte derjenigen Klasse, aus der der Gewinner des CACIB stammt. Bei einer Bundessieger-, VDH-Europasieger-, FCI-Europasieger- oder FCI-Welthundeausstellung können zusätzlich zu den genannten Anwartschaften, auch die nachfolgenden Tagestitel vergeben werden. Im Gegensatz zu anderen Ländern gibt es in Deutschland die Titel des „Deutschen Champions", des

Die Sieger der Rüdenklasse der VDH-Europasieger-Ausstellung in Dortmund 2007

„Deutschen Jugendchampions" und des „Deutschen Veteranenchampions" zweifach! Sie werden vom VDH und vom zuständigen Rassehundeclub vergebenen.

Anwartschaften

AUF INTERNATIONALEN RASSEHUNDE-AUSSTELLUNGEN

> Internationaler Schönheitschampion (CACIB)
> Deutscher Champion (VDH)
> Deutscher Jugendchampion (VDH)
> Deutscher Veteranenchampion (VDH)
> sowie bei angegliederter Sonderschau zusätzlich die korrespondierenden Club-Anwartschaften

AUF NATIONALEN RASSEHUNDEAUSSTELLUNGEN

> Deutscher Champion (VDH)
> Deutscher Jugendchampion (VDH)
> Deutscher Veteranenchampion (VDH)
> sowie bei angegliederter Sonderschau zusätzlich die korrespondierenden Club-Anwartschaften

AUF SPEZIAL-RASSEHUNDEAUSSTELLUNGEN

> Deutscher Jugendchampion (VDH & Club)
> Deutscher Veteranenchampion (VDH & Club)
> Deutscher Champion (VDH & Club)

Tagestitel

> Deutscher Bundesjugendsieger
> Deutscher Bundessieger
> VDH-Europajugendsieger
> VDH-Europasieger
> FCI-Europajugendsieger
> FCI-Europasieger
> FCI-Weltjugendsieger
> FCI-Weltsieger

Die Ausstellungstitel im Überblick

Internationaler Schönheitschampion (FCI)	**Deutscher Champion**	
	VDH	CLUB
2 durch die FCI bestätigte Anwartschaften (CACIB) unter 2 verschiedenen Richtern, in 2 verschiedenen Ländern, davon einmal im Heimatland des Hundeeigentümers oder im Ursprungsland der Rasse **plus** Nachweis über bestandene Arbeitsprüfung (in Deutschland anerkannt sind: BLP/R, HP/R/SpJGP/R, RGP/JGP/R, HZP, VGP) **plus** Einhaltung eines zeitlichen Abstands zwischen den beiden geforderten CACIB von mindestens 1 Jahr und 1 Tag	5 Anwartschaften unter 3 verschiedenen Richtern auf den Dt. Champion des VDH, die auf allen vom VDH geschützten Ausstellungen erworben werden können. Davon mindestens 3 auf internationalen bzw. nationalen Rassehundeausstellungen und max. 2 auf Spezial-Rassehundeausstellungen erworben **plus** Einhaltung eines zeitlichen Abstands zwischen der ersten und der letzten Anwartschaft von 1 Jahr und 1 Tag	4 CAC unter 3 verschiedenen Richtern, die auf einer Spezial-Rassehundeausstellung erworben werden **oder** 3 CAC anlässlich einer Spezial-Rassehundeausstellung und 1 neutrales CAC anlässlich einer CACIB-Ausstellung **plus** Einhaltung eines zeitlichen Abstands zwischen der ersten und der letzten Anwartschaft von 1 Jahr und 1 Tag

Deutscher Jugendchampion		Deutscher Veteranenchampion	
VDH	CLUB	VDH	CLUB
3 Anwartschaften auf den Dt. Jugendchampion des VDH unter 2 verschiedenen Richtern, wobei mindestens 2 auf internationalen oder nationalen Rassehundeausstellungen erworben sein müssen (ohne zeitliche Begrenzung)	3 Jugend-CAC unter 3 verschiedenen Richtern auf einer Spezial-Rassehundeausstellung des entsprechenden Clubs (DRC oder LCD)	3 Anwartschaften auf den Dt. Veteranenchampion des VDH unter 2 verschiedenen Richtern, wobei mindestens 2 auf internationalen oder nationalen Rassehundeausstellungen erworben sein müssen (ohne zeitliche Begrenzung)	3 Veteranen-CAC unter 3 verschiedenen Richtern auf einer Spezial-Rassehundeausstellung des entsprechenden Clubs (DRC oder LCD)

Schweizer Sanitätshündin beim Anzeigen eines Rucksacks in der Flächensuche

Sicherheit in unterschiedlichstem Terrain: eine wesentliche Voraussetzung für einen Rettungshund

Der Labrador als Rettungshund

Die Ursprünge der Rettungshundearbeit

Bereits im 18. Jahrhundert besaßen Mönche des Schweizer Klosters am Grossen Sankt Bernhard Hunde, deren Aufgabe es war, den verschneiten Weg zum Hospiz zu finden. Bald mehrten sich Berichte, dass diese Hunde zudem in der Lage waren, verirrte oder im Schnee verschüttete Menschen zu finden und ihnen damit das Leben zu retten. Der bekannteste unter ihnen war „Barry“, ein Vorfahre der heutigen Bernhardinerhunde, der über 40 Menschen das Leben gerettet haben soll.

Während beider Weltkriege kamen Sanitätshunde zum Einsatz, die als Vorgänger der heutigen „Flächensuchhunde“ vor allem zum Aufspüren verwundeter Soldaten ausgebildet worden waren. Aufgrund einer zufällig gemachten Beobachtung entstand im Zweiten Weltkrieg zusätzlich der „Trümmersuchhund“. In England, Frankreich und der Schweiz entwickelte sich das Rettungshundewesen auch nach Kriegsende weiter. In Deutschland begann der Bundesluftschutzverband (später Bundesverband für den Selbstschutz – BVS) in Zusammenarbeit mit den Zuchtvereinen und Gebrauchshundeverbänden 1954 Rettungshunde im staatlichen Auftrag auszubilden. Doch trotz überzeugender Leistungen wurde die Rettungshundeausbildung im staatlichen Auftrag 1974 im Hinblick auf die Weiterentwicklung der Technischen Ortung auf Grundlage des erweiterten Katastrophenschutzgesetzes beendet. Die bisher im BVS tätigen Hundeführer gründeten daraufhin zunächst meist regionale private Staffeln, die sich 1976 im Verband für das Rettungshundewesen Baden-Württemberg zusammenschlossen. Dieser Verband wurde 1981 zum Bundesverband für das Rettungshundewesen (heute Bundesverband Rettungshunde e. V.). Seit 1983 werden hier neben Trümmer- auch Flächen-

Die Labradorhündin nimmt das Bringsel auf und zeigt damit an, dass sie die gesuchte Person gefunden hat.

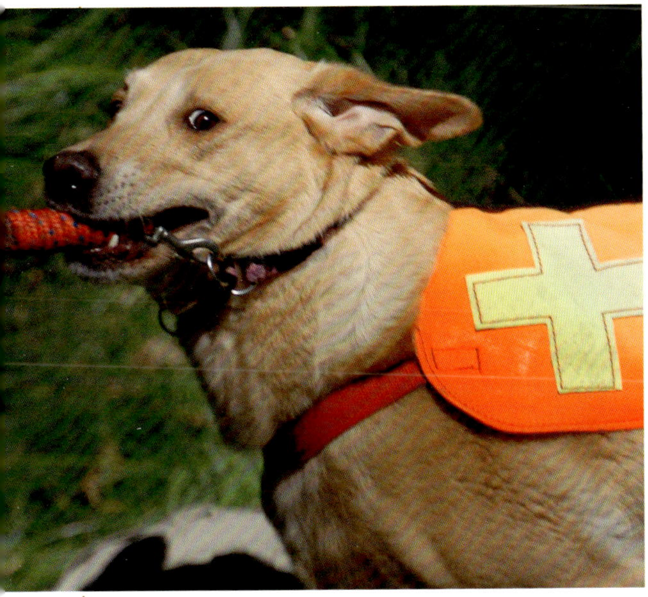

suchhunde ausgebildet. Mittlerweile bilden in Deutschland noch viele andere Hilfsorganisationen, wie beispielsweise der Arbeiter-Samariter-Bund (ASB), das Deutsche Rote Kreuz, die Johanniter-Unfall-Hilfe e. V. (JUH), der Malteser Hilfsdienst e. V., der Bundesverband zertifizierter Rettungshundestaffeln e. V. (BZRH) und der Deutsche Rettungshundeverein e. V. (DRV), Rettungshunde aus und stellen sie für Einsätze zur Verfügung. Eine ausreichende Anzahl ausgebildeter und geprüfter Hunde ist die unabdingbare Voraussetzung für ein sinnvoll funktionierendes, flächendeckendes System.

In der Schweiz werden bereits seit 1971 vom Schweizerischen Verein für Katastrophenhunde (REDOG) Hunde für den nationalen und internationalen Einsatz ausgebildet. Anlässlich des 5. Internationalen Rettungshundesymposiums in Schweden wurde 1993 die IRO (Internationale Rettungshunde Organisation mit Sitz in Österreich) gegründet, die weltweit als Dachorganisation aller nationalen Rettungshunde-Organisationen dient. Seit 1995 finden alljährlich Weltmeisterschaften statt, die nach der von der FCI-anerkannten Prüfungsordnung (IPO-R) gerichtet werden.

Die Anforderungen an den Hundeführer

Es gibt sicherlich viele Beweggründe sich der Rettungshundearbeit zuzuwenden, im Mittelpunkt sollte jedoch die Freude an sinnvoller und vielseitiger Beschäftigung mit dem Hund und die Bereitschaft zum ehrenamtlichen Hilfseinsatz stehen. Nur ein professionell ausgebildetes Rettungshundeteam (Mensch und Hund) sichert einen reibungslosen Einsatzablauf und ist im Ernstfall ein zuverlässiges Glied in der Rettungskette. Gemäß des Mottos des Bundesverbandes Rettungshunde e. V. „Hunde retten Menschenleben" ist das primäre Ziel eines jeden Rettungseinsatzes das Auffinden von vermissten oder verschütteten Personen. Wobei sich die Suchteams in der Praxis weitaus häufiger in der Situation befinden, abzusuchende Flächen „freizugeben", d. h. auszuschließen, dass sich die vermisste Person in dem betreffenden Suchgebiet befindet. Eine Aufgabe, die keinesfalls weniger Sachkenntnis und Verantwortungsbewusstsein vom Hundeführer verlangt.

Die Rettungshundearbeit erfordert vom Hundeführer vor allem Teamfähigkeit, Freude an der Arbeit mit dem eigenen und den anderen Hunden der Staffel sowie eine gewisse körperliche und mentale Belastbarkeit. Die zu jeder Tages- und Nachtzeit ohne Rücksicht auf die Witterungsbedingungen stattfindenden, regelmäßigen Trainingseinheiten und Einsätze erfordern nicht nur Ihre Einsatzbereitschaft und eine ausreichend gute körperliche Kondition, sondern auch

Die Geländegängigkeit des Hundes ist eine wichtige Ausbildungsvoraussetzung.

das Verständnis und die Toleranz Ihres Arbeitgebers und Ihrer Familie für Ihre ehrenamtliche Tätigkeit. Im Einsatz arbeitet das Suchteam häufig unter Zeitdruck und wird mit der Sorge betroffener Angehöriger konfrontiert. Grundsätzlich besteht immer die Möglichkeit, dass vermisste Personen verletzt oder tot aufgefunden werden. Auch wenn das „Stressmanagement im Einsatz" im Rahmen der Ausbildung berücksichtigt wird, bedarf es bei aller „professionellen" Distanz einer gewissen psychischen Grundstabilität und des nötigen Einfühlungsvermögens, um auch schwierige zwischenmenschliche Situationen kurzzeitig überbrücken zu können.

Schwerpunkte in der Ausbildung des Rettungshundeführers

> Sanitätsdienstausbildung
> Grundwissen Kynologie
> Erste Hilfe am Menschen und Hund
> Lagebeurteilung
> Organisation und Einsatztaktik
> Sprechfunkverkehr
> Karten- und Kompasskunde
> Suchtechnik des Hundes
> Statik, Trümmerkunde und Bergung
> Sicherheit im Einsatz

Die Anforderung an den Hund

Im Prinzip eignet sich für die Rettungshundeausbildung jeder Hund, der sich mithilfe von Futter oder Beutespiel zur Zusammenarbeit mit dem Hundeführer motivieren lässt – unter der Voraussetzung, dass seine körperliche Konstitution und Kondition den späteren oft mehrstündigen Sucheinsatz realistisch erscheinen lassen.

Eine überdurchschnittliche Bewegungs- und Suchfreude, eine hohe Sicherheit gegenüber belebter und unbelebter Umwelt sowie eine hohe Intensität in der Verfolgung von Zielen erlauben in der Regel einen schnellen Ausbildungsfortschritt und sind deshalb positive Auswahlkriterien. Ferner setzt die Ausbildung zum Rettungshund auch ein normal entwickeltes Sozialverhalten voraus, während Eigenschaften, wie unkontrollierbarer Jagdtrieb, übermäßige Ängstlichkeit oder Aggression, einen Hund von der Ausbildung ausschließen.

Die Vorteile des Labradors

Grundsätzlich erfüllt der Labrador Retriever (insbesondere aus Arbeitslinien) die gestellten Anforderungen in nahezu idealer Form. Einerseits beruht seine Entstehungsgeschichte auf

Die Rettungshundearbeit stellt hohe Anforderungen an Mensch und Hund.

einer Selektion hinsichtlich hoher körperlicher Belastbarkeit und Unempfindlichkeit gegenüber jeglichen Witterungseinflüssen und andererseits erleichtert ihm sein „Jagdhunderbe" sowohl das versierte und zielgerichtete Ausarbeiten schwieriger Witterungen als auch das optimale Ausnutzen der Windes. Gepaart mit großer Suchfreude und hoher Bereitschaft zur Zusammenarbeit mit dem Hundeführer macht ihn das zu einem optimalen Partner für alle Aufgaben, die ein effektives Rettungshundeteam zu meistern hat. Weitere Pluspunkte in der Ausbildung sind auch die anlagebedingte Markier- und Merkfähigkeit des Labradors, die beispielsweise das Nutzen optischer Anreize zum Aufbau des weiträumigen zielgerichteten Suchens ermöglicht und ihm gleichzeitig das Entwickeln einer guten Geländeübersicht vereinfacht. Vielfach wird auch die überdurchschnittliche Menschenfreundlichkeit des Labradors als großer Vorteil für die Rettungshundearbeit gesehen, wobei dieses Thema in einschlägigen Kreisen heutzutage durchaus diskutiert wird. Ausgehend von der Annahme einer sogenannten „Helferbindung", d. h. einer sozialen Beziehung zwischen Hund und Helfer, ist die Menschenfreundlichkeit des Hundes eine zwingende Ausbildungsvoraussetzung. Sie tritt jedoch dann in den Hintergrund, wenn die Anzeige einer gefundenen Person als konditioniertes Verweiseverhalten begriffen wird, das der Hund zeigt, um eine Bestätigung zu erhalten. Nichtsdestotrotz ist das Vorhandensein einer gewissen Menschenfreundlichkeit nicht zuletzt aufgrund der positiven Wirkung im Rahmen der Öffentlichkeitsarbeit wünschenswert.

Die wichtigsten Elemente in der Grundausbildung des Rettungshundes

Sucharbeit
Oberste Priorität sollte in der Ausbildung immer die Sucharbeit in den Sparten Trümmer und Fläche haben. Darauf beruht auch das sogenannte „Viersäulenmodell der Grundausbildung in der Rettungshundearbeit" (nach Gehner und Gies), das anlässlich des IRO-Symposiums in Prag vorgestellt wurde.

1. Säule	2. Säule	3. Säule	4. Säule
Etablieren eines sinnvollen Bestätigungssystems als Grundlage der Ausbildung über positive Bestärkung.	Selbstständiges Verfolgen menschlicher Witterung (ohne optische Anreize), das später in die selbstständige Suche nach menschlicher Witterung übergeht.	Weiträumiges Arbeiten um den Hundeführer (unter Ausnutzung optischer Anreize), das später in zielgerichtetes Arbeiten bzw. Lenken im Gelände unter Aufbau und Erhalt eines schönen Vorwärtsdrangs übergeht.	Schrittweiser Aufbau eines konditionierten Anzeigeverhaltens, wie Verbellen, Bringsel- oder Freiverweisen.

Geländegängigkeit
Begleitend dazu werden Geländegängigkeit und Kreativität des Hundes gefördert: Begehen verschiedener Untergründe, Nutzen von Untergrundwechseln, Wechsel von Licht und Dunkel, selbstständige Problemlösungen im Gelände durch das Fördern von Eindringverhalten (wie z. B. Hindernisse zu unter- und überqueren, mit Kopf, Körper, Pfote beiseitezuschieben, zu umlaufen usw.) bei gleichzeitiger Wahrung der Übersicht über das Gelände.

Gehorsamsarbeit
Besonders wichtig ist für den Rettungshund ein zuverlässiger Allgemeingehorsam. Dazu zählt unter anderem auch das ruhige Alleine-Warten oder das routinierte Benutzen verschiedener Verkehrsmittel. Die Basistrainingsarbeit besteht aus ordentlichem Bei-Fuß-Gehen mit und ohne Leine, „Sitz", „Platz", Ablegen unter Ablenkung, „Steh", zuverlässigem Heranrufen des Hundes, Voraussenden und Tragen des Hundes usw.

Die Ausbildung

Auf dem Weg zum einsatzfähigen Rettungshundeteam müssen Sie mit Ihrem Hund diverse Prüfungen ablegen. Mit dem Eintritt in die Rettungshundestaffel beginnt die Grundausbildung. Ein Eignungstest, der innerhalb der sechsmonatigen Probezeit durchgeführt wird, überprüft die grundsätzliche Eignung des Hundes und des Hundeführers. Ist dieser Test bestanden, wird der Hundeführer in die jeweilige Rettungshundestaffel aufgenommen. Je nach ausbildender Organisation verpflichtet er sich mehr oder minder verbindlich, mit seinem Hund für Einsätze der Rettungshundestaffel zur Verfügung zu stehen.

Während der Zeit der Ausbildung sind bereits Einsätze als Suchgruppenhelfer möglich. Etwa zwei Jahre nach Ausbildungsbeginn kann sich das Team in der Regel zur Hauptprüfung in den Sparten Trümmer und/oder Fläche anmelden. Je nach ausbildender Organisation sind der Hauptprüfung das Bestehen einer AZG- (Arbeitsgemeinschaft der Rassezuchtvereine und Gebrauchshundeverbände) anerkannten Begleit-

Die hohe Sicherheit des Labradors gegenüber seiner Umwelt ist ein wesentlicher Faktor für seine Eignung als Rettungshund.

hundeprüfung und/oder eine staffelinterne Vorprüfung vorgeschaltet. Allen Organisationen gemeinsam ist neben der Überprüfung der spartenspezifischen Suchleistung das Überprüfen des Gehorsams, der sich an sportlichen Unterordnungsprüfungen orientiert, und der Geländegängigkeit, die zum Beispiel durch Überwinden eines standardisierten Geräteparcours überprüft wird. Um eine gleichbleibend gute Qualität der einsatzfähigen Suchteams zu gewährleisten, müssen die Prüfungen im jährlichen Abstand wiederholt werden. Neben den rein einsatzorientiert arbeitenden Organisationen bietet die Internationale Rettungshundeorganisation (IRO) die Möglichkeit, sportliche Prüfungen unter Wettkampfbedingungen abzulegen. Große internationale Wettkämpfe sind z. B. die Offenen Deutschen Meisterschaften für Rettungshunde, die Österreichischen Staatsmeisterschaften oder die jährlich an wechselnden Orten stattfindenden Rettungshunde-Weltmeisterschaften.

Der Einsatz

98 % der von Staffeln des BRH (Bundesverband Rettungshunde e. V.) durchgeführten Einsätze sind Suchen nach vermissten Personen in der Fläche, während der prozentuale Anteil der von der Öffentlichkeit wesentlich stärker wahrgenommenen Einsätze in Trümmern weniger als 2 % beträgt.

Es gibt viele Szenarien, in denen ein Einsatz von Rettungshunden denkbar und sinnvoll ist, wie beispielsweise bei:

> Androhung suizidaler Absichten
> Altersdemenz und/oder Orientierungslosigkeit
> Sportlern oder Wanderern, die nicht nach Hause kommen
> Personen, die aus Krankenhäusern oder Pflegeheimen abgängig sind
> Kindern, die nicht mehr selbstständig nach Hause finden
> Autofahrern, die nach einem Verkehrsunfall vom Unfallort abgängig sind
> Gebäudezerstörungen nach Erdbeben, Gasexplosionen oder Bränden
> Lawinenabgängen, wenn verschüttete Personen vermutet werden

Im Durchschnitt wird es etwa zwanzig Mal im Jahr „Ernst" für die Staffeln der verschiedenen Hilfsorganisationen. In der Regel erfolgt die Alarmierung des Zugführers durch eine Leitstelle der Polizei, Feuerwehr oder anderer Hilfsorganisationen. Über Mobilfunk wird sie an die Mitglieder der Einsatzgruppe weitergeleitet. Der Staffelzugführer stellt daraufhin Suchteams zusammen, die aus je einem Hundeführer und einem Suchgruppenhelfer bestehen, wobei Letzterer vor allem für die Orientierung im Gelände und den Funkkontakt zur Einsatzleitung sowie den anderen Suchteams zuständig ist.

Die Flächensuche

Bei der Flächensuche arbeiten die Suchteams mithilfe topografischer Karten das ihnen zugewiesene Gebiet selbstständig ab. Dabei lässt der Hundeführer seinen Hund das betreffende Gelände systematisch und unter Berücksichtigung der Windrichtung auf menschliche Witterung hin durchstöbern. Wird eine Person gefunden, so zeigt der Hund dies durch das ihm beigebrachte Anzeigeverhalten an. Mögliche Anzeigeformen sind das Verbellen, das Bringseln und das Freiverweisen.

> DAS VERBELLEN Beim Verbellen wird erwartet, dass der Hund bei der gefundenen Person verbleibt und dort so lange gleichmäßig, hochfrequent und gut hörbar bellt, bis der Hundeführer bei ihm ist.

> DAS BRINGSELVERWEISEN Das Bringsel ist ein kleiner Apportiergegenstand, der am Halsband des Hundes befestigt ist. Findet der Hund eine Person, nimmt er das Bringsel in den Fang, läuft

Das Bringselverweisen

Drei Suchleistungen – drei verschiedene Ansatzpunkte

Der Fährtensuchhund	Der Trümmer- oder Flächensuchhund	Der „Mantrailer" oder „spezifisch arbeitende Personensuchhund"
... folgt der durch den Menschen verursachten Bodenverletzung.	... erstöbert jeden Menschen innerhalb des zugewiesenen Suchgebiets.	... folgt der individuellen Geruchsspur eines bestimmten Menschen.

zu seinem Hundeführer zurück, zeigt diesem mittels des getragenen Bringsels an, dass er gefunden hat, und führt ihn anschließend zu der Person. Grundvoraussetzung für diese Anzeigeform ist das sichere Apportieren, weshalb es sich gerade beim Retriever anbietet.

› DAS FREIVERWEISEN Beim Freiverweisen hat der Hund kein Bringsel, sondern er zeigt seinem Führer durch ein bestimmtes Verhalten an, dass er gefunden hat, und führt ihn an der Leine oder indem er zwischen der Person und dem Hundeführer hin und her pendelt zum Fundort.

Auf diese Weise lassen sich größere Wald- oder Freiflächen, Grünanlagen, Uferbereiche, Steinbrüche oder Gebiete entlang von Wanderwegen äußerst effektiv und zeitsparend absuchen. Außerdem können Flächensuchhunde selbst zur Nachtzeit in unwegsamen Bereichen und bei ungünstigen Witterungsverhältnissen eingesetzt werden.

Typische Einsätze sind beispielsweise die Suche nach abgängigen Spaziergängern oder Wanderern, die einen Unfall hatten, weggelaufenen bzw. vermissten Kindern, verwirrten älteren oder selbstmordgefährdeten Menschen.

Die Trümmersuche

Wenn Menschen infolge von Gebäudeexplosionen, Hauseinstürzen, Erdbeben oder Erdrutschen verschüttet wurden, kommen Trümmersuch- oder Katastrophenhunde zum Einsatz. Mithilfe ihres auf vier Pfoten verteilten Gewichts, ihrer feinen Nase und ihres weniger lichtabhängigen Orientierungssinns sind Hunde in der Lage, Trümmerfelder und Hohlräume, die für Rettungskräfte oft nicht direkt zugänglich sind, zu durchsuchen. Allerdings können sie nur dort arbeiten, wo sich auch Menschen ohne Atemschutz oder Schutzanzug aufhalten können. Die Arbeit als Trümmersuchhund (Trümmerhund) zählt zu den schwierigsten in der Rettungshundearbeit. Die Hunde werden darauf geschult, an sogenannten „Geruchsaustrittstellen“ menschliche Witterung aus einer Vielzahl anderer Gerüche herauszufiltern und Opfer aufzufinden, die unter meterdicken Trümmerschichten begraben sein können. In der Regel zeigt der Trümmerhund seinen Fund durch Verbellen oder Scharren an. Die Rettung eines Verschütteten aus Trümmern erfordert und bindet unter Umständen über Stunden zahlreiche Helfer und Material. Aus diesem Grund wird, um Fehlanzeigen und daraus resultierende sinnlose Einsätze der Bergetruppen zu vermeiden, jede Anzeige im Trümmereinsatz durch einen zweiten Hund bestätigt.

Die Lawinensuche

Beim Abgang einer Lawine ist der Einsatz von Lawinensuchhunden für die Verschütteten lebensrettend. Dies setzt jedoch eine schnelle Verfügbarkeit der Hunde voraus, denn die Überlebenschancen eines Vermissten sinken innerhalb kürzester Zeit rapide. Deshalb absolvieren Lawinenhundeteams mancherorts in den Wintermonaten täglich Bereitschaftsdienste, damit im Ernstfall umgehend ein bis zwei Teams auf den Lawinenkegel geflogen werden können. Trotz des technischen Fortschritts durch Ortungssysteme, wie z. B. LVS oder Recco, sind

Die Trümmersuche stellt höchste Ansprüche an den Hund.

Lawinenhunde häufig immer noch die einzige und beste Möglichkeit, Verschüttete, die mit einer bis zu mehreren Metern starken Schneeschicht bedeckt sein können, schnellstmöglich zu finden.

Die Sucharbeit ist für Hund und Führer körperlich und psychisch überaus belastend. Da der Lawinenhundeführer als einer der Ersten am Einsatzort eintrifft, muss er über umfangreiche Kenntnisse in der Gefahreneinschätzung und der Organisation von Einsatzabläufen verfügen. Der Lawinensuchhund darf sich weder von anderen Hunden noch von Sondierketten, LVS-Suchteams oder anderen störenden Einflüssen ablenken lassen. Lawinensuchhundeteams sind in Deutschland nicht in Rettungshundestaffeln organisiert, sondern gehören meist der Bergwacht an. Im Sommer werden sie nach entsprechender Ausbildung auch als Gebirgsflächensuchhunde eingesetzt. Lawinenhundeprüfungen setzen sich aus zwei wesentlichen Prüfungsbereichen zusammen, der Grob- und der Feinsuche.

Die Grobsuche

Bei der Grobsuche soll der Hund auf einem natürlichen oder künstlich präparierten Lawinenfeld zwei verschüttete Personen suchen und anzeigen. Das Anlegen eines künstlichen Lawinenfeldes folgt strengen Regeln; die genaue „Vergrabetiefe" der Personen, die Anlage der Eingänge, die einzuhaltende Wartezeit und auch die maximale Suchzeit sind exakt vorgegeben. Im Rahmen der Grobsuche hat der Hundeführer zunächst sein theoretisches Grundwissen unter Beweis zu stellen, bevor er durch das Lösen einer taktischen Aufgabe, die einer möglichen Unfallsituation nachempfunden ist, den primären Suchenbereich seines Hundes selbst ermitteln muss. Die Bewertung der Arbeit richtet sich sowohl nach der Ausführung als auch nach dem Erfolg. Bei der Ausführung werden das Verhalten und die Führigkeit des Hundes genauso berücksichtigt wie das Verhalten des Hundeführers und die Erfolgszeit. Es wird erwartet, dass sich der Hund gut vom Führer löst und trotzdem auf große Distanzen noch lenkbar bleibt. Er soll den gesamten primären Suchenbereich absuchen, wobei im Gegensatz zur Feinsuche keine systematische Quersuche verlangt wird. Die wichtigsten Aufgaben des Führers sind, sich entsprechend der gelösten taktischen Aufgabe möglichst logisch zu verhalten, dem Hund in angemessenem Abstand zu folgen und dessen Anzeigen durch Handzeichen zu melden. Die Verschütteten sind durch selbstständiges, intensives Scharren und Verharren so lange anzuzeigen, bis der Prüfer die Anzeige bestätigt und der Führer bei seinem Hund angelangt ist. Fehlerhaft wirken sich das Überlaufen von Vergrabestellen sowie Fehlanzeigen aus, die mehr als 5 Meter von der Vergrabestelle entfernt angezeigt und vom Hundeführer bestätigt werden.

„Int. FTCh. Conneywarren Spike", zweifacher Schweizer Meister der Lawinenhunde aller Rassen bei der Feinsuche: Durch intensives, ununterbrochenes Scharren zeigt er den Gegenstand korrekt an.

Die Feinsuche

Die Feinsuche findet immer nach der Grobsuche auf einem getrennt angelegten Feld statt. Der Hund muss dabei einen markierten Geländeabschnitt systematisch nach einem vergrabenen Gegenstand „abrevieren". In der Bewertung der Feinsuche spielt vor allem die systematische Quersuche, die Führigkeit und der Arbeitseifer des Hundes eine große Rolle. Die Suchrichtung wird vom Prüfer vorgegeben und ist für alle Teilnehmer gleich. Der Hundeführer muss die Fläche auf einer am Anfang und Ende markierten Mittellinie durchgehen, die er nicht verlassen darf. Auch bei der Feinsuche hat die Anzeige des Hundes durch intensives, ununterbrochenes Scharren, Verharren und selbstständiges Auslösen auf der Fundstelle zu erfolgen.

Mantrailing – das Verfolgen einer Menschenspur

Das Mantrailing ist ein Spezialgebiet des Rettungshundewesens. Gut ausgebildete Mantrailer sind bei geeigneten Witterungsumständen fähig, die individuelle Geruchsspur eines Menschen in jedem Gelände und noch Tage (in Extremfällen sogar Wochen) später zu verfolgen. Die Suche des Mantrailers (engl. „man" = Mann; „trail" = Spur, Fährte) beginnt in der Regel am letzten gesicherten Aufenthaltsort der verschwundenen Person (engl. „point last seen"). An der sogenannten „Abgangsstelle" wird ihm ein Geruchsgegenstand der vermissten Person (z. B. ein getragenes Kleidungsstück) angeboten, dessen Individualgeruch er aufnimmt und verfolgt. Der Individualgeruch eines Menschen ist einmalig und setzt sich vornehmlich aus zwei Komponenten zusammen: der aus dem Schweiß stammenden Buttersäure und den ständig millionenfach abgegebenen, von Bakterien besiedelten und zersetzten Hautschuppen. Da er einen bestimmten Individualgeruch verfolgt und diesen durch Geruchsunterscheidung (engl. „scent discrimination") von jedem anderen Geruch differenzieren kann, hat ein gut ausgebildeter Hund auch keine Probleme, dies in stark kontaminiertem Gelände zu tun.

Erster geprüfter Mantrailer des BRH war die Labradorhündin „River View Arwen“, geführt von Jochen Bendig.

Bei der Arbeit des Mantrailers ist zu berücksichtigen, dass die Geruchsspur je nach Wetterlage, Geländeformation, Bewuchs oder lokaler Thermik unterschiedlich weit vom Ort ihrer Entstehung weggetragen werden kann, weshalb er im Einzelfall deutlich versetzt zu dem von der vermissten Person genommenen Weg arbeitet. Mithilfe des Mantrailers lässt sich jedoch nicht nur eine Geruchsspur nachweisen und verfolgen, sondern gleichermaßen auch ausschließen, dass sich die vermisste Person am angenommenen Ort aufgehalten hat. Über das sogenannte Anzeigen des Negativs signalisiert der Hund dem Hundeführer mittels eines konditionierten Anzeigeverhaltens, dass es ihm nicht gelungen ist, den am Geruchsträger aufgenommenen Individualgeruch in der betreffenden Umgebung zu finden.

Auch wenn die Ausbildung von Mantrailern in Deutschland noch in den Anfängen steckt, steigt das Interesse in Rettungshundekreisen immer mehr. Neben der Erfüllung seiner eigentlichen Aufgabe steigert der Mantrailer in Zusammenarbeit mit den stöbernden Flächensuchhunden auch die Effektivität der konventionellen Einsatzgruppen. Sobald er durch die Aufnahme der Geruchsspur die Bewegungsrichtung der vermissten Person anzeigt, hat der Zugführer die Möglichkeit, die Suchgebiete für die Flächensuchhunde einzugrenzen. Auf diese Weise lässt sich die Wahrscheinlichkeit des Auffindens erheblich erhöhen.

Eine Prüfungsordnung für Mantrailer liegt bisher nur im Bundesverband Rettungshunde e. V. (BRH) vor. Die Prüfung besteht aus zwei Teilen: dem „Mantrail Land“ (MTL), bei dem eine Spur in ländlichem Gelände gesucht werden muss und ein Negativ abgefragt wird, und dem „Mantrail Stadt“ (MTS), bei dem die zu suchende Spur durch städtisches Gebiet führt. Zulassungsvoraussetzung für die Prüfung ist ein bestandener „Mantrailer-Basistest“ (MTB).

Der erste geprüfte Mantrailer des BRH war die Labradorhündin „River View Arwen“, die 2007 mit ihrem Führer Jochen Bendig eine überzeugende Prüfungsleistung zeigte.

Ziel der Blindenführhundausbildung ist ein verlässlicher Begleiter, der seinen Halter ohne Gefährdung für sich selbst oder Dritte durch den allgemeinen Verkehr führt.

Der Labrador als Helfer im Rehabilitationsbereich

Der Labrador Retriever ist in vielen Bereichen, in denen die Fähigkeiten des Menschen aus medizinischen Gründen begrenzt sind, als Helfer nicht mehr wegzudenken. Als Blinden-, Assistenz-, Signal- oder Therapiehund genießt er weltweit hohes Ansehen. Voraussetzung hierfür ist eine intensive Ausbildung, die ihn gezielt auf seine speziellen Aufgaben vorbereitet, bevor ein erfolgreiches „Mensch-Hund-Team" zusammengeführt werden kann. Eine Ausnahme bildet der Therapiehund, der zusammen mit seinem Besitzer geschult wird und diesem als sogenannter „Co-Therapeut" bei der Arbeit mit verschiedenen Patienten zur Seite steht.

Der Labrador als Blindenführhund

In Deutschland leben ca. 155 000 blinde Menschen, wobei etwa jeder Hundertste mit einem Führhund durchs Leben geht. Laut Sozialgesetzbuch gelten Blindenführhunde als anerkannte „Hilfsmittel" und können demnach vom Arzt verschrieben werden. Ist eine Hundehaltung mit den Lebensumständen des zukünftigen Besitzers vereinbar, werden sowohl die Anschaffungskosten (etwa 20 000 €), als auch eine monatliche Versorgungspauschale von den Krankenkassen übernommen.

Die Geschichte des Führhundes

Die Blindenführhundebewegung begann in Deutschland nach dem Ersten Weltkrieg. Bereits 1916/17 wurden gezielt Hunde geschult, die erblindete Soldaten unterstützen sollten. Die meisten der damaligen Führhunde waren Deutsche Schäferhunde. Um die Ausbildung

Der Labrador als Helfer des Menschen

Der **Blindenführhund** ermöglicht sehbehinderten und blinden Menschen sich unabhängig und sicher in einer zunehmend schwieriger zu bewältigenden Umwelt fortzubewegen.

Der **Assistenzhund** hilft körperlich Behinderten oder Anfallskranken in vielen Bereichen des täglichen Lebens und fördert damit ihre Unabhängigkeit und Integration.

WICHTIGSTE ZIELE

▼

Größere Unabhängigkeit und Mobilität

▼

Erleichtert soziale Integration

▼

Erhöht Lebensqualität und -freude

Der **Signalhund** unterstützt Menschen je nach Spezialisierung in vielen Bereichen, indem er beispielsweise Hörbehinderten oder Gehörlosen wichtige Geräusche meldet oder Anfallskranken bzw. ihrem Umfeld bevorstehende Schübe oder Anfälle rechtzeitig anzeigt.

Der **Therapiehund** steht seinem Besitzer im Sinne eines „Co-Therapeuten" mit dem Ziel, das körperliche, psychische und soziale Wohlbefinden verschiedener Patienten zu fördern, zur Seite.

der Hunde zu optimieren wurde 1923 in Potsdam das erste Ausbildungszentrum für Blindenführhunde errichtet. 1927 machte sich die Amerikanerin Dorothy Eustis, die selbst Deutsche Schäferhunde für Armee-, Zoll- und Polizeidienste züchtete und trainierte, zur Aufgabe, die in Deutschland begonnene Arbeit auch in Amerika und England bekannt zu machen. 1928 rief sie in den USA und in ihrer Wahlheimat, der Schweiz, die erste Blindenführhundschule, die „Seeing Eye School", ins Leben. Auf Initiative eines ihrer Mitarbeiter gründete sich 1934 in England die „Guide Dogs for the Blind Association". Auch in England dominierte in dieser Zeit der Deutsche Schäferhund, doch der Rückgang der Rassehundezucht während des Zweiten Weltkriegs bewirkte, dass sich die Schulen auch mit anderen Rassen beschäftigten. Aber es dauerte noch einige Zeit, bis man die Brauchbarkeit des Labradors für diese Aufgabe erkannte und schätzen lernte. Alle Führhundorganisationen dieser Zeit waren überwiegend auf erwachsene, gestiftete Hunde angewiesen. Da sich die „Ausfallquote" aufgrund mangelnder Eignung als relativ hoch erwies, begründete die „Guide Dogs for the Blind Association" Mitte der 50er-Jahre ein erstes Zucht- und Welpenaufzuchtprogramm. Heutzutage stammt ein Großteil der englischen Blindenführhunde aus eigener Zucht. Auch auf dem Kontinent bietet sich mittlerweile ein ähnliches Bild, und viele Führhunde stammen aus den Zuchtstätten der Blindenführhundschulen.

Die Ausbildung des Blindenführhundes

Die Ausbildung eines Blindenführhundes gehört zu den schwierigsten und umfassendsten Aufgaben im Bereich der Hundeausbildung. Während die spezifische Ausbildung eines Arbeitshundes normalerweise unter Ausnutzung und Förderung seiner genetischen Anlagen erfolgt, muss der Blindenführhund außerordentliche Dienste leisten, die nicht auf instinktivem Verhalten beruhen. Die Tatsache, dass Führhundehalter und -halterinnen tagtäglich ihr Leben und ihre Unversehrtheit ihrem Hund anvertrauen, macht die hohe Verantwortung der ausbildenden Institutionen deutlich. Um dieser gerecht zu werden, beschlossen die Spitzenverbände der Krankenkassen bereits 1993 gemeinsame „Qualitätskriterien zur Auswahl, Ausbildung und Kostenübernahme für Blindenführhunde“ (Bundesanzeiger Nr. 117 vom 29.06.1993, S. 5926 ff.; Bundesministerium für Gesundheit) als Maßnahmen der Qualitätssicherung. Die Kriterien umfassen nicht nur grundsätzliche Ausbildungsfragen und die Notwendigkeit einer abschließenden standardisierten Gespannprüfung, sondern auch wichtige Regelungen über das Zusammenführen und die Nachbetreuung des Gespanns. Trotz ihrer Rechtsverbindlichkeit wurden die aufgestellten Kriterien bisher nicht konsequent umgesetzt. So setzen sich viele Blinden- und Sehbehindertenorganisationen nach wie vor für ein einheitliches Ausbildungskonzept und das Pflichtwerden einer standardisierten Gespannprüfung für jedes neue Führgespann ein.

Der zukünftige Führhund muss auf seinem Weg zum Einsatz verschiedene Stationen meistern. Eine gute Führhundausbildung setzt sowohl eine sorgfältige Auswahl und Sozialisierung der Welpen bzw. Junghunde als auch eine zeitintensive, fachlich kompetente Ausbildung voraus. Im Mittelpunkt steht das Bestreben, die durch die Sehbehinderung entstandene Einschränkung der Mobilität und Unabhängigkeit mithilfe des Hundes weitestgehend zurückzugewinnen. Dies ist nur dann möglich, wenn der Führhund nach abgeschlossener Ausbildung, das Gespann sicher und ohne Gefährdung für sich selbst oder Dritte durch den allgemeinen Verkehr führen kann.

Ein sicheres Führen ohne Eigen- oder Fremdgefährdung setzt voraus, dass der Blindenführhund:

- auf entsprechende verbale Kommandos selbstständig sichere Verkehrswege benutzt und diverse Objekte (z. B. Verkehrsmittel, Treppen, Türen, Sitzgelegenheiten) anzeigt.
- vor eventuell auftretenden Gefahren warnt, indem er beispielsweise einfach stehen bleibt. Das bedeutet, der Hund muss auch gelernt haben, sich bei Vorliegen einer entsprechenden Gefährdungslage einem Kommando zu widersetzen (sogenannte „intelligente Gehorsamsverweigerung“).

Der Weg des Blindenführhundes im Überblick

Die Ausbildung beginnt bereits im Welpenalter. Im Idealfall wächst der Welpe in von Führhundschulen sorgfältig ausgewählten und betreuten Patenfamilien auf. Ziel ist in dieser Phase eine umfassende und differenzierte Sozialisierung. Ferner lernt der Welpe bzw. Junghund in dieser Zeit alles, was jeder gut erzogene Hund beherrschen sollte.

Nach gründlichen Wesens- und Gesundheitstests beginnt etwa ein Jahr später die Grundausbildung. Dazu gehört u. a. das Erlernen von etwa 30 verschiedenen Anweisungen für das tägliche Leben sowie das Anzeigen diverser Örtlichkeiten (z. B. Ein- und Ausgänge, Treppen, Ampeln, Briefkästen, Bushaltestellen usw.) oder von Hindernissen aller Art (am Boden, seitlich oder auf Kopfhöhe des Menschen). Schon während der Ausbildungszeit des Hundes versuchen engagierte Führhundschulen unter ihren Interessenten die passende „Mensch-Hund-Kombination“ herauszufinden und im Anschluss an die Ausbildung erfolgt das gemeinsame „Einschulen“ des zukünftigen Gespanns.

An die gemeinsame Einarbeitungszeit in der Führhundschule und im Lebensumfeld des neuen Besitzers schließt sich eine sogenannte

Der Labrador ist heute weltweit die Standardrasse in den Blindenführhundschulen.

„Gespannprüfung" an. Dabei überprüft ein unabhängiger, speziell ausgebildeter, von den Krankenkassen anerkannter Gespannprüfer die Zusammenarbeit des Teams und eine mögliche Gefährdung des Halters. Voraussetzung für das möglichst reibungslose Zusammenspiel eines Gespanns ist allerdings nicht nur eine fachgerechte, sorgfältige Ausbildung, sondern auch eine regelmäßige Nachbetreuung durch die ausbildende Organisation.

> ANFORDERUNGEN AN FÜHRHUND Auch wenn die Führhundgeschichte zu Beginn klar vom Deutschen Schäferhund geprägt war, kommen eine Vielzahl von Rassehunden oder Rassenmischungen für die Ausbildung in Betracht. Die Anforderungen ergeben sich schlicht aus der Aufgabe. Damit er für den Führenden einfach zu handhaben ist und das Geschehen gut im Blick haben kann, sollte der Führhund eine gewisse Schulterhöhe (ca. 50 bis 65 cm) und eine möglichst gleichmäßige Schrittfolge haben. Ferner sollte er, da die Ausbildung zeit- und kostenintensiv und der spätere Einsatz körperlich und mental äußerst anstrengend ist, bei Ausbildungsbeginn nicht älter als zwei Jahre und kerngesund sein. Darüberhinaus sollte sich der zukünftige Blindenführhund durch Wesensfestigkeit, Friedfertigkeit, Intelligenz, Arbeitsfreude, Ausdauer, ein normal entwickeltes Sozialverhalten und eine mittlere Reizschwelle auszeichnen. Rassetypisch zur Aggressivität neigende Hunde oder bereits Aggressivität zeigende Junghunde anderer Rassen sowie scheue, furchtsame oder zurückhaltende Hunde sind von der Ausbildung auszugeschlossen.

> DIE „PLUSPUNKTE" DES LABRADORS Der Labrador Retriever gilt heute in den Blindenführhundeschulen weltweit als Standardrasse. Dies beruht in erster Linie auf seinem freundlichen, in sich ruhenden Wesen, seiner Robustheit, Leichtführigkeit, Intelligenz, Arbeitsfreude und Unterordnungsbereitschaft. Aggressivität ist ihm fremd und seine Anpassungsfähigkeit vereinfacht den Wechsel vom Trainer zum blinden Führer. Zudem genießt er einen guten Ruf in der Öffentlichkeit. Insgesamt überwiegen die zahlreichen positiven Eigenschaften, die für die Blindenführhundearbeit weniger vorteilhaften Seiten. Dabei sind vor allem seine sprichwörtliche „Verfressenheit", sein Jagdtrieb und seine ausgeprägte Nasentätigkeit zu nennen, die der

Ausbildung und dem späteren Einsatz im Wege stehen können. In den Zuchtprogrammen seriöser Blindenführhundschulen wird durch züchterische Selektion deshalb großer Wert auf besonders für die Führhundearbeit geeignete Hunde gelegt.

> ANFORDERUNGEN AN DEN FÜHRHUNDHALTER

Basis für die enge und vertrauensvolle Zusammenarbeit von Führhund und -halter ist die beiderseitige Bereitschaft sich aufeinander einzulassen. Während der Führhundhalter von der hoch qualifizierten und konzentrierten Arbeit des Führhundes profitiert, obliegt ihm gleichzeitig dessen körperliches und geistiges Wohlbefinden, unter das auch das Gewähren ausreichender Freizeitaktivitäten fällt.

Der Labrador als Assistenz- oder Behindertenbegleithund

Der Assistenzhund hilft körperlich Behinderten oder Anfallskranken in vielen Bereichen des täglichen Lebens und fördert damit ihre Unabhängigkeit und soziale Integration.

Geschichtliche Entwicklung

Auch wenn die positiven Effekte des Einsatzes von Tieren in der Therapie schon lange zuvor bekannt waren, wurde der konkrete praktische Nutzen der Beziehung zwischen Hunden und Menschen erst in den 70er-Jahren des letzten Jahrhunderts erkannt. Die Amerikanerin Bonita M. Bergin entwickelte Anfang 1970 die Idee, Hunde als Helfer für behinderte Menschen auszubilden. Fünf Jahre später gründete sie das

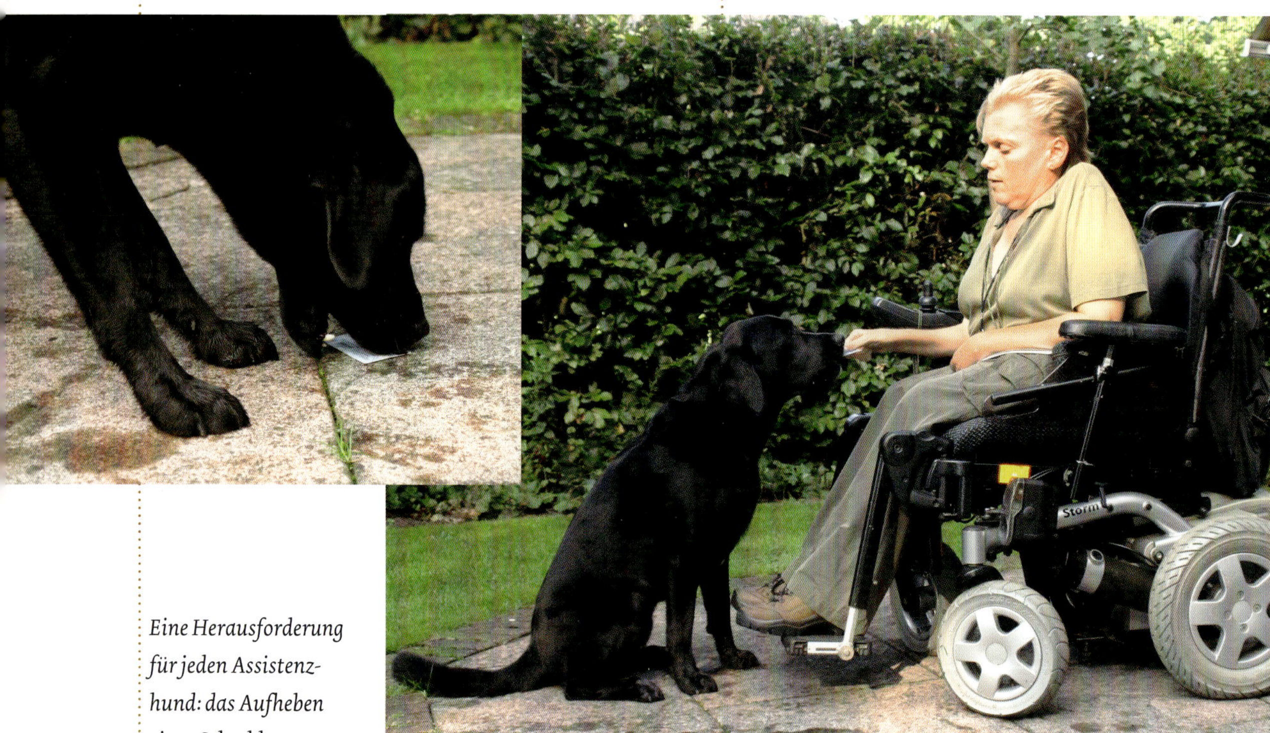

Eine Herausforderung für jeden Assistenzhund: das Aufheben einer Scheckkarte

Die wichtigsten Aufgaben des Assistenzhundes

Als Freund und Begleiter	Als Helfer im täglichen Leben
› Bietet er unvoreingenommene Freundschaft und Partnerschaft › Steigert er das Selbstwertgefühl, Selbstbewusstsein und Selbstvertrauen › Fördert er als „Mittler“ soziale Kontakte	Bekommt er eine individuell abgestimmte Ausbildung für konkrete Aufgaben, zum Beispiel: › Aufheben und Bringen von Gegenständen › Öffnen und Schließen von Türen oder Schubladen › Betätigen von Schaltern oder Türklingeln › Hilfe beim An- und Ausziehen › Holen von Hilfe in Notfällen
Als Freund und Begleiter erleichtert er soziale Integration durch Unabhängigkeit.	**Als Helfer ermöglicht er Unabhängigkeit durch das Übernehmen von alltäglichen Aufgaben.**

kalifornische Ausbildungszentrum „Canine Companion for Independence“ und stellte ein noch heute anerkanntes Ausbildungsprogramm vor. 1986 folgte die Gründung der englischen Organisation „Dogs for the Disabled“. Ab 1998 widmeten sich erste wohltätige Vereine und Stiftungen, wie beispielsweise die „Kynos-Stiftung – Hunde helfen Menschen“ (1998) oder der Verein „Vita e. V.“ (2000) in Deutschland diesem Thema. Im Jahr 2000 organisierte Bonita M. Bergin einen Kongress für europäische Ausbilder, und doch gibt es bis heute keinen allgemein anerkannten europäischen Standard für die Ausbildung des Hundes oder die Qualifikation der Trainer.

Die Aufgaben

Die Aufgaben des Assistenz- oder Behindertenbegleithundes sind vielfältig. Einerseits fungiert er als Freund und treuer Begleiter, andererseits unterstützt er körperbehinderte oder anfallskranke Menschen in vielen Belangen des täglichen Lebens. Er leistet dort aktive Hilfe, wo ihre körperlichen Fähigkeiten aufgrund fehlender Beweglichkeit oder Kraft an Grenzen stoßen. Im Gegensatz zum Blindenführhund übernimmt der Assistenz- oder Behindertenbegleithund jedoch nicht die Verantwortung für seinen Führer, er führt nur die gegebenen Kommandos aus. Die sogenannte „intelligente Gehorsamsverweigerung“ wird ihm nicht antrainiert und der Hundeführer bleibt in jeder Situation für sich und seinen Hund verantwortlich.

Die Eignung des Hundes

Grundsätzlich eignen sich verschiedene Rassehunde, aber auch Mischlinge für die Ausbildung zum Assistenz- oder Behindertenbegleithund. Um bestimmte Hilfsleistungen, wie beispielsweise das Betätigen eines Lichtschalters, das Ziehen eines Rollstuhle, das Tragen eines Hunderucksacks oder das Unterstützen beim Aufstehen, leisten zu können, muss der Assistenzhund, ebenso wie der Blindenführhund, eine Schulterhöhe von etwa 50 Zentimetern und eine kräftige Statur aufweisen. Unter Berücksichtigung des Ausbildungsaufwandes und des zu leistenden Arbeitseinsatzes ist auch hier die

OBEN Das Öffnen von Türen ist eine typische Aufgabe für den Assistenzhund ...
UNTEN ... aber das Bringen ist seine wichtigste Serviceleistung!

Gesundheit des Hundes zentral. Die charakterliche Eignung ergibt sich aus einem normal entwickelten Sozialverhalten, allgemeiner Wesensfestigkeit und Friedfertigkeit, ausgeprägter Menschenfreundlichkeit, Intelligenz, Neugierde, Arbeitsfreude und dem Willen zur Zusammenarbeit. Ferner erleichtert ein gut ausgeprägter Spieltrieb die Ausbildung, und in der Praxis erweist sich meist ein eher mittleres Temperament von Vorteil. Nicht geeignet sind zu Aggressivität, Ängstlichkeit oder Zurückhaltung neigende oder sehr dominante Hunde.

> BEVORZUGTE RASSEN Weithin bevorzugte Rassen sind heute der Labrador und der Golden Retriever. Während beide Rassen in der Öffentlichkeit einen sehr guten Ruf genießen, zeichnet sich der Labrador vor allem durch seine körperliche und mentale Robustheit, sein unkompliziertes Wesen, seine Intelligenz, seine Apportierfreude und seinen „Will to Please" sowie sein etwas pflegeleichteres Fell aus. Zudem verkraftet er im Vergleich zum zuweilen etwas sensibleren Golden Retriever den Wechsel vom Trainer zum zukünftigen Besitzer besser.

Aufgaben und Einsatzmöglichkeiten von Assistenz- und Behindertenbegleithunden

Aufgabe	Kommando	Typische Einsatzmöglichkeiten
Ziehen	„Pull"	> Türen öffnen und schließen > Hilfe beim An- bzw. Ausziehen > Ziehen des Rollstuhles
Aufnehmen	„Pick up"	> Hinuntergefallene Gegenstände aufheben und bringen > Beim Einkauf helfen
Hochsteigen	„Jump up"	> Übergeben von Gegenständen
Drücken oder Schieben	„Push"	> Lichtschalter, Türklingel oder Aufzugsknopf betätigen
Bellen auf Kommando	„Bark"	> Hilfe holen

Die Ausbildung

Die Ausbildung des Assistenz- bzw. Behindertenbegleithundes kann sowohl im Welpen- als auch im frühen Erwachsenenalter beginnen. Beide Wege haben Vor- und Nachteile. So kann der Ausbilder bei der Aufzucht eines Welpen nicht nur die Zeit der größten Lernbereitschaft intensiv nutzen, sondern hat auch die Möglichkeit, ihn im Hinblick auf seine späteren Aufgaben umfassend und differenziert zu prägen und zu sozialisieren. Gleichzeitig besteht jedoch die Gefahr, dass der Welpe sich anders entwickelt als zunächst angenommen, oder später gesundheitliche Defizite aufweist.

Die Ausbildung ab dem Welpenalter ähnelt der Früherziehung des Führhundwelpen. Ein Schwerpunkt der Ausbildung ist das Apportieren. Aus diesem Grund sollte das Aufnehmen, Tragen und Bringen bereits im Welpenalter gefördert werden, wobei der Welpe auch frühzeitig an Gegenstände verschiedenster Größe, Form und Struktur (z. B. weich, hart, rau, aus Holz, Metall, Plastik, Stoff usw.) gewöhnt werden sollte. Die eigentliche Spezialausbildung beginnt in der Regel nach weiteren Eignungs- und umfangreichen Gesundheitstests im Alter von etwa einem Jahr. Dabei finden die persönlichen Hilfsbedürfnisse des behinderten Menschen besondere Berücksichtigung. Aufgrund der amerikanischen Wurzeln werden in der Regel englische Kommandos benutzt. Die wichtigsten in Zukunft zu erledigenden Aufgaben sind im Kasten links aufgeführt.

Der Labrador als Therapiehund

Der Einsatz von Tieren in der Therapie blickt auf eine lange Tradition zurück. So wurde der positive Einfluss auf den Heilungsprozess bereits im 19. Jahrhundert von Florence Nightingale, der Pionierin moderner Krankenpflege, beobachtet. Es zeigte sich, dass der Kontakt mit Tieren positive Auswirkungen auf das körperliche, psychische und soziale Wohlbefinden der Patienten hatte. Insbesondere bei zurückgezogenen, depressiven, kranken oder behinderten Menschen stellten sich sehr gute Erfolge ein.

Während die Therapiehundeorganisationen in Österreich und der Schweiz heute bereits gut strukturiert sind, fehlt es in Deutschland nach wie vor an einer übergeordneten Organisationsebene. Es bestehen weder einheitliche Ausbildungsprogramme, noch allgemein gültige Qualitätsmerkmale bezüglich Ausbildung oder Prüfungsanforderungen. Auch sind die gebräuchlichen Fachbegriffe nicht geschützt. Mit steigender Anerkennung und Nachfrage wird die Notwendigkeit der Fixierung eines gewissen Qualitätsstandards im Interesse aller Parteien immer dringlicher.

Ziel und Einsatzbereiche

Ziel eines Therapiehundeeinsatzes ist es, mithilfe des unvoreingenommenen Hundes einen Zugang zum Patienten zu finden. Die Kommunikation läuft also zunächst über den Hund, der dem Patienten bedingungslos Freundschaft, Zuneigung und Sicherheit anbietet und ihn dadurch motivieren soll, eigene Energien zur Kontaktaufnahme und Vertrauen zur Umwelt zu entwickeln. Demnach ist nicht der Hund an sich die Therapie, sondern er begleitet und unterstützt seinen geschulten Besitzer als „Hilfsmittel“. Auf diesem Ansatz beruhen auch die Bezeichnungen „Therapiehundeteam“ oder besser noch „Therapiebegleithundeteam“ und „tiergestützte Therapie“ (engl. „animal-facilitated-therapy“).

Die neuere Entwicklung in der Therapiehundearbeit	
1960	Ab 1960 wurde der gezielte Einsatz von Hunden als therapeutische Begleiter, sogenannte „Co-Therapeuten", vor allem in Amerika, Australien und England dokumentiert und durch wissenschaftliche Studien untermauert.
1977	Gründung der Stiftung „Delta Society" in Portland/Oregon, die mit ihrem „Pet Partner Programm" die tiergestützte Therapie in den USA initiierte.
Anfang der 80er-Jahre	Erste aktive Einsätze ehrenamtlicher „Therapiehundeteams" auf Basis der Richtlinien der „Delta Society" in verschiedenen europäischen Ländern.
1983	Gründung der englischen Wohlfahrtsorganisation „Pet As Therapy".
1987	Gründung des Vereins „Tiere helfen Menschen e.V." durch die Initiatorin Dr. Brigitte von Rechenberg in Würzburg.
1988	Gründung des Vereins „Leben mit Tieren e.V." durch PD Dr. Große-Siestrup in Berlin.
1990	Gründung des ersten internationalen Dachverbands für die Erforschung der „Mensch-Tier-Beziehung" (IAHAIO = „International Association of Human Animal Interaction Organisations") mit Sitz bei der „Delta Society" und dem Ziel, den Austausch wissenschaftlicher Erkenntnisse zu fördern.
2000	Seit 2000 entwickelten sich in vielen europäischen Ländern zahlreiche Vereine und Initiativen mit dem Schwerpunkt „tiergestützte Therapie". Da die einzelnen Begriffsbezeichnungen bis heute nicht geschützt sind, gibt es zunehmend Bestrebungen, einen gewissen Quaitätsstandard bezüglich der Ausbildungs- und Prüfungskriterien zu erarbeiten.
2005	Gründung des europäischen Dachverbandes „European Society for Animal Assisted Therapy" (ESAAT) mit dem Ziel der Angleichung eines europaweiten Qualitätsstandards. Wie schwierig sich dieses Unterfangen gestaltet, zeigt die Tatsache, dass sich dieser Dachverband kurze Zeit später wieder aufgespalten hat.

Je nach Einsatzbereich arbeitet das „Therapiehundeteam" eng mit entsprechendem Fachpersonal, wie Ärzten, Psychiatern, Physiotherapeuten, Logopäden, Heilpädagogen, Krankenschwestern und Erziehern, zusammen.

Die Einsatzbereiche gehen fließend ineinander über und werden hier in Anlehnung an die Vorgaben der „Delta Society" aufgezählt:

Tiergestützte Therapie

> **ENGLISCH** „animal-assisted-therapy"

> **ZIELSETZUNG** Gezielter Einsatz bei körperlichen und seelischen Erkrankungen unter genauer Dokumentation des Therapieverlaufs. Der Einsatz darf nur in Anwesenheit des jeweiligen Spezialisten erfolgen.

> **TÄTIGKEITSBEREICHE** Rehakliniken, Psychiatrische Kliniken, Heime und Förderzentren für Mehr- und Schwerstbehinderte aller Altersstufen, Sonderschulen u. Ä.

Tiergestützte Pädagogik

> **ENGLISCH** „animal-assisted-pedagogics"

> **ZIELSETZUNG** Gezielter Einsatz bei verhaltensauffälligen Kindern (z. B. bei Hyperaktivität oder autistischen Störungen) in der Gruppe oder

Erste Annäherungsversuche an ein autistisches Kind

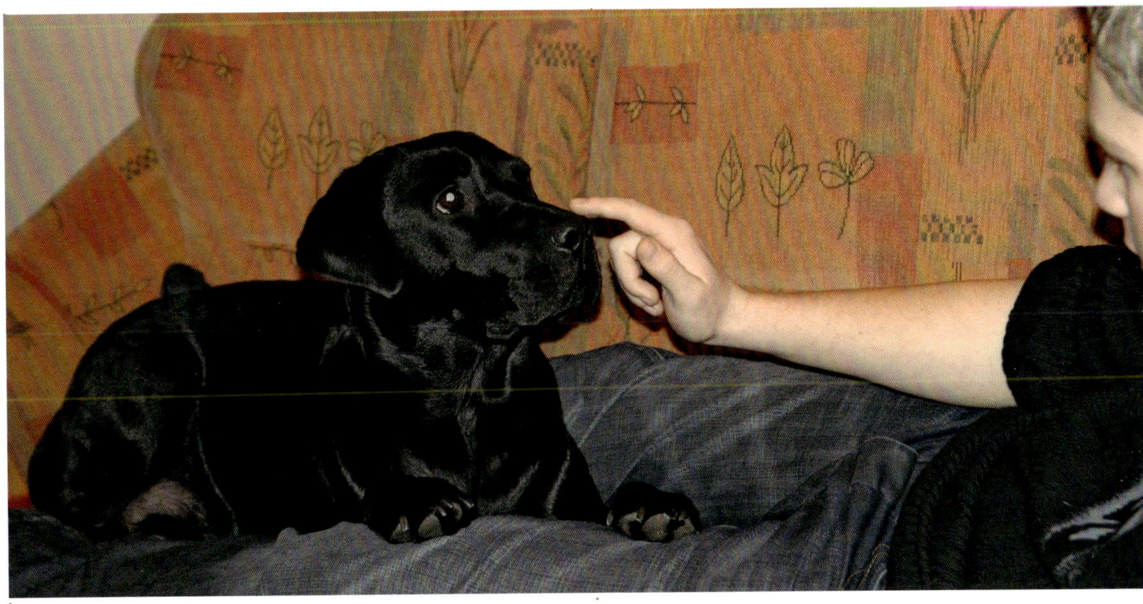

einzeln als pädagogische Fördermaßnahme für eine positive Weiterentwicklung.
› TÄTIGKEITSBEREICHE Kindergärten, Schulen und Freizeiteinrichtungen u. Ä.

Tiergestützte Fördermaßnahmen

› ENGLISCH „animal-assisted-activities"
› ZIELSETZUNG Tierbesuchsprogramme verbessern durch Abwechslung im Alltag und das durch den Kontakt mit dem Hund gesteigerte Wohlbefinden die Lebensqualität. Dabei ist das Mensch-Hund-Team nicht an einer gezielten Einzelbehandlung beteiligt.
› TÄTIGKEITSBEREICHE Überwiegend Pflege- oder Seniorenheime u. Ä.

Anforderung an das Therapiehundeteam

Im Hinblick auf das Wohlergehen des Menschen und des Hundes sind eine fundierte Ausbildung des Therapiehundeteams sowie Erfahrung und Kompetenz im Umgang mit dem Therapiehund

Die wichtigsten Eigenschaften eines Therapiehundes

Der Therapiehund soll sich durch eine allgemeine Wesensfestigkeit und Umweltsicherheit auszeichnen, das bedeutet im Einzelnen:

› Sanftes, verlässliches, freundliches Wesen
› Optische und akustische Sicherheit
› Sicherheit bei Kontakten aller Art
› In allen Lebenslagen eine hohe Toleranz- und Reizschwelle
› Ohne jegliches Anzeichen von Aggression oder Zurückhaltung
› Menschenbezogenheit und Bindungsfähigkeit
› Leichtführigkeit
› Normal entwickeltes Sozialverhalten
› Mittleres Temperament, d. h. kein zu hohes Aktivitätsbedürfnis

unabdingbare Voraussetzungen für ein verantwortungsvolles, tiergestütztes Arbeiten. Die Anforderungen an die Ausbildung sollten hoch angesiedelt sein, denn sowohl der Hund als auch der angehende Therapiehundeführer müssen in der Lage sein, vielfältige, nicht alltägliche Erlebnisse und schlimmstenfalls auch folgenschwere Zwischenfälle zu verarbeiten. Im Unterschied zu den anderen Rehabilitationsbereichen absolviert der Therapiehund die Grundausbildung zusammen mit seinem Besitzer, dem angehenden Therapiehundeführer.

> WER EIGNET SICH ZUM THERAPIEHUNDEFÜHRER?

Absolute Grundvoraussetzung ist ein vertrauensvolles Verhältnis zwischen Hund und Besitzer. Dies setzt wiederum voraus, dass der zukünftige Therapiehundeführer seinen Hund sehr gut kennt und einschätzen kann. Er muss jederzeit in der Lage sein zu erkennen, wann der Hund beginnt, sich situationsbedingt unbehaglich zu fühlen. Ferner sollte er sich durch soziale Kompetenz, Kontaktfreude und vor allem psychische Belastbarkeit auszeichnen. Die Bereitschaft zu ehrenamtlicher Tätigkeit setzt weiterhin ausreichend freie Zeit, Flexibilität und Verständnis im familiären Umfeld voraus.

> GIBT ES DEN „GEBORENEN“ THERAPIEHUND?

Um es kurz zu machen: nein! Es gibt im Prinzip keine spezielle Rasse, die sich aufgrund ihrer rassespezifischen Merkmale besonders für den Einsatz als Therapiehund eignet. Grundsätzlich kann jeder Hund Talent dafür haben, wenn er

In England wurde der Labrador als Therapiehund schnell populär.

bestimmte Eigenschaften besitzt. Da diese Therapieform in England insbesondere bei Kindern und älteren Menschen bereits eine längere Tradition hat, avancierten der Labrador und der Golden Retriever dort schnell zu den populärsten Rassen unter den Therapiehunden.

Ausbildungsinhalte und Prüfungen

Ein solider Grundgehorsam ist für den Therapiehund ebenso wichtig wie regelmäßige tierärztliche Kontrollen einschließlich sorgfältiger Auffrischungsimpfungen und Entwurmungen. Ein Therapiehund muss in jeder Situation unter der Kontrolle seines Besitzers stehen. Übermütiges Verhalten, wie z. B. das Anspringen von Personen, ist in diesem Bereich fehl am Platz. Während der gemeinsamen praktischen Ausbildung von Hund und Besitzer steht vor allem die Gewöhnung an ungewöhnliche Situationen, Umgebungen, Geräusche, außergewöhnliche Bewegungsmuster oder unerwartete Reaktionen von Menschen im Vordergrund. Ziel ist es, dass der Hund stets gelassen neutral reagiert, sich nach unerwarteten, unkonventionellen Berührungen oder Einwirkungen schnell erholt, stets unter Kontrolle seines Besitzers bleibt und sich überwiegend an ihm orientiert. Bei der Wahl der Ausbildungsstätte sollten Sie vor allem darauf achten, dass eine dem Ausbildungsbereich angepasste Ausbildungsdauer angeboten wird. Denn eine solide, gründliche Ausbildung braucht Zeit und die Möglichkeit, unter fachkundiger Betreuung erste Erfahrungen zu sammeln. Ferner sollte das Ausbildungskonzept auf die jeweils infrage kommenden Einsatzgebiete zugeschnitten sein (siehe Kasten).

Ausbildungskonzepte und Einsatzgebiete in der Therapiehundearbeit

Berufsspezifische Arbeit
Spezielle, berufsbegleitende Weiter- bzw. Zusatzausbildung für Fachpersonal.

Ablauf
- Theoretische Ausbildung in den Bereichen Pädagogik, Psychologie, Geriatrie, Physiotherapie und Kynologie
- Praktische Ausbildung von Hund und Besitzer
- Abschlussprüfung in Theorie und Praxis mit Zertifikatvergabe

Prüfungsbezeichnung
Therapiebegleithundeteam

Ausbildungszeitraum
Mehrere Monate

Pädagogische / therapeutische Arbeit
Seriöse Ausbildungsangebote orientieren sich an den Richtlinien der „Delta Society".

Ablauf
- Informationsveranstaltung
- Eignungstest für Hund und Besitzer
- Theoretische und praktische Ausbildung
- Abschlussprüfung in Theorie und Praxis

Prüfungsbezeichnung
Therapiehundeteam

Ausbildungszeitraum
Ca. 30–50 Stunden

Besuchsdienste
Es existieren momentan noch keine allgemein gültigen Ausbildungsrichtlinien.

Ablauf
Informative Vorträge und betreute Praxiseinsätze (erfahrene, ehrenamtliche Betreuer) durch die anerkannten Vereine, die vereinzelt vorab auch seriöse Eignungstests durchführen.

Dauer der betreuten Einsätze
Bis zu einem halben Jahr

Gesunde Ernährung für den Labrador

Die richtige Ernährung für jeden Lebensabschnitt

Bei Fragen nach der richtigen Ernährung des Hundes treffen heute regelrecht Weltanschauungen aufeinander. Die Ansätze reichen von ausschließlicher Verwendung handelsüblichen Trockenfutters über Nassfutter mit Gemüse- und Flockenbeimischungen bis hin zur Rohfütterung. Die Futtermittelindustrie macht Milliardenumsätze und beinahe täglich werden „neue" Erkenntnisse veröffentlicht, die den Hundebesitzer dazu animieren sollen, die Ernährungsweise seines Hundes zu überdenken. Grundsätzlich können Sie davon ausgehen, dass in einem qualitativ hochwertigen Trockenfutter alle Nährstoffe sowie die nötigen Vitamine und Mineralien in optimaler Menge vorhanden sind. Entscheiden Sie sich hingegen für ein selbst zusammengestelltes Futter, müssen Sie sich zuvor umfassend informieren und ausreichend ernährungsphysiologisches Fachwissen sammeln, um eine optimale Ernährung gewährleisten zu können.

Vorsicht!
Sollten Sie sich für die Fütterung von rohem Fleisch entscheiden, gilt:
- Verfüttern Sie NIEMALS rohes Schweinefleisch, da sich Ihr Hund mit dem Virus der Aujeszky'schen Krankheit infizieren kann, die für ihn innerhalb von 24–48 Stunden tödlich endet!
- Seien Sie deshalb auch vorsichtig beim Kauf von Tartar beim Metzger! Am besten kaufen Sie immer ein ganzes Stück Fleisch und drehen es zu Hause selbst durch. Für eine Verseuchung des Fleisches mit dem Aujeszky-Virus reicht es aus, wenn der Metzger zuvor Schweinefleisch durchgedreht hat!

Da es den Rahmen dieses Buches sprengen würde, jegliche Pro- und Kontraargumente der verschiedenen „Fütterungsphilosophien" aufzuzeigen, beschränke ich mich im Folgenden auf einige wichtige Grundsätze, die in den verschiedenen Lebensphasen des Labradors zu beachten sind.

Da Labrador Retriever i. d. R. für nahezu jedes Futter zu haben sind und leidenschaftlich gern fressen, sollten Sie bei der Fütterung vor allem stets auf die angemessene Futtermenge achten!

Fütterungsumstellungen nehmen Sie bitte immer schrittweise vor, um Unverträglichkeitsreaktionen wie Durchfall zu vermeiden: Mischen Sie einen Teil des neuen Futters unter das bisher gefütterte. Ganz allmählich erhöhen Sie dann den Anteil des neuen Futters.

Ziel einer optimalen Ernährung ist das langsame, kontinuierliche Wachstum des Welpen bzw. Junghundes.

Der Welpe und Junghund in der Wachstumsphase

Der Labrador zählt zu den großwüchsigen Rassen. Er multipliziert sein Geburtsgewicht während des ersten Lebensjahres abhängig vom Typ um das 50- bis 70-Fache, wobei seine endgültige Größe genetisch fixiert ist. Auch wenn das Größenwachstum mit 12 bis 14 Monaten im Wesentlichen abgeschlossen ist, dauert die Körperentwicklung häufig bis ins zweite und dritte Lebensjahr an.

Entscheidend für ein gesundes Wachstum sind die Wachstumsgeschwindigkeit, die verschiedenen Entwicklungsphasen des Gewebes (Knorpel, Knochen, Muskeln, Fett) und die allgemeine Verdauungskapazität. Eines der Hauptrisiken während des Wachstums sind Entwicklungsstörungen des Skeletts, die ihren Ursprung in einer genetischen Disposition haben und zugleich in ihrer Ausprägung durch eine angepasste Ernährung und Bewegung beeinflusst werden können. Ziel einer optimalen Ernährung ist ein langsames, aber kontinuierliches Wachstum des Hundes.

Eine optimale Fütterung ist durch ein bis zur Vollendung des ersten Lebensjahres speziell für Welpen bzw. Junghunde großwüchsiger Rassen zusammengestelltes Futter i. d. R. gewährleistet. Von der achten bis zur zwölften Woche geben Sie Ihrem Welpen über den Tag verteilt vier Mahlzeiten.

Wichtig!

Die wichtigste Grundregel lautet: Die Rippen des Hundes sollten nicht zu sehen, aber leicht zu ertasten sein! Denken Sie immer daran, dass Skeletterkrankungen, wie HD oder ED, sowohl genetisch als auch umweltbedingt sind und ihr Ausprägungsgrad durch Übergewicht oder übertriebene Bewegung im ersten Lebensjahr erheblich beeinflusst werden kann!

Grundsätze für eine optimale Ernährung im Welpenalter

- Erhöhter Proteingehalt: Futtermittel für Welpen zeichnen sich meist durch einen hohen Proteingehalt aus. Der Proteinbedarf eines Hundes steigt proportional zu seinem Körpergewicht, d. h., der Proteingehalt des Futters sollte bei großen Rassen höher sein. Proteine begünstigen den Aufbau von Bindegewebe und Muskulatur sowie den Ausbau des Immunsystems.
- Geringerer Fett- und Energiegehalt: Der Energiegehalt wird u. a. durch die Grundnährstoffe Eiweiß, Fette und Kohlenhydrate bestimmt. Eine angemessene Energieversorgung schützt vor zu schnellem Wachstum und Übergewicht.
- Ein optimales Calcium-Phosphor-Verhältnis von 1,1 : 0,9
- Erhöhter Gehalt an Antioxidanzien und knorpelschützenden Substanzen

Der erwachsene Labrador

Der Grundumsatz eines Hundes berechnet sich aus dem Energieverbrauch, den er im Ruhezustand benötigt, um die Funktion seiner Organe zu gewährleisten. Er beträgt bei einem Labrador von 30 kg Körpergewicht ca. 1550 kcal. Der Erhaltungsbedarf, der dem Mindestbedarf an Energie eines erwachsenen Labradors bei normaler Aktivität (zweistündige Bewegung pro Tag) entspricht, beträgt hingegen ca. 1900 kcal. Leichte bis mäßige Aktivität erhöht den Energiebedarf nur wenig, während er bei Arbeits- oder Sporthunden – je nach Art der Belastung (kurz und intensiv oder Ausdauerleistung) – ohne Weiteres auf das 1,5- bis 2-Fache ansteigen kann. Energie ist in Form von Proteinen, Kohlenhydraten und Fett verfügbar, wobei ein Gramm Fett mehr als doppelt so viel Energie enthält wie die gleiche Menge an Kohlenhydraten oder an Proteinen. Hohe Energieanforderungen sind demnach am besten durch eine verhältnismäßig fettreiche Nahrung zu erfüllen. Da der individuelle Energiebedarf schwanken kann, ist eine optimale Ernährung generell dann gegeben, wenn der bestmögliche Gesundheitszustand bei gleichzeitigem Erhalt des Idealgewichts gesichert ist.

Die meisten Labradors fressen leidenschaftlich gerne. Achten Sie deshalb auf den individuellen Energiebedarf Ihres Hundes, denn überschüssige Brennwerte werden in Fett umgewandelt und gespeichert.

Die Energie der Nahrung wird im Körper des Hundes durch einen Verbrennungsprozess in Wärme zur Aufrechterhaltung der Körpertemperatur, in Elektrizität zur Reizübertragung im Nervensystem, in chemische Energie zum Körperwachstum, in mechanische und in Bewegungsenergie umgewandelt. Deshalb werden Nahrungsmittel auch nach ihrem energieliefernden Brennwert für den Stoffwechsel bemessen. Gerade im Hinblick auf den „verfressenen" Labrador ist es wichtig sich zu vergegenwärtigen, dass überschüssige Brennwerte nicht in Form von Wärme abgegeben, sondern in Fett verwandelt und gespeichert werden. Da Übergewicht beim Labrador im Vergleich zu anderen

Eine gesunde Ernährung zeichnet sich in erster Linie dadurch aus, dass sie den verschiedenen Lebensphasen des Hundes angepasst ist.

Rassen relativ häufig auftritt, muss konsequent auf die Einhaltung der richtigen Energie- bzw. Futtermenge geachtet werden. Sollten Sie sich für Trockenfutter entscheiden, müssen Sie die auf der Verpackung angegebenen Mengen entsprechend den Anforderungen des einzelnen Individuums anpassen, wobei sich im Einzelfall sowohl Mehr- als auch Mindermengen ergeben können.

Der Arbeits- und Sporthund

Sporthunde, die mehrmals wöchentlich zielgerichtet trainiert werden, können, ebenso wie Jagdhunde im Einsatz, durchaus einen Mehrbedarf von 50 % ihres normalen Erhaltungsbedarfs entwickeln. Dabei spielt nicht nur der aus der geforderten Leistung entstehende Energiebedarf eine Rolle, sondern auch ernährungsphysiologische Veränderungen des Nährstoff- und Energiebedarfs, die sich im Zusammenhang mit der entstehenden Stresssituation ergeben.

Energiezufuhr in optimaler Qualität und bedarfsgerechter Menge

Der Energiebedarf des arbeitenden Hundes richtet sich in erster Linie nach Intensität und Dauer der körperlichen Belastung. Ziel ist es, den erhöhten Energiebedarf zu decken und gleichzeitig das Idealgewicht des Hundes aufrecht zu erhalten. Eine wesentliche Rolle spielt dabei die Qualität der Energie, die der Hund während der körperlichen Anstrengung zur Verfügung hat. Kriterien für eine optimale Energiequelle sind vor allem die schnelle Verfügbarkeit sowie die möglichst effiziente Verbrennung.

Nährstoffe im Überblick

Proteine
Proteine (Eiweiße) sind aus Aminosäuren aufgebaute Makromoleküle. Sie gehören zu den Grundbausteinen aller Zellen und erfüllen im Körper vielfältige Funktionen, wobei sie insbesondere für die Erhaltung der Körpersubstanz, für die Neubildung von Gewebe und während der Reproduktionsphase wichtig sind. Für den Hund gelten zehn Aminosäuren als lebensnotwendig und müssen mit der Nahrung zugeführt werden.

Kohlenhydrate
Kohlenhydrate kommen in Produkten pflanzlichen Ursprungs vor. Da das Verdauungssystem des Hundes pflanzliche Nahrung nur bedingt nutzen kann, sind bereits „aufgeschlossene" Produkte, wie spezielle Hundeflocken, vorzuziehen. Zu den Kohlenhydraten zählen auch Ballaststoffe oder Rohfasern, die zwar unverdaulich sind, aber die Darmtätigkeit anregen und damit den Verlauf der Verdauung fördern. Ein zu hoher Rohfaseranteil wirkt sich allerdings auch auf die Kotmenge aus!

Fett
Fett ist der wichtigste Energielieferant. Der empfehlenswerte Fettgehalt liegt zwischen 10 und 25 %. Zu viel Fett führt zu Übergewicht, während ein Fettanteil von weniger als 5 % unzureichend ist.

Mineralstoffe
Auch wenn Mineralstoffe nur in geringen Mengen nötig sind, hängt die Gesundheit des Hundes doch entscheidend von ihrem Vorhandensein ab.

Vitamine
Vitamine beeinflussen vor allem die Stoffwechselvorgänge im Körper.

Die optimale Ernährung des Arbeits- und Sporthundes sollte hochverdaulich und energiereich sein. Als wirkungsvollste Energieträger gelten Fette.

Grundsätze für eine optimale Ernährung des Arbeits- und Sporthundes

> Hoher Energiegehalt und hohe Verdaulichkeit des Futters, wobei die Qualität der Energie der Art der Belastung angepasst sein sollte.

> Fette sind die wirkungsvollsten Energieträger. Deshalb gilt: je länger die körperliche Belastung anhält, umso fettreicher sollte das Futtermittel sein (bei kurzzeitigen Höchstleistungen ca. 16–20 %, bei Ausdauerleistungen, wie z. B. anhaltendendem Stöbern oder Suchen, bis zu 25 %).

> Hochverdauliche Proteine mit einer ausgewogenen Aminosäurezusammensetzung sind ebenfalls sinnvoll, denn sie ermöglichen den Muskelaufbau ohne übermäßigen Anfall von Harnstoff und Ammoniak.

> Antioxidanzien schützen die Zellen bei belastungsbedingtem oxidativem Stress gegen freie Radikale (= hoch aggressive Sauerstoffmoleküle mit sehr kurzer Lebensdauer).

> Vitamine des B-Komplexes (B1, B6, B12), Antioxidanzien und Omega-3-Fettsäuren führen zu einer Verbesserung des Blutflusses und des Sauerstoffaustausches.

> Eine ausgewogene Mineralstoffversorgung unterstützt die Muskel- und Nervenfunktionen sowie den Wasserhaushalt. Durch die erhöhte Muskel- und Bewegungsaktivität kommt es zu einer erhöhten Atemfrequenz und in der Folge zu einem erhöhten Wasser- und Mineralstoffverbrauch.

> Der Hund sollte unter allen Umständen die Möglichkeit haben, kurz nach der körperlichen Anstrengung Wasser zu schöpfen. Der zusätzliche Wasserbedarf ist gleichrangig mit dem zusätzlichen Energiebedarf.

Entgegen landläufiger Meinungen muss ein Arbeits- und Sporthund nicht mit leerem Magen arbeiten. Dies kann seine Leistung sogar beeinträchtigen. Besser ist es, etwa vier Stunden vor den zu erbringenden Leistungen etwa ein Viertel der Tagesration und die restliche Menge abends zu füttern.

Der alternde Hund

Das Seniorenalter beginnt beim Labrador etwa im Alter von acht bis neun Jahren. Äußerliche

Dank einer angepassten Ernährung immer noch aktiv und vital: „Mac-Tan vom Tennikerweidli" im Alter von 15 Jahren

Anzeichen sind das allmähliche Ergrauen, die reduzierte körperliche Vitalität, das Sinken der Arbeits- und Sportleistungen, die Rückbildung der Muskulatur, das Nachlassen der Sinnesorgane sowie meist auch eine verstärkte Zahnsteinbildung (nicht bei Rohfleischfütterung). Nicht auf den ersten Blick erkennbare Altersanzeichen sind das Nachlassen der Kreislauf- und Nierentätigkeit, eingeschränkte Abwehrkräfte, das Auftreten von Tumoren oder Altersdiabetes, die nachlassende Leistungsfähigkeit der Verdauungsorgane und des Stoffwechsels sowie Verschleißerscheinungen an Skelett und Gelenken. All diese Alterserscheinungen machen deutlich, wie wichtig es ist, die erforderlichen Pflege- und Haltungsmaßnahmen an die veränderten Bedingungen anzupassen. Oberstes Gebot sollte sein, die Gesundheit des Hundes so lange wie möglich zu bewahren, die Alterungsprozesse so weit wie möglich zu verlangsamen und die Lebensqualität zu erhalten. Im Rahmen einer angepassten Ernährung sollten Sie immer daran denken, dass Übergewicht Herz, Kreislauf und die Gelenke des älteren Hundes zusätzlich belastet.

Die wichtigsten Grundsätze für die Ernährung des alternden Hundes

> Anpassung der Ernährung an den durch die eingeschränkte körperliche Aktivität verminderten Energiebedarf. Der Energiebedarf sinkt um gut ein Viertel, wobei der Appetit meist nicht proportional abnimmt!
> Zu empfehlen ist eine hochwertige und hochverdauliche Eiweißzufuhr, z. B. über mageres Fleisch, Quark oder Eier. Zu vermeiden sind Eiweiße, wie sie in bindegewebsreichen Lebensmitteln vorkommen, sowie Eiweiße pflanzlicher Herkunft.
> Die allgemein verringerte Darmtätigkeit erfordert einen höheren Gehalt an Faserstoffen.
> Im Rahmen des altersbedingt herabgesetzten Fettstoffwechsels ist eine ausreichende Versorgung mit Vitamin E und C wichtig. Beide Vitamine schützen den Körper vor aggressiven Stoffwechselprodukten, indem sie die beim Fettstoffwechsel anfallenden Giftstoffe (freie Radikale) abfangen.
> Aufgrund der im Alter erhöhten Infektionsgefahr ist es sinnvoll, auf eine ausreichende Versorgung mit Vitamin A und E sowie den wasserlöslichen Vitaminen zu achten.
> Zum Schutz der Nieren sollte der Phosphorgehalt in der Nahrung reduziert werden.

Die veränderten Stoffwechselvorgänge erfordern ständig frisches, nicht allzu kaltes Wasser.

Mit fortschreitendem Alter sollte die Tagesfuttermenge auf mehrere Portionen aufgeteilt werden, um den Verdauungstrakt nicht unnötig zu belasten.

Die richtige Pflege ist ganz einfach

Ein dichtes, schimmerndes Fell und klare glänzende Augen sind der Spiegel seiner Seele! Neben einer sinnvollen Ernährung trägt auch die richtige Pflege entscheidend zum Wohlbefinden Ihres Labradors bei. Dabei ist nicht nur der „Pflegeakt" an sich wichtig, sondern auch die von ihm ausgehende soziale Komponente. Gegenseitige Fellpflege stärkt sowohl beim Wolf als auch beim Hund das Zusammengehörigkeitsgefühl. Sie wirkt sich deshalb auch positiv auf die Bindung Ihres Hundes aus. Ein regelmäßiges Abtasten seines Körpers sollte für ihn ebenso selbstverständlich sein wie die Kontrolle der Krallen, Augen, Ohren und Zähne. Aus diesem Grund ist es mehr als sinnvoll, wenn Sie bereits Ihren Welpen daran gewöhnen. Dies zahlt sich später insbesondere auch bei etwaigen Tierarztbesuchen aus.

Da das Haarkleid des Labrador nicht nur wasser-, sondern auch schmutzabweisend ist, trocknet es schnell und besitzt eine erstaunliche Selbstreinigungskraft. Als Geheimtipp zur Geruchsbeseitigung nach dem Wälzen, vor allem bei Fisch und Fuchslosung, gilt Tomatensaft!

Zu lange Krallen sollten von Zeit zu Zeit gekürzt werden. Während das „Leben" bei pigmentlosen Krallen gut zu sehen ist, ist beim Kürzen dunkler Krallen Vorsicht geboten!

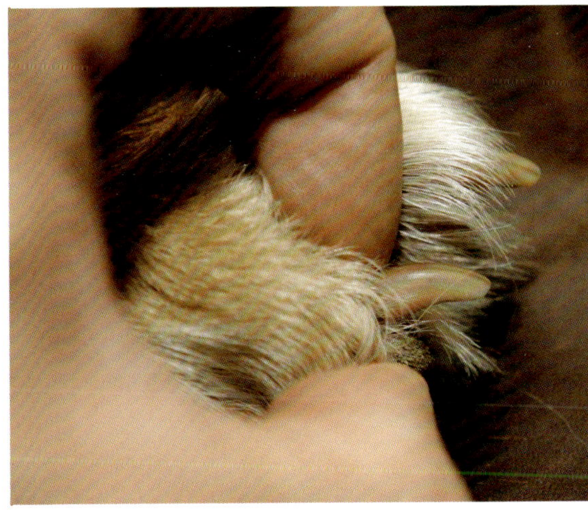

Das Haarkleid

Der Labrador besitzt ein kurzes Deckhaar mit dichter, etwas kürzerer Unterwolle, das sich vor allem durch seine Wetterfestigkeit auszeichnet. Das härtere Deckhaar zeigt sich häufig schon im Alter von zehn bis zwölf Wochen, bevor es mit etwa fünf Monaten vollständig ausgebildet ist. Im Wesentlichen ist das Haarkleid des Labradors sehr pflegeleicht. Da es nicht nur Wasser, sondern auch Schmutz abweisend ist, trocknet es schnell und besitzt eine erstaunliche Selbstreinigungskraft. In der Regel reicht es aus, wenn Sie Ihren Hund nach dem Spaziergang mit einem Frottiertuch oder einem hochsaugfähigen Kunstfaser- oder Kunstledertuch abreiben. Meist rieselt eventuell noch vorhandener Schmutz nach dem Trocknen einfach heraus. Shampoonieren Sie Ihren Labrador nur in absoluten Notfällen und ausschließlich mit einem im Fachhandel erhältlichen, speziellen Hundeshampoo. Baden verändert die Fellstruktur nachteilig, indem es das natürliche Fett (Talg) entzieht. Dadurch wird das Fell nicht nur weicher, sondern es verliert auch seine Wasser abweisende Funktion und benötigt einige Zeit, um sich wieder zu regenerieren. Sollte Ihr Labrador sich gern mit den „Düften der Natur" parfümieren, dann genügt es meist, ihn mehrmals in ein sauberes Gewässer zu schicken oder ihn mit dem Gartenschlauch abzuspritzen. Dies gilt allerdings nicht für die „Favoriten" Fisch und Fuchslosung. Im Notfall können Sie die Stelle lokal einschäumen und abspritzen. Rubbeln Sie ihn nach dem Baden oder Abspritzen ordentlich trocken. Ein regelmäßiges Kämmen ist beim Labrador nur im Haarwechsel notwendig. Mittlerweile gibt es im Fachhandel spezielle Kämme, die Unterwolle effektiv zu Leibe rücken.

Die Krallen

Da sich die Krallen eines erwachsenen Hundes bei regelmäßiger Bewegung auf unterschiedlichen Untergründen (Waldböden, Gras, Feldwegen, Asphalt) normalerweise gleichmäßig ablaufen, wird ein Krallenschneiden nur selten nötig sein. Anders sieht es hingegen beim Welpen und Junghund aus, dessen Krallen sich aufgrund der eingeschränkten Bewegung weniger abnutzen. Sollten die Krallen zu lang sein, müssen die Krallenspitzen von Zeit zu Zeit mit einer speziellen Krallenzange gekappt werden. Hat Ihr Labrador helle (pigmentlose) Krallen, ist das Kürzen relativ einfach, da die Blutgefäße (das sogenannte „Leben") durch den Nagel schimmern und sich Verletzungen vermeiden lassen. Beim Schneiden dunkler Krallen benötigen Sie hingegen einiges an Erfahrung, um das richtige Maß zu finden. Seien Sie in jedem Fall sehr vorsichtig und überlassen Sie es im Zweifel lieber Ihrem Tierarzt, denn Verletzungen des „Lebens" sind nicht nur äußerst schmerzhaft, sondern bergen auch eine große Infektionsgefahr.

Junge Labradors haben zuweilen zu viel lose Haut am Kopf, was zu losen bzw. leicht hängenden Augenlidern führen kann. Meist normalisiert sich dies mit dem fortschreitenden Wachstum des Kopfes.

Die Augen

Junge Labradors aus Showlinien haben manchmal etwas zu viel lose Haut am Kopf, was zu losen bzw. leicht hängenden Augenlidern führen kann. Meist normalisiert sich dies jedoch mit dem fortschreitenden Wachstum des Kopfes. Sollte sich morgens etwas Sekret im Augenwinkel angesammelt haben, kann dies mit einem feuchten weichen Tuch leicht und ohne viel Druck entfernt werden. Sobald das Sekret dickflüssig, gelblich und die Bindehaut gerötet oder gar geschwollen erscheint, könnte es sich auch um eine Bindehautentzündung (Konjunktivitis) handeln, die von Ihrem Tierarzt fachkundig behandelt werden sollte! Gerade bei jungen Hunden im Wachstum liegt in diesen Fällen häufig ein Follikularkatarrh (Conjunctivitis follikularis) vor, bei dem die Lymphfollikel der Nickhaut in besonderer Weise in die Entzündung miteinbezogen sind. Die durch die Entzündung stecknadelkopfgroßen geschwollenen und paketförmig angeordneten Lymphfollikel üben durch ihre erhabene und gekörnt wirkende Oberfläche einen starken mechanischen Reiz aus. Während sie früher in der Regel mit einem scharfen Löffel ausgeschabt wurden (sogenannte „Curettage" der Follikel), gilt dies heute als Kunstfehler und sollte nur in absoluten Ausnahmefällen durchgeführt werden. Die Lymphfollikel sind Teil des lymphatischen Abwehrsystems und mit der vollständigen Ausbildung des Immunsystems verschwindet der Follikularkatarrh meist von allein.

Untersuchung des Gehörgangs mittels eines Otoskops

Viele Labradors neigen zu Zahnsteinbildung. Geben Sie Ihrem Hund deshalb regelmäßig zahnreinigende Nahrung, wie hartes, trockenes Brot, Hundekuchen, Knorpel oder Knochen. Auch regelmäßiges Zähneputzen ist zur Vorsorge parodontaler Erkrankungen geeignet.

Die Ohren

Die große Wasserbegeisterung des Labradors macht zuweilen auch vor Tauchgängen nicht halt. Die dicht anliegenden Hängeohren können dabei im Einzelfall die Luftzirkulation behindern und damit die Gefahr von Entzündungen erhöhen. Aus diesem Grund sollten Sie beim Abtrocknen auch stets die Behänge und das umgebende Fell miteinbeziehen. Kontrollieren Sie die Ohren regelmäßig, aber vermeiden Sie das Reinigen mit Wattestäbchen, denn dies kann nicht nur leicht zu Verletzungen führen, sondern auch dazu, dass Sie etwaige Ablagerungen noch tiefer in den Gehörgang hineinschieben. Sollten Sie bei der Kontrolle braune, schlecht riechende Ablagerungen oder typische Entzündungszeichen, wie Rötung, Schwellung oder eine erhöhte Schmerzempfindlichkeit, bemerken, konsultieren Sie am besten Ihren Tierarzt. Das Gleiche gilt, wenn Ihr Labrador seinen Kopf schief hält oder häufig schüttelt.

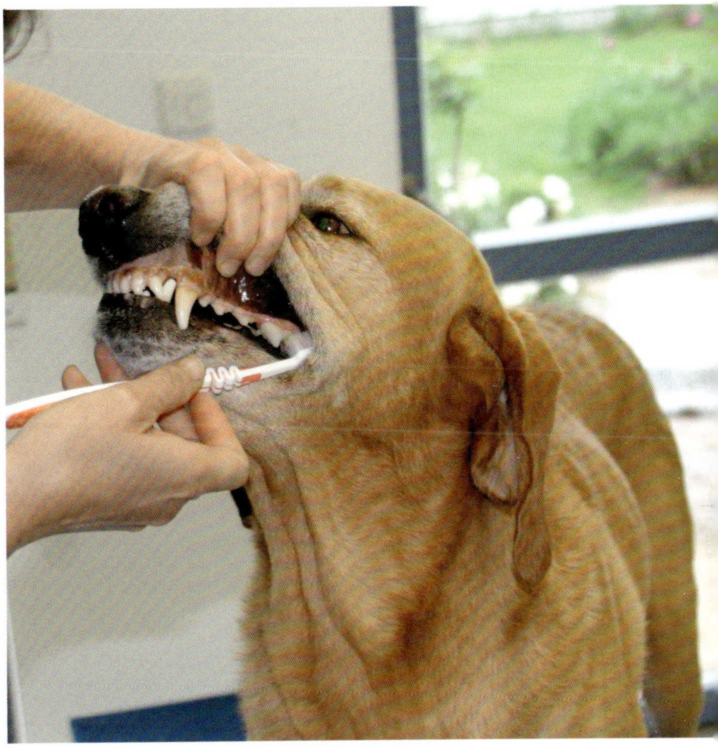

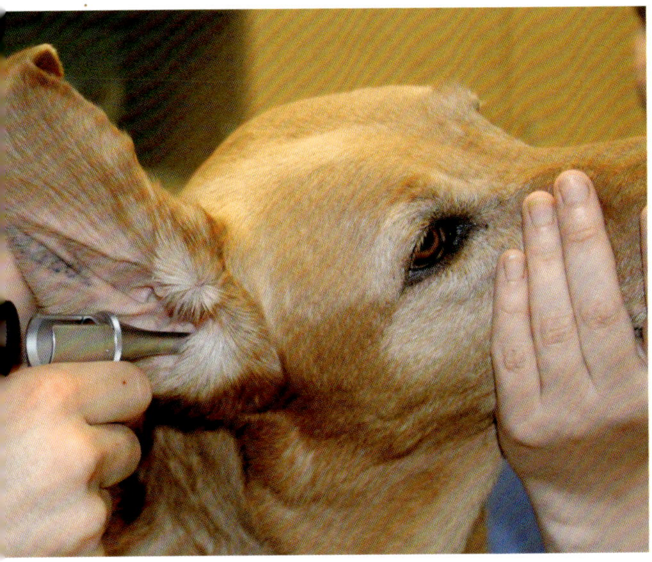

Das Gebiss

Auch die Zähne Ihres Labradors sollten regelmäßig kontrolliert werden. Beim zahnenden Junghund können so eventuelle Probleme beim Zahnwechsel, wie das Persistieren eines Splitters oder eines ganzen Milchzahns trotz Nachrückens des neuen Zahns, schnell erkannt werden. Regelmäßiges Füttern von hartem, getrocknetem Brot, Hundekuchen, Knochen, Knorpeln oder ähnlichem kann der Bildung von Zahnstein vorbeugen. Im Fachhandel gibt es ferner spezielle Zahnreinigungssets oder enzymhaltige Kaustreifen, die hilfreich sein können. Hat sich bereits zu viel Zahnstein angelagert, hilft meist nur noch eine professionelle, aufwendige Zahnreinigung durch den Tierarzt.

Der gesunde Labrador

Impfungen

Seit dem 3. Juli 2004 gelten für die Einreise mit Hunden in die Europäische Union aus Drittländern die Regelungen einer neuen Europäischen Verordnung. Ziel dieser Regelungen ist in erster Linie der Schutz vor Einschleppung und Verbreitung der Tollwut. Zu diesem Zweck muss für Hunde, die innerhalb der Europäischen Union grenzüberschreitend verbracht werden, grundsätzlich ein „EU-Ausweis" nach einheitlichem Muster mitgeführt werden. Um den Ausweis eindeutig zuordnen zu können, muss der Hund mittels Tätowierung (nur noch bis 2011) oder Mikrochip eindeutig identifizierbar und die entsprechende Kennzeichnungsnummer eingetragen sein. Neben Angaben zum Tier und seinem Besitzer muss der Pass ferner den tierärztlichen Nachweis enthalten, dass das Tier über einen gültigen Tollwut-Impfschutz verfügt. Im Falle der Erstimpfung eines Welpen im Alter von mindestens 3 Monaten muss die Impfung vor dem ersten Grenzübertritt mindestens 21 Tage zurückliegen. Die Dauer des Schutzes bei Wiederholungsimpfungen richtet sich nach den Angaben des Impfstoffherstellers.

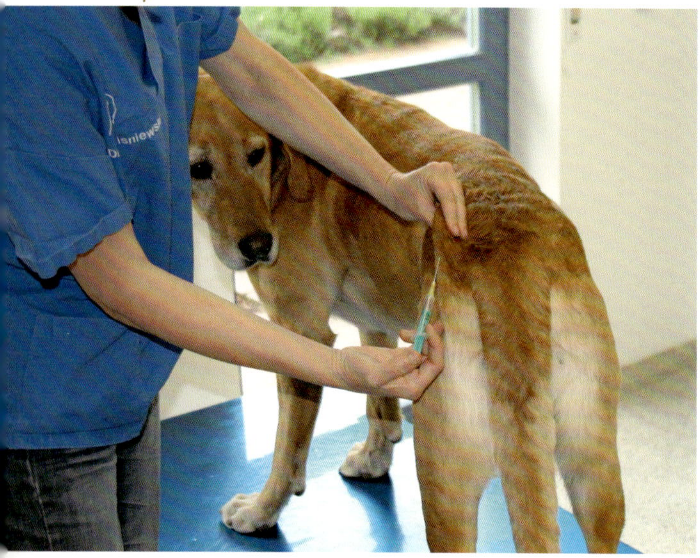

Wie umfangreiche wissenschaftliche Studien zeigen, bedarf es eines lebenslangen, individuell abgestimmten Impfprogramms.

Die wichtigsten Infektionskrankheiten

› **STAUPE** Die Staupe des Hundes ist eine hoch ansteckende Virusinfektion, die direkt (z. B. durch gegenseitiges Belecken) oder durch Tröpfcheninfektion übertragen wird. In den verschiedenen Verlaufsformen können die Augen, der Atemtrakt, der Verdauungsapparat, die Haut und/oder das zentrale Nervensystem betroffen sein. Durch das vermehrte Einführen ungeimpfter Hunde aus Osteuropa gewinnt die Krankheit auch in Deutschland zunehmend an Aktualität.

› **HEPATITIS C. C.** Auch die ansteckende Leberentzündung (Hepatitis contagiosa canis) ist eine Viruserkrankung, die allerdings in Mitteleuropa selten geworden ist. Sie geht mit dramatischen Fieberschüben, Blutgerinnungsstörungen und heftigen Durchfällen einher und endet häufig tödlich.

› **LEPTOSPIROSE ODER STUTTGARTER HUNDESEUCHE** Die Leptospirose gilt als meldepflichtige Zoonose, d. h., sie ist vom Hund auf den Menschen über Kontakt mit infiziertem Hundeurin übertragbar. Die Erreger werden auch von äußerlich gesunden Hunden in großen Mengen ausgeschieden. Eintrittspforten sind die Schleimhäute in Mund und Rachen, der oberen Luftwege, der Augenbindehäute sowie kleinste

Verletzungen der Haut. Die Verursacher der Erkrankung sind Bakterien der Gattung der Leptospiren. Die Diagnose ist aufgrund der meist unspezifischen Symptomatik zuweilen schwierig. Besonders betroffene Organe sind Leber, Darm und Harnapparat. Die Impfung richtet sich in der Regel nur gegen die wichtigsten Erregertypen. Aus diesem Grund können auch geimpfte Hunde an anderen Erregertypen ernsthaft erkranken.

> **PARVOVIROSE** Die Parvovirose ist eine hoch ansteckende und akut verlaufende Infektionskrankheit des Hundes, die durch das Canine Parvovirus-2 (CPV-2) verursacht wird. Da das Virus Zellen mit hoher Teilungsrate bevorzugt, befällt es insbesondere das Darmepithel, das Knochenmark, das lymphatische System und den Herzmuskel. Betroffen sind vor allem Jungtiere, die sich über Kot oder Speichel befallener Tiere anstecken. Da der Erreger sehr widerstandsfähig ist, bleibt er lange infektiös. Erste Symptome sind hohes Fieber, Fressunlust und Teilnahmslosigkeit, an die sich fast zeitgleich Symptome des Magen-Darm-Traktes mit blutigen Durchfällen anschließen. Der wirksamste Schutz besteht in einer prophylaktischen Impfung, die eine Infektion jedoch nicht gänzlich ausschließen kann.

> **TOLLWUT** Die Tollwut gilt als älteste bekannte Infektionskrankheit bei Mensch und Tier. Da sie vom Hund auf den Menschen übertragbar ist und tödlich verläuft, sind Impfungen in Deutschland und vielen anderen Ländern der Welt gesetzlich vorgeschrieben. Eine Infektion verursacht eine akute, lebensbedrohliche Enzephalitis (Entzündung des Gehirns). Übertragen wird die Tollwut durch mit dem Speichel ausgeschiedene Viren, die nicht nur über Bisse, sondern bei Kontakt mit infiziertem Speichel auch über kleinste Hautwunden eindringen können. Erkrankte Hunde fallen zunächst meist durch Verhaltensänderungen, wie gesteigerte Aggressivität und Unruhe („Rasende Wut"), auf, an die sich fortschreitende Lähmungserscheinungen anschließen („Stille Wut"). Jedoch ist diese Reihenfolge nicht zwingend notwendig. Völlig atypische Verläufe sind ebenfalls möglich. Da seit 2006 keine Tollwutfälle mehr bei Wild- oder Haustieren gemeldet wurden, ist Deutschland seit April 2008 bei der Weltorganisation für Tiergesundheit (OIE) als tollwutfrei registriert.

> **ZWINGERHUSTEN** An der Entstehung des Zwinger- oder Virushustens sind sowohl Viren (meist das Canine Parainfluenzavirus des Stammes NL-CPI-5 und das Canine Adenovirus Typ 2 des Stammes Manhattan) als auch Bakterien im Rahmen einer Sekundärinfektion beteiligt. Symptome sind häufig ein anfallsartiger trockener Husten, wässriger Nasenausfluss sowie ein verschleimter Rachen. Eine bakterielle Sekundärinfektion verschlechtert das Allgemeinbefinden meist massiv und erhöht die Gefahr einer Lungenentzündung.

1 2

Die mütterlichen Abwehrkräfte des Welpen

Wenn die Mutter der Welpen regelmäßig und sorgfältig geimpft wurde sowie einen guten Gesundheits- und Ernährungszustand aufweist, verfügen sie bereits unmittelbar nach der Geburt über eine „Minimalausstattung" an Antikörpern, die ihnen über die Plazenta gegen bestimmte Infektionskrankheiten mitgegeben wurden. Innerhalb der ersten Lebenstage erhalten die Welpen über die „Kolostralmilch" zusätzlich Antikörper, die sie (mit individuellen Schwankungen) in den ersten Lebenswochen schützen. Dieser Schutz ist für die Welpen, die zu diesem Zeitpunkt selbst noch keine ausreichende Immunabwehr aufbauen können, lebensnotwendig. Ab der 4. Woche lassen die maternalen Abwehrkräfte immer mehr nach, bis sie in der 14. Woche beinahe gänzlich abgebaut sind. In diesem Moment kommt es zu einer „immunologischen Lücke", die als optimaler Zeitpunkt für eine Erstimpfung gilt. Erfolgt die Impfung zu früh, können die mütterlichen Antikörper der welpeneigenen Antikörperbildung entgegenwirken, erfolgt sie zu spät, besteht vor allem bei Welpen, die während der Prägungsphase auch Umwelterfahrungen außerhalb des Gartens machen sollen, die Gefahr einer Infektion. Auch wenn grundsätzlich die Möglichkeit besteht, den Antikörperstatus (= Anzahl der körpereigenen Abwehrzellen in Form von Eiweißmolekülen, die speziell auf einen bestimmten Erreger gerichtet sind) eines Welpen bestimmen zu lassen, erfolgt die erste Impfung in der Regel nach allgemeinen Erfahrungswerten. Die sich kurze Zeit später anschließende Nachimpfung soll eine maximale Antikörperproduktion sicherstellen.

Die Grundimmunisierung

Grundsätzlich beginnt jede Schutzimpfung mit einer Grundimmunisierung, die sich aus einer Erstimpfung sowie diversen Nachimpfungen zusammensetzt. Nach der Erstimpfung ist die Anzahl der Antikörper meist noch nicht ausreichend, um bei einer massiven Konfrontation mit dem Erreger einen optimalen Schutz zu gewährleisten. Aus diesem Grund sind Nachimpfungen, die das Ziel haben, die Bildung von Abwehrzellen voranzutreiben, wichtig. Der Verband für das Deutsche Hundewesen e. V. (VDH) schreibt seinen Mitgliedvereinen vor, dass Welpen gegen Ende der 8. Lebenswoche eine Grundimmunisierung gegen Staupe, Hepatitis, Leptospirose und Parvovirose erhalten müssen, der in der 12.–14. Lebenswoche und ggf. in der 16.–18. Lebenswoche eine Nachimpfung folgen soll, um einen sicheren Impfschutz für das erste Lebensjahr zu gewährleisten. Nach abgeschlossener Grundimmunisierung „patrouillieren" die Abwehrzellen im Körper des Hundes, wobei sie sich bei Kontakt mit dem „passenden" Erreger vermehren, während sich ihre Anzahl bei länger ausbleibendem Kontakt sukzessive reduziert. Aus diesem Grund müssen regelmäßig Wiederholungsimpfungen gemäß Herstellerangaben durchgeführt werden, um einen konstanten Impfschutz zu erhalten.

1 *Die sogenannte „Kolostralmilch" (= Erstmilch) der Hündin weist einen besonders hohen Antikörpergehalt auf.*

2 *Eine korrekte Grundimmunisierung sowie regelmäßige Auffrischungsimpfungen sind für die Teilnahme an vielen Hundeaktivitäten Pflicht.*

Bewährter Impfplan und neuere Erkenntnisse

Einen allgemein gültigen Impfplan gibt es nicht – wie oft und wann geimpft wird, hängt u. a. auch von den Gegebenheiten vor Ort ab. Treten dort bestimmte Krankheiten gehäuft auf oder leben viele Hunde auf engem Raum zusammen, erhöht sich der allgemeine Infektionsdruck und es sollte früher, eventuell auch öfter geimpft werden. Lassen Sie sich von Ihrem Tierarzt beraten.

Neuere Studien der tierärztlichen Hochschule München, in deren Mittelpunkt die Wirksamkeit von Parvovirus-Impfstoffen stand, empfehlen eine noch frühere Grundimmunisierung und häufigere Nachimpfungen.

Darüber, wie oft und in welchem Zeitabstand Wiederholungs- bzw. Auffrischimpfungen erfolgen sollten, gibt es unterschiedliche Ansichten, jedoch sollten Sie das gezielte und mehrmalige Impfen Ihres Labradors im Welpen- bzw. Junghundealter nicht infrage stellen. Denn diese ersten Impfkontakte beeinflussen entscheidend die Ausbildung seines Immunsystems. Eine gezielte Titer-Feststellung kann Ihnen im Zweifel Aufschluss geben, wie die Abwehrsituation Ihres Hundes in Bezug auf einen bestimmten Erreger ist.

Gängiger Impfplan

Impfungen	Grundimmunisierung		Wiederholungs-/Auffrischimpfungen	
	Erstimpfung	Nachimpfung	1. Impfung	Weitere Impfungen
Staupe Hepatitis c. c. Leptospirose Parvovirose Zwingerhusten	8. Lebenswoche	12. Lebenswoche	Nach 12 Monaten	Nach Hersteller-empfehlungen
Tollwut	12. Lebenswoche	Evtl. 16. Lebenswoche		

Moderner Impfplan

Impfungen	Grundimmunisierung			
	Erstimpfung	1. Nachimpfung	2. Nachimpfung	3. Nachimpfung
Parvovirose	6./7. Lebenswoche	8./9. Lebenswoche	12./13. Lebenswoche	15./16. Lebenswoche
Staupe Hepatitis c.c. Leptospirose Zwingerhusten	8./9. Lebenswoche	12./13. Lebenswoche	15./16. Lebenswoche	–
Tollwut	12./13. Lebenswoche	15./16. Lebenswoche	–	–

Quelle: Friedrich, K. und U. Truyen, (2000): Untersuchung der Wirksamkeit von Parvovirus-Impfstoffen und der Effektivität zweier Impfschemata – Praktischer Tierarzt 81 (12), S. 988 – 994

Festgebissene Zecken sollten so schnell wie möglich mithilfe einer Zeckenzange entfernt werden.

Die häufigsten Ektoparasiten

	Typische Anzeichen eines Befalls	Überträger vom/von …	Prophylaxe
Flöhe (meist der Katzen-, seltener der Hundefloh)	Häufiges Kratzen oder Beknabbern des Fells bzw. der Haut. Schwarze „Krümel" im Fell (Flohkot), die zerrieben mit etwas Feuchtigkeit eine blutfarbene Substanz hinterlassen.	Gurkenkernbandwurm	„Spot-on"-Produkte, Pumpsprays oder Protector-Halsbänder Bei Zeckenbefall zusätzlich gewissenhaftes Absammeln nach jedem Spaziergang und rasches Entfernen bereits festgebissener Zecken
Haarlinge (Beißläuse)	Kleine, dunkle Tierchen im Fell. Die Nissen (Eier) zeigen sich als winzige weiße Schüppchen an den Haarschäften.	Bandwürmern	
Zecken (meist der Gemeine Holzbock)	Dunkle Spinnentierchen, die im Fell krabbeln oder sich bereits in der Haut festgesogen haben.	Borrelien Babesien Ehrlichien FSME-Viren	

Schutz vor Ektoparasiten

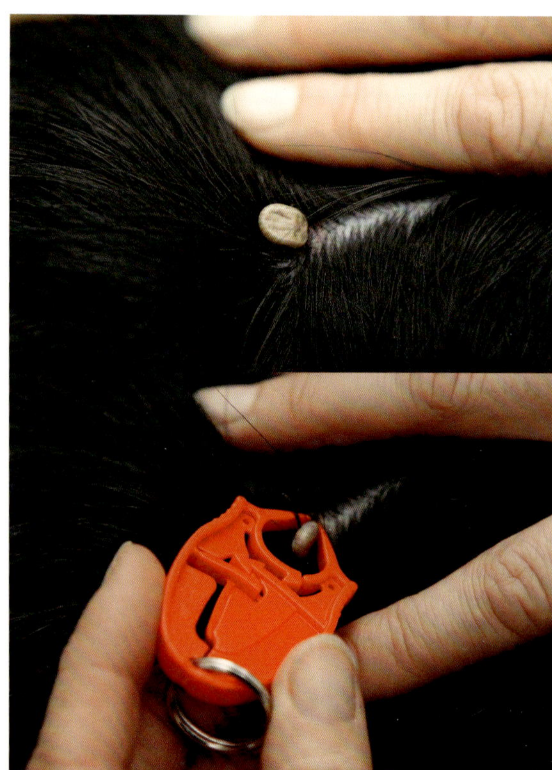

Die häufigsten Ektoparasiten des Hundes sind Flöhe, Haarlinge und Zecken. Bei starkem Befall kommt es zu Juckreiz und durch das Kratzen eventuell zu bakteriellen Sekundärinfektionen. Ferner können auch anämische Zustände (Blutarmut) und heftige allergische Reaktionen, wie z. B. eine Flohdermatitis, auftreten. Da Flöhe, Haarlinge und Zecken zudem gefährliche Krankheitserreger auf den Hund übertragen können, ist eine sinnvolle Prophylaxe wichtig.

Die Borreliose beim Hund

Die Borreliose zählt zu den bakteriellen Infektionen und wird durch das Bakterium Borrelia burgdorferi verursacht. In Deutschland ist derzeit Borrelia burgdorferi sensu lato am weitesten verbreitet. Überträger ist der gemeine Holzbock (Ixodes ricinus), wobei momentan, von regio-

Schildzecken wie der Gemeine Holzbock halten sich bevorzugt an den folgenden Stellen auf: in hohen Gräsern, Farnen oder im Unterholz bis ca. 1,5 m Höhe und überall, wo natürliche Wirte häufig vorkommen, z. B. an Wildwechseln.

nalen Unterschieden abgesehen, von einer Durchseuchungsrate von durchschnittlich 30 % ausgegangen wird. Bei der Borreliose handelt es sich um eine Multiorganerkrankung, die zahlreiche Symptome auslösen kann, die beim Menschen von der allgemein bekannten Wanderröte über grippeähnliche Symptome bis hin zu Gelenkbeschwerden, neurologischen oder kardiologischen Symptomen reichen können. Beim Hund sind Infektionen wesentlich häufiger als beim Menschen, während es gleichzeitig seltener zu Erkrankungen kommt. Untersuchungen haben ergeben, dass 95 % aller Hunde Borrelien-Antikörper haben, womit in der Regel bereits eine natürliche Resistenz vorliegt. Häufig fehlen deutliche klinische Symptome, während sich in anderen Fällen ein vielgestaltiges Erkrankungsbild mit Gelenkentzündungen, Lahmheiten, Fieber, Abgeschlagenheit, Appetitlosigkeit, Lymphknotenschwellungen und Nierenfunktionsstörungen zeigt. Die Diagnose über den serologischen Antikörpernachweis oder den direkten Borrelien-Nachweis ist nicht immer zuverlässig und muss in Verbindung mit den klinischen Symptomen gesehen werden. Zur Therapie ist die Gabe von Antibiotika angezeigt.

Prophylaxe

Die beste Prophylaxe ist bei Mensch und Tier das Absammeln von Zecken nach dem Aufenthalt im Freien, sowie das möglichst schnelle Entfernen bereits festgebissener Zecken. Zusätzlich sollte der Hund mit „Spot-on"-Produkten, Pumpsprays oder Halsbändern behandelt werden. Die heute für Hunde erhältliche Borreliose-Impfung schützt nur gegen eine Infektion durch Borrelia burgdorferi sensu stricto. Da der Durchseuchungsgrad der Zecken mit dieser Spezies in Deutschland unter 10 % liegt und derzeit keine wirksame Kreuzimmunität mit anderen Borrelien-Spezien nachgewiesen ist, kann die Impfung hierzulande nur als sehr begrenzt wirksam betrachtet werden.

Schutz vor Darmparasiten

Darmparasiten können lange Zeit unbemerkt im Hund überdauern und durch das Entziehen von Nährstoffen und Flüssigkeit sowie das Produzieren von Giftstoffen, seinen Stoffwechsel belasten und das Immunsystem schwächen. Zu erkennbaren Symptomen, wie einem auffälligen Leistungsabfall, Abmagerung, Durchfall oder stumpfem Fell, kommt es bei erwachsenen Hunden meist erst bei einem massiven Befall. Dem hingegen reagieren Welpen sehr schnell und heftig mit Symptomen wie einem geblähten, druckempfindlichen Bauch, Durchfall (evtl. auch Verstopfung), Gewichtsabnahme trotz Fresslust oder aber auch Fressunlust und Blutarmut. Das viel zitierte „Schlittenfahren" (das Rutschen auf dem Hinterteil) ist hingegen eher ein typisches Symptom für Entzündungen der Analbeutel.

<table>
<tr><th colspan="5">Die häufigsten Darmparasiten</th></tr>
<tr><th colspan="3">Bandwürmer</th><th colspan="2">Rundwürmer</th></tr>
<tr><td colspan="3">Der bis zu 70 cm lange Bandwurm lebt im Darm des Hundes. Er besteht aus zahlreichen abgeplatteten Gliedern, die regelmäßig abgestoßen und mit dem Kot ausgeschieden werden. In den eingetrockneten, reiskornartigen Wurmgliedern befinden sich mikroskopisch kleine Eier, die für ihre weitere Entwicklung einen Zwischenwirt (z. B. Nagetier, Rind oder Floh) benötigen. Im Zwischenwirt schlüpfen aus den Bandwurmeiern infektiöse Finnen (Larven). Wird der infizierte Zwischenwirt vom Hund aufgenommen, wächst die Finne in seinem Darm zum geschlechtsreifen Bandwurm heran und der Kreislauf beginnt von Neuem. Während der Bandwurm im Raubtierwirt „nur“ als Darmparasit agiert und diesem dabei nur geringfügig schadet, führt er beim Fehlzwischenwirt Mensch zu schweren Organschäden.</td><td colspan="2">Für eine Infektion reicht das Schnüffeln an mit Eiern behaftetem Hundekot oder das Belecken eines befallenen Artgenossen aus. Schon ungeborene Hundewelpen können sich über die Plazenta mit infektiösen Larven anstecken. Da diese nicht im Darm verbleiben, sondern im Körper des Hundes umherwandern, schützen auch regelmäßige Entwurmungen des Muttertieres nur bedingt. Während die meisten Larven früher oder später in den Darm zurückkehren, um sich zu geschlechtsreifen Würmern weiterzuentwickeln, verkapseln sich andere in der Muskulatur, wo sie jahrelang überdauern, unter bestimmten Bedingungen (z. B. während der Trächtigkeit) ihre Wanderschaft wieder aufnehmen und dabei in die Gebärmutter oder die Milchdrüsen gelangen können.</td></tr>
<tr><td>Dreigliedriger Hundebandwurm (Ecchinococcus granulosus)</td><td>Kleiner Fuchsbandwurm (Echinococcus multilocularis)</td><td>Gurkenkernbandwurm (Dipylideum caninum)</td><td>Spulwürmer (Askariden, z. B. Toxocara canis)</td><td>Hakenwürmer (z. B. Ancylostoma canis)</td></tr>
<tr><td colspan="2">Beide Arten sind beim Hund zwar selten, gleichzeitig aber extrem gefährlich für den Menschen. Während die Larven des Dreigliedrigen Hundebandwurms in Leber, Lunge und Gehirn zu zystischen Veränderungen (zystische Echinokokkose) führen können, dringen die Larven des Kleinen Fuchsbandwurms bevorzugt in die Leber ein (alveoläre Echinokokkose).</td><td>Häufigste Art beim Hund. Zwischenwirte sind Flöhe, Milben oder Haarlinge, über die sich auch der Mensch infizieren kann.</td><td>Häufigste Wurmart beim Welpen. Die Aufnahme von Wurmeiern ist auch für den Menschen (v. a. Kleinkinder) gefährlich, da die Larven auch im menschlichen Organismus umherwandern, sich in den Organen verkapseln können.</td><td>Ebenfalls häufig vorkommende Wurmart beim Welpen, wobei adulte Würmer Blut saugen und dadurch schnell zu Symptomen wie blutigem Durchfall, Austrocknung und Abmagerung führen können.</td></tr>
<tr><td colspan="2">Nachweis über Kotuntersuchungen oder PCR (Gentest).</td><td>Nachweis über einzelne, mit dem Kot ausgeschiedene Bandwurmglieder.</td><td colspan="2">Nachweis über eine mikroskopische Kotuntersuchung.</td></tr>
<tr><td colspan="5">Behandlung
Für die Behandlung erwachsener Hunde sind regelmäßige Entwurmungen mit geeigneten Breitband-Anthelminthika anzuraten. Für Welpen sollten speziell auf Spul- und Hakenwürmer ausgerichtete Wirkstoffe verwendet werden. Bei der Bekämpfung des Gurkenkernbandwurmes ist zudem eine regelmäßige Prophylaxe gegen Flohbefall empfehlenswert.</td></tr>
</table>

Jagdlich geführte Labradors haben ein höheres Risiko mit den Zwischen- bzw. Endwirten des Kleinen Fuchsbandwurms in Kontakt zu kommen. Deshalb sollten sie häufiger entwurmt werden.

Das Entwurmen

Grundsätzlich sollten Sie Ihren Labrador zwei Wochen vor jeder Impfung entwurmen, denn ein Parasitenbefall kann die Reaktionsfähigkeit des Immunsystems hemmen. Wurmmittel gibt es flüssig und in Pasten- oder Tablettenform. Bei Rundwurmbefall gibt es für besonders magenempfindliche Hunde auch „Spot-on-Produkte". Sollten Sie nicht auf „Verdacht" entwurmen wollen, können regelmäßige Kotuntersuchungen Aufschluss über einen etwaigen Wurmbefall geben. Allerdings müssen diese, da Würmer nicht permanent Eier abgeben, an mehreren, aufeinanderfolgenden Tagen und mindestens zweimal im Abstand von ca. 14 Tagen erfolgen, um einen einigermaßen verlässlichen Befund zu gewährleisten.

Empfohlene Entwurmungsintervalle

> **WELPEN- UND JUNGHUNDE** Ein erstes Entwurmen sollte unbedingt zwischen dem 10. bis 14. Lebenstag und in der Folge alle 14 Tage bis

Die zunehmende Reisefreudigkeit von Hundehaltern und der Import von Straßenhunden aus südlichen Ländern lässt ehemals weitgehend unbekannte Erkrankungen wie die Babesiose, Ehrlichiose, Leishmaniose oder Dirofilariose auch hierzulande immer häufiger werden.

zur 8. Lebenswoche mit einem auf Rundwürmer ausgerichteten Präparat erfolgen. Nach der Abholung sollte der Welpe jeweils rechtzeitig vor den Nachimpfungen und anschließend im Abstand von drei bis vier Monaten mit einem Breitband-Anthelminthika entwurmt werden. Sollte ein konkreter Verdacht bestehen, dann ist ein zweimaliges Entwurmen im Abstand von 14 Tagen sinnvoll.

> **ERWACHSENE HUNDE** Normalerweise reicht eine vierteljährliche Entwurmung mit einem Breitband-Anthelminthika aus. Zusätzlich sollten Sie Ihren Hund jedoch auch nach dem Fressen eines Nagetiers (z. B. einer Maus), eines Kadavers oder roher Schlachtabfälle, zu denen auch auf Luderplätzen ausgelegte Abfälle tierischer Herkunft zählen, vorsichtshalber entwurmen.

> **JAGDHUNDE** Da bei Jagdhunden die Wahrscheinlichkeit, mit dem Kleinen Fuchsbandwurm in Kontakt zu kommen i. d. R. höher ist, empfehlen sich kürzere Entwurmungsintervalle.

> **ZUCHTHÜNDINNEN** Zuchthündinnen sollten zu Beginn der Hitze, also ungefähr eine Woche vor dem Decken entwurmt werden. Der gegen Ende der Trächtigkeit veränderte Hormonstatus aktiviert die im Gewebe der Hündin ruhenden Spulwurmlarven, sodass es bereits ab dem 42.Tag der Trächtigkeit zu einer Übertragung der Larven vom Muttertier auf die Welpen kommen kann. Aus diesem Grund ist eine weitere Entwurmung im letzten Drittel der Trächtigkeit (um den 50. Tag) empfehlenswert. Nach dem Werfen sollte die säugende Hündin jeweils zusammen mit den Welpen entwurmt werden.

Die häufigsten „Reise-Mitbringsel“

Durch die zunehmende Reisefreudigkeit und die steigende Tendenz, den Lebenspartner Hund überallhin mitzunehmen, sowie durch zahlreiche Importe von Hunden aus südlichen Ländern, treten heute auch in unserem gemäßigten Klima vermehrt ernst zu nehmende, eingeschleppte Erkrankungen, wie die Babesiose („Hundemalaria“), die Ehrlichiose, die Leishmaniose oder die Dirofilariose auf.

Die Babesiose („Hundemalaria“)

Die Babesiose tritt in allen warmen Klimazonen auf. Sie kommt im ganzen Mittelmeerraum, im Balkan, in Österreich sowie in tropischen und subtropischen Regionen in Afrika und Asien vor. In Frankreich gilt sie als eine der meistgefürchteten Krankheiten. Seit einigen Jahren werden auch vermehrt Fälle aus der Schweiz und Deutschland gemeldet.

Übertragen wird die Babesiose sowohl durch die Auwaldzecke (Dermacentor reticulatus) als auch die braune Hundezecke (Rhipicephahlus sanguineus). Als Verbreitungsgebiet der Auwaldzecke gilt derzeit die oberrheinische Tiefebene zwischen Freiburg und Mainz. Aber auch im Saarland, in Rheinland-Pfalz, in Sachsen und Berlin-Brandenburg wurde die Zecke bereits beobachtet. Eine weitere Verbreitung ist anzunehmen.

Babesien (beim Hund Babesia canis) sind einzellige Blutparasiten, die beim Blutsaugen von der Zecke auf den Hund übertragen werden. Sie vermehren sich in den roten Blutkörperchen und zerstören sie. Typische akute Symptome nach einer Inkubationszeit von zwei Tagen bis zu fünf Wochen sind Mattigkeit, Schwäche, hohes Fieber, blasse Schleimhäute und roter bis dunkler Urin. In dieser Phase kann die Erkrankung ohne sofortige Behandlung schnell letal enden. Bei einem chronischen Verlauf können Teilnahmslosigkeit, Abmagerung, Gelbsucht, Durchfälle, Schleimhautblutungen und Augenentzündungen auftreten.

Prophylaxe

In Deutschland ist im Gegensatz zu Frankreich, der Schweiz und Frankreich noch kein Impfstoff zugelassen. Der wichtigste Schutz vor Ansteckung ist deshalb eine konsequente Zeckenprophylaxe.

Die Ehrlichiose

Ursprünglich kamen Ehrlichiosen nur in tropischen und subtropischen Gebieten südlich des 45. Breitengrades vor. Durch den zunehmenden „Hundetourismus“ gelangten sie auch nach Mitteleuropa. Die häufigste hier diagnostizierte Ehrlichiose wird durch das Bakterium Ehrlichia canis hervorgerufen, das durch die braune Hundezecke (Rhipicephalus sanguineus) übertragen wird und die weißen Blutkörperchen befällt. Erste Symptome nach einer Inkubationszeit

Die relativ unbestimmte Inkubationszeit der Leishmaniose, die zwischen einem Monat und mehreren Jahren liegen kann, macht eine frühzeitige Diagnose oft schwierig.

von zwei bis vier Wochen sind Fieberschübe, Lymphknotenschwellungen, Nasen- und Augenausfluss. Chronische Symptome, die über Jahre bestehen können, sind Lustlosigkeit, Müdigkeit, verminderte Fresslust, Lymphknoten- und Milzvergrößerungen sowie eine erhöhte Blutungsneigung.

Prophylaxe

Der beste Schutz vor Ansteckung ist, Ihren Hund auf Reisen in die betroffenen Gebiete nicht mitzunehmen! Ansonsten ist eine konsequente Zeckenprophylaxe unumgänglich.

Die Leishmaniose

Die Leishmaniose gehört zu den auf den Menschen übertragbaren Zoonosen, auch wenn das Risiko als eher gering einzustufen ist. Der Erreger ist ein winziger einzelliger Parasit (Leishmania infantum), der durch den Stich von Sandmücken der Gattung Phlebotomus übertragen wird. Das Verbreitungsgebiet erstreckt sich derzeit noch südlich des 45. Breitengrades. Im Mittelmeerraum ist die Durchseuchungsrate der Hunde mit Leishmaniose teilweise sehr hoch. So hatten Untersuchungen zufolge in Frankreich und Spanien bereits zwei Drittel aller Hunde Kontakt mit Leishmanien. Die meisten der dort lebenden Hunde machen nur eine leichte Form der Erkrankung durch und sind anschließend lebenslang immun. Bei schweren, akuten Verläufen hingegen endet die Erkrankung meist tödlich. In Deutschland geht man von derzeit ca. 20 000 infizierten Hunden aus, die entweder aus dem Mittelmeerraum importiert wurden oder sich dort angesteckt haben. Die Inkubationszeit kann sehr lang sein; die meisten Tiere erkranken zwischen einem und 18 Monaten nach dem Aufenthalt. Aus diesem Grund wird der direkte Zusammenhang häufig nicht erkannt. Es können zwei Formen unterschieden werden, die jedoch in der Regel gleichzeitig auftreten.

› **HAUTLEISHMANIOSE** Erste Symptome sind chronische, nicht juckende Ekzeme und symmetrischer Haarausfall im Bereich des Nasenrückens, der Ohrspitzen und eine sogenannte „Brillenbildung um die Augen". Später entstehen Erosionen, Knötchen und Ulcera.
› **SYSTEMISCHE FORM** Im Mittelpunkt steht der Befall der inneren Bauchorgane. Die Symptome variieren und reichen von intermittierendem Fieber, Gewichtsverlust, Lymphknotenschwellungen, Leber- und Milzvergrößerung bis hin zu Augensymptomen.

Prophylaxe

Die Leishmaniose gilt nach wie vor als nicht heilbar. Eine Impfung existiert nicht. Für die symptomatische Behandlung steht ein Medikament zur Verfügung, das den Erreger nicht vollständig eliminieren, aber den Allgemeinzustand erheblich verbessern kann. Ohne Behandlung sterben 90 % der akut erkrankten Hunde innerhalb eines Jahres, deshalb kommt der „Mückenprophylaxe" größte Bedeutung zu.

HD-Ausprägung				
HD A1/A2	**HD B1/B2**	**HD C1/C2**	**HD D1/D2**	**HD E**
Frei von HD	**HD-Verdacht**	**Leichte HD**	**Mittlere HD**	**Schwere HD**
Unauffällige Gelenke, Norberg-Winkel größer gleich 105°.	Oberschenkelkopf oder Pfannendach sind leicht ungleichmäßig, Norberg-Winkel größer gleich 105° oder aber der Norberg-Winkel kleiner als 105°, bei gleichförmigem Schenkelkopf und Pfannendach.	Oberschenkelkopf und Gelenkpfanne sind ungleichmäßig, der Norberg-Winkel ist kleiner gleich 100°, eventuell leichte arthrotische Veränderungen.	Oberschenkelkopf und Gelenkpfanne sind deutlich ungleichmäßig mit Teilverrenkungen, Norberg-Winkel größer 90°, arthrotische Veränderungen und/oder Veränderungen des Pfannenrandes.	Auffällige Veränderungen an den Hüftgelenken (z. B. Teilverrenkungen), Norberg-Winkel kleiner 90°, der Pfannenrand ist deutlich abgeflacht. Es kommt zu verschiedenen arthrotischen Veränderungen.

Dennoch ist die Zuchtwahl nach dem heutigen Stand der Wissenschaft das Mittel der Wahl zur Bekämpfung der HD. Der Grad der Hüftgelenksdysplasie wird mittels einer radiologischen Untersuchung der Hüften ab einem Alter von zwölf Monaten durch einen offiziellen Gutachter festgestellt. Um Auswertungsdivergenzen zu vermeiden, haben sich in Deutschland beide den Labrador betreuenden Zuchtvereine darauf verständigt, die Röntgenbilder vom selben Gutachter beurteilen zu lassen. Zur Bildung des Gesamturteils über den Grad der HD fließen mindestens zehn Einzelparameter der gelenkbildenden Knochen ein. Um alle Hunde gerecht beurteilen zu können, müssen die beschriebenen Kriterien anhand der Aufnahme auch erkannt werden können. Deshalb ist das Einhalten einer genormten Projektion unabdingbar.

Wesentliche Kriterien für die Beurteilung:

> Die Geschlossenheit des Gelenks, d. h., Oberschenkelkopf und Beckenpfanne müssen optimal ineinanderpassen. Die Außenkontur des Oberschenkelkopfes sollte vollständig parallel zur Kontur der Pfanne verlaufen. Auch geringfügige Divergenzen zwischen diesen beiden Linien sind ein Hinweis auf ein nicht ganz „festes“ Gelenk.

> Der Winkel nach Norberg ist ein objektiver Ausdruck der Tiefe der Beckenpfanne. Er gilt weltweit als einer der wesentlichen Parameter der radiologischen Auswertung und sollte beim gesunden Hund 105° oder mehr betragen. Darunterliegende Werte führen zu Abstufungen im HD-Grad.

> Zusätzliches Kriterium für die Beurteilung der HD sind auch entzündliche Reaktionen am Gelenk, die immer Ausdruck für eine ausgeprägte Form sind. Bei der Beurteilung findet zudem das Alter des Hundes Berücksichtigung. Bei einem jungen Hund, der noch nicht vielen Belastungen ausgesetzt wurde, sind auch geringfügige entzündliche Veränderungen schwerwiegender zu bewerten als bei älteren Tieren.

Um eine einheitliche Beurteilung aller Hunde zu gewährleisten und eine internationale Vergleichbarkeit der Gutachten zu ermöglichen, hat die FCI eine internationale wissenschaftliche Kommission eingesetzt, die Regeln zur Beurteilung ausgearbeitet hat. Danach wird die HD je nach ihrer Ausprägung in fünf verschiedene Grade eingeteilt. In Deutschland wird jeder Grad zusätzlich noch in zwei Stufen unterteilt, während in den umliegenden europäischen Ländern nur mit A, B, C etc. ausgewertet wird.

Wie ein Hund bezüglich des HD-Wertes insgesamt einzuschätzen ist, wird durch seinen HD-Zuchtwert ausgedrückt, in den auch die HD-

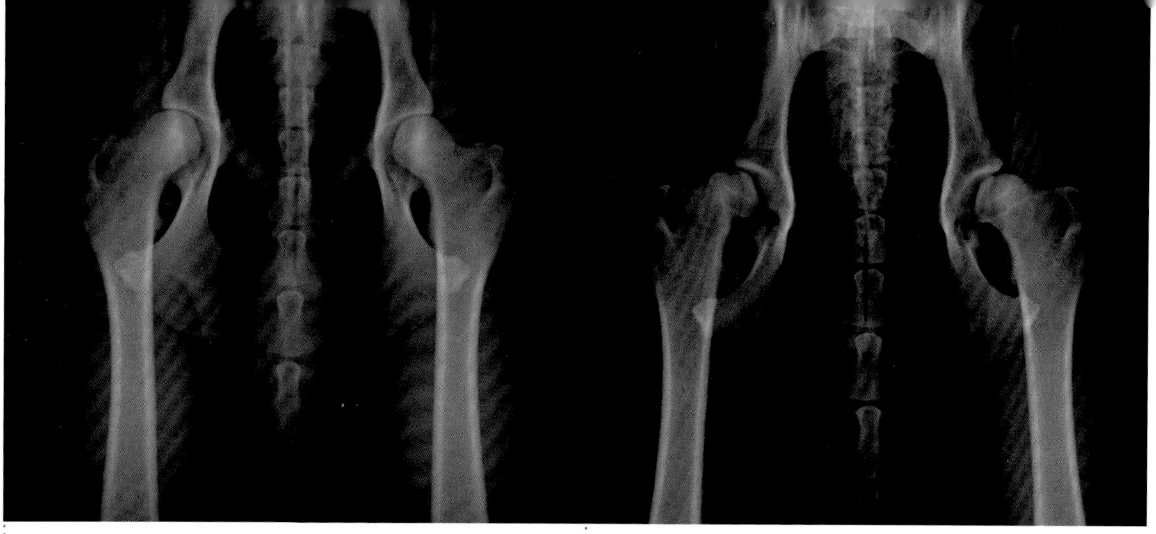

Werte der Eltern, Großeltern, Onkel, Tanten, Cousins sowie der Nachzucht (sofern vorhanden) mit einfließen. Insofern wäre der Zuchtwert theoretisch geeignet, ein genaues Bild des Einzelhundes zu erstellen. Ein wesentlicher Makel der Zuchtwertschätzung liegt jedoch darin, dass i. d. R. zu wenige Aufnahmen aus der jeweiligen Population zur Beurteilung kommen. So werden häufig nur zwei oder drei Tiere eines Wurfes offiziell ausgewertet, während schwerwiegende Gelenkveränderungen, die bereits vor einem Alter von 12 Monaten auftreten und behandelt werden, häufig nicht in die Berechnung mit einfließen, da es nie zu einer offiziellen Auswertung kommt. Dies führt in vielen Fällen zu einer Verwässerung des Aussagewertes.

Die wichtigsten Behandlungsmöglichkeiten

Die Behandlungsmöglichkeiten der HD erschöpfen sich im Wesentlichen im Hinauszögern des Auftretens klinischer Symptome bzw. des Fortschreitens der Krankheit und der Schmerzreduzierung.

› MEDIKAMENTÖSE THERAPIE Verabreichung von entzündungshemmenden und schmerzstillenden Medikamenten (Antiphlogistika).

› PEKTINEUSMYEKTOMIE (PIN) Bei der modifizierten Pektineusmyektomie (PIN) werden Schmerzen durch gezielte Schnitte in Muskeln (Musculus pectineus) und Sehnen sowie durch Entfernen der Nervenendigungen auf der Hüftgelenkkapsel reduziert. Da dies jedoch das Fortschreiten einer Arthrose nicht aufhält, ist der Erfolg der Operation zeitlich begrenzt und nur bei Hunden mit mäßiger Arthrose zu empfehlen.

› KAPSELRAFFUNG Hierbei wird die Gelenkkapsel chirurgisch gestrafft. Diese Operation ist nur bei jungen Tieren sinnvoll, wenn die Ursache der HD auf einer Veränderung des Halteapparates beruht und noch keine deutlichen Abnutzungserscheinungen vorliegen. Durch das Raffen soll die Subluxation und das Fortschreiten der Erkrankung verhindert werden.

› DREIFACHE BECKENOSTEOTOMIE (TPO-OPERATION NACH SLOCUM) Ziel dieser Operation ist es, die Anatomie des Gelenks so zu beeinflussen, dass eine Subluxation des Kopfes fortan vermieden wird. Hierzu werden alle drei Beckenknochen (Darmbein, Sitzbein und Schambein) durchtrennt und mit einer speziellen Knochenplatte in einer anderen Winkelung wieder belastungsstabil fixiert. Diese Operation ist i. d. R. nur für junge Hunde mit einer „lockeren“ Hüfte, jedoch ohne Arthroseauflagerungen geeignet.

› KÜNSTLICHES HÜFTGELENK (ENDOPROTHESE) Das Einsetzen eines künstlichen Hüftgelenks ist eine sehr kostenintensive, aufwendige Behandlung. Gelingt die Operation, kann der Hund ohne Probleme sehr alt werden. Es ist wichtig, den Hund beim anschließenden Muskelaufbau physiotherapeutisch zu unterstützen.

Zum Vergleich die Röntgenbilder zweier einjähriger Labradors aus demselben Wurf: Das linke Bild zeigt unfällige Gelenke, die vom Gutachter als HD-frei (HD A2/A2) eingestuft wurden. Beim rechten Bild hingegen fällt die flache Pfanne auf. Die vordere Pfannenkontur ist abgeflacht und zeigt Auflagerungen, der Oberschenkelkopf ist eckig und luxiert, der Gelenkspalt divergierend. Die Winkelmessung nach Norberg ergab einen Winkel kleiner 80 Grad. Die offizielle Auswertung lautete schwere HD (HD E/E).

› GOLDAKUPUNKTUR Ziel der Implantation von Goldstiften in die Muskulatur an den Akupunkturpunkten rund um das betroffene Gelenk ist das Aktivieren der Schmerzpunkte, um die Produktion körpereigener entzündungshemmender und schmerzstillender Stoffe anzuregen. Der Erfolg kann von Hund zu Hund schwanken.

Ellbogendysplasie (ED)

Mit Ellbogendysplasie (ED) wird ein chronisch verlaufender Krankheitskomplex des Ellbogens bezeichnet. Es handelt sich dabei um vererbte Entwicklungsstörungen, die im Alter von vier bis acht Monaten einsetzen. Sie führen zunächst zu einer Inkongruenz der gelenkbildenden Knochenanteile (Oberarmknochen, Elle und Speiche) und in der Folge zu chronischen Umbauvorgängen im Gelenkbereich. Ebenso wie für die Hüftgelenksdysplasie wird auch für die Ellbogendysplasie ein polygenetischer Erbgang vermutet, wobei die beteiligten Gene bisher noch nicht bekannt sind. Als prädisponierende Faktoren sind auch hier ein zu schnelles Wachstum, Fütterungsfehler (zu reichhaltiges Welpenfutter, zusätzliche Mineralstoffgaben), Übergewicht und körperliche Überbeanspruchung (zu lange Spaziergänge, unkontrolliertes Spielen) zu nennen.

Der Grad der Vererbbarkeit (Heritabilität) ist für Rüden, die in der Regel schneller wachsen, im Allgemeinen größer als für Hündinnen.

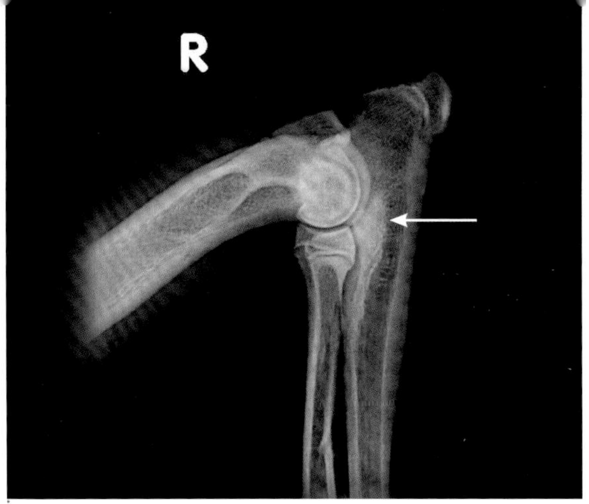

Das Röntgenbild eines acht Monate alten Labradors, der seit sechs Wochen lahmt. Es zeigt sich eine deutliche Knochenverdichtung (Pfeil) im Bereich des Processus coronoideus medialis, die auf eine FCP hinweisen könnte. Der Verdacht wurde später arthroskopisch bestätigt.

Zu den wichtigsten Entwicklungsstörungen zählen beim Labrador insbesondere Knorpelbildungsstörungen (Osteochondrosen) und das Auftreten fragmentierter Knochensplitter im Gelenkbereich, in deren Folge es zu mehr oder weniger ausgeprägten Arthrosen kommt.

› FRAGMENTIERTER PROCESSUS CORONOIDEUS MEDIALIS (FCP) Die FCP stellt beim Labrador die häufigste Ursache für eine ED dar. Der „Processus coronoideus medialis“ verknöchert bei Hunden großwüchsiger Rassen im Alter von vier bis fünf Monaten. Bis zu diesem Zeitpunkt ist er sehr empfindlich gegenüber jeglicher Überbelastung. Kommt es beispielsweise durch ein unterschiedliches Längenwachstum von Elle (Ulna) und Speiche (Radius) zu einer kurzfristigen Stufenbildung im Ellbogengelenk, kann es leicht zu einer Überbelastung und in der Folge zu einem partiellen Abbruch kommen. Dringt nun Gelenkflüssigkeit über den Bruchspalt zum Knochen vor, wird ein Entzündungsprozess in Gang gesetzt.

› OSTEOCHONDROSIS DISSECANS (OCD) Die „Osteochondrosis dissecans“ im Bereich des innen gelegenen Abschnitts der Gelenkwalze des Oberarms stellt eine Störung der enchondralen Ossifikation dar. Die Knorpelzellen im Bereich der Gelenkflächen werden durch Diffusion der Nährstoffe aus der Gelenkflüssigkeit ernährt. Wird die Knorpelschicht infolge einer zu hohen Wachstumsgeschwindigkeit und damit einhergehenden zu langsamen Verknöcherung zu dick, führt dies zum Absterben von Knorpelzellen an der Grenze zum Knochen. Durch zusätzliche mechanische Beanspruchungen können Fissuren im Gelenkknorpel entstehen oder sich ganze Schuppen ablösen. Gelangt Gelenkflüssigkeit in Kontakt mit dem unter dem Knorpel liegenden Knochen, wird eine Entzündungsreaktion hervorgerufen, die wiederum eine vermehrte Gelenkfüllung, eine Dehnung der Kapsel, Schmerz und damit Lahmheit nach sich zieht. Abgelöste Knorpelschuppen verbleiben in der Regel an ihrem Platz, können aber auch als freie Gelenkkörper im Gelenk, sogenannte „Gelenkmäuse", gefunden werden.

FCP oder OCD treten bei vielen Hunden an beiden Vorderläufen auf. Die erkrankten Hunde zeigen häufig eine Auswärtsstellung der Vorderpfoten, während die Ellbogengelenke eng am Körper gehalten werden. Tritt eine Lahmheit auf, ist diese anfangs intermittierend, stärker nach Ruhe und/oder Belastung und verstärkt sich im weiteren Krankheitsverlauf oft bis zur hochgradigen Lahmheit.

Eine wichtige Rolle bei der Diagnostik und Differenzierung der verschiedenen Ellbogengelenkerkrankungen kommt der radiologischen Untersuchung zu. Während die OCD in der Regel direkt durch eine Röntgenaufnahme nachweisbar ist, ist dies bei Brüchen im Bereich des Kronfortsatzes (Coronoid) nur selten möglich. Zum radiologischen Nachweis eines FCP ist man meist auf die Interpretation sekundärer Veränderungen angewiesen.

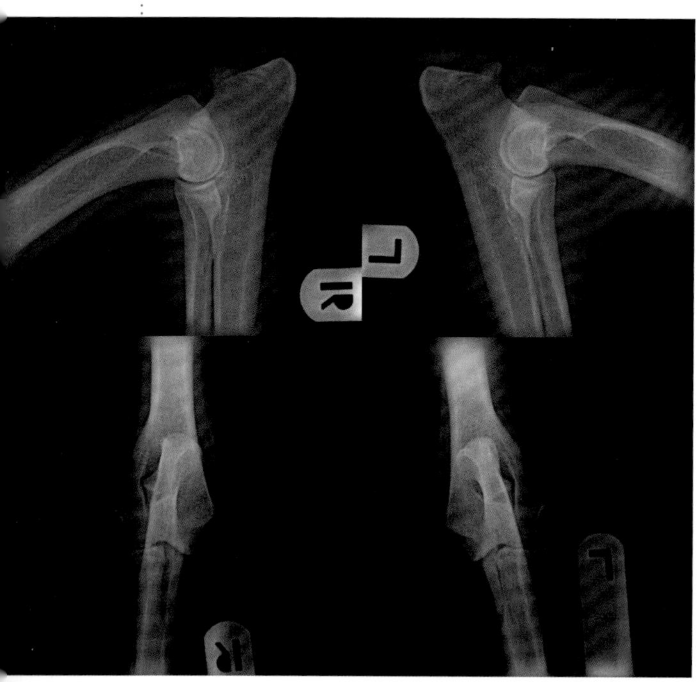

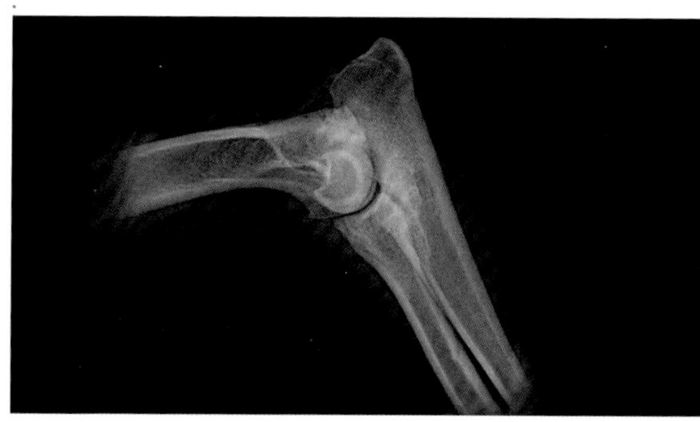

LINKS *Für die Beurteilung wird der Ellbogen in zwei Positionen geröntgt: gebeugt und gestreckt (Offizielle Auswertung: Grad 0 - Normales Gelenk).*
OBEN *Zweijähriger Labrador mit deutlicher Knochenverdichtung im Bereich des Processus coronoideus medialis. Deutliche arthrotische Auflagerungen sowie nicht deckungsgleiche Gelenkflächen (Offizielle Auswertung: Grad III - Schwere Arthrose).*

Klinische Stadien der Ellbogendysplasie (ED)

Schweregrad	Kriterien
Grad 0: Normal	Keine Osteophyten oder Sklerose
Grad I: Milde Arthrose	Osteophyten kleiner als 2 mm oder Sklerose der Gelenkfläche (Incisura trochlearis) der Elle
Grad II: Moderate Arthrose	Osteophyten zwischen 2 und 5 mm groß
Grad III: Schwere Arthrose	Osteophyten größer als 5 mm

Losgelöste Knochen- (FCP) bzw. Knorpelanteile (OCD) sollten chirurgisch entfernt werden, wenn sie einen ständigen Reiz auf die Gelenkkapsel ausüben. Alle operativen Maßnahmen verhindern jedoch nicht das Fortschreiten der Arthrose. Bei schwersten Ellbogendysplasien bleibt als letztes Mittel der Wahl eine Endoprothese.

Nach der „International Elbow Working Group" (IEWG) wird die ED entsprechend des Schweregrades der Arthrose, der sich nach dem Ausmaß der Knochenzubildungen (Osteophyten) beurteilt, in drei klinische Stadien eingeteilt. Das Auftreten der spezifischen Störungen (FCP, IPA, OCD) wird dabei lediglich vermerkt, hat jedoch keinen Einfluss auf die Klassifizierung.

Wegen der Erblichkeit der ED sind radiologische Untersuchungen der Ellbogen mittlerweile in beiden deutschen, den Labrador betreuenden Zuchtvereinen (DRC und LCD) Pflicht zur Erlangung einer Zuchtzulassung. Zugelassen werden nur Zuchthunde mit Grad 0 oder I. Zur weiteren Bekämpfung der Erkrankung fließen die Untersuchungsresultate in die Zuchtwertschätzung mit ein. Allerdings gilt hier noch mehr als bei der HD: Die Aussagekraft der Zuchtwertschätzung steht in direktem Zusammenhang mit der Anzahl der verfügbaren Daten in Form offizieller Auswertungen. Da Lahmheiten wegen schwerer ED in der Regel bereits beim Junghund unter einem Jahr auftreten, kommt es weder zu einer offiziellen Auswertung noch zu einer Berücksichtigung des Befundes in der Zuchtwertschätzung.

Erbliche Augenerkrankungen

Der Aufbau des Hundeauges entspricht im Wesentlichen dem des Menschen. Als Besonderheiten sind jedoch die Nickhaut und das sogenannte „Tapetum lucidum" zu nennen. Die Nickhaut, auch drittes Augenlid genannt, wird durch ein Knorpelgerüst gestützt und enthält eine Drüse, die einen Teil der wässrigen Phase der Tränenflüssigkeit produziert. Das „Tapetum lucidum" ist eine reflektierende Schicht hinter der Netzhaut, die auch bei schlechten Lichtverhältnissen eine optimale Lichtausnutzung gewährleistet.

Der Untersuchungsgang des Auges erfolgt stets von außen nach innen. Als unentbehrliche Hilfsmittel des Untersuchers dienen dabei die aus einer spaltförmigen Lichtquelle und einem Mikroskop bestehende Spaltlampe und das Ophthalmoskop zur Beurteilung der Netzhaut.

Distichiasis

Bei der Distichiasis wachsen einzelne Härchen oder auch kleine Haarbüschel aus den Lidranddrüsen („Meibomsche Drüsen"), die bei Kontakt mit der Hornhaut zu schmerzhaften Hornhauterosionen führen können. Ihre Erblichkeit wird als wahrscheinlich angenommen. Klinische, auch für den Laien gut erkennbare Symptome sind eine übermäßige Tränenproduktion sowie das Zusammenkneifen der Augenlider. Das Problem äußert sich in der Regel schon beim Junghund im Alter von vier bis sechs Monaten. In schweren Fällen ist ein langfristiger Therapieerfolg nur durch das vollständige Entfernen der Härchen einschließlich des Haarbalgs zu erzielen.

Das Entropium und Ektropium

Abweichungen im Stand der Augenlider werden beim Nach-innen-Drehen als Entropium und beim Nach-außen-Drehen als Ektropium bezeichnet. Vom Entropium können nur ein Teil oder das gesamte Unterlid sowie ein oder beide Augen betroffen sein. Häufig ist das Problem schon beim Welpen oder Junghund unter zwölf Monaten sichtbar. Eine operative Korrektur sollte jedoch – vorausgesetzt, dass keine Hornhautschäden zu befürchten sind – erst beim ausgewachsenen Hund erfolgen, da ansonsten aufgrund des noch im Wachstum befindlichen Schädels die Gefahr einer Über- oder Unterkorrektur besteht. Der Erbgang des Entropiums ist wahrscheinlich polygen oder dominant mit variabler Penetranz. Das Ektropium tritt meist beiderseits und in Kombination mit einem zu großen Lidspalt (größer als 40 mm) auf. Bei einer eventuell bestehenden „Entropium-Ektropium-Kombination“ spricht man von einem „Karo-Auge“. Das Ektropium ist im entspannten Zustand am deutlichsten zu sehen. Bei jungen Hunden unter zwölf Monaten kann es auch als vorübergehendes Phänomen beobachtet werden. Auch beim Ektropium wird von einem polygenen Erbgang ausgegangen. Statistisch gesehen kommt das Entropium häufiger vor als das Ektropium.

Erkrankungen der Linse – die erbliche Katarakt (engl. Hereditary Cataract – HC)

Die Linse ist eine vollkommen transparente Struktur, die wie eine Zwiebel aufgebaut ist. Sie besteht aus Linsenkern, -rinde und -kapsel. Ihre Funktion ist sowohl das Durchlassen von Licht als auch die Lichtbrechung auf der Netzhaut. Jede Trübung der Linse oder ihrer Kapsel wird als Katarakt oder auch Grauer Star bezeichnet.

Klassifikationsmöglichkeiten der Katarakt
Angeboren / Erworben
Erblich / Nicht erblich
Reifestadium
Lokalisation in der Linse

Viele Hunderassen, unter anderem auch der Labrador Retriever, haben eine erbliche Prädisposition. Der Zeitpunkt des Auftretens der Katarakt, ihre Progredienz und ihr Ausprägungsgrad sind sehr variabel. Die typische Form ist beim Labrador eine meist beidseitige, hintere, subkapsuläre, dreieckige Katarakt (der sogenannte „Mercedes-Stern“). Äußerst selten, und wenn, dann sehr langsam fortschreitend, kann sie beim Labrador zu einer vollständigen Erblindung führen. Typisch ist ihr frühes Auftreten zwischen dem 6. und 18. Monat. Weniger typische Formen beginnen in der Linsenrinde und schreiten bis zur vollständigen Trübung im Alter von 15 bis 18 Monaten fort. Der Erbgang ist bisher nicht bekannt. Die Bandbreite weltweiter Studien reicht von einem angenommenen dominanten Erbgang mit inkompletter Penetranz bis hin zu einem autosomal rezessiven Vererbungsmodus.

Liegt eine vollständige Linsentrübung vor, ist es prognostisch wichtig, eine primäre Katarakt von einer Linsentrübung, die infolge einer anderen Augenerkrankung (z. B. der GPRA) entstanden ist, zu differenzieren. Denn bei gleichzeitigem Vorliegen einer Netzhauterkrankung führt die operative Beseitigung der Linsentrübung zu keiner oder nur kurzfristigen Verbesserung des Sehvermögens.

Neunjährige an GPRA erkrankte Hündin mit der typischen Sekundärkatarakt

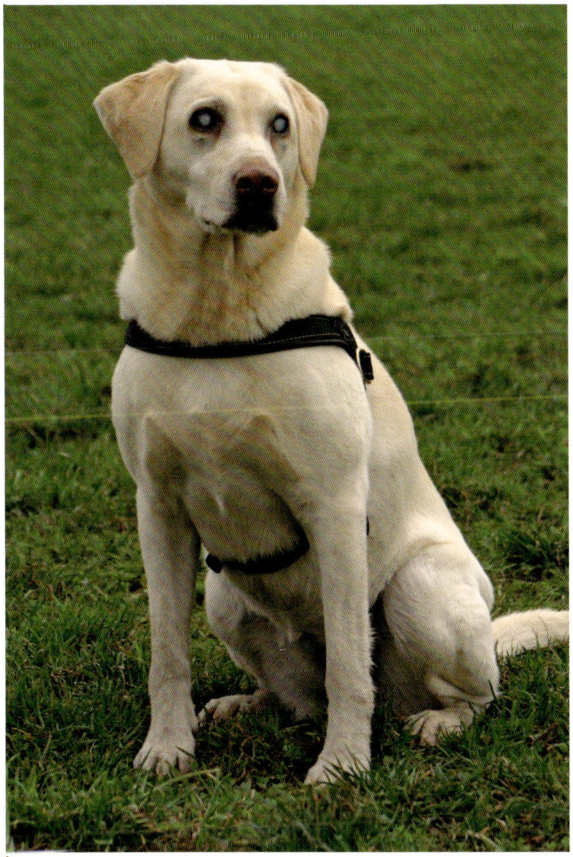

Wie auch beim Menschen kann die Trübung medikamentös nicht aufgehalten oder gar geheilt werden, sodass ein chirurgischer Eingriff die einzige Therapiemöglichkeit darstellt. Die Operationstechnik ist die Gleiche wie beim Menschen und als Ersatz des refraktiven Linsenmaterials werden ebenfalls Kunstlinsen in das Auge implantiert.

Erkrankungen der Netzhaut

> CPRA – CENTRALE PROGRESSIVE RETINA ATROPHIE Die gebräuchliche Abkürzung CPRA bedeutet Centrale Progressive Retina Atrophie (heute RPED – Retinale Pigmentepitheldystrophie).

Gemäß der ACVO (American College of Veterinary Ophthalmologists) beträgt das Vorkommen der RPED nur ca. 0,01 %. Von dieser Erkrankung ist primär das retinale Pigmentepithel und sekundär die Neuroretina betroffen. Als Symptome zeigen sich neben einem zentral schlechten Gesichtsvermögen (evtl. sogar Blindheit) zentral im Tapetum lucidum liegende lichtbraune Pigmentflecken sowie stark reflektierende Bereiche der Netzhaut. Das normale Auftrittsalter liegt bei fünf bis sieben Jahren, wobei ophthalmoskopische Befunde auch schon im Alter von einem Jahr nachgewiesen wurden. Nach dem englischen Augenspezialisten K. C. Barnett ist der Erbgang autosomal rezessiv mit unvollständiger Penetranz. Da eine Vitamin-E-defiziente Diät ähnliche Veränderungen im Auge verursachen kann, könnten auch Umweltfaktoren eine Rolle spielen.

> GPRA – GENERALISIERTE PROGRESSIVE RETINA-ATROPHIE Eine weitere zuchthygienisch sehr wichtige erbliche Augenerkrankung ist die Generalisierte progressive Retinaatrophie (GPRA). Bei der GPRA kommt es zum Zugrundegehen der Sehzellen – zunächst der Stäbchen und später auch der Zapfen – in der Netzhaut. Dies führt beim Labrador meist im Alter von fünf bis sieben Jahren zur vollständigen Erblindung. Die auch für den Besitzer zu erkennenden Symptome sind zu Beginn Nacht- und später Tagblindheit, eine weite, lichtunempfindliche Pupille sowie ein extremer Netzhautreflex. Zusätzlich kommt es bei ca. 64 % der erkrankten Hunde zu einer sekundären Katarakt, die durch ein bei der Auflösung der Netzhaut entstehendes Retino-Toxin verursacht wird. Für den fachkundigen Tierarzt sind bei der Ophthalmoskopie typische Veränderungen der Netzhaut zu

Der OptiGen prcd-Test® unterscheidet folgende Befunde

Normal/Clear (N/C)
Der Hund besitzt zwei intakte Kopien des Gens..

Carrier (dt. Träger)
Der Hund besitzt eine Kopie des veränderten Gens und ist damit Merkmalsträger. Er kann selbst nicht erkranken, das veränderte Gen aber an seine Nachkommen weitergeben.

Affected (dt. befallen)
Der Hund besitzt zwei Kopien des veränderten Gens (eines von der Mutter und eines vom Vater) und wird früher oder später an GPRA erkranken.

erkennen. Im Frühstadium zeigt sich ein hyperreflexives Band längs der Papille (= Eintrittsstelle des Sehnervs in die Netzhaut) und später eine zunehmende Hyperreflexie der gesamten Netzhaut sowie eine zunehmende Gefäß- und Papillenatrophie.

Eine Therapiemöglichkeit der GPRA oder eine Behandlung, um ihr Fortschreiten aufzuhalten, gibt es bis heute leider nicht. Der Erbgang ist autosomal rezessiv, d. h., beide Elternteile müssen zumindest Merkmalsträger sein, um das veränderte Gen an ihre Nachzucht weitergeben zu können. Da Merkmalsträger selbst phänotypisch gesund erscheinen und die Erkrankung in

Erwartete Nachzuchtresultate unter Anwendung des OptiGen prcd-Tests®
(Phänotyp = das äußere Erscheinungsbild des Hundes; Genotyp = alle in der DNA des Hundes kodierten genetischen Informationen)

X	Normal/Clear	Carrier	Affected
Normal/ Clear	100 % der Nachkommen sind sowohl phäno- als auch genotypisch GPRA-frei, sprich Normal/Clear.	100 % der Nachkommen sind phänotypisch GPRA-frei. Genotypisch sind: 50 % der Nachkommen Normal/ Clear, 50 % der Nachkommen Carrier.	100 % der Nachkommen sind phänotypisch PRA-frei. Genotypisch sind: 100 % der Nachkommen Carrier.
Carrier	100 % der Nachkommen sind phänotypisch GPRA-frei. Genotypisch sind: 50 % der Nachkommen Normal/Clear, 50 % der Nachkommen Carrier.	75 % der Nachkommen sind phänotypisch GPRA-frei, 25 % der Nachkommen werden an GPRA erkranken! Genotypisch sind: 25 % der Nachkommen Normal/ Clear, 50 % der Nachkommen Carrier, 25 % der Nachkommen Affected.	50 % der Nachkommen sind phänotypisch GPRA-frei, 50 % der Nachkommen werden an GPRA erkranken! Genotypisch sind: 50 % der Nachkommen Carrier, 50 % der Nachkommen Affected.
Affected	100 % der Nachkommen sind phänotypisch GPRA-frei. Genotypisch sind: 100 % der Nachkommen Carrier.	50 % der Nachkommen sind phänotypisch GPRA-frei, 50 % der Nachkommen werden an GPRA erkranken! Genotypisch sind: 50 % der Nachkommen Carrier, 50 % der Nachkommen Affected.	100 % der Nachkommen sind genotypisch Affected und werden früher oder später an GPRA erkranken!

Sind Gentests die Zukunft der Hundezucht? Zumindest lassen sich heute mithilfe verschiedener Tests schwerwiegende Erkrankungen wie beispielsweise die Generalisierte Progressive Retinaatrophie (GPRA) gezielt vermeiden.

der Regel erst im fortgeschrittenen Alter auftritt, hatte dies in der Vergangenheit zur Folge, dass die Hunde längst in der Zucht waren und weitere Erkrankungen auch durch regelmäßige Augenuntersuchungen nicht vermieden werden konnten. Seit Juni 2005 ist man durch die Entwicklung eines prcd-PRA-Mutationstests der amerikanischen Firma OptiGen glücklicherweise in der Lage, anhand einer Blutprobe den Genstatus eines Hundes eindeutig zu bestimmen. Damit können weitere Erkrankungen durch entsprechende Verpaarungsplanungen gezielt vermieden werden.

Die Vorteile des prcd-PRA-Mutationstests liegen auf der Hand. Durch vorausschauende Zuchtwahl kann das veränderte Gen innerhalb weniger Generationen eliminiert werden, ohne auf für die Zucht wertvolle Merkmalsträger verzichten zu müssen.

Retinadysplasie (RD)

Eine weitere beim Labrador vorkommende Augenerkrankung ist die Retinadysplasie. Es handelt sich dabei um eine abnormale Entwicklung der Netzhaut, die sowohl erblich als auch (z. B. aufgrund einer Herpes-Infektion) erworben sein kann. Bei der erblichen Form werden drei Ausprägungsarten unterschieden.

Die fokale bzw. multifokale Form mit Falten und Rosetten ist die beim Labrador am häufigsten zu findende Ausprägung. Charakteristisch sind hierbei strich- und v- oder öltropfenförmige, weniger reflektierende Falten entlang der Netzhautblutgefäße im Zentrum des Tapetum lucidum. Im Tapetum nigrum (in der Peripherie der Netzhaut) stellen sich die Falten als strichförmige, grauweiße Erhebungen dar. Visuelle Probleme sind nicht festzustellen. Die fokale RD kann bereits im Alter von sechs Wochen (ideales Alter für eine Augenuntersuchung) nachgewiesen werden.

Bei der geografischen Form kommt es zu partiellen, meist stationären Netzhautablösungen, während es bei der seltenen generalisierten Form zu einer vollständigen Netzhautablösung kommt. Letztere geht meist mit weiteren Augen- oder Skelettabweichungen einher. Weitere sichtbare Augenabweichungen können beispielsweise eine Katarakt, unwillkürliche Augenbewegungen (Nystagmus), ein zu kleines Auge (Microphthalmus), eine Hornhautpigmentation oder aber intraokuläre Blutungen (Hyphema) sein. Der beginnende Gesichtsverlust und die Katarakt können schon in einem Alter von sechs bis acht Wochen auftreten, und im Alter von sechs Monaten kann bereits eine komplette Netzhautablösung vorliegen.

Ein autosomal rezessiver Erbgang wird diskutiert, wobei homozygote (= das Erbgut weist zwei gleiche Kopien eines bestimmten Gens auf den beiden Chromosomen auf) Tiere außer der RD zusätzlich Skelettabweichungen wie verkrüppelte und verkürzte Gliedmaßen zeigen.

Epilepsie

Epilepsie ist eine Anfallskrankheit, die vererbt (primäre Epilepsie) oder erworben (sekundäre Epilepsie) sein kann. Ursächlich sind plötzlich auftretende, unkontrollierte, bioelektrische Entladungen des Gehirns, die unkontrollierte, tonische und klonische, lokale oder generalisierte Muskelkontraktionen auslösen und mit oder ohne Bewusstseinverlust auftreten können. Zeitgleich können häufig auch Verhaltens- und Wesensänderungen, Harn- und Kotabsatz sowie Speicheln beobachtet werden.

Grundsätzlich müssen zwei Formen unterschieden werden:

› **PRIMÄRE EPILEPSIE** Die primäre (idiopathische) Epilepsie des Labradors ist genetisch bedingt. Aufgrund der vererbten Veranlagung kommt es, im Vergleich zum gesunden Hund, zu einer erniedrigten Reizschwelle für Übererregungen im Gehirn. Sie kann sich als „Grand Mal" in Form eines generalisierten tonisch-klonischen Anfalls mit Bewusstseinsverlust oder als „Petit Mal" in Form von Absenzen mit oder ohne lokalisierten Krämpfen äußern. Die Anfälle beginnen durchschnittlich im Alter von eineinhalb bis drei Jahren.

› **SEKUNDÄRE EPILEPSIE** Diese Form der Epilepsie wird auch als symptomatische Epilepsie bezeichnet. Die Krampfanfälle werden hierbei entweder durch organische Hirnläsionen (z. B. Missbildungen, Speicherkrankheiten, Traumen, Vergiftungen, Tumoren oder Enzephalitiden) oder durch sogenannte „extraneurale" Ursachen (z. B. Erkrankungen der Nieren, des Herzens, der Leber oder Stoffwechselstörungen) ausgelöst. Die Anfälle können in jedem Lebensalter auftreten.

Der Schweregrad der Krankheit kann sehr unterschiedlich ausgeprägt sein. Beim klassischen „Grand Mal" ist der Hund nicht ansprechbar, liegt in Seitenlage, macht Ruderbewegungen mit den Beinen, setzt Harn und Kot ab, speichelt vermehrt, verdreht die Augen,

Die Centronukläre Myopathie (CNM) des Labradors ist eine äußerst schwerwiegende Erkrankung, die sich i. d. R. zwischen dem 2. und 8. Lebensmonat manifestiert.

klappert mit dem Kiefer und zeigt starke Krämpfe. Die Anfälle dauern in der Regel zwei bis maximal zehn Minuten. Die Tiere sind danach meist sehr müde und desorientiert. Beim „Petit Mal" kann z. B. das Im-Kreis-Laufen, Nach-Fliegen schnappen, das Anbellen fiktiver Personen, Zuckungen einzelner Muskeln oder das „Ins-Leere-Starren" beobachtet werden.

Im Moment kann die primäre Epilepsie nicht direkt nachgewiesen werden, sodass eine endgültige Diagnose nur über ein Ausschlussverfahren möglich ist. Dabei werden Erkrankungen, die eine sekundäre Epilepsie auslösen können, durch verschiedene Untersuchungen entweder bestätigt oder ausgeschlossen. Im Rahmen eines „Epilepsieprojekts" wird derzeit in Finnland eine groß angelegte Studie über die Primäre Epilepsie beim Labrador mit dem langfristigen Ziel der Entwicklung eines Gentests durchgeführt.

Primäre Epilepsie ist nicht heilbar, d. h., es können lediglich die Symptome gelindert werden, indem mithilfe von Medikamenten versucht wird, die Häufigkeit und die Stärke der Anfälle zu reduzieren. Dies bedeutet eine lebenslange Verabreichung der üblicherweise eingesetzten Medikamente (Antiepileptika), wie Phenobarbital und Kaliumbromid, sowie eine strikte Einhaltung von Dosis und Zeitabständen zwischen den Gaben.

Centronukläre Myopathie (CNM)

Die Myopathie des Labrador Retrievers wurde in den USA schon vor über 25 Jahren erstmals beschrieben und trat seitdem auch in Europa immer wieder vereinzelt unter verschiedenen Bezeichnungen auf. In der Schweiz gab es bereits in den frühen 80er-Jahren einen Wurf mit nachgewiesenermaßen an Myopathie erkrankten Welpen. In Deutschland fiel 1998 ein Wurf, in dem drei zunächst unauffällige Welpen mit fortschreitendem Alter neben einer generalisierten Leistungsschwäche auch zunehmend Symptome, wie eine verminderte Ausbildung der Muskulatur des Hals-, Brust- und Vorderlaufbereichs, ein unkoordiniertes, „hasenähnlich hüpfendes" Gangbild, das von Nickbewegungen des Kopfes begleitet wurde, sowie einen aufgekrümmten Rücken, zeigten. Eine Muskelbiopsie, die überwiegend Veränderung des Fasertyps II (Atrophien/ Hypertrophien/Nekrosen usw.) ergab, erhärtete den Verdacht auf erbliche Labrador-Myopathie. Zwei der Welpen mussten später infolge der Krankheit eingeschläfert werden.

In letzter Zeit hat die Myopathie des Labrador Retrievers durch neue, europaweit bekannt gewordene Fälle wieder an Aktualität gewonnen. Nach der Entdeckung des Genortes, dessen Mutation die autosomal rezessive hereditäre Myopathie auslöst, gelang einer französischen Forschergruppe der „Alfort School of Veterinary Medicine" 2005 die Entwicklung eines Gentests. Da die histologische Erscheinungsform der Krankheit durch eine zentrale Lagerung der Muskelzellkerne beschrieben ist und eine ähnliche humane Myopathieform bereits den Namen Centronukleare Myopathie führte, wurde diese Bezeichnung auch beim Labrador eingeführt. Dies führte zunächst zu einiger Verwirrung, denn der entwickelte Gentest umfasste nur das oben beschriebene Krankheitsbild, das zuvor auch unter anderen Bezeichnungen, wie HMLR (= Hereditary Myopathy of the Labrador Retriever), ARMD (= Autosomal Recessive Myopathy), Type II Deficiency Myopathy oder Labrador Muscular Myopathy bekannt geworden war.

Der Bezeichnungswirrwarr führte zuweilen zur irrtümlichen Meinung, dass mit dem Gentest jede bekannte Myopathie-Form ausgeschlossen werden könne, was allerdings nicht der Fall ist.

Die CNM stellt für junge Hunde eine äußerst schwerwiegende Krankheit dar, die sich i. d. R. zwischen zwei und acht Monaten manifestiert. Typische Symptome sind Hypotonie, generalisierte Muskelschwäche, eine abnormale Haltung und ein steifer Gang. Betroffene Tiere sind nur schwach belastbar und kollabieren schnell, wenn sie Kälte ausgesetzt werden. Unter Belastung tritt Muskelatrophie auf, die teilweise auch die Kopfmuskeln betreffen kann. Die CNM vererbt sich wie die GPRA autosomal rezessiv. Dies bedeutet, dass ein Hund nur dann erkranken kann, wenn er je ein defektes Gen von Vater und Mutter erhalten hat. Sogenannte Merkmalsträger, d. h. Hunde mit nur einem betroffenen Gen, können zwar selbst nicht erkranken, wohl aber die Erbanlage mit einer Wahrscheinlichkeit von 50 % an ihre Nachkommen weitergeben. Bei der Verpaarung zweier Träger kommt es hingegen zu betroffenen Nachkommen. Mithilfe des heute erhältlichen Gentests lassen sich durch eine einfache Blutprobe nicht nur weitere Krankheitsfälle ausschließen, sondern er bietet zudem die Möglichkeit, für die Zucht wertvolle Merkmalsträger bei vernünftiger Zuchtplanung auch weiterhin einsetzen zu können. So ist es durch gezielte Zucht durchaus möglich, die Erkrankung unter Kontrolle zu bekommen und sukzessive aus der Population zu verdrängen.

Exercise Induced Collapse (EIC)

EIC ist der häufigste Grund für den belastungsinduzierten Zusammenbruch junger, scheinbar gesunder Labrador Retriever. Dabei scheinen alle Farbschläge, beide Geschlechter sowie Hunde aus Field-Trial- und Ausstellungslinien gleichermaßen betroffen zu sein. Bis vor Kurzem konnte EIC nur mittels des systematischen Ausschlusses aller anderer infrage kommender Ursachen für das Auftreten eines Kollapses diagnostiziert werden. Dazu gehörte die Vorgeschichte des Hundes, das Beobachten der charakteristischen klinischen Merkmale sowie die Auswertung gewisser Laborbefunde. Ausgeschlossen werden sollten in erster Linie etwaige orthopädische Probleme, Herzinsuffizienz, Herz-Rhythmus-Störungen, Atembeschwerden, Anämien, ein zu niedriger Blutzuckerspiegel, das „Cauda-equina-Syndrom", „Myasthenia gravis" (Autoimmunerkrankung) und andere Muskelerkrankungen.

Im Jahr 2008 identifizierten Wissenschaftler des Veterinärmedizinischen Diagnostischen Labors der Universität Minnesota ein einzelnes verändertes Basenpaar auf dem DNM1-Gen, das sie für eng mit EIC assoziiert halten. Das Dynamin1-Protein spielt eine bedeutende Rolle bei der synaptischen Kommunikation zwischen den Nerven des Zentralen Nervensystems und der neuromuskulären Erregungsübertragung. Da betroffene Hunde unter stressfreien Alltagssituationen und bei geringer bis moderater Aktivität keine Krankheitszeichen aufweisen, gehen die Forscher davon aus, dass das veränderte Protein die Erregungsübertragung unter normalen Bedingungen sicherstellt. Erst bei intensiver Belastung kommt es durch die Genmutation zu einer verringerten Funktion des Proteins mit der Folge, dass die muskelkontrollierenden Nerven nicht ausreichend stimuliert werden. Die Unterbrechung der Erregungsübertragung führt schließlich zu einem Verlust der nervalen und muskulären Funktion bis hin zum Kollaps.

Während normale Bewegung unauffällig toleriert wird, führt ein länger andauerndes, anspruchsvolles Training in Verbindung mit dem dabei entstehenden Stress bei betroffenen Hunden schnell zu Schwächeerscheinungen bis hin zum Kollaps.

Seit Dezember 2008 ist der auf diesen Forschungen beruhende Genmutationstest auch in Deutschland erhältlich und erste Statistiken deuten an, dass EIC auch hierzulande ein Thema sein könnte.

Erste Anzeichen der Erkrankung zeigen sich i. d. R. im Alter zwischen 5 Monaten und 3 Jahren. Im Durchschnitt sind die Hunde etwa 14 Monate alt, da in dieser Zeit gewöhnlich mit der intensiveren Ausbildung der Hunde begonnen wird.

Viele der betroffenen Hunde zeigen sich phänotypisch als überaus fit, muskulös und athletisch gebaut. Sie besitzen zudem ein hohes Temperament und viel Bewegungsdrang. Während sie leichte bis mäßige Bewegung völlig unauffällig tolerieren, führt ein zwischen 5 und 20 Minuten andauerndes, anspruchsvolles Training in Verbindung mit dem dabei entstehenden Stress schnell zu Schwächeerscheinungen und schließlich zum Kollaps.

Schwerwiegend betroffene Hunde kollabieren jedes Mal, wenn sie ihre individuelle Belastungsgrenze erreichen, andere nur sporadisch. Die meisten Hunde erholen sich anschließend sehr schnell und zeigen bereits nach 5 bis 25 Minuten keinerlei Schwäche mehr. Während des Kollapses sind keinerlei Anzeichen für Schmerzen erkennbar, jedoch ist die ansonsten normale Körpertemperatur während des Kollapses dramatisch erhöht (> 41,5 °C).

Weitere typische Anzeichen sind gewöhnlich ein schaukelnder oder verkrampfter, teilweise auch steifbeinig wirkender Gang. Danach tritt eine Hinterhandschwäche ein, die sich bei einigen Hunden bis zu den Vorderläufen fortsetzt und sie vollkommen bewegungsunfähig macht. Manche Hunde haben offenbar Gleichgewichtsstörungen und fallen deshalb um, besonders wenn sie sich von einem Kollaps erholen. Die meisten betroffenen Hunde sind während eines Kollapses bei Bewusstsein und hellwach, sie versuchen weiterzurennen und -zuapportieren. Demgegenüber erscheinen 25% der betroffenen Hunde in dieser Phase bewusstlos oder desorientiert.

Die beste Behandlung von EIC besteht im Vermeiden der auslösenden Situationen bzw. der Faktoren, die einen Kollaps begünstigen können.

Differenzialdiagnosen

> EIC-EPILEPSIE Im Verlauf der Forschungsstudien des Veterinärmedizinischen Diagnostischen Labors der Universität Minnesota stellte sich heraus, dass einige der wegen Kollapsepisoden vorgestellten Labradors nicht unter EIC, sondern einer atypischen Form von Epilepsie litten. Im Unterschied zu EIC traten die Kollapsepisoden, der mit dieser Epilepsieform befal-

Faktoren, die einen Kollaps begünstigen können

Umgebungstemperatur
Grundsätzlich scheint die Umgebungstemperatur nur dann eine Rolle zu spielen, wenn sie wesentlich erhöht ist und zugleich eine hohe Luftfeuchtigkeit vorliegt. Auch übermäßiges Hecheln (Hyperventilation) bei heißem Wetter scheint ein begünstigender Faktor zu sein.

Aufregung
Hunde, die EIC-Symptome zeigen, besitzen i. d. R. leicht erregbare Persönlichkeiten und der Grad ihrer Aufregung scheint offensichtlich eine wichtige Rolle beim Auslösen eines Kollapses zu spielen. Bei schwerwiegend betroffenen, sehr leicht erregbaren Hunden bedarf es zuweilen keinerlei zusätzlicher körperlicher Anstrengung, um einen Zusammenbruch herbeizuführen. Hunde mit EIC kollabieren am ehesten, wenn sie besonders aufregende oder stressige Arbeiten ausführen. Die Palette kann dabei vom Apportieren von Lebendwild über die Teilnahme an Field Trials (Lebendwildprüfungen) bis hin zu besonders harten Trainingseinheiten unter Zuhilfenahme eines Elektroreizgeräts reichen.

Art des Trainings
Normale Routineübungen, wie Joggen, Wandern, Schwimmen, kleinere Jagden und sogar Agility oder Flyball reichen i. d. R. nicht als Auslöser aus. Zu einem Zusammenbruch kommt es meist erst dann, wenn es sich um ein kontinuierlich intensives Arbeiten handelt, das mit einem hohen Maß an Aufregung oder auch Angst verbunden ist. Dabei sind beispielsweise Trainingseinheiten zu nennen, in denen der Hund fortwährend korrigiert wird und sich dadurch in einem Zustand der ständigen Erwartung von Strafe befindet.

Während normale Routineübungen wie einfache Wasserretrieves als Auslöser meist nicht ausreichen, kommt es bei kontinuierlich intensivem Arbeiten, das mit einem hohen Maß an Aufregung oder auch Angst verbunden ist, zum Zusammenbruch.

lenen Hunde sehr plötzlich auf, endeten abrupt und dauerten meist nur sehr kurz (unter 2 Minuten) an. Demgegenüber ist bei EIC ein langsames Fortschreiten der Schwäche (von hinten nach vorne) sowie eine schrittweise Erholung innerhalb von 5 bis 30 Minuten zu beobachten. Differenzialdiagnostisch schwierig ist, dass diese Art von Epilepsieanfällen (die bisher so gut wie ausschließlich bei Labradors beobachtet werden) gewöhnlicherweise ebenfalls durch Aufregung und Training ausgelöst werden. Ferner bleiben die Hunde auch bei Bewusstsein, weisen aber Probleme des Gangwerks, des Gleichgewichts oder des Muskeltonus auf. Bei einigen Hunden, die unter dieser Epilepsieform leiden, bleiben die Anfälle in ihrer Qualität gleich, während sich bei anderen später typische generalisierte Anfälle mit Bewusstseinsverlust, Muskelzucken, Gliedmaßenpaddeln usw. entwickeln.

> EIC – MITOCHONDRIALE MYOPATHIE Obschon die Forschungsgruppe ursprünglich davon ausging, dass es sich bei EIC um eine mitochondriale Myopathie handelt, stellte sich im Verlauf der Untersuchungen heraus, dass EIC keine stoffwechselbedingte Myopathie ist. Hunde mit EIC leiden eher an einer neurologischen Dysfunktion als an einer Muskelschwäche. Die nachfolgenden, typischen Symptome bzw. Befunde der mitochondrialen Myopathie lassen sich bei EIC nicht nachweisen.

Typische Symptome / Befunde der mitochondrialen Myopathie

Die meisten Hunde mit mitochondrialer Myopathie haben eine schwere Trainingsintoleranz, die regelmäßig schon bei mildem Training ausgelöst werden kann.

Meist entwickeln sie eine schwere Laktatazidämie bei vergleichsweise mildem Training mit einem erhöhten Laktat : Pyruvat Verhältnis.

Viele Hunde haben im histologischen Muskelschnitt „ragged red fibres“ (= ausgefranste rote Fasern), die das morphologische Korrelat zu ultrastrukturellen mitochondrialen Veränderungen sind.

MEIN HERZLICHER DANK ...

... geht an meine geduldige Lektorin Ute-Kristin Schmalfuß, der es zu verdanken ist, dass das ursprünglich geplante Buch einen wesentlich größeren Umfang annehmen und sich weiter entwickeln konnte, an meine „internen Lektoren“ Katja Knechtel und Jörg Mente, die mit großem Engagement mein Manuskript gelesen und mir immer wieder wertvolle Anregungen gegeben haben sowie an Verena Ommerli lic. phil., die sich zusätzlich des Vorwortes und der Übersetzung der englischen Zitate angenommen hat, an Bianca Hansch für ihre Hilfestellung im Rehabilitationsbereich, an Dr. Helene Niehof-Oellers für das Überlesen der „Gesundheitsseiten“ sowie an Nicole Gies und Ulrike Gehner, die mir im Rettungshundebereich mit fachlichem Rat zur Seite standen.

Ebenfalls bedanken möchte ich mich bei den zahlreichen Fotografen, die mir eine themenbegleitende Bebilderung ermöglicht haben: Jens Andörfer, Raphael Brönnimann, Annette Bürse-Hanning, Jürgen Fasshauer, Andreas Feneis, Guillermo Florenza, Bianca Hansch, Sigurd Hönnebeck, Markus Hofer, Katja Knechtel, Anja Mack, Bernhard Meyer, Dr. Helena Niehof-Oellers, Verena Ommerli, Alfred Ott, Mareike Rohlf, Ulrich Scholz, Birgitta Staflund-Wiberg, Eva Tiemann, Petra Tischner, Heinz Urech, Evelyn Vöhl, Familie von Grabe, Arlene White, Karl-Heinz Widmann, Prof. Dr. Thomas Wilk, Dr. Susanne Wisniewski und nicht zuletzt mein Mann Harald Hubert, dem es über die Jahre hinweg gelungen ist, ein Stück der Faszination Labrador Retriever in seinen Bildern einzufangen.

Anja Möller, Nürnberg 2009

Service

Zum Weiterlesen

Alington, Charles E. A. & Scales, Susan
Field Trials and Judging. Swan Hill Press, Shrewsbury 2000

Andres, Christine
Hunde erfolgreich ausstellen. Der Weg zum Champion. Cadmos, Lüneburg 2002

Antonisse-Zijda, Tineke J.
Spielerische Grunderziehung des Retrieverwelpen. T. J. Antonisse-Zijda – Frans Halslan 1 – NL-3723 EA Bilthoven, 1993

Beyersdorf, Peter
Unser Hund auf Ausstellungen. Kynos, Mürlenbach 2005

Buddenbrock von, Andrea Freiin
Der Hund im Rettungsdienst. Ein Handbuch für Ausbildung und Einsatz.
Kynos, Mürlenbach 2003

Edwards, Richard
The Show Labrador Retriever in Great Britain and Northern Ireland 1945 – 1995.
Volume Two. Published privately by Richard Edwards 2001, Dover & Company (Abergavenny) Ltd.

Sandylands.
Published privately by Richard Edwards 2005, Dover & Company (Abergavenny) Ltd.

Feddersen-Petersen, Dorit
Hundepsychologie.
Wesen und Sozialverhalten.
Kosmos, Stuttgart 2004

Hunde und ihre Menschen.
Kosmos, Stuttgart 2001

Ausdrucksverhalten beim Hund.
Kosmos, Stuttgart 2008

Freudiger, U., Grünbaum, E.-G. & Schimke, E.
Klinik der Hundekrankheiten.
Enke, Stuttgart 2006

Gies, Nicole
Hunde retten Menschenleben. Einsatz und Ausbildung von Rettungshundeteams in der Katastrophenhilfe und bei der Suche nach orientierungs- oder hilflosen Menschen.
Zeitschrift für Sozialmanagement, November 2003, S. 117 – 122, Bertuch-Verlag

Hares, Michaela & Viviane Theby
Agility. Sport und Spaß für Mensch und Hund.
Kosmos, Stuttgart 2003

Hockenjos, Claude
Hunderziehung verständlich gemacht.
Müller-Rüschlikon, Stuttgart 2005

Hornsby, Alison
Hunde helfen Menschen.
Kynos, Mürlenbach 2000

Johnson, Gary & Kraft, Isabella
The Early Years. British Pre-War Labrador Retriever Bench Champions 1904 – 1940.
ViGra, Vejle (Denmark) 1999

The Workers.
British Labrador Retriever Field Trial – Obedience – Working Trial Champions 1904 – 1993.
ViGra, Vejle (Denmark) 1994

Labradors 2000.
British Field and Working Trial Champions 1994 – 1999 & British Bench Champions 1991 – 1999. ViGra, Vejle (Denmark) 2000

Kraft, Dr. Isabella
Vererbung der Fellfarbe beim Labrador Retriever. Labrador Club Deutschland, Hewea-Druck GmbH, Gladbeck 1998

Krautwurst, Friedmar
1 x 1 der Hundeernährung.
Der Schlüssel zur artgerechten Hundeernährung. Kynos, Mürlenbach 2000

Lorna, Countess Howe
The Popular Labrador Retriever.
Popular Dogs Publishing Company LTD., London 1957

Martin, Nancy
Legends in Labradors.
Spring House, P. A. USA, Second Printing 1983

Ommerli, Verena
Dummy-Arbeit mit Retrievern – Grundkurs.
Müller-Rüschlikon, Stuttgart 2007

Pryor, Karen
Positiv bestärken – sanft erziehen. Die verblüffende Methode, nicht nur für Hunde.
Kosmos, Stuttgart 2006

Rauth-Widmann, Brigitte
Labrador Retriever. Kosmos, Stuttgart 2009

Hunde richtig impfen und entwurmen.
Cadmos, Lüneburg 2002

Röger-Lakenbrink, Inge
Das Therapiehunde-Team.
Kynos, Mürlenbach 2006

Roslin-Williams, Mary
All about the Labrador.
Pelham Books, London 1975, 1980

The Dual Purpose Labrador.
Pelham Books, London 1974

Advanced Labrador Breeding.
H. F. & G. Witherby Ltd., London 1988

Royal Canin
Enzyklopädie des Labradors.
Aniwa Publishing, Paris 2003

Rugaas, Turid
Calming Signals. Die Beschwichtigungssignale der Hunde. Animal-Learn, Bernau 2001

Satterthwaite, Majorie
Labrador Retriever. Kynos, Mürlenbach 1989

Schaal, Monika & Daugschieß-Thumm, Ursula
Der Familienhund – Freund fürs Leben.
Müller-Rüschlikon, Stuttgart 2003

Scherr, Heidi & Kawohl, Marion
Prima Partner – Ausbildungswege zum Behindertenbegleithund.
Books on Demand GmbH, Norderstedt 2003

Schneider, Dorothée
Die Welt in seinem Kopf. Über das Lernverhalten von Hunden.
Animal-Learn, Bernau 2005

Schwizgebel, Daniel
Hunde aktivieren statt hemmen. Der bessere Weg zur Verhaltenskontrolle.
Daniel Schwizgebel, Kirchdorf 1999

Scott, Lord George & Middleton, Sir John
The Labrador Dog – Its Home and History.
Peregrine Books, Horsforth Leeds 1990

Sprake, Leslie
The Labrador Retriever – Its History, Points and Training.
H. F. & G. Witherby Ltd., London 1933

The Labrador Retriever Club, 1991
The Labrador Retriever Club 1916 – 1991.
A Celebration of 75 Years.

Theby, Viviane
Das Kosmos Welpenbuch.
Kosmos, Stuttgart 2004

Warwick, Helen
The New Complete Labrador Retriever.
Howell Book House, New York, 3rd Edition 1986

Weidt, Heinz
Der Hund, mit dem wir leben: Verhalten und Wesen. Paul Parey, Berlin, 1996

Wild, Rosemarie
Labrador Retriever – Das grosse Rassehandbuch.
Müller-Rüschlikon, Stuttgart 2004

Aufzucht junger Hunde.
Müller-Rüschlikon, Stuttgart 2003

Wiles-Fone, Heather
Das Große Labrador Retriever Buch.
Kynos, Mürlenbach 1997

Willis, Malcolm
Genetik der Hundezucht.
Kynos, Mürlenbach 1994

Winkler, Sabine
So lernt mein Hund. Der Schlüssel für die erfolgreiche Erziehung und Ausbildung.
Kosmos, Stuttgart 2001

Wolters, Richard A.
Labrador Retriever: The History ... the People ... Revisited.
Penguin Books USA Inc., New York, 2nd Edition 1992

Ziessow, Bernd W.
The Official Book of the Labrador Retriever.
T. F. H. Publications, Inc., Neptune City 1995

Zvolsky, Norma
Die Kosmos- Retrieverschule.
Grunderziehung und Dummytraining.
Kosmos, Stuttgart 2009

Zvolsky, Norma
Retriever-Schule für Welpen.
Kosmos, Stuttgart 2007

Nützliche Adressen

FCI Generalsekretariat
Place Albert 1er, 13
B-6530 THUIN
Belgique
Tel.: +32 71 591238
Fax: +32 71 592229
E-mail: info@fci.be
www.fci.be

Verband für das Deutsche Hundewesen (VDH)
Geschäftsstelle
Westfalendamm 174
44141 Dortmund
Tel.: +49 231 565000
Fax: +49 231 592440
E-Mail: info@vdh.de
www.vdh.de

Deutscher Retriever Club e. V. (DRC)
Geschäftsstelle
Margitta Becker-Tiggemann
Dörnhagener Straße 13
34302 Guxhagen
Tel.: +49 5665 2774
Fax: +49 5665 1718
E-Mail: Office@drc.de
www.drc.de

Labrador Club Deutschland e. V. (LCD)
Geschäfts- und Zuchtbuchstelle
Markenweg 2
48653 Coesfeld
Tel.: +49 2541 9260974
Fax: +49 2541 9260975
E-Mail: lcd-geschaeftsstelle@labrador.de
www.labrador.de

Retriever Club Schweiz (RCS)
Mitgliederdienste
Fredi Flügel
Höhenstrasse 23
3652 Hilterfingen
Tel.: +41 33 2432925
E-Mail: mitglieder@retriever.ch
www.retriever.ch

Österreichischer Retriever Club (ÖRC)
Geschäftsstelle
Ortrun König
Zeitlingerberg 11
A-4320 Perg
Tel.: +43 699 14191900
Fax: +43 7262 57043
E-mail: office@retrieverclub.at
www.retrieverclub.at

The Kennel Club
1–5 Clarges Street, Piccadilly
London W1J 8AB
Tel.: +44 870 606-6750
Fax: +44 20 7518-1058
www.thekennelclub.org.uk

Jagdgebrauchshundverband e. V. (JGHV)
Neue Siedlung 6
15938 Drahnsdorf
Tel.: +49 35453-215
Fax: +49 35453-262
E-Mail: frank@jghv.de
www.jghv.de

Bundesverband Rettungshunde e. V. (BRH)
Geschäftsstelle
Zur Römerbrücke 6a
63456 Hanau
Tel.: +49 6181 6752522

Fax: +49 6181 6752544
E-Mail: geschaeftsstelle@brh.info
www.brh.info

Deutscher Blinden- und Sehbehinderten-verband e. V.
Rungestr. 19
10179 Berlin
Tel.: +49 30 285387-0
Fax: +49 30 285387-200
E-Mail: info@dbsv.org
www.dbsv.org/

Vita e. V. Verein für Assistenzhunde
Beratungsstelle Raunheim
Gottfried-Keller-Str. 7
65479 Raunheim
E-Mail: info@vita-assistenzhunde.de
www.vita-assistenzhunde.de

Kynos Stiftung „Hunde helfen Menschen"
Konrad-Zuse-Str. 3
54552 Nerdlen/Daun
E-Mail: info@kynos-stiftung.de
www.kynos-stiftung.de

Leben mit Tieren e. V.
Teltowkanalstr. 1
12247 Berlin
Tel.: +49 30 70177953
E-Mail: info@lebenmittieren.de
www.lebenmittieren.de

OptiGen®
LLC Cornell Business & Technology Park
767 Warren Road, Suite 300
E-Mail: genetest@optigen.com or
optigen@clarityconnect.com
www.optigen.com

Register

Abkürzungsverzeichnis

AKC	Amerikanischer Kennel Club
APD/A	Arbeitsprüfung mit Dummys für Anfänger
APD/F	Arbeitsprüfung mit Dummys für Fortgeschrittene
APD/O	Arbeitsprüfung mit Dummys für Offene Klasse
APD/R	Arbeitsprüfung mit Dummys für Retriever
ASB	Arbeiter-Samariter-Bund
AZG	Arbeitsgemeinschaft der Rassezuchtvereine und Gebrauchshundeverbände
BGB	Bürgerliches Gesetzbuch
BH-VT/SK	Begleithundeprüfung mit Verhaltenstest und Sachkundenachweis (VDH)
BIS	Best in Show
BLP/R	Bringleistungsprüfung
BOB	Best of Breed
BOS	Best of Opposite Sex
BPO/R	Prüfungsordnung für Begleithunde
Btr.	Bringtreueprüfung des JGHV
BZRH	Bundesverband zertifizierter Rettungshundestaffeln e. V.
CAC	Certificat d'Aptitude au Championat de Beauté
CACIB	Certificat d'Aptitude au Championat International de Beauté
CACIT	Certificat d'Aptitude au Championat International de Travail
CACT	Certificat d'Aptitude au Championat de Travail
CC	Challenge Certificate
Ch.	Englischer Ausstellungschampion mit Nachweis der natürlichen Arbeitsanlagen
ChIT (ft)	Internationaler Arbeitschampion Field Trial (FCI)
CNM	Centronukläre Myopathie
CoM	Certificate of Merit
CPRA	Centrale Progressive Retina Atrophie
Disq.	Disqualifiziert
DRV	Deutscher Rettungshundeverein e. V.
DGStB	Deutsches Gebrauchshundestammbuch des JGHV
DoM	Diploma of Merit
DRC e. V.	Deutscher Retriever Club e. V.
DRC-GStB	Gebrauchshundestammbuch des DRC
DRV e. V.	Deutscher Rettungshundeverein e. V.
Dt.-FTCh.	Deutscher Field-Trial-Champion (DRC)
Dt.-Jagd-Ch.	Deutscher Jagd-Champion (DRC)
ED	Ellbogendysplasie
EIC	Exercise Induced Collapse
ESAAT	European Society for Animal Assisted Therapy
FCI	Fédération Cynologique International
FCP	Fragmentierter Processus coronoideus medialis
FT	Field Trial
FTCh.	Field Trial Champion
FW	Formwert
G	Gut
GC	German Cup
Ggd.	Genügend
GPRA	Generalisierte Progressive Retina Atrophie
HC	Hereditary Cataract
HD	Hüftgelenksdysplasie
HP/R	Dr.-Heraeus-Gedächtnis-Prüfung
HZP	Herbstzuchtprüfung

IAHAIO	International Association of Human Animal Interaction Organisations
IEWG	International Elbow Working Group
IGL	Englische International Gundog League
Int. FTCh.	Internationaler Field Trial Champion
IPA	Isolierter Processus Anconaeus
Ir. FTCh.	Irischer Field Trial Champion
IRO	Internationale Rettungshundeorganisation
It. Ch.	Italienischer Ausstellungschampion
IWT	International Working Test
JEP/S	Jagdeignungsprüfung/mit Schweiß
JGHV e. V.	Jagdgebrauchshundeverband e. V.
JGP/R	LCD-Jagdgebrauchsprüfung für Retriever
JP/R	Jugendprüfung für Retriever
JUH e. V	Johanniter-Unfall-Hilfe e. V.
KC	Englischer Kennel Club
LCD e. V.	Labrador Club Deutschland e. V.
LCD-SpJGP/R	LCD-Spezial-Jagdgebrauchsprüfung für Retriever
LRC	Englischer Labrador Retriever Club
LVS	Lawinenverschüttetensuchgerät
MTB	Mantrailer-Basistest
MTL	Mantrail Land
MTS	Mantrail Stadt
NCT	Newcomer Trophy
PnS	Vereinsprüfung nach dem Schuss
RD	Retina Dysplasie
REDOG	Schweizerischer Verein für Katastrophenhunde
RGP	Retrievergebrauchsprüfung
RPED	Retinale Pigmentepitheldystrophie
R/SwP	DRC-Vereins-Schweißprüfung
SG	Sehr gut
Sh. Ch.	Englischer Ausstellungschampion ohne Nachweis der natürlichen Arbeitsanlagen
SpJGP/R	Spezial-Jagdgebrauchsprüfung
SRP	St.-John's-Retriever-Prüfung
SwPO/o.Rb.	DRC-Schweißprüfung ohne Richterbegleitung
V	Vorzüglich
VC	Veteranen Cup
VDH	Verband für das Deutsche Hundewesen
VGP	Verbandsgebrauchsprüfung des JGHV
Vsp	Versprechend
VSwP	Verbandsschweißprüfung des JGHV
Vv	Vielversprechend
WT	Working Test
WTCh.	Working Trial Champion
Wv	Wenig versprechend

Lexikon der Fachbegriffe

› **Anschneider** Der Hund trägt seinem Führer ein gefundenes Stück Wild nicht zu, sondern frisst es auf dem Rückweg ganz oder teilweise auf. Ausscheidungsfehler.
› **Anzeigeverhalten** Begriff aus der Jagd- und Rettungshundeausbildung. Mittels eines antrainierten Verhaltens zeigt der Hund an, dass er gefunden hat. Anzeigeformen siehe Bringsel-, Freiverweisen und Verbellen.
› **Apportieren** Unter Apportieren versteht man das Aufnehmen, Tragen und Bringen eines Dummys oder eines Stück Wildes zum Hundeführer.
› **Arbeitslinie** Siehe Field-Trial-Linie.
› **Blind** (engl.) Ein Dummy oder ein Stück Wild, das für den Hund nicht sichtig gefallen ist.
› **Blinken** Ein Hund, der ein wahrgenommenes Dummy oder Stück Wild nicht aufnimmt, sondern es ignoriert und weiterjagt, blinkt.
› **Best of Breed, Best of Opposite Sex, Best in Show** (engl.) Nach dem Richten aller Klassen treten die erstplatzierten und mit vorzüglich bewerteten Rüden und Hündinnen der Jugend-, Zwischen-, Champion-, Gebrauchshunde- und Offenen Klasse sowie die Erstplatzierten der Ehren- und Veteranenklasse nochmals gegeneinander an, um den besten Rüden und die beste Hündin zu bestimmen. Anschließend prämiert der Zuchtrichter aus diesen Beiden den besten Hund der Rasse (Best of Breed) sowie den Unterlegenen als den besten Hund des anderen Geschlechts (Best of Opposite Sex). Am Ende des Ausstellungstages wird im Ehrenring noch aus allen BOBs der gezeigten Rassen der beste Hund der Schau (Best in Show) gekürt.
› **Bringselverweisen** Findet der Hund eine Person oder ein gesuchtes Stück Wild, nimmt er das an seinem Halsband befindliche Bringsel, einen kleinen, länglichen Apportiergegenstand, in den Fang und zeigt damit dem Hundeführer an, dass er gefunden hat.
› **Certificate/ Diploma of Merit** (engl.) Es handelt sich dabei um eine Auszeichnung, die die Richter nach ihrem Ermessen an diejenigen Hunde vergeben können, die trotz fehlerfreiem Arbeiten nicht den Sprung auf die Podestplätze geschafft haben.
› **Challenge Certificate** (engl.) Anwartschaft auf den britischen Ausstellungschampion-Titel.
› **Cold Game Test** (engl.) Siehe Working Test. Jedoch werden hier keine Dummys, sondern kaltes Haar- und Federwild verwendet.
› **Crufts** Weltgrößte Hundeausstellung, die alljährlich in Birmingham stattfindet.
› **Delivery** (engl.) Abgabe. Ein ideales Abgeben zeichnet sich durch das „Anbieten“ des Apportiergegenstandes mit erhobenem Kopf und das ruhige Ausgeben in die Hand des Hundeführers aus.
› **Diploma of Merit** (engl.) Siehe Certificate / Diploma of Merit.
› **Double Mark** (engl.) Siehe Markierung. Jedoch werden bei einem Double Mark (dt. Doppelmarkierung) zwei Dummys nacheinander geworfen, deren Flugbahn der Hund zumindest teilweise verfolgen können und deren Fallstellen er sich merken soll.
› **Drive 1** (engl.) Tatkraft, Elan, Initiative. Der Drive eines Hundes setzt sich aus dem Willen und dem Eifer zu finden zusammen und äußert sich darin, dass er seine Arbeit ohne Rücksicht auf eventuelle Schwierigkeiten ausführt.
› **Drive 2** (engl.) Siehe Standtreiben.
› **Dual Purpose** (engl.) Aus dem Englischen übersetzt bedeutet Dual Purpose soviel wie „für beide Zwecke“ und bezeichnet einen Retriever,

der sowohl an Ausstellungen als auch an Jagdprüfungen erfolgreich ist.

› **Dummy** (engl.) Das Dummy (dt. Attrappe) ist ein festes Leinensäckchen, das anstelle von Wild zum Apportieren verwendet wird.

› **Dummyarbeit** Die Dummyarbeit entstand ursprünglich in England und wurde entwickelt, um auch außerhalb der Jagdsaison das jagdliche Apportieren trainieren zu können. Mittlerweile erfreut sie sich in Form von Dummyprüfungen oder Working Tests auch als Hundesportdisziplin wachsender Beliebtheit.

› **Dummy-Launcher** Ein spezielles Abschussgerät, das unter Abgabe eines Schusses ermöglicht, Dummys über große Entfernungen fliegen zu lassen. Auf diese Weise können anspruchsvollere Apportieraufgaben nachgestellt werden. Ferner lernt der Hund die Verknüpfung mit dem Schuss.

› **Dummyprüfungen** Bei diesen Prüfungen wird ausschließlich mit Dummys gearbeitet. Es gibt drei verschiedene Leistungsklassen: die Anfänger-, die Fortgeschrittenen- und die Offene Klasse. Die Aufgaben der einzelnen Klassen sind in der jeweiligen Prüfungsordnung genau definiert.

› **Dummy Trial** (engl.) Bei einem Dummy Trial wird die jagdliche Situation während eines Field Trials mithilfe von Dummys nachgestellt, wobei auch die Organisation des Ablaufs und

die Bewertung der Arbeiten wie bei einem Field Trial gehandhabt werden. Auch Dummy Trials können als Standtreiben (engl. „Drive") oder als Streifjagd (engl. „Walk Up") abgehalten werden.

› **Einspringen** Wenn der Hund seinen Platz neben dem Hundeführer ohne Aufforderung und mit der Absicht zu apportieren verlässt.

› **Einweisen** Das Einweisen kommt immer dann zum Einsatz, wenn es sich um ein für den Hund nicht sichtig gefallenes Stück handelt. Mithilfe von Hand- und Hörzeichen (Pfeife und Stimme) wird er auf möglichst direktem Weg in den Bereich des Stückes geschickt und dort zu einer selbstständigen, kleinräumigen Suche aufgefordert.

› **Eye Wipe** (engl.) Der Begriff des „Eye Wipe" kommt aus dem Field-Trial-Bereich und umschreibt die Situation, dass ein Hund das vorgegebene Stück Wild nicht findet, während der nachfolgende, unter den gleichen Bedingungen arbeitende Hund zum Erfolg kommt. Gleiches gilt, wenn das Stück Wild im Anschluss von den Richtern gefunden wird.

› **Federwild** Beispiele: Fasan, Rebhuhn, Ente, Taube.

› **Field Trial** (FT) Bei Field Trials handelt es sich um Prüfungen im Felde, die im Rahmen von Treib- oder Streifjagden auf freilebendes Feder- und Haarnutzwild abgehalten werden.

› **Field Trial à l'Anglaise** Diese Bezeichnung findet man nur auf dem Kontinent. Man möchte mit ihr zum Ausdruck bringen, dass die Prüfung in der gleichen Art und Weise abgehalten wird, wie Field Trials in England.

› **Field Trial à la Française** Auch dieser Begriff ist nur auf dem Kontinent zu finden. Bei dieser Art eines Field Trials dürfen die Hunde während der Prüfung an der Leine vorgestellt werden.

› Field-Trial-Linie Hunde, die aus Field Trial-Linien stammen, werden in erster Linie für den jagdlichen Einsatz gezüchtet. Deshalb stehen, neben einem ausgeglichenen Wesen und einer guten Gesundheit, die Arbeitsqualitäten im züchterischen Fokus.

› Field Trial Award (engl.) Ein „Award" (dt. Auszeichnung) ist eine Platzierung bei einem Field Trial nach Entscheidung der Richter.

› First Dog Down (engl.) Der Begriff umschreibt die Situation, dass ein Hund ein vermutlich verwundetes Stück Wild, das er markieren konnte und auf das er unverzüglich geschickt wurde, nicht findet. Auch wenn dieses Stück im Anschluss weder von einem nachfolgenden Hund noch von den Richtern gefunden wird, gilt das Nichtfinden des ersten Hundes als schwerer Fehler und führt zu dessen Ausschluss.

› Freiverweisen Beim Freiverweisen zeigt der Hund seinem Führer das erfolgreiche Finden an, indem er ihn an der Leine oder durch Hin- und Herpendeln zwischen Fundort und Führer zur gesuchten Person oder dem Stück Wild führt.

› Führigkeit bezeichnet die Bereitschaft des Hundes mit seinem Führer zusammenzuarbeiten und seine Hilfen (akustischer oder optischer Art) anzunehmen.

› Haarnutzwild Hase, Kaninchen.

› Handler (engl.) Hundeführer.

› Handling (engl.) Die Führung des Hundes durch den Hundeführer.

› Hard Mouth (engl.) Der Hund bringt ein Dummy oder ein Stück Wild nicht unversehrt zu seinem Führer zurück. Es sind deutliche Zahnabdrücke oder sogar Löcher im Stoff des Dummys zu sehen. Die Haut des Stück Wildes ist durchgebissen und / oder die Rippen sind eingedrückt. Hartmäuligkeit ist ein Ausscheidungsfehler.

› Hi lost (engl.) Freie Suche.

› IGL Retriever Championships Der alljährliche Höhepunkt der englischen Field-Trial-Saison.

› Intelligente Gehorsamsverweigerung Begriff aus der Blindenführhundausbildung. Der ausgebildete Führhund muss eine eventuelle Gefährdungssituation für das Gespann erkennen können und sich gegebenenfalls einem gegenläufigen Kommando widersetzen.

› Jagdliche / Spezielle jagdliche Leistungszucht Das Prädikat „Jagdliche Leistungszucht" bedeutet, dass beide Elterntiere zumindest eine Bringleistungsprüfung nachweisen können. Bei der „Speziellen jagdlichen Leistungszucht" müssen auch die Großeltern eine entsprechende Prüfung aufweisen.

› Kaltes Wild Niederwild, das bereits vor längerer Zeit geschossen wurde und für Übungs- oder Prüfungszwecke tiefgefroren aufbewahrt wurde.

› Knautschen Siehe auch Hard Mouth. Der Hund knautscht beim Bringen auf dem Apportiergegenstand herum, wobei der Stoff des Dummys oder die Haut des Wildes jedoch noch weitgehend unversehrt bleibt. Hochgradiges Knautschen ist ein Ausscheidungsfehler.

› Line (engl.) Linie. Siehe Walk Up.

› Markieren Das Beobachten der Flugbahn eines oder mehrerer sichtig geworfener Dummys, sowie das Merken der Fallstelle(n).

› Markierung Ein geworfenes Dummy, dessen Flugbahn der Hund ganz oder teilweise beobachten kann. Der Wurf wird meist mit einem Schuss kombiniert, um die Aufmerksamkeit des Hundes zu erregen.

› Memory Mark (engl.) Das „Memory Mark" ist eine Markierung, die nicht sofort, sondern entweder zeitlich verzögert oder von einem anderen Standort aus gearbeitet wird.

› **Nach dem Schuss** Der Retriever arbeitet, im Gegensatz zu den „vor dem Schuss" arbeitenden Stöber- und Vorstehhunden, erst nach erfolgter Schussabgabe.

› **Natural Game Finding Ability** (engl.) Natürliche Fähigkeit Wild zu finden.

› **Novice Stake** (engl.) Eine „Novice Stake" ist ein englisches Field Trial, an dem Hunde jeglichen Alters zugelassen werden können, die zuvor weder einen 1., 2., 3. oder 4. Platz in einer Open Stake mit 24 Hunden noch einen 1., 2. oder 3. Platz in einer Open Stake mit 12 Hunden oder einen 1. Platz in einer All-Aged- oder Novice Stake errungen haben.

› **Open Stake** (engl.) Eine „Open Stake" ist ein englisches Field Trial, an dem ein Retriever die Möglichkeit hat, eine Anwartschaft auf den Titel des Field Trial Champions zu erhalten und sich für die Teilnahme an der IGL Retriever Championship zu qualifizieren. Grundsätzlich gibt es zwei Arten von Open Stakes: die Two-Day-Open-Stake (mit max. 24 / min. 20 Teilnehmern) und die One-Day-Open-Stake (mit max. 12 / min. 10 Teilnehmern).

› **Optische Signale** Handzeichen des Führers, mit denen er den Hund auch über weitere Distanzen lenken kann.

› **Out of Control** (engl.) Ein Hund ist Out of Control, wenn er nicht mehr im Kommando seines Führers steht, sondern allein für sich jagt.

› **Pace** (engl.) Gangart. Pace drückt sich sowohl in der Arbeitsgeschwindigkeit als auch in der Wendigkeit eines Labradors aus.

› **Pfostenschau** Inoffizielle Ausstellung, die Einsteigern die Möglichkeit gibt, erste Erfahrungen im Ausstellungsring zu sammeln und ihren Hund von offiziell anerkannten Zuchtrichtern bewerten zu lassen. Es werden keine Anwartschaften auf Titel vergeben.

› **Rassestandard** Der Rassestandard wird im jeweiligen Ursprungsland der Rasse erarbeitet und beschreibt deren Idealbild. Er hat offiziellen Charakter und ist Grundlage für die Beurteilung im Ausstellungsring.

› **Ringtraining** Ausstellungstraining. Für eine überzeugende Vorstellung Ihres Labradors im Ring sollte er sowohl im Stand als auch in der Bewegung möglichst optimal präsentiert werden.

› **Runner** (engl.) Als Runner (dt. Läufer) bezeichnet man ein Stück angeschossenes Feder- oder Haarwild, das sich flüchtend entfernt. Ein Runner sollte, um dem Tierschutzgedanken und der Waidgerechtigkeit Rechnung zu tragen, immer sofort gearbeitet werden.

› **Run-off** (engl.) Der „Run-off" (dt. das Stechen) ist die Endausscheidung der besten Hunde des Tages.

› **Schleppe** Eine Schleppe ist eine künstlich angelegte Spur mit der die Fluchtfährte eines angeschossenen Stück Niederwildes simuliert wird. Der Schleppenleger legt mittels eines Stücks kalten Feder- oder Haarnutzwildes einen künstlichen „Anschuss" an und zieht das Stück von diesem Punkt aus einige hundert Meter hinter sich her. Am Ende der Schleppe legt er das Stück ab. Der Schwierigkeitsgrad kann durch die Anzahl der Haken (Richtungsänderungen), die Art des Geländes und die Länge der Strecke variieren.

› **Schussempfindlichkeit** Der Hund reagiert unsicher auf Schüsse. Seine Reaktionen können vom Schutzsuchen bis hin zur Arbeitsverweigerung reichen.

› **Schusshitzigkeit** Der Gegenteil von Schussscheue. Der Hund reagiert mit einer sehr großen Erwartungshaltung auf Schüsse. Sie entsteht i. d. R. durch unsachgemäßes Training.

› Schussscheue Das Unvermögen des Hundes, den Schussknall zu ertragen. In der Regel entzieht er sich der Situation durch Flucht. Für einen Jagdhund ist Schussscheue ein schwerer Wesensfehler.

› Schwere Fehler Macht ein Hund während einer Prüfung nach FCI-Reglement einen schweren Fehler, so kann er nicht mehr mit der Qualifikation „vorzüglich" bewertet werden. Zwei schwere Fehler führen zum Ausschluss des Hundes aus der Prüfung. Als schwere Fehler gelten beispielsweise: Unselbstständigkeit des Hundes, lautes Handling des Führers, First Dog Down, unruhiges Verhalten des Hundes, schlechte Kontrollierbarkeit, schlechtes Markieren, schlechtes Fußlaufen, nachlässiges Apportieren, langsames Arbeiten mit wenig Initiative oder ein einmaliger Eye Wipe.

› Showlinie Hunde, die nicht speziell für den Arbeitseinsatz, sondern für die erfolgreiche Teilnahme an Ausstellungen gezüchtet werden.

› Single Mark (engl.) Einzelmarkierung. Siehe Markierung.

› Speed (engl.) Bezeichnet die Arbeitsgeschwindigkeit des Hundes.

› Spezial-Rassehundeausstellung Alle vom Deutschen Retriever Club (DRC) oder Labrador Club Deutschland (LCD) in eigener Verantwortung ausgerichtete Ausstellungen, an denen nur die jeweils betreuten Retrieverrassen teilnehmen können. Es kann sowohl eine Anwartschaft auf die Schönheitstitel des jeweiligen Clubs als auch eine Anwartschaft auf den korrespondierenden VDH-Titel vergeben werden.

› Standtreiben Helfer bzw. Treiber durchstöbern laut rufend und lärmend ein Gelände mit dem Ziel, sich drückendes Wild hochzumachen. Schützen, Hunde und Hundeführer stehen am Rand des Treibens und beobachten ruhig und

konzentriert das Geschehen. Nach Beendigung des Treibens beginnt das Einsammeln der erlegten Stücke.

› **Steadiness** (engl.) Die Steadiness (dt. Standruhe) umfasst sowohl das unangeleinte, ruhige und konzentrierte Verharren des Hundes an Seite seines Führers als auch eine allgemeine Nervenfestigkeit. Winseln oder Bellen führen bei allen nach englischer Art durchgeführten Retrieverprüfungen zum sofortigen Ausschluss des Hundes.

› **Style** (engl.) Bezeichnet die Art und Weise, wie der Hund arbeitet und drückt sich u. a. darin aus, wie er das Gelände annimmt, absucht und dabei seine Nase einsetzt. Ein eindeutiges Zeichen ist auch die Intensität seiner Tail Action.

› **Tagestitel** Ausstellungstitel, die anlässlich bestimmter Ausstellungen an die / den Rassebeste(n) des Tages vergeben werden. Dabei konkurrieren die mit vorzüglich bewerteten Erstplatzierten der Zwischen-, Gebrauchshunde-, Champion- und Offenen Klasse miteinander. Zusätzlich vorgesehene Jugendtagestitel können an die mit vorzüglich bewerteten Erstplatzierten der Jugendklasse beiderlei Geschlechts vergeben werden.

› **Tail Action** (engl.) Rutenaktion bzw. das Schwanzwedeln des Hundes beim Arbeiten als Ausdruck seines Styles und seiner Arbeitsfreude.

› **Tauschen** Der Hund kommt mit einem gefundenen Stück nicht auf schnellstem Weg zum Führer zurück, sondern tauscht es gegen ein anderes Stück aus, wobei er das erstgefundene Stück liegen lässt und das zweitgefundene Stück bringt.

› Tiergestützte Fördermaßnahmen Tierbesuchsprogramme, die durch Abwechslung im Alltag und den Kontakt mit dem Hund das Wohlbefinden und die Lebensqualität verbessern sollen.

› Tiergestützte Pädagogik Gezielter Einsatz von Tieren bei verhaltensauffälligen Kindern als pädagogische Fördermaßnahme.

› Tiergestützte Therapie Gezielter Einsatz von Tieren bei körperlichen und seelischen Erkrankungen unter Begleitung entsprechenden Fachpersonals.

› Timing (engl.) Das Timing (dt. Wahl des günstigsten Zeitpunkts) ist der Dreh- und Angelpunkt für eine erfolgreiche Kommunikation zwischen Hund und Mensch. Nur wenn im richtigen Moment, also während oder unmittelbar nach dem entsprechenden Verhalten (innerhalb einer Zeitspanne von max. 2 Sekunden!), eine Bestätigung oder Korrektur erfolgt, kann der Hund diese auch mit dem gezeigten Verhalten in Zusammenhang bringen.

› Totengräber Der Hund trägt seinem Führer ein gefundenes Stück Wild nicht zu, sondern vergräbt es. Ausscheidungsfehler.

› Walk Up (engl.) Hier wird eine Streifjagd simuliert. Mehrere Hundeführer, die Richter und oft auch die Schützen gehen in einer Linie (engl. „Line“) langsam über das Gelände. Aus dieser Linie heraus wird hochgemachtes Feder- oder Haarnutzwild geschossen und von den Hunden als Markierung oder Blind gearbeitet. Bei Prüfungen mit Dummys wird das geschossene Wild mit Hilfe von Dummys simuliert.

› Verbellen Beim Verbellen wird erwartet, dass der Hund bei einer gefundenen Person oder einem gefundenen Stück Wild verbleibt und dort so lange gleichmäßig, hochfrequent und gut hörbar bellt, bis der Hundeführer bei ihm ist.

› Warmes Wild Niederwild, das unmittelbar vor dem Apport des Hundes auf der Jagd erlegt wurde.

› Wesenstest Um den Wesensstandard zu erhalten, kommt der wesensmäßigen Selektion der Zuchthunde eine besondere Bedeutung zu. Der Labrador sollte sich in allen Alltagsituationen sicher und unerschrocken verhalten. Dies gilt sowohl im Umgang mit fremden Menschen, als auch bei Konfrontation mit optischen oder akustischen Reizen.

› Whining (engl.) Jaulen, winseln. Der Hund winselt beim Warten oder während der Arbeit. Ausscheidungsfehler.

› Will to Please (engl.) Ein Hund mit „Will to Please“ (dt. der Wille zu gefallen) arbeitet gern mit seinem Führer zusammen und hält mit ihm Kontakt, ohne zu abhängig zu sein.

› Working Gundog Certificate (engl.) Ziel des „Working Gundog Certificates“ ist es, anhand möglichst jagdnaher Situationen zu bewerten, ob der Ausbildungsstand des Hundeführers und des Hundes den jeweiligen Anforderungen im praktischen Jagdbetrieb entspricht. Es werden keine Platzierungen vergeben, sondern nur ein einfaches „Bestanden“ oder „Nicht bestanden“ für jede der gestellten Aufgaben.

› Working Test (engl.) Der Working Test kommt ursprünglich aus England, wo er entwickelt wurde um den Leistungsstand der Hunde auch außerhalb der Jagdzeit erhalten oder verbessern zu können. Ziel ist es, möglichst jagdnahe Situationen mithilfe von Dummys nachzustellen. Die einzelnen Aufgaben sind nicht in einer Prüfungsordnung festgelegt, sondern werden kurz vor Beginn von den Richtern unter Berücksichtigung der Geländegegebenheiten festgelegt. Es wird in unterschiedlichen Leistungsklassen gestartet.

Bildnachweis

Mit 344 Fotos von: Jens Andörfer – RHS WAF (S. 251); BRH-Archiv (www.brh.info) (S. 259); Raphael Brönnimann (S. 248re, 249); Annette Bürse-Hanning (S. 1300, 305, 264, 266); Fall (S. 36, 48); Andreas Feneis (S. 214re, 243); Dr. Jürgen Fasshauer (S. 253); Familie von Grabe (S. 30u); Guillermo Florenza (S. 229); Bianca Hansch (S. 260, 263, 269); Markus Hofer (S. 58); Sigurd Hönnebeck (S. 69u); Harald Hubert (S. 2/3, 10, 13, 14, 15, 16, 17, 18, 190, 20, 33, 34u, 35, 39, 41, 45, 57, 59re, 620, 63, 64, 70, 72, 73, 74, 75, 76u, 79re, 80, 82, 83, 85, 86, 87, 88, 90, 91, 92, 94, 95, 96, 970, 100, 102, 104, 105, 106, 107, 109, 110, 111, 113, 114, 115, 116, 117, 120, 121, 122, 130u, 132, 1330, 133u, 134, 135, 144, 147, 152, 153, 154, 157, 158, 160, 161, 163, 164, 165, 166, 169, 170, 172, 173, 174, 175, 176, 177, 178, 179, 180, 181, 183, 184li, 185, 186, 187, 190, 192, 195, 196, 197, 198, 199, 201, 202, 203, 204, 205, 206, 207, 208, 209, 210, 211, 216, 218, 219, 220, 222, 224, 225, 226, 230, 242u, 258, 274, 275, 276, 278, 279, 280lio, 280reo, 281, 285, 286, 288, 289, 292, 293, 294, 295, 296, 303, 306, 309, 315, 318, 325, 328, 331); Juniors Bildarchiv (S. 215re); Katja Knechtel (S. 68li, 69re); Stefanie Krause-Wieczorek (S. 167); Anja Mack (S. 69li); Bernhard Meyer – RHS WAF (S. 254); Anja Möller (S. 140); Dr. Helena Niehoff-Oellers (S. 300, 50u,); Verena Ommerli (S. 32, 500, 54, 68re, 108, 137, 188, 248li, 255); C. Reid (S. 23, 24, 47); Mareike Rohlf / Kosmos (S. 21, 71, 78, 1840, 280u, 311, 322); Mareike Rohlf (S. 1, 4, 5, 6,/7, 8/9, 60, 62u, 800, 98/99, 118/119, 123, 126/127, 128, 129, 142/143, 150, 151, 212, 213, 214li, 236/237, 270, 272/273, 291, 312,/313, 317, 321, 327, 332, 336); Ulrike Schanz (S. 215li); Ulrich Scholz (S. 148); Birgitta Staflund-Wiberg (S. 101); Sabine Stuewer (S. 103); Eva Tiemann (S. 31, 149); Petra Tischner (S. 37, 59li, 65, 760, 77, 79li, 84, 93, 139, 228, 232, 239, 240, 244, 246, 282); Heinz Urech (S. 46); Evelyn Vöhl (S. 250, 256, 257); Arlene White (S. 53); Karl-Heinz Widmann (S. 97u); Karl-Heinz Widmann / Kosmos (S. 171); Dr. Susanne Wisniewski (S. 42, 283, 284, 298, 299, 300); Prof. Dr. Thomas Wilk (S. 141).

Impressum

Umschlaggestaltung von eStudio Calamar unter Verwendung eines Farbfotos von Harald Hubert (U1) und drei Farbfotos von Mareike Rohlf. Das Foto auf der U1 zeigt Deutschlands derzeit einzigen internationalen Arbeitschampion der Rasse: Gunsight's Bracket, gezüchtet und ausgebildet von Anja Möller (www.gunsights.de). Die Hunde auf der U4 sind: schwarz aus einer Arbeitslinie, braun aus einer Showlinie und gelb aus einer FT-Show-Linien-Mischung.

Mit 312 Farbfotos und 32 Schwarzweißfotos

Gedruckt auf chlorfrei gebleichtem Papier

ISBN 978-3-440-11052-2
Gestaltungskonzept: eStudio Calamar
Satz: Atelier Krohmer
Redaktion: Ute-Kristin Schmalfuß
Produktion: Eva Schmidt
Printed in Germany / Imprimé en Allemagne

KOSMOS.

Praktische Erziehungstipps.

Norma Zvolsky | **Retrieverschule für Welpen**
172 S., 328 Abb., €/D 22,90
ISBN 978 3 440 10633 4

Norma Zvolsky | **Die Kosmos Retrieverschule**
336 S., 681 Abb., €/D 36,90
ISBN 978-3-440-11608-1

Für einen guten Start

Sie haben sich für einen tapsigen Retrieverwelpen entschieden, der in den nächsten Wochen Ihr Leben ganz schön auf den Kopf stellen wird. Nutzen Sie diese wichtige Zeit und legen Sie jetzt den Grundstein für eine gute Sozialisation und Ausbildung Ihres Hundes. Die altersgerechte Erziehung und Ausbildung steht dabei immer im Vordergrund – die Trainingsschritte sind in Stufen aufgebaut und können so individuell an den Entwicklungsstand Ihres Welpen angepasst werden.

Das Standardwerk

Erst durch eine liebevolle, konsequente Erziehung und die Förderung ihrer Anlagen entfalten die beliebten Familienhunde und begabten Jagdbegleiter ihr ganzes Können. Dieses Buch bietet ausführliche Anleitung zu Grunderziehung, Apportierübungen und Dummytraining. Über 600 Farbfotos zeigen Schritt für Schritt den Aufbau der einzelnen Trainingseinheiten.

„Das Buch ist eine Fundgrube! Ein sachlich und fachlich absolutes Spitzenwerk!"
Der Hund

Preisänderung vorbehalten

www.kosmos.de/hunde